国外建筑设计译丛

伦敦当代建筑

（原著第四版）

[英] 肯·阿林森 著
杨至德 译

中国建筑工业出版社

著作权合同登记图字：01-2007-0765 号

图书在版编目（CIP）数据

伦敦当代建筑（原著第四版）/（英）阿林森著；杨至德译 .—北京：中国建筑工业出版社，2009
（国外建筑设计译丛）
ISBN 978-7-112-10890-9

Ⅰ.伦… Ⅱ.①阿…②杨… Ⅲ.建筑物－简介－伦敦市 Ⅳ.TU-881.561

中国版本图书馆 CIP 数据核字（2009）第 050805 号

This Fourth edition of London's Contemporary Architecture by Ken Allinson is published by arrangement with Elsevier Ltd, The Boulevard, Langford Lane, Kidlington, OX5 1GB, England

译丛策划：程素荣 尹珺祥
责任编辑：程素荣
责任设计：郑秋菊
责任校对：兰曼利 陈晶晶

国外建筑设计译丛
伦敦当代建筑
（原著第四版）
［英］肯·阿林森 著
杨至德 译
*
中国建筑工业出版社出版、发行(北京西郊百万庄)
各地新华书店、建筑书店经销
北京嘉泰利德公司制版
北京中科印刷有限公司印刷
*
开本：787×1092毫米 1/16 印张：16 1/4 字数：520千字
2009年 8 月第一版 2009年 8 月第一次印刷
定价：85.00元
ISBN 978-7-112-10890-9
(18134)

目 录

这是一本伦敦建筑指南，向人们全面展示了伦敦这座国际化大都市中值得参观和方便出入的建筑，大部分都是当代建筑，但书中同样展示了伦敦的其他一些著名建筑，而这些建筑的历史各不相同。

本书对于钟情建筑和乐于体验建筑的人士来说，是一本理想的指南，无论伦敦本地人还是时间有限的旅游者，都想体验一下伦敦建筑的精髓。

如何使用指南？

书中的建筑物均按地理位置进行标注，以序号表示，方便易找。例如，如果您想要参观某建筑物，就请翻到相应区域的章节前面，很快就能查找到它的确切地理位置，它与周围其他建筑物的关系也能一目了然。书中的建筑物分为当代热点建筑以及周围的其他建筑（包括现代建筑和历史建筑）。

每一大区前面，都有一张地图，标明所要介绍的建筑的位置。但是，还是建议你找一张伦敦 A-Z(London A-Z) 地图，以便准确地找到建筑所处的位置。

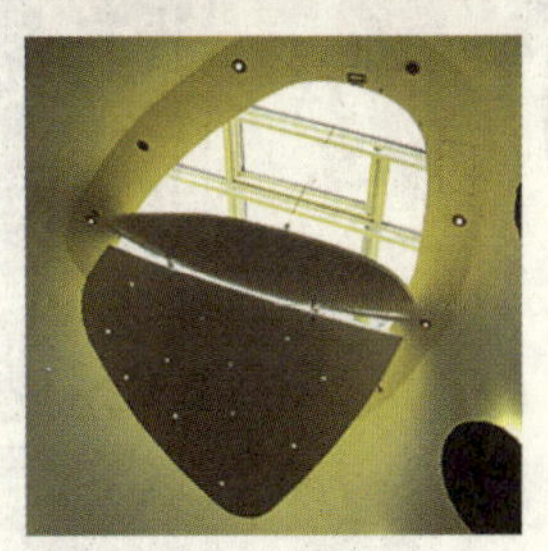

14:05:42
Departures
Self-service tickets
Train departures
Bus information
Lift To Way out, Underground and Bus station
Tickets & information
Travel & tourist centre
Bus station For City Airport use door A
Underground
Way out Old Broad Street Broadgate Exchange Square
Stansted Express
By Platform 10 Customer lounge
By Platform 10 past Taxi rank Cycle store
By Platform 10 First Class lounge
By Platform 10 Lost property Left luggage
By Platform 10 Taxis

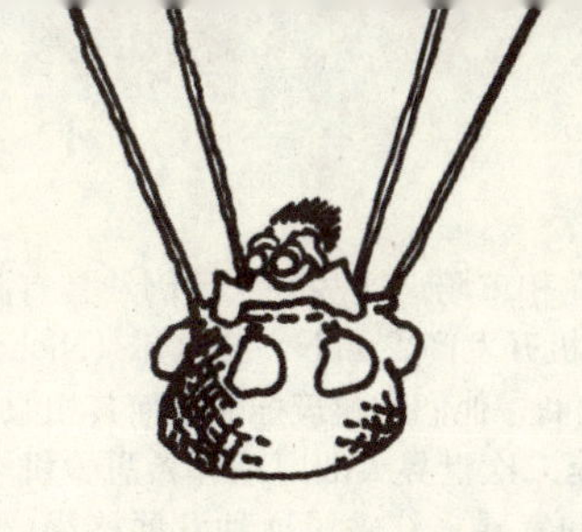

伦敦建筑地理分布

展开J·萨默森(John Summerson)的《乔治亚时代的伦敦》，伦敦的历史画面迅即出现在眼前。它将我们带向高高的泰晤士河河谷。从这里向下看，会看到伦敦的历史发展演变情况。它有两个姊妹发展焦点。一个是完全人造景观区，即“混合生产，随机发展区”。另一个则是带有明显时间阶段性的快速发展区。快速发展区是我们理解伦敦当代建筑地理分布的基础。建筑的地理分布确实具有一定的格局，具有连续性和一致性，并且代代相传，具有某种内在含义。

萨默森在前言中所阐述的观点，我认为很重要。萨默森认为，伦敦的发展不再是无组织、无特定形式的团块状扩张。这种扩张，使它丧失自己的历史发展脉络，让人难以理解。相反，伦敦的发展开始具有一定的格局。不管这种格局是否真正名副其实，但它确实能够帮助人们了解过去的发展情况，如新开发项目的设立、容量扩增变化以及水平分层结构格局形成的原因等。

其实，这种发展格局很简单。可以把它分为两极。两极模式构成伦敦的基本特征。第一极为商业和能源区。就是历史上所说的伦敦城(the City of London)。由古罗马人在泰晤士河两岸最先创建。那时泰晤士河比现在要宽，河水流动缓慢。第二极就是君主、政府和教堂区。这里有威斯敏斯特大教堂、威斯敏斯特宫（议会大厦）和许多政府大楼，如英国首相官邸。还有众多的皇宫。

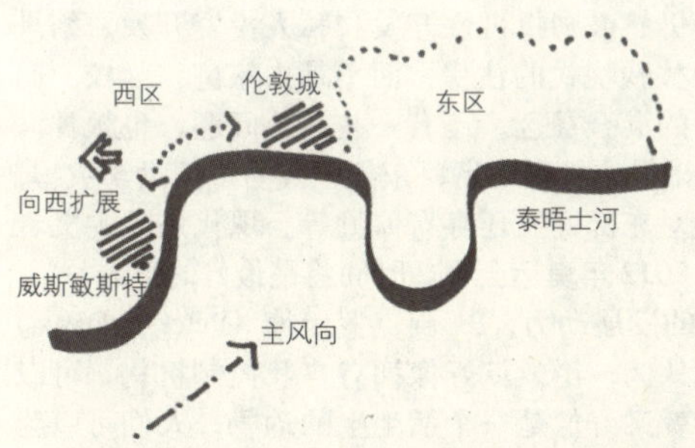

多少世纪以来，伦敦城就好像一个富有的国中之国，直到今天，这种独立性依然存在。但是，有点奇怪的是，城市自身的发展总是背河而去。要知道，在相当长一段时期内，包括最近一段时期，在整体上，泰晤士河都是全城财富和生命之源。全城的心脏地带位于泰晤士河沿岸，各条街道在这里交会。这里，有英格兰银行大楼（the Bank of England)，还有同样重要的皇家证券交易所（the Royal Exchange）大楼。实际上，城市的发展就是商品贸易掩盖下的一种交易。而现在，发生了转折，转向了上泰晤士河大街和下泰晤士河大街，把沿河建筑隔离开来。而这些沿河建筑，现在仍然是国际金融贸易中心。

在威斯敏斯特，有各种各样的交易方式，包括君主之间、贵族之间以及教堂与教堂之间的马基雅弗利式（Machiavellian）的交易。受伦敦塔（Tower of London）的阻隔，在东侧，船运、仓储以及各种附属设施沿河岸延伸扩展。在伦敦桥西侧，泰晤士河是淡水和鱼类的主要来源，而且还是一条很方便的交通通道。沿着泰晤士河北岸，从伦敦城到威斯敏斯特，有豪华壮观的建筑和场所。这就像英国靠海上力量所创造的那种人口相对密集的郊区市场，周围防护相对薄弱。

这个地方很奇怪。比如，外国来客可能会问，伦敦人喜欢垂直分布式的生活吗？就像被关在笼子里的鸟一样，生活在狭窄、高低错落的房屋之中？烟囱林立，燃煤污染着城市。英国第一部有关建筑的法规，所指的就是这种房屋类型。后来，这些法规又进一步延续到17世纪末和18世纪初，以此来对城市增长和扩张加以限制。实际上，在全球贸易大环境下，伦敦迅速增长和扩张，成为全球贸易中心。这让后维多利亚时代学校的孩子们感到无比自豪，以至于在他们所绘制的世界地图上，大部分地区都染成了红色。

从历史上的核心区域，即伦敦城，伦敦的扩展走向了两个方向。第一个方向，是向东扩展。这里主要是码头、仓库、第二产业以及与其相关联的居住区。由于主导风向为西南风，自然地，这一地区就成为一块不错的地段，排在第二位。与此同时，富人们逐渐向西迁移，向威斯敏斯特迁移，奔向有新鲜空气、有淡水、文化氛围好的地方。用建筑术语来说，就是投机开发影响规则的制定。投机开发商都是住在西区的贵族。在伦敦中心城区，那些规定所产生的影响依然随处可见，那就是乔治亚时代的建筑和广场。一些地标性建筑归富人所有，周围邻居不多，

左：布罗德盖特(Broadgate)地区利物浦大街车站。就像整个城市一样，整体上为现代风格，但又是新旧相互融合。车站顶棚新旧掺和，看起来却显得很古老。不像有的历史性建筑，为了保持其历史风貌，不惜翻修重建或者将带有现代特征的钢筋混凝土掩藏起来。在这种情况下，改造后的建筑是属于古建，还是属于新建筑？诸如此类的建筑格局很复杂，很难纯化单一，但是它能够运转良好。从整体上说，伦敦与此格局有些相像。

有马厩和佣人居住的住房，还有教堂和市场。这些对今天仍然具有深刻的影响。看到萨默森所提到的17世纪末的投机开发商，如N·巴尔邦（Nicholas Barbon）博士，就会使我们联想到当今的开发商，他们的建筑标准是何其相似。

向西发展的格局，一直延续到第二次世界大战以后和希思罗机场建设后期。19世纪铁路建设和20世纪小汽车的发展，打破了这种发展格局。但是，还是能够清楚地看出其发展轮廓，特别是因为伦敦最好的建筑当中，有80%都在环线以内。打破已有的城市结构，凿出一条通道，铁路尽可能地向里延伸。铁路所形成的界线更加分明，如从金斯克罗斯(Kings cross)到帕丁顿(Paddington)，沿马里勒本路(Marylebone)和尤斯顿路(Euston)所形成的铁路线。还有最近，M25环路穿越"绿色走廊"，围绕伦敦的中心城区，形成一种环形移动模式，成为离心发展模式的一种补充。

但是，过去35年来最明显的变化，而且这种变化还在继续，就是试图改变以前的发展格局，把伦敦开发重点放在东部，对原来的码头区及相关行业进行重新开发建设。自然地，本书中所介绍的当代建筑有很多都位于伦敦东部。本书的这一个版本还反映出英国住房建设的转化，即用公寓式住房替代独栋独院式住房，建筑密度很高，位置在内城而不是在郊区。这是一个重大转变，特别是自20世纪90年代初期住房建设衰退以来，伦敦人对住房设计的现代主义思潮有了新的理解，摒弃了他们先前所熟悉的形式。令人遗憾的是，政府仍然鼓励投机性开发和私人投资开发。结果是建成许多独栋独院式的住房，而不是由家庭、学校、商店等综合配套的混合社区。还有一些其他问题，也颇具讽刺意味，如基础设施投资不足，东部地区易遭受洪涝灾害，人们在思想上对东部开发还存有偏见等。现代乐观主义者把希望寄托在2012年奥运会上。时间将是最好的证人。

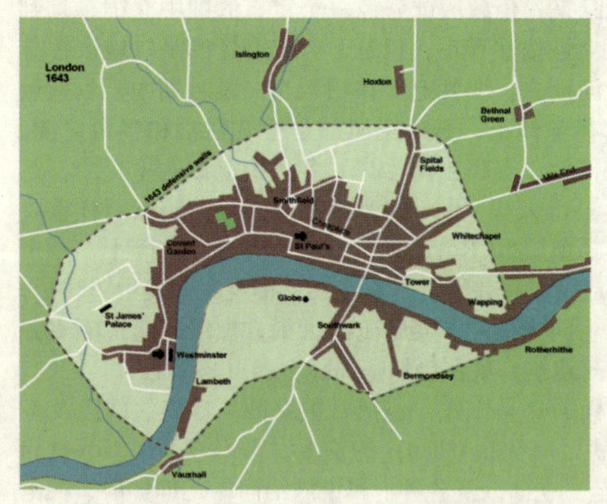

上：都铎王朝末期和斯图亚特王朝初期的伦敦，当时人口约35万—40万。城市两极基本格局已很明显，沿着泰晤士河向东并围绕萨瑟克教堂（Southwark Cathedral）发展。那时的泰晤士河道宽阔，水流缓慢；威斯敏斯特区和兰贝斯区（Lambeth）周围满是沼泽地。到1800年，伦敦的人口超过100万，成为世界上最大的城市。在人口组成上，20多岁的年轻人和妇女占主导地位（54%）。现在，伦敦的人口又处于增长阶段。预计，再过10年，人口数量将净增7万人，现在的人口数量为750万。

右：发伍德幼儿园（Fawood Nursery）建筑立面上的钢"花"，W·艾尔索普（Will Alsop）设计。

关于伦敦的发展动力，P·阿克罗伊德（Peter Arkroyd）早有描述。他认为，伦敦就好像拥有自我控制机构，可以自我驱动；伦敦又好像是一个活生生的动物，人们可以为其树碑立传；某些特定区域，在时间和位置上似乎受到新黑格尔主义思想的耍弄，以至于新开发建设所带来的影响可以隐而不现。这看起来真是有些奇思怪想。但是，在当今开发大潮中，历史上所形成的格局具有相当的坚韧性。游客只需看一看伦敦城，特别是伍德大街(Wood Street)，基本上就可以看到其真实的发展格局。

然而，从局部看，伦敦的发展变化还是非常明显的。与数十年前相比，有些地方简直无法分辨了。不仅东部如此，南部也一样。整个城市比从前更具吸引力，更有活力。如果说有什么遗憾的话，那可能就是，伦敦再没有什么秘密可言了。从前，有些旅游指南一类的书籍，常会标出某些秘密地段。还有一点令人遗憾，就是一些特征性地段都打出了自己的主题，如索霍(Soho)、科文特花园(Covent Garden)、砖巷(Brick Lane)等。对这些地点和空间来说，这是一笔巨大的财富。许多人一生中大部分时间都生活工作在这里，对它非常熟悉。而当他们看到整个城市时，就会感到有很多不和谐的地方。本书重点关注当前正在发生的事情。

伦敦的当代性

伦敦当代建筑的主要特点，就是没有明显的主导性建筑。我的意思是说，虽然有几座建筑带有当代建筑的特征，但是与伦敦整体建筑格局相比，显得太微不足道了。新建筑刚出世的时候，人们大惊小怪，喧喧嚷嚷，或者激动欢呼，或者激烈争辩。随着时间的推移，人们渐渐淡忘，恢复了往常的平静。备受争

BEVIN
COU

议的建筑慢慢融入伦敦建筑结构之中，原来的突出特征也慢慢消失，动态性建筑尤其如此。事后看来，这类建筑并没有多少存留下来，对伦敦整个建筑结构也没有太大的影响。例如，所谓后现代建筑以及 20 世纪 70 年代和 80 年代的高科技建筑，曾引发激烈争论，但是与伦敦整个城市结构相比，其所占的比例并不大。战前现代主义建筑和艺术装饰主义建筑，也同样如此。文丘里 (Venturi) 设计的国家艺术馆（the National Gallery）、塞恩斯伯里翼楼（Sainsbury Wing）以及罗杰斯的标志性设计劳埃德保险市场 1986 大楼 (LIoyd's '86 building)，情况要好一点。现在这两座建筑仍然很时尚，仍然广受赞誉。伦敦建筑衰退期(1994—1995 年）过后，建筑理念纷争趋于平静。对于各种新建筑，没有人再站出来说三道四了。后现代主义理念蒸发了，高技术理念也消失了。即使斯特林以及他那不太受欢迎的合伙人 M · 威尔福德 (Michael Wilford)，也很快被淹没在伦敦的建筑海洋之中，尽管像家禽街 1 号 (No.1 Poultry)，仍然具有特殊的纪念意义，还在那里使人感到困惑。

那么，什么是当代？最近完成的工作？眼下流行时尚？主流风格？所有新建和具有创新性的东西？动态理念的几个实例？还是时代思潮的一个次级分支？或许吧。但是，按照上述标准，那么特征明显、几乎完美无缺或者不够时尚的建筑，就被排除在外了。而这些代表了伦敦建筑的大多数，是伦敦活力之所在。另外，有些在全球很著名的伦敦建筑师，如齐普菲尔德（Chipperfield）和哈迪德（Hadid），在首都伦敦留下的建筑很少，或者几乎没有。

照片：N· 扬 (Nigel Young)/ 福斯特及其合伙人公司 (Foster and Partners)

关于“当代”一词的定义，如果像上面所指的那样，预先设置参照物，难免要遇到麻烦。我们不妨采用另一种方法，即根据相关性来给“当代”下定义。也就是说，当代建筑是指那些在当时引起轰动，并且现在仍具活力的建筑。这是一个较宽泛的定义。按照这个定义，那些远离市中心、特殊奇异、边际化的建筑，甚至带有现代特质的老建筑，都属于当代建筑的范畴。当代的价值就体现在一个奇特的关系方程之上。这种奇特关系，就是指建筑及其对我们的吸引能力与某一特定时间段之间的关系，在这一特定时间段内，建筑活力四射，展现于我们面前。小心，根据这一定义，几乎所有的建筑都可归为当代建筑。但是，要记住，对较古老的建筑以及附近那些新奇优异的建筑，本书只是简单一提，不做详细介绍。例如，由福斯特设计的银行大楼 [（30 St.Mary Axe)，即“小黄瓜”]，其外立面与一座 1914 年建造的大楼完全相像。那座大楼由荷兰最著名的建筑师 H · P · 贝尔拉格（H.P. Berlage）设计。问题是，这种相似的外立面并不是一眼就能够看出来，需要你费点脑子。去金融区看一看位于家禽街 1 号的大厦，它由斯特林和威尔福德设计。穿过马路，再看看圣公会会堂（St. Mary Woolnoth)。该教堂大约 250 年前由霍克斯莫尔 (Hawksmoor) 设计，有许多令人称奇之处。看看这些古建筑的目的，就是为了避免随着时间的流逝，其闪光之处被人遗忘。有人可能会觉得，这些古建筑上有些东西已经失去了原来的意义，有些技艺行将失传。但是，仍然可以将其激活，特别是作为一种备受尊崇的建筑工艺，融入“当代”建筑之中。这类建筑在刚建起来的时候，曾经新颖奇特，激起广泛的兴趣。经过一段历史时期以后，仍能够引起人们的注意。那么，“当代”一词就不仅仅是指“现在”，那些被赋予新生命的古建筑，也属于当代之列。在这里，“当代”就是你本人和你所要关注的东西。

希望读者在使用本书的时候，一方面要关注伦敦的当代建筑；另一方面，也要分出一点时间，看一看伦敦的其他建筑。

左：S· 贝利和卢贝特金 (Skinner Bailey and Lubetkin) 所设计的贝文大楼 (Bevin court)，位于伊斯灵顿 (Islington)。1952—1955 年。

大地再没有比这儿更美的风貌：
若有谁，对如此壮丽动人的景物
竟无动于衷，那才是灵魂麻木；
瞧这座城市，像披上一领新袍，
披上了明艳的晨光；环顾周遭：
船舶、尖塔、剧院、教堂、华屋，
都寂然、坦然，向郊野、向天穹赤露，
在烟尘未染的大气里粲然闪耀。
旭日金辉洒布于峡谷山陵，
也不比这片晨光更为奇丽；
我何尝见过、感受过这深沉的宁静！
河水徐流，由着自己的心意；
上帝呵，千门万户都沉睡未醒，
这整个宏大的心脏仍然歇息！
——《威斯敏斯特桥上》

威廉·华兹华斯（William Wordsworth），1802 年。摘自《湖畔诗魂华兹华斯诗选》华兹华斯著，杨德豫译．人民文学出版社，1990 年，第 179 页。

与建筑相遇

建筑通常被视为有规则的线条，但是，对于那些想亲身体验它的人来说，建筑是一个复杂的混合体，它从多个方面呈现在你的面前，既有真实直接的，也有间接的、拐弯抹角的。这一点，在伦敦尤其如此。建筑爱好者在思想上必须有所准备。在这里你可能会遇到各种不和谐不协调的情况，如历史阶段、流行时尚、价值观、建造技术与风格以及比例尺度等许多方面。你得学会应对这些情况，它很有趣。作为一个建筑游客，对那些混杂的、损毁的、改造过的、隐藏的，甚至是丢失了的东西，你得设法将它们一点一点地理清，按照你自己的意愿，重新编排，重新构建，形成你自己的建筑地理分布图。

城市中的这些装饰品，常常是沉默寡言，高深莫测。对它们现在所处的情况以及它们是如何成为现在这个样子的，几乎揭示不出什么来。对此，你可能会感到奇怪。

实际上，对于建筑的记载有两条途径。一条是正式的，有明显的证据为基础，表面上看起来合乎理性，具有目的性。这在历史书籍和学术活动中很常见。这种记载连贯一致，层次分明，对建筑存在的原因表面上给予解释。另一条途径是口头相传。就是人们在酒吧、餐会或报纸上的聊天专栏上闲聊时，把建筑的有关内容口头传播开来。虽然口头传播带有私密性，会被政治所扭曲，仅仅是一种闲聊，但是有时它可以揭示出建筑得以修建的真正原因。书面记载与口头传播两种形式，并行发展，分别带有各自的真实性。但是，不管是书面的，还是口头的，对于想亲身了解建筑真相的人来说，都只不过是一种补充而已。

照片提供：H・伦德(Hanne Lund)

伦敦就是一个建筑探险的好地方。对建筑爱好者来说，伦敦就是“与建筑约会”的最好场所。在这里，秩序与混乱相融合，带有各种不同含义的建筑相互交叉重叠，历史建筑与当代建筑并行而立。例如，西区是伦敦城市文明的典型代表。这里建筑密集，形式多样，是伦敦建筑的核心地带。你可以在这里放荡游玩。建筑一层又一层，人造秩序常常相互交织。有时会遇到一些略显奇怪的建筑，有时又会遇到一些偶然因素促成的建筑和外来建筑。正是这些，使伦敦这座城市令人激动，令人兴奋。

当我个人遇到好的建筑的时候，有时只是部分比较好，并非完美无缺，很少感到吃惊。人家建成了，而且建得这样好，花费了心机，展现了创造和智慧。它的美学价值一下就吸引了我的注意，就好像它在说“你好，我在这里，你注意到我了吗”。有时，对创造性的敏感、丰富的知识和美学直觉，会使人产生一种只有建筑才能激发出来的美学体验。

为了寻求这样一种建筑体验，我把选择范围拓宽，延伸调整了自己的价值观念。我可以为整体中的某些部分所激动，为“几乎完美无缺”的图标所迷倒，为建筑所承带的争论与挑战所激发。不是试图得出一个单一结论，而是使建筑探险更加深化，更加包罗万象。

把位于我心灵深处的这些想法，写在这里，作为《伦敦当代建筑》一书的导语。这些想法，是我本人，也是伦敦人世世代代对建筑欣赏所得出的部分结论。

选择标准是一个不可回避的问题。这里重点强调建筑体验水平、可接近性和道路的问题。很难到达的建筑，会被排除在外。类似地，有些被掩藏起来的优秀作品，如只有私人才能接近的建筑，也不包括在本书之内。关于邻近建筑、古建筑、过时建筑或者已经融入伦敦建筑整体之中的建筑，是指这些建筑本身对你有激发力，而不仅仅指它们是当代建筑，有创新性。前面已经说过了，这里不必再索引列出。

左：城市餐馆。
上：游客游览玛丽皇后大学医学大楼，该楼由W・艾尔索普设计。

历史核心区：伦敦城

涂鸦画家班克西的喷涂作品

左：位于千禧桥(Millennium Bridge)北端的救世军(the Salvation Army)大楼，背景为圣保罗大教堂(St.Paul's Cathedral)。

020 7377 9366
wimpy
HABIB
RAHMAN & CO
DONER
DONER
teas
LLP
Malik
SOLICITORS

伦敦建筑最丰富的地区之一，其最西边界就是C·伯奇(Charles Birch)的狮身鹰头兽雕塑。雕塑坐落于H·琼斯所设计的一根立柱上，位于斯特兰德大街（Strand），正好面对乔治大街上的皇家法院(Royal Courts of Justice)。这里，现代开发建设慢慢融入古城结构之中，街道面上到处可见历史性建筑。就现代化方面来说，其发展变化速度其他地方与之无法相比，但它又保留着许多传统的建筑和城市格局。

历史上曾经有一段时期，伦敦城是社会活动的中心。当时其地理边界，就是从功能性和标志性中心英格兰银行起，步行时间不超过10分钟。这个地方的历史，正如D·基纳斯顿（David Kynaston）所描述的宏伟的四重奏表明，20世纪70年代和20年代以及再往前50年，这一范围都没有突破。然而，第二次世界大战以后，即使直到1960年几乎没有进行重新建设，它也还是发生了重大变化。50年代中期，佩夫斯纳(Pevsner)对伦敦城做过一次调查。他把当时的新建筑，称之为“令人震惊的无生命期和生命反弹期”。到1959年，一些新规定相继出现，促进了建筑业的发展。他将其称之为“新建筑放纵期”。这一时期一直发展到后现代主义的到来。20世纪70年代中后期，后现代主义横跨大西洋来到英国。自那以后，特别是20世纪80年代中期反常发展的“大发展”（Big Bang）时期，作为重要社会活动场所，伦敦城更加开放，新的建筑风格不断出现，打破了传统的边界，向外扩展，形成许多卫星城镇。金融区向东延伸，进入前老港区的心脏地带，特别是发展到了金丝雀码头(Canary Wharf)地区。向西跨过原来的地理边界法灵顿路[Farrington Road，下面的弗利特河(Fleet River)仍缓缓流过，进入舰队街(Fleet Street)]，占据报业界所留下的空地。报界也已向东迁移。向南，甚至跨过泰晤士河，发展到了萨瑟克地区。

从功能上来说，整座城市基本上还是单一性的。鉴于此，我们不妨说，这座城市是由一小块内向场地，逐渐发展成一个无一定形状的怪兽，有明星的中心，但难以感觉到其历史边界。不像罗马时期和中世纪的伦敦，边界明显。同时，有迹象表明，单一文化格局被消融，代之而起的是多元文化和综合应用开发，而综合应用开发一直遭到开发商的反对。

另一方面，受城市更新改造所驱动，土地发生聚集。据推测，已经消失了的私有化街道又在伦敦重新出现。如低层高密度办公用房开发地段（见美林集团大厦）。

现在，关于伦敦的建筑，要说有争议的话，最突出的应该说是高层建筑。一些早期建造的摩天大楼，如国家威斯敏斯特大厦(NatWest Tower)，现在称为42号大厦，经过了改造和重新命名。一些比较新的摩天大楼，如福斯特的“性感小黄瓜”，成为伦敦的新招牌。尽管将来对摩天大楼的需求可能会有所下降，而且有些方案可能不得不被取消，但是建造摩天大楼的新提案还在不断涌现。

舰队街上的狮身鹰头兽

飞翔的天鹅，摩尔盖特(Moorgate)

贝尔拉格(Berlage)大楼上的雕塑

灯塔，摩尔盖特

左：从迈尔恩德大街(Mile End)看“小黄瓜”(the ‘Gherkin’)。
右上：狮身鹰头兽，位于皇家法院外面；斑克西狮身鹰头兽；特许会计师协会附近的天鹅雕塑，贝尔拉格大楼上的船雕，与“小黄瓜”相邻；一座街角灯塔，靠近特许会计师协会。

伦敦城建筑地理

主城区
A. 中心保护区
B. 拉德盖特区 (Ludgate)，从圣保罗大教堂周围地区，直到法灵顿路
C. 巴比肯地区 (Barbican)
D. 北外延区，直到老街
E. 东外延区，包括斯皮特尔菲尔德 (Spitalfields)
F. 萨瑟克外延区

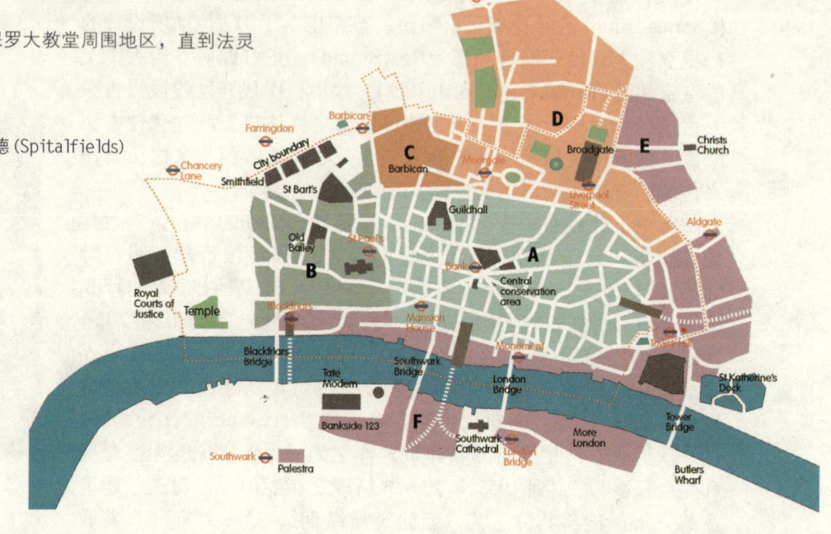

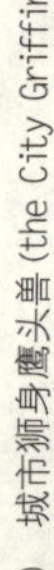

城市狮身鹰头兽 (the City Griffin)

莱登霍尔市场 (Leadenhall Market)

在伦敦城东边界处，站在地铁站塔山 (Tower Hill) 外面，环顾四周，伦敦2000年的历史尽揽无余。前面有罗马墙的遗迹，建于大约公元50年，嵌入后来建造的中世纪建筑之中。往前是护城河和伦敦塔，建于11世纪，征服者威廉取代罗马人占据了这块地方。右侧，俯视三一广场 (Trinity Square)，有一座巴洛克建筑。该建筑由E·库珀 (Edwin Cooper) 爵士设计，年代为1912—1922年。第一劳埃德大楼也由库珀设计。这座巴洛克建筑为伦敦港口管理处 (the Port of London Authority) 所在地。伦敦港口管理处职责是管理自伦敦桥下的普尔河，向东的一大片地区，这里曾是世界头号帝国的贸易中转站，现在则受到形形色色的偷盗问题和管理弊病的困扰。广场东侧是三一住宅大楼。由S·怀亚特 (Samuel Wyatt) 于1792年设计，供海岸警卫人员以及英格兰和威尔士的灯塔管理人员居住。广场前面是一个纪念性花园和一座小型建筑，由E·勒琴斯（Edwin Lutyens）爵士设计，纪念在第一次世界大战中牺牲的船员。左侧，是老港区轻轨入口，通达前老港区。在很长一段时间内曾是欧洲最大的城市更新改造项目。设计师为阿勒普（Arup）。再向前，是塔桥，建于1886—1894年，由建筑师H·琼斯和工程师J·沃尔夫-巴里 (John Wolfe-Barry) 设计。此外，还有位于上游的伦敦码头，即圣凯瑟琳码头 (St. Katherine's Dock)，于1828年开放，现在是用作船坞。它是伦敦最小、最新、最昂贵的码头，由T·特尔福德 (Thomas Telford) 设计。西北角是一座程式化的办公大楼，但很成功，由R·罗杰斯勋爵设计。对面，也就是这座大楼的西侧，有一座新近落成的办公大楼，由N·福斯特勋爵设计。遗憾的是大楼外部设计精良，但有难缠的保安人员警卫。穿过塔桥，萨瑟克教堂的尖顶便映入眼帘。该教堂建于12世纪，19世纪进行了彻底的翻修。还有巴特勒码头 (Butlers Wharf)，这是一个非常密集紧凑的码头区，10多年前刚刚翻修过，原先的一些相互连贯的部分被保留下来。此外，沿着泰晤士河，你还会看到摩尔广场 (More Place)。这是一个巨大的投机性开发项目，还是由福斯特设计。还有“草莓”(Strawberry) 开发项目。这里有伦敦市民引以为豪的城市的最新象征——市政厅 (City Hall)。大伦敦管理局和伦敦市长就在这个大“气泡”里办公。

一眼扫过，一切尽收眼底。现在，转过身来，离开围绕塔桥的这个节点，步行穿过城市的后街，来到城市“肚脐”地带，也就是银行区。这是大都市伦敦的中心，一些严格的城市规划政策在这里不再适用。建筑必须与既有的城市结构相适应，与全球金融贸易相适应。变化似乎随处可见。有时，在同一历史

小巷入口，Cornhill

塔桥

劳埃德大楼与"小黄瓜"

市政厅

文脉下，各种更新改造形式相互重叠，诉说着各自的渊源、故事和存在的理由。

去银行区，得穿过芬彻奇街站 (Fenchurch Street Station)。该站于 1841 年启用，上面是一座 60 年代建造的办公大楼，外包被由阿莱斯与莫里森 (Allies & Morrison) 建筑师事务所重新设计。本站前广场东侧，是劳埃德船舶协会大楼 (LIoyd's Register)，由 R · 罗杰斯建筑设计事务所设计。沿着大街向前去，是阿勒普的种植广场 (Plantation Place)，有大面积的植物覆盖。再向前，可以看到罗杰斯设计的劳埃德 1986 大楼楼顶上的蓝鹤。当然，还有瑞士再保险大楼 (Re building)，由福斯特设计，颜色深暗，形状奇特，俗称"小黄瓜"。"小黄瓜"后面还有一座被完全遮挡的精美建筑，由贝尔拉格设计。实际上，精良的建筑随处可见。这正是这个地方的特色之所在：最古老、最稠密、建筑最丰富。P · 阿克罗伊德谈到伦敦近代史时，对这种奇异特性作了特别介绍。在他的著作《伦敦传》中，阿克罗伊德采用了一种特殊设想，他把伦敦比作一个活生生的动物。听起来很浪漫。不过，如果你仔细审视城市的结构，把现代建筑与城市的历史发展相联系，这个比喻就愈感贴切。这一点在伍德大街最明显。在古罗马人统治时期，伍德大街曾是旧伦敦的南北轴线。就在伍德大街北面，曾经有一座城市之门，叫做克里普尔门 (Cripplegate)，而现在是 T · 法雷尔 (Terry Farrell) 奥尔本门大楼 (Alban Gate building)，就位于原来的第十一大道（Route Eleven）上，现在伦敦墙 (London Wall) 所处的位置。这样，巴比肯 (Barbican) 就出现了。巴比肯开发项目由钱伯林、鲍威尔和邦（Chamberlin Powell and Bon）设计，整体地基抬高，就像一座孤岛，又像一个要塞，四面都有门以供穿行。再回到伍德大街上，沿街有城市警察局，由麦克莫兰 (McMorran) 设计，形状奇特迷人。附近还曾有一座监狱。教堂和教堂院落遗迹沿街四处可见。挤在它们中间的是情趣横生的办公大楼，其中三座由福斯特设计，一座由罗杰斯设计，另一座由格里姆肖 (Grimshaw) 设计。

就在这个迷人组合的东侧，是伦敦市政厅。其北面部分很像泰特现代美术馆（Tate Modern），没有烟囱，但增加了窗户。两座建筑都由 G · G · 斯科特 (Giles Gilbert Scott) 设计，设计年代也大体相同。正南面中世纪的市政厅也由斯科特重新设计改造。绕过泰特现代美术馆后面的广场，可以看到南端的 C · 雷恩爵士 (Sir Christopher Wren）设计的圣劳伦斯犹太教堂 (St. Lawrence Jewry)。西面，有伦敦城管委会（Corporation of London）办公大楼。斯科特去世后，伦敦城管委会搬到了另一座由斯科特设计的大楼。走进坟墓中的这个老人似乎仍然很受欢迎，年青一代都把模仿他视为一种时尚。雷恩设计的教堂、新巴洛克风格的"宏伟" (Grand manner) 的银行大楼以及所有各种各样的历史性建筑混杂在一起，不断发展，不断变化，构成了伦敦现代城市特征。

值得注意的是，伦敦城政治上的界线，在舰队街中部地段，圣殿门（Temple Bar)曾经位于那里。现在，圣殿门在主祷文(Paternoster)项目中得以重建 。然而，地理上的西边界是南北向的法灵顿路，其下面古老的弗利特河仍然静静地流淌 [道路通向布莱克费莱尔斯桥（Blackfriars）]。圣殿门的存在，限制了向布莱克费莱尔斯桥方向的扩展，尽管 20 世纪 70 年以后经过拯救，报业界迁出了舰队街。向北和向东扩展都受到社会问题的限制。由此看来，跳过泰晤士河发展似乎更合逻辑，就像伦敦摩尔区一样。

其他可能的扩展方向就是向高空发展。符合这一地区限制政策、能隐形于圣保罗大教堂之下的建筑，如"小黄瓜"以及其他类似的高层建筑，包括福斯特和罗杰斯的其他建筑，极其稀少，所能创造的空间也极为有限。注意，圣保罗大教堂周围的建筑高度限制也是一个问题。另一个南面竖向发展节点，就是伦敦大桥车站周边地区。R · 皮亚诺 (Renzo Piano) 的设计方案等待激活，以便付诸建设。

伦敦城

伦敦城，又称“一平方英里”，因为其面积大体与1平方英里相当。伦敦城的中心位于银行区。传统上，从英格兰银行起，步行不超过10分钟，也就是在老罗马城墙的范围之内。这一传统界线一直保持到20世纪80年代，之后，伦敦城开始寻找机会向外扩展。跃过法灵顿路，向舰队街地区扩展。对伦敦城来说，法灵顿路即使不是正式的政治上的边界，也是地理上的西边界。后来，又跨过泰晤士河，这在老港区码头关闭之前是不可想象的。向北，扩展到布罗德盖特和利物浦大街车站周围。向东扩展则较为困难。因为如果向东扩展的活，就将进入东区，特别是进入砖巷周围阿尔德盖特 (Aldgate) 和怀特查佩尔 (Whitechapel) 的传统移民区。伦敦城还在继续向外扩展。不过，不久前市政当局已经认识到，除横向扩展外，还要向高空发展。从伦敦的制高点圣保罗大教堂远望，在这条视觉走廊上，新建高层大楼迂回穿插，像星星点缀。从伦敦城内部来看，老建筑不断被新建筑替代，即使是不被替代，其内外部装修也不断发生变化，甚至一些20世纪80年代建成的建筑也经历了翻修改建，如前证券交易所 (Stock Exchange) 大楼和前巴克利银行总部大楼 (Barclays Bank HQ)。对老建筑的翻修改造，多数是针对那些位于心脏地带的建筑。在这些心脏地带，街道仍保持中世纪的格局，有后街小巷，为探索伦敦建筑提供了丰富的素材。

霍克斯顿
Hoxton Street
Kingsland Rd
Hackney Rd
Pitfield Street
Old Street
Alvert Ave
City Road
Old Street
Old Street
Great Eastern Street
圣路加
Old Street
肖尔迪奇
City Road
Bunhill Cemetery
Bunhill Row
Worship Street
Finsbury Square
Beech Street
Barbican
斯皮特尔菲尔德
Barbican
St. Bartholomew
Moorgate
布罗德盖特
Christs Church
Finsbury Circus
Liverpool Street
London Wall
Bart's Hospital
Commercial Street
Brick Lane
Aldgate
St. Paul's
Aldgate
Whitechapel
怀特查佩尔
Poultry
St. Paul's Cathedral
Bank
Threadneedle Street
Cornhill
Queen Victoria Street
Mansion House
Fenchurch Street Station
Tower Hill
Tower Gateway (DLR)
Monument
Cannon Street Station
Millennium Bridge
Southwark Bridge
Tower
St Katherine's Dock
London Bridge
Globe Theatre
现代艺术馆区
London Bridge City
Tower Bridge
Southwark Cathedral
London Bridge
Tooley Street
Southwark Street
Borough High Street
City Hall
萨瑟克
巴特勒码头区

伦敦城

在银行区，8 条道路交会于一个节点上，就像一个股票经纪人做成一笔好交易。银行区在地理上位于伦敦城的中心地带，也是英国资本主义的象征。同时，它也是伦敦保护区的中心。在伦敦，保护区面积几乎占到伦敦市面积的 1/3。这里有许多著名建筑师的作品。过去，曾经有一段时间，步行不超过 10 分钟，也就是在老城墙之内，是一个主要设计参考标准。现在，英格兰银行大楼是最负盛名的建筑，由 J · 索恩（John Soane）和 H · 贝克 (Herbert Baker) 设计，贝克被看做是英国战争期间最知名的建筑师之一。还有皇家证券交易所大楼，承载着伦敦历史连续性，在很长一段时间内，曾经是伦敦最重要的建筑之一。此外，还有丹斯 (Dance) 的曼森公寓大厦（Mansion House）和斯特林的家禽街 1 号大楼。勒琴斯的米德兰银行大楼 (Midland Bank)、霍克斯莫尔的圣公会会堂 (St. Mary Woolnoth) 以及雷恩的圣斯蒂芬 · 沃尔布鲁克教堂 (St. Stephen Walbrook) 等。

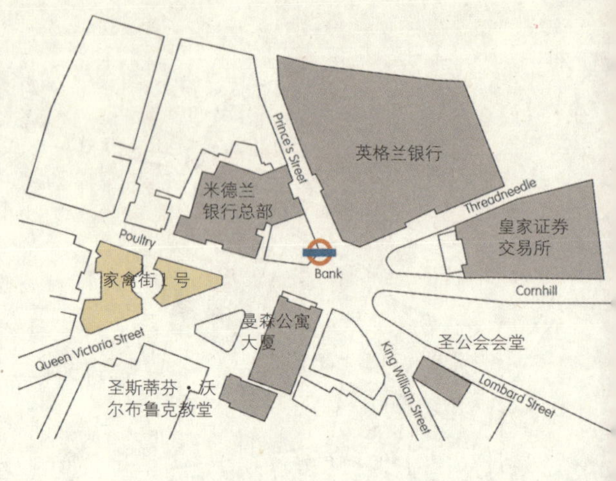

1. 圣斯蒂芬 · 沃尔布鲁克教堂

建于 1672—1680 年，位于银行区东南侧，是雷恩所设计的教堂中比较好的一座。教堂为中心组织结构形式，战争期间被炸毁，现在已完全修复。教堂有现代圣坛，位于中央，带有明显的斯堪的纳维亚色彩，与 17 世纪末期雷恩的深褐色色彩，形成鲜明对比。此外，还有一个小型的讲道台。教堂的尖顶特别精美，这也是雷恩大多数城市教堂的主要设计特色。

2. 曼森公寓（Mansion House）

该建筑有一个挤扁了似的门廊，正对着银行区。它是伦敦金融城市长大人的府邸，所谓“伦敦金融城市长”与“伦敦市长”不同，现在其实只是一个虚衔，负责伦敦金融城的宣传推广。公寓由老乔治 · 丹斯（George Dance the Elder）于 1739-1752 年设计。原本山墙上有两个高耸的附加装饰品，后来被建筑师的儿子小乔治 · 丹斯（George Dance the Younger）删砍掉了（我们不妨用弗洛伊德的父子相争理论来解释这个举动）。山墙上的浮雕表现的是伦敦城打败恶魔“妒忌”，引来“繁荣”的景象（不知“左派”思想家福柯看了这个画面又会怎么想）。

3. 英格兰银行 (Bank of England)

银行区最重要的建筑，宏伟壮观，占据整个街区。可以分为两部分。第一部分由 J · 索恩爵士设计，可以追溯 1788—1808 年。第二部分由 H · 贝克设计，沿着索恩当年的边界展开，时间为 1922—1939 年。索恩设计的部分形态雄伟鲜明，好像一座堡垒，体量惊人，占据了整个街区，又像一台原始的“推土机”，在设计精致、线条分明的围墙上没有多少开口。受古罗马建筑的启发，阳光从上部进入房间。从前，工作人员要借助灯光在房间内整理书籍。到贝克时代，建筑师在室内加装一个电源开关，可以获得同样的效果。于是，贝克把原先索恩的部分内容拆除，在老墙背面将建筑抬高。因抹杀索恩的杰作，贝克受到相当严厉的抨击。不过，贝克的改造也有令人赞美之处。特别是在建筑开放日，当银行对外开放的时候，你可以将几个类似的建筑作一下对比，如 E · 库珀设计的、位于塔山的前伦敦港口管理处大楼。在对角处，还有一座建筑也由库珀设计，即前国家威斯敏斯特大厦，与勒琴斯大楼几乎是在同一个时期建成。在 20 世纪 20 年代，库珀的劳埃德大楼是第一座由客户定制设计的大厦。索恩围墙本身几乎完全空白，但也是很值得漫游欣赏。此外，北边还有一座索恩本人的雕像。

过去认为，距英格兰银行步行不超过10分钟极为重要。现在，除了古罗马城墙的神秘和表明当时伦敦城半自给状态以外，在交通便利方面，这一点几乎没有什么意义可言了。伦敦城不断受到各种奇思怪想的影响，新建筑和建筑师不断涌现。走在街头，一转身可能就会碰到一座重要建筑。

4. 皇家证券交易大楼

与伦敦的劳埃德大楼相似，从皇家证券交易所的变化，可以看出建筑的变更与文化的延续是相一致的。皇家证券交易所最早建于1566年，原来是作为一个国家商务场所。1666年，一场大火将其烧毁，后来重建，19世纪30年代又被大火烧毁。每次重建都少不了它的基本功能，都有一个中庭，供人们聚会所用。最初，它有带拱廊的中庭，W·泰特爵士(Sir William Tite)于1841—1844年设计。1990年，F·罗宾逊(Fitzroy Robinson)对其进行翻修改造时，将中庭遮盖起来了。2002年又进行了翻修改造。中庭又被遮盖，建成了灵巧剔透、具有欧洲风格的豪华商店。从某种意义上说，空间用途又与最初的设想相一致了，就是将中庭作为一个交易场所。这纯属巧合，不是系统的设计和筹划。

5. 米德兰银行大楼

米德兰银行总部大楼由E·勒琴斯于1924—1939年设计。直到1944年去世，勒琴斯都是英国最受欢迎的建筑师之一。这座楼的设计其实是由他手下人做的，采用一新千年风格（millennium style），德高望重的老建筑师拿到设计稿后，意兴盎然地又在外饰上做了一些文章。他激昂的性格因此就在大楼上流露了出来：建筑细部的设计以及街面上小男孩抱着鹅的雕塑都是勒琴斯的手笔。你可以从一边进入银行大厅，再从另一边出来，别搭理那些兜售理财服务之类东西的小贩——你会看到，这么多年之后大厅还保留着原样，没有被改造成咖啡厅或酒吧，仍然是从前辉煌豪奢、盛气凌人的派头。

6. 圣公会会堂(St. Mary Woolnoth)

位于银行区，于1716—1727年设计建造。设计师为N·霍克斯莫尔。他在雷恩手下干了很长时间，很晚的时候才独立设计。受场地限制，建筑要素几乎全部抽象化、简单化。强调几何象征意义。在18世纪，奇妙、敬畏、恐惧等感觉，可通过几何造型表现出来。这座建筑如果靠近斯特林的家禽街1号大楼，似乎更好一些。霍克斯莫尔共设计了6座教堂，圣公会会堂(St. Mary Woolnoth)，是其中之一。其他5座分别是：圣乔治·布卢姆斯伯里教堂(St.George Bloomsbury)，就在大英博物馆南侧；圣乔治东教堂(St. George-in-the East)，位于瓦平；圣阿尔菲奇教堂(St. Alphege)，位于格林尼治；圣安妮教堂(St. Anne)，位于莱姆豪斯；还有特别值得一提的基督教堂(Christ Church)，位于斯皮特尔菲尔德。可以花点时间，将这些教堂同斯特林与威尔福德的建筑做一对比。一些主要方面，二者区别明显，并且跨越好几个世纪。

7. 家禽街 1 号 (No.1 Poultry le coq on Poultry)

No. 1 Poultry, EC2.
James Stirling Michael Wilford & Associates,
1998.Tube: Bank.

斯特林和威尔福德设计的家禽街 1 号大楼始建于 1985 年。本来应该早几年完成，但直到 1998 年才全部建成。那时，这座后现代建筑与当时的流行时尚就有点不合时宜了。不过，这也不能说它设计不好、乏味无趣。

这座大楼的开发商帕伦博勋爵 (Lord Palumbo)，也是艺术界一位举足轻重的人物。对这块三角地进行开发的设想，最早由帕伦博的父亲提出。20 世纪 60 年代中期，密斯·凡·德·罗 (Mies van der Rohe) 对这块地段进行了整体规划。在此基础上，J·贝尔彻 (John Belcher) 提出了建设一座新哥特式建筑的提案（密斯于 1969 年去世）。把原来体量相对较小、但造型精美的建筑拆除，重新征集土地，建设一座大型广场和鞋盒子式的高层大厦，这在城市开发格局中是很罕见的。方案一出台，就受到查尔斯王子（Prince Charles）的批评。他说拟议中的建筑就像一个“玻璃桩”。随后，争议四起。后来，就有了替代方案，主要是迎合了保守派的口味，也就是现在的特里·法雷尔爵士。无可奈何之下，小帕伦博将该项目转给了斯特林和威尔福德，由他们重新进行设计。他们的设计方案让人感到震撼眩晕，但最终获得了规划许可。这是在斯图加特国家美术馆 (Staatsgalerie) 开业两年以后。那家美术馆也是由斯特林和威尔福德设计。斯特林因一个小疝气手术而去世。

家禽街 1 号大楼，在设计上采用了对称、中轴线布局，其华丽的风格与周围邻近一些设计师的建筑相协调，如勒琴斯、索恩、霍克斯莫尔、泰特和雷恩等。底层是商店，地下层是一个购物商城，与地铁银行站、Tube 站以及 DLR 站相连。顶部是特伦斯·康兰餐馆 (Terence Conran)，伴有园林景观，由 A·伦诺克斯－博伊德 (Arabella Lennox-Boyd) 设计。中间 5 层为租赁式办公空间。所有这些都围绕着一个开放的中央大厅进行布置安排，中央大厅按一定的程式设计成圆形。公众可以穿过大楼的核心地带，前往地铁车站。

8. 大火纪念碑 (the Monument)

EC3 区威廉国王街 (King William Street)，为纪念 1666 年“伦敦大火”而建。由 C·雷恩 (Christopher Wren) 和 R·胡克 (Robert Hooke)，于 1671—1676 年设计。现在，此类方尖塔式的建筑在民用纪念设施上也不再采用了，或许纽卡斯尔的“北方天使”是一个例外。该建筑是借鉴了古建筑的特点，

用以纪念当时发生的重大事件。一半以上的商业捐助者，在底座上都可以找到。柱子过去主要用作欢迎来自南方的游客，但到伦敦桥重新定位以后就改变了。该纪念碑很值得一看。可以体验一下它的特点和体量尺度。从碑顶可以欣赏伦敦全景。另外，还可顺便看一下圣保罗大教堂、42 号大厦、“小黄瓜”、塔桥以及家禽街 1 号楼顶上的餐馆。

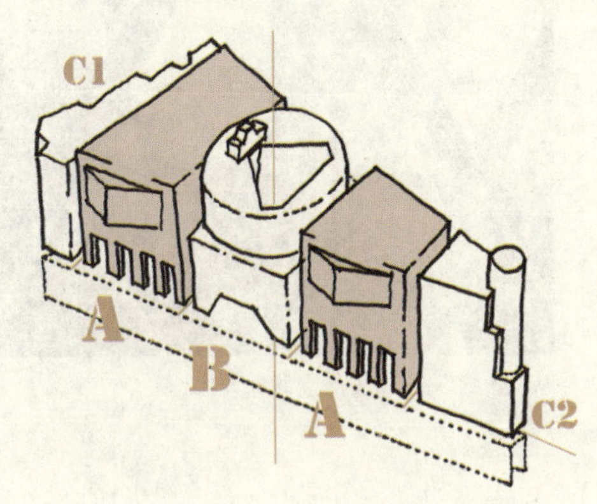

看到家禽街1号大楼，你就会联想到在这块土地上原先曾经有过什么东西，以及1986年所提出的最初设计方案。在1986年方案中，整个场地被切割成4块，其中就包括保留J·贝尔彻位于角落处的建筑。最终采用的方案为A-B-A格局，西部两侧为各种服务区，东部“船首”采用了贝尔彻的一些设计要素，包括钟表和带有抢救性质的陶制檐壁。这些陶制檐壁最早由J·克雷默(Joseph Kremer)于1875年设计。然而，这一方案也有其不足之处，那就是它前端偏斜（迎合了规划师的口味），对整座楼的体验完全依靠记忆。对于一座已经拆除的大楼，谁还能够记住它呢？意思也就是说，不管表面上如何，斯特林的角落建筑必须保留自己的特色，中央部分是“阳光天井”和公共活动区。这里不让拍照。先告诉你，以免当你拿出相机的时候，保安过去制止你。

位于前角上的塔楼突出明显，面对银行区，令人感到心满意足，的确是建筑杰作。一看到它的外形，就会使人回想起此地原先曾经有过的东西。有些博学的评论家认为，塔楼只不过是采用了罗马有喙典礼柱，看起来有点滑稽。但是，如果仅仅局限于对过去回忆，那就失去了它的本来意义。不管怎么说，自负自大的开发商，与20世纪80年代后现代主义的有机结合，能够创造出颇具个性的作品。这座大楼看起来似乎缺乏一些令人感到惊奇和创新性的要素，在斯特林早期作品中，正是这些要素使其颇引人关注。另外，这位特征鲜明的建筑师一向所具有的灵巧、幽默和聪明的反叛，在这座大楼上也难以寻见，而正是这些使其凌驾于主流建筑师之上。有媒体报道说，大楼的设计并非出自斯特林本人，而是出自于他的一个同事。出于某种对先人尊重的原因，在风格上有些过时。但是，什么是不寻常？后来由M·威尔福德及其合伙人建筑师事务所所完成的设计应该算是不寻常的了吧？这就是建筑史秘密之所在：口头传诵，云遮雾罩，建筑本身沉默寡言。

在伦敦城最重要的一角，家禽街1号大楼，与众多建筑相互辉映，如勒琴斯的米德兰银行大楼、索恩的英格兰银行、丹斯的曼森公寓、雷恩的圣斯蒂芬·沃尔布鲁克教堂以及圣公会会堂等。随着1990—1994年建筑业衰退期的到来，家禽街1号大楼能否完工成了问题。为了能够把大楼建成，对建筑风格和式样重新进行设计和定义。延续15年的后现代主义建筑风格在这里得以终结，取而代之的是重新复活的、低调巴洛克夸张现代主义（实际上更接近后现代主义），看起来更像是受到巴塞罗那的影响，而不是芝加哥。具有讽刺意味的是，密斯的风格又开始流行了，见格雷沙姆街(Gresham Street)上的福斯特大楼。然而，过不了几年，很可能会受到人们的尊敬，不像现在这样因过时而被人轻视忽略。

9. 前巴克利银行总部大楼(Barclays Bank HQ)

由GMW公司于1994年设计。它是伦敦城内少有的几座杰出建筑之一。现代主义风格，于1994年完成。当时，几乎所有人，包括开发商在内，都转向别处了。有趣的是，项目由GMW公司接手了。在伦敦，GMW公司已建起了许多建筑。这座总部大楼主要特点，就是参照了其他建筑师的设计，如斯特林的斯图加特美术馆新埃及时代的檐口，O·瓦格纳(Otto Wagner)的19世纪末檐口上维也纳金饰，罗杰斯的劳埃德大楼中庭顶部等。欣赏这座大楼要联想当时它所处的社会环境，不能简单地从表面上与周围其他建筑相比。提到GMW，该公司在伦敦还有一些其他作品，如前华比银行大楼(Banque Belge)、商会(Commercial Union)大楼以及42号大厦底层休息大厅等。

10. 前华比银行大楼(Banque Belge)

EC区，毕晓普斯盖特(Bishopsgate)与莱登霍尔拐角处，由GMW公司于1975年设计建造。造型优雅，底部、中部和上部三者之间，采用乔治亚时代的风格，几乎完全按几何比例安排。不过，或许它应该更高一点，不然的话，会让商会感到不够场面。莱登霍尔大街上入口遮棚大约是在1899年加上去的。可以与其他建筑作一下对比，如奇形怪异的新哥特建筑敏斯特科特(Minster Court)、位于伦巴德(Lombard)与格雷斯彻奇(Gracechurch)交角处的巴克利银行总部大楼(Barclays Bank HQ)，以及42号大厦基础等，这些都是GMW公司的作品。这些作品，从某种程度上反映出了建筑风格的变迁和城市的发展变化情况。

11. 劳埃德 1986 大楼 (The Lloyd's' 86 Building: an exercise in continuity)

Lloyd's of London, Lime Street, EC3
Richard Rogers Partnership, 1978–1986
Tube: Bank

正在衰退的劳埃德 1986 大楼，面积 47000 平方米，曾是现代主义的代表作，已经融入城市结构之中，成为伦敦城的重要组成部分，虽然它的辉煌已经被邻近一些新建筑所掩盖，如福斯特的（“性感小黄瓜”——下称“小黄瓜”），以及位于街角处的罗杰斯本人的劳埃德船舶协会等。与此同时，它也日益受到来自内部的不满和指责。从设计方面来看，它与大楼之外客户和客户发展史，似乎没有多大的联系。要知道，在“一平方英里”的秘密世界里，保险市场享有很高的声望，受人尊敬，而且具有悠久的历史。保险市场，就是通过保险商和保险经纪人，将财富投保，以应对可能发生的不幸事件。经过一段艰难时期以后，保险市场开始红火。这时，劳埃德觉得有必要将市场从皇家证券交易所中迁出，搬入一座新大楼之中。而这座新大楼应该面向客户设计，位置就选在莱登霍尔大街。这些都是 1923 年的事了。后来，1928 大楼建成了，设计师为 E · 库珀爵士（1873—1942 年）。大楼有一个大型交易场所、一个主入口（但很少有人使用）、一个次入口（大多数人都使用）和位于楼角处的核心活动区。这个基本格局，一直延续到劳埃德后来所建造的大楼之中，包括罗杰斯设计的大楼。

1928 大楼现在所留下的就只有波特兰大理石入口柱廊，与康希尔（Cornhill）教堂中的很相似，宏伟壮观。从入口处经过一道走廊，就可进入到一个大厅。大厅富丽堂皇、呈方形、2 倍楼层高度，面积 1500 平方米，顶部中央天窗照明，并悬挂有大型灯饰，墙壁由苏比克大理石覆盖。大厅中央有公告台和著名的卢廷大钟。按照传统，当有船只沉没时，大钟就被敲响。莱姆街 (Lime Street) 上有保险商入口，作为“大房”的后门——所谓“大房”是人们对市场大厅的昵称。

1928 大楼启用 8 年后，劳埃德保险市场又向另一座邻近大楼扩展。第二次世界大战后，随着劳埃德的发展，人们觉得需要增加一个走廊。但是，这一想法最终被另一个方案所替代。这个方案就是，对邻近的大楼进行彻底重建，参照 T · 希舍姆 (Terence Heysham) 的设计方案（1897—1967 年），也就是劳埃德 1958 大楼。

与它的前任相似，1958 大楼基本上也是一个高大、大理石贴面、顶部采光的大型空间，并悬挂有成排的灯具装饰。大楼上层为工作人员所用。在垂直方向上，大楼向上延伸，也让市场大厅成为全欧洲体量最大的带空调的房间。增设了走廊，以便为相对较新的非海洋保险市场服务，如汽车和航空保险。在一处新址上，安置了“亚当委员会（Adam Committee）办公室”，办公室内放有卢廷大钟原所在的卢廷号军舰船首，而房间内壁的木墙板与石膏饰面则取自罗伯特 · 亚当 1763 年为一个乡村住宅设计的餐室。这时，保险可用空间大约为 4100 平方米。

从“性感小黄瓜”内看劳埃德大楼

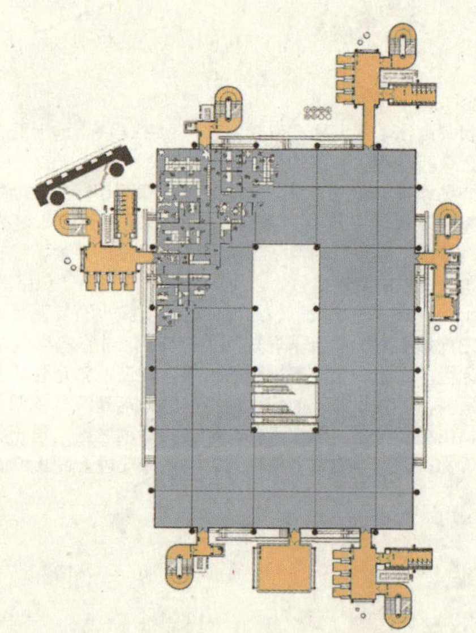

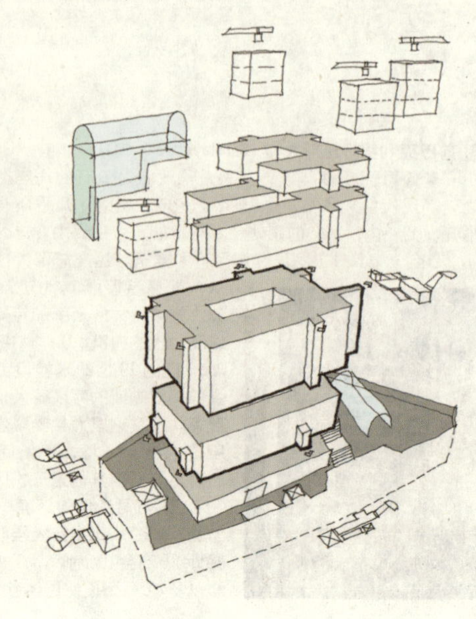

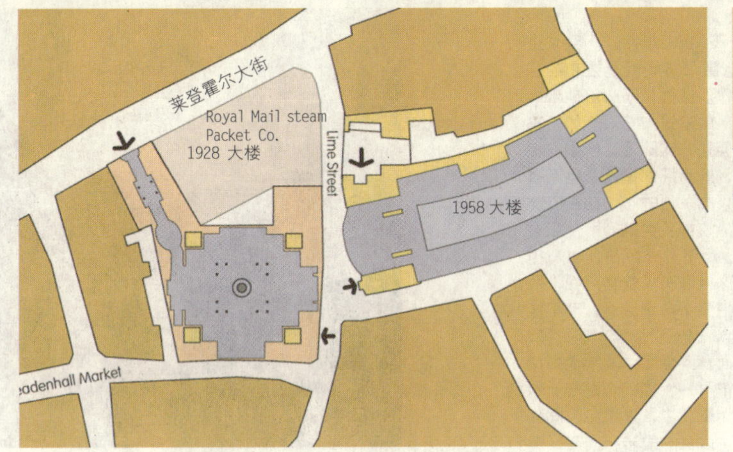

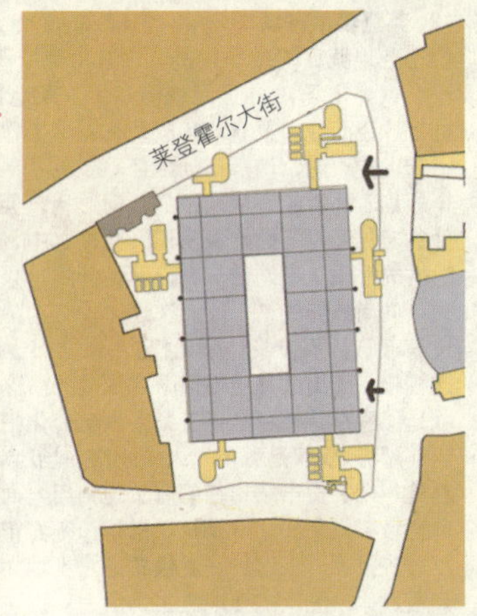

20 世纪 70 年代初，空间又不够用了。这一次，劳埃德委员会决定寻找一位建筑师再设计一座大楼，其受用年限不是 25 年，而是 125 年。最终选择了 R · 罗杰斯及其合伙人事务所所设计的库珀大楼方案。按照这一方案，保留 1958 大楼，用于容纳工作人员。后来，这一方案又由 DEGW 公司进行了修改。修改后的方案增加了两个大型的、相互隔离的餐厅，服务于保险商和工作人员。到 2002 年末，这座建筑计划拆除。

与它的前任一样，1986 大楼，正如大家已经熟知的，也完全是围绕着提供更多空间而设计。在“1928 大楼”的基础上扩建，就意味着必须向垂直方向而不是向水平方向发展。希舍姆所设计的单一走廊，现在变成了 5 条。1928 大楼和 1958 大楼的顶部光照，改成了类似教堂的中庭。在内装饰方面，大理石墙面换成了高规格的混凝土贴面。中央大厅、各条走廊、办公空间以及位于上层的委员会主席办公室，都重新进行装修，造型精美独特，设计很专业化。亚当厅也重新改造。改造以后，极其华丽，光彩耀人，成为包容于罗杰斯大楼之内的一座经典建筑、一件奇形怪状的后现代主义作品，而其周围基本上都是高科技设计。

毫无疑问，这座建筑最具争议的一点，就是将所有的服务都安排在外部。表面上看，这一大胆的设计完全是为了防止对保险市场的外来干扰。既具浪漫色彩（类似于哥特式的教堂），又是真正的现代作品（西方科技水平最先进的建筑之一），备受人们的推崇。然而，这种石油钻塔式的美学思想，其优劣还有争论。劳埃德保险市场作为一个贪婪、非常保守的城市资本主义机构，从长远来看，对于那些左翼、怀有平均主义思想的、在巴黎刚刚完成了宏大项目的建筑师来说，其文化上的价值古怪难测。保险市场搬入 1986 大楼之后，1958 大楼的地下室仍然保留了下来。在设计师—客户模式方面，该项目是一个很好的实例。从这个例子来看，现代主义设计师与客户的关系，就是充满敌意的争论。特别是当涉及什么时候开建，容纳什么样的客户，客户的位置安排，以及安排什么样的座位时，争论更是不断。不同的意见到处都是，各种设计问题都会冒出来。

例如，用淡蓝色地毯替代俗气的、具有乡村办公室气息的饼干色地毯。E · 伊日奇娜 (Eva Jiricna) 为这个“盒子”特别设计了座椅，但有人说，应该采用 1958 大楼中的座椅。而那些座椅，古老陈旧，柚木色彩沉重，让人坐上去不舒服。伊日奇娜为船长餐厅（保险商正式用餐场所）设计了窗帘，因花岗石地板覆盖着更俗气的地毯，而被不体面地拆掉了。

除此之外，还有更深层次的政治背景和金融背景。当时，建筑市场前景不被看好，在整个建设期内一直如此。到 1994 年，不得不将大楼卖给一家德国开发商。随后，因外部管道 1958 大楼出售问题，向罗杰斯及其合伙人提出巨额索赔。现在 1958 大楼已经拆除，代之而起的，你可以猜一下，是由福斯特团队设计的另一座大楼。设计师与客户所拥有的一个共同特征就是，热衷于冒险，敢于让公众说话。但这种冒险和听取公众意见无法克服文化上的差异，注定是要失败的。将来这座大楼被保留下来，还是会慢慢地腐朽？或者被其他经济上更合算的东西所取代？附近还有罗杰斯设计的其他建筑，如 K2，位于圣凯瑟琳码头大街；伍德大街 100 号，以及劳埃德船舶协会。可以与它们进行一下对比。还有，劳埃德大楼之后第一座重要的办公大楼——4 频道大楼 (Channel Four)，以及布罗德维克街 (Broadwick Street) 索霍区的大楼，对比一下。

12. 莱登霍尔市场

位于劳埃德保险市场东侧，由 H·琼斯于 1881 年设计。原来是一个家禽市场，14 世纪就已有了。莱登霍尔市场就是在它的基础上改建而成。改建非常成功，堪称杰作。通过位于心脏地带这一市场的改建，琼斯不动声色地展示了他的建筑技艺。例如，整个规划表面看起来呈规则的几何形状，但是，实际上，他是在把他的宏伟设想巧妙地融于周围结构之中，既有局部搬迁，也有暂时性的挪动。不妨看一看，他设计的（兴高采烈的？）、由中心交叉口向南延伸的这一段。在这一段中，建筑探头探脑。即使后面没有建筑，不涉及“采光权”，外立面也尽量向外延伸，以与街道相接，而街区是由街道限定形成的。这样做有其优势所在，那就是似乎在等待社会经济条件发生变化把整个市场激活，而不像以前那样，仅仅是城市工人午间交易场所。这里要把停车场去掉，新建一个农贸市场？在偏僻土地利用方面，莱登霍尔及其他类似地方，树立了一个好榜样。但是，在城市再开发模式方面却受到严厉的批评。在这种开发模式下，土地大量集中，建筑多为高楼大厦，原来肥沃的土地失去了活力。你可以从这里步行向西，穿过几条小巷到达银行区，然后再在白色瓷砖（反射日光）和圆形陶瓷贴面所构成的墙面之间漫步游览。看到这些圆形贴面，你可能会觉得这里曾经是酒馆或咖啡馆区。除此之外，沿途你还会看到、接触到一些其他地方，如圣彼得教堂后面的区域。这里同样具有令人心动之处，各种体量和尺度的建筑仍然保留着，蕴藏着巨大的开发潜力。对于 20 世纪 50 年代和 60 年代热衷于板块和大桥（如巴比肯）的规划师来说，这将受到严厉的批评。还有一些怪物，如布罗德盖特、斯皮特尔菲尔德和金丝雀码头等，都拒绝有机发展变化。既无这个打算，也没有这种可能。

右：琼斯将立面延伸，构建成一个真正的剧院。

13. 商会大楼

GMW 公司于 1969 年设计。商会大楼是战后北美大厦一广场模式的经典实例，与后来的、马路对面的劳埃德大楼，以及位列于伦敦墙西侧的 20 世纪 60 年代的城市大厦，形成鲜明的对比。大楼看上去很优雅，但是被炸毁以后外立面进行了重新包被。1993 年 4 月初，爱尔兰共和军在波罗的海航运交易所附近引爆了炸弹。炸弹爆炸后带来新的重建工作，其最明显的结果就是福斯特的“性感小黄瓜”。对该建筑的批评，都是一般性的，是大厦一广场模式所共有的，即广场让人感到愉快，但也有不合时宜之处。

14. 商会大楼过街天桥

商会大楼一层有一个过街天桥。这个过街天桥在 20 世纪 50 年代和 60 年代，深受伦敦市议会的喜爱。从过街天桥可以通往城市网络之中。1965 年规划延长到 35 米。与商会大楼相邻，并且是同时代的一座建筑，就是 PO 大楼。PO 大楼比商会大楼稍矮一点，位于商会大楼西侧。它有一个令人颇为赞赏的广场入口天棚。天棚由纤维玻璃采光，建于 1998 年。绕过这个街角，到莱登霍尔大街，你就会看到，面对勒琴斯 1929 年设计的米德兰银行，延长过街天桥的梦想不得不放弃了。过街天桥本来可以很自然地从前 PO 大楼上跃过去，但是有了勒琴斯的“宏伟壮观”的银行，这一切就变得不可能了。当然，最大的过街天桥，要属巴比肯的过街天桥了。过街天桥的其他部分仍然保留着，如正对布罗德盖特南面的部分。

30 St. Mary Axe, EC3
Foster and Partners, 2003
Tube: Monument, Bank

15. "小黄瓜"(30St.Mary Axe)：谜一般的神奇

上：入口景观。

2003年，伦敦城终于有了一座建筑，可以超过理查德·罗杰斯团队所设计的1986大楼了。那就是福斯特的"小黄瓜"。其面对劳埃德大楼，与GMW公司优雅的商会大楼相邻（高120米），隔几个街区与塞弗特上校仍然风雅的42号大厦遥遥相望。42号大厦高183米，原先为国家威斯敏斯特大厦，自1981年以来，它就一直主导着城市天际线。

"小黄瓜"高180米，40层，面积76400平方米。雕塑般的造型，颇具戏剧性。是伦敦城市天际线的主导建筑。其内部结构最突出的特征，就是有一个螺旋形的"光井"。"光井"沿着大楼上升。大楼打破单一、圆形格局，围绕着中心形成一圈"办公室人物"。从远处看，就像一条条的音带，经过缠绕打包以后，镶嵌在三角形的玻璃框架之上。这种B·富勒造型，从实用主义角度来看，有其多方面的合理性。它被称为"环境友好"建筑。光线可以通过光井进入楼内，光井使办公室得到通风，由此可以减少空调负荷量。所有这些都运用空气动力学的原理，设定了合理的气压差。硬朗的斜肋构架，替代了通常所采用的中央支撑方式。玻璃可以打开通风换气。同时，还可提供全方位观赏游览。尖削的几何造型降低了反射和风的干扰。在一个相对拥挤的地段，这还使公共空间得以扩大［正如在方舟（Ark）大厦所做的一样］。

上：邻近的圣海伦·毕晓普斯盖特教堂。一个修女教堂，已有1200多年的历史，最近正在由Q·特里(Quinlan Terry)对其进行翻修。

与福斯特的最好作品一样，在这座建筑上许多优点是不言自明的。实际上，大楼的设计应该归功于福斯特合伙人K·沙特沃思(Ken Shuttleworth)。遗憾的是，为防火，斜肋构架被严密地包裹起来，而且内部支撑为直角格网。这或许在一定程度上说明了玻璃为什么发暗的问题，从平面上来看，往往只展示出最宽点，中庭不管是顶部还是下部，都有些偏小。实际上，到了上层，中庭就没有了。有人可能在什么地方见过这样的情况：高大通风的中庭类似于生火的烟囱。"小黄瓜"的中庭只延续到第2层至第5层，往上就没有了，并不是最初的设想。这种造型还有一个困难，富勒(Fuller)在设计短线穹隆体时就提出过这个问题：如何进入大楼之中？他建议，可以从周边潜进去。在这座大楼上，福斯特团队在外壳上切去了一个出入口，形成了一个大厅。这可能无意中参照了阿尔瓦·阿尔托的作品。更为严重的是，2005年初，有人看到有几块窗户玻璃爆裂，掉了下来。从广场上来看，这非常有趣。但，如果你是建筑旅游者，可就没那么有趣了。

下："小黄瓜"底层设计图。

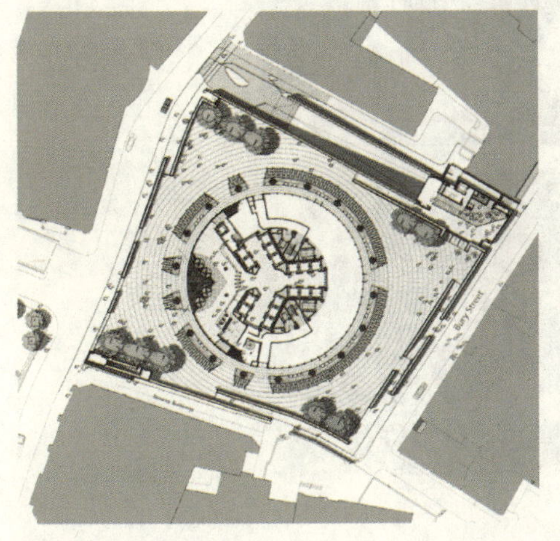

不过，尽管有这么多不足之处，它毕竟还是建筑设计之杰作。有一点你还得了解，那就是20世纪90年代初，爱尔兰共和军的炸弹，曾使这一地区遭受严重破坏。爆炸就发生在波罗的海航运交易所大楼前面，而波罗的海航运交易所大楼深受保守游说团体的保护。但是，最终还是受到严重破坏，不得不予以拆除，把它辉煌壮丽的中央市场装进木“箱子”之中。很明显，在这块土地上，任何新建大楼都必须有市场交易空间。这一点，对开发商来说简直就是一场恶梦。城市规划师很聪明，他们同意土地所有者，按照有关法规规定，建一座样板性的大楼，而这座大楼必须极其杰出优秀，没有人能够提出反对意见。大楼还不能包括波罗的海航运交易所的老楼。于是福斯特来了，“小黄瓜”诞生了。

但是，所有这些都无法解释这个“小黄瓜”为什么那么既令人感到欢喜，又令人感到厌恶。它火箭一般的造型，就像一个待孵的大鸡蛋，非常迷人。据说，2004年伦敦开放日的时候，等候参观的队伍长达1公里，要等5个小时。大多数人只不过是想到“小黄瓜”的顶部，从两层楼的玻璃房内，欣赏伦敦的奇妙景观。位于广场开放区域安全线以内的这座大楼，与古罗马典礼柱、方尖塔以及其他类似设施（从新石器时代的石头，到库布里克2001年在电影里所展现的东西），构成伦敦一道永久风景线。从这种意义上讲，它的景观价值和历史价值，远比设计本身更重要。福斯特的作品有许多曾被认为是单调无聊的。参观一下，你自己去判断。

在本书写作之际，“小黄瓜”正好可以进行参观，但必须是以小团队的形式。不过，可不便宜。用同样的价格，你可以去看劳埃德大楼。

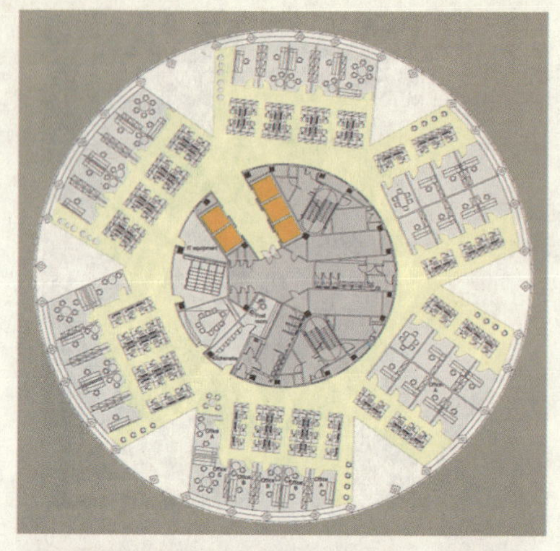

16. 国家雇主大厦（National Employer's House）

EC3区，伯里街（Bury Street），与圣玛丽埃克西大街隔一条小巷，就在劳埃德大楼的北面。由荷兰建筑设计师H·P·贝尔拉格于1914年设计。设计之前，贝尔拉格访问了美国，深受沙利文的鼓舞和启发。大楼所处地段拥挤紧张，要想看它的全貌，不得不拐弯抹角。外立面为竖框结构，框架间隔1.3米，墙面贴瓷砖。围着大楼转转，看看它的窗户，就可发现其立面特征。框架尺寸较小，明显降低了负荷量。外立面本来应该是完全面向街道，而不是与街道成一定角度，但由于受“小黄瓜”广场的影响，不得不成为现在这个样子。内装饰情况，看看规模不大的入口大厅，就可知道全貌。转到大楼的另一角，那里有奇妙的雕塑。雕塑由约瑟夫·门德斯·德科斯塔（Joseph Mendes de Costa）设计。

左：正在建设中的大楼。

下：底层拱廊，沿大楼布列，令人感到愉快兴奋，但在吸引力和舒适性方面，并不能完全满足“热牛奶咖啡”测试要求。

17. 种植广场 (Plantation Place)

Fenchurch Street, EC3
Arup Associates, 2004
Tube: Bank/ Monument/Tower Hill

这座建筑有点像一头怪兽，不禁让人联想起位于巴比肯北部、由D·拉斯顿 (Denis Lasdun) 设计的大楼。整体上看，这座建筑完全由玻璃和石板构成（规划师坚持这么做）。但，它并不是不吸引人。其上层花园，设计得细致周到，是极佳赏景之所。种植广场所在的场地原先为交易处，多少世代以来外来商品一直在这里进行交易。对设计者来说，在这样一个场地上所面临的最大挑战，就是如何把零星的空间，汇聚成一个大型空间。为了做到这一点，设计师努力在竖向上想办法，采用人们所熟悉的方法，将大楼分为上、下两部分。上部全用玻璃，下部用石板装饰。同时用一条小路对地块进行分隔，形成南北两块。两块之间有一个艺术性设施，称为“时代大潮”。由S·帕特森 (Simon Patterson) 设计，其上有月亮图案。在表现结构立面方面，到目前为止，最引人、最成功的要数南立面了，即种植广场南区，净面积14215平方米。离开街道，立面逐渐变成相对廉价的“n”形。在街道与偏僻之地处理方面，这或许符合长期的城市传统。但是，它并不能突出该地的重要性，很明显是对现代主义理想的出卖。现代主义创作力争创造各种不同的价值体系。可以与其他建筑作一下对比，如霍普金斯的布拉肯大楼 (Bracken House)。还有位于布罗德盖特的类似作品。在那些作品当中，下部为石板、上部为铝和玻璃的立面形式首次采用，是经常采用的墩柱结构立面形式的变体。

这里的许多小巷都很值得参观游览。这个偏僻之所被人忽视的程度，令人感到吃惊。上图为从银行区到莱登霍尔市场的一段。原来丰富的历史文化遗产现在已经没有了，取而代之的是一块蓝色匾牌和安全摄像头。这块地方的潜力之所以不被利用，部分原因是由于这座城市对游客和居民不感兴趣，而正是这些人才是使这里的单一文化变得丰富多彩的源泉。原因很简单，就像居民出租房屋一样，游客阻碍城市的快速发展变化。

18. 敏斯特科特广场 (Minster Court)

位于EC3明辛街(Mincing lane)，GMW公司于1991年设计。地铁站：塔山站。由三座大楼组成，面积59000平方米，为"伦敦承保中心"所在地。三座低矮的大楼，颇像一架大型推土机，充塞着城市街区，排列于街道两旁。广场主要供保险市场使用，对面街角处就是劳埃德大楼。19世纪古典建筑与新哥特建筑激烈交锋。这座大楼就是那个时代建筑的一个缩影和创新。它有新哥特式的入口大厅立柱，直接由CAD在计算机屏幕上绘制。"线框"构架，足以使考古学家将来对其进行准确的跟踪。还有"三马启示录(three horses of the Apocalypse)"，直接来自20世纪80年代初期伦敦展会上所展出的、来自威尼斯圣马可广场(St.Mark's Square)的"三马启示录"。具有巨大玻璃屋顶的前庭被视为公共空间，但周末不开放。前庭附近有酒吧和餐馆。广场的主要不足之处，就是有些地方做得不够完美，如非结构性的立柱和拱廊易受干扰，人们期望用霍普金斯的结构方式予以替代，而且这么做也是可行的。不过，除立面以外，它符合一般办公空间设计要求，即地板垫高、吊顶和1.5米的内格网等。外立面是20世纪80年代所流行的那一种：花岗石包被，看起来粗壮结实，经久耐用。但到90年代，这种立面形式为较柔和的石灰石所取代。

这里有必要将敏斯特科特广场与GMW公司的其他作品作一比较。这些作品包括劳埃德大楼对面的、优雅的商会大楼，前华比银行大楼(街角处的一个街区)，位于格雷斯彻奇(Gracechurch)大街上的前巴克利银行总部大楼(对瓦格纳、法雷尔和斯特林风格的综合运用，最奇特，最夸张)，以及国家威斯敏斯特大厦新大厅。这些建筑记录反映了同一家建筑设计公司在不同时期的风格特点发展变化情况。

19. 特许会计师协会 (The Institute of Chartered Accountants) 大楼

该楼可分为三部分。第一部分位于银行北面EC2区大天鹅巷(Great Swan alley)，由J·贝尔彻设计，广受赞誉。40年以后，他上了年纪的合作伙伴乔阿斯(Joass)在东侧增加了一段。这一段与早先贝尔彻的设计几乎完全一样。又过了35年，W·惠特菲尔德(也就是主祷文广场的总设计师)负责增建了一些重要部分。首先，他扩展了贝尔彻和乔阿斯设计的立面，加入了一个转角，又增设了一道巴洛克风格的门，样式生动活泼；这部分的增建与他设计其他部分时采用的现代主义手法不同，完全遵循了原建筑的风格，好像是在说："瞧，贝尔彻先生，我也能做得跟您一样好，而且还是用您自己的建筑语言。"而在设计其他部分的时候，他则转变到20世纪60年代后期的现代主义"服务空间与被服务空间"设计理念，其中包括了与办公楼层相区别的醒目的功能性元素、野兽派风格的混凝土、大玻璃等。很少有建筑能体现出这样的娴熟技艺和机灵智巧(H·琼斯的莱登霍尔市场大概算得上一个)。这是一种罕见而巧妙的老派技艺(与文丘里在塞恩斯伯里翼楼设计中展现的那种自我意识十足的机智手法有点相似，但也不完全一样)，无论是对于建筑师的设计实践，还是对于大众的观赏体验来说，这都是愉悦的源泉。如果设计实践中缺乏了这样的技艺成分，那就很可能会让建筑失去机智反讽的意味，变得死板而毫无愉悦可言。

20. 劳埃德船舶协会（Lloyd's Register）

71, Fenchurch Street, EC3
Richard Rogers Partnership, 2000
Tube: Bank

劳埃德船舶协会大楼整体容积率为 8 ： 1，新建部分为 11 ： 1，属高密度开发，就好像往炸面包圈里塞果酱。大楼宏伟宠大，设计精明周到。城市规划师、客户以及街上过客，都感到很满意。劳埃德船舶协会需要空间，城市规划希望保留老建筑及其里外立面，而街上过客需要有点东西可以观看，可以欣赏。可以肯定地说，对于上述三方面的需求，都得到了满足。就像许多优良设计一样，老建筑与新建筑有机融合，看上去像轻而易举，不言自明。实际上，并非如此。不妨看一看伍德大街，与这座大楼是同一个项目负责人。在伍德大街，开发建设相对保守，一些节点粗野甚至残忍的建筑被掩饰起来。但是，在这里，建筑师建起了规模宏大的高密度大楼，体量与周围的场地相适宜。在入口大厅处，这一点特别明显。入口大厅先前为一个教堂院落，狭窄拥挤。现在，这里有玻璃壳电梯，静静地从大楼一侧滑上滑下，让人感到舒服愉悦，的确令人振奋。

劳埃德船舶协会本来应该在 1986 大楼之后 14 年完成。尽管提前建成了，它与伍德大街 88 号和 K2 也有许多共同之处。另见布罗德维克街大楼和 4 频道大楼。

劳埃德船舶协会可以追溯到 1689 年，与劳埃德保险市场同源。保险市场 1986 大楼由罗杰斯设计。然而，18 世纪末期，该协会开始逐渐趋于独立，到 1901 年有了属于自己的大楼。大楼由 T·E·科尔克特 (T.E.Collcutt) 设计，号称“艺术手工艺巴洛克”。后来，该协会扩展到邻近大楼。20 世纪 20 年代购得圣凯瑟琳·科尔曼教堂 (St.Katherine Coleman)，并将其拆除，扩建了一些办公用房。之后，该协会规模一直保持增长势头。1993 年，打算将 1300 名员工迁到城外，但最终没有实现，而是在原地重建了一座大楼。新建大楼净面积 24000 平方米，实际可利用面积（净 / 毛）不低于 70%，相当宽敞，但也反映出场地的紧张。有大约 50% 的房屋可以向外出租。罗杰斯团队还为新大楼增设了一些高效节能要素。

科尔克特大楼位于芬彻奇街与劳埃德大道拐角上，与新增部分完美融合。新增部分由 G·斯特克 (Graham Stirk) 领导的团队设计（伍德大街 88 号也是由他们设计）。老楼上一些比较不错的东西被保留了下来。除新旧融合以外，在整体设计策略上，与劳埃德 1986 大楼和伍德大街 88 号大楼也很相似。在这座大楼上同样符合“二八定律”，即大部分空间简单适用，而剩余空间则较为复杂，更具综合性。例如，主体部分由一系列的楔形空间构成，其中有两个系列的楔形空间高达 14 层，其余部分则安排在老楼内。为老楼进行重新装修改建，如在科尔克特二级楼上增加一层等。在芬彻奇街上，在东印度军和科尔克特大楼之间，有一座大楼，建筑师和客户打算将其拆除，修建一个玻璃亭楼。但是，规划师拒绝接受那个方案。他们做对了，对比一下就可知道。这个大“楔子”，表面上

宽9米，呈尖削状，“楔子”之间有中庭，中庭不是均等划分。这样做为下面几层挤出了更多空间。这里的关键之处就在于，如何将那些各自分散的现有建筑和场地，有机地组织起来，做到既合乎理性，又连贯一致。

大楼主要由预制混凝土构件构成，小部分为现浇。只要有可能，就尽量让其暴露于空中，以便发挥其热效应。夜晚可以降温，白天工作高峰期可以减少热量获得，减少降温开支，因为白天有阳光照射和工作时计算机散热。新鲜空气通过气泵传送进来，顶棚上安装有反光和制冷装置，减少了顶棚对光线和热量的吸收。这一切完全由计算机控制。建筑师把顶棚设计成拱形，用以反射太阳光。与伍德大街88号一样，新建部分楼顶可以通达，用以观景。必要的时候，楼顶有外置式电动百叶窗，可以打开，以遮挡太阳光。外立面包被材料尺寸为3米 ×3.25米。包被外层为反光保护玻璃，内层为薄板玻璃，并由电动、有孔、铝制百叶窗遮阴。百叶窗槽，可以滑动，以便清洗玻璃。外挂式电梯由钢制框架和玻璃构成。正是这一特征，使这座大楼显得生机勃勃，形态分明。

21. EC3区，芬彻奇街东端，一块三角地上，面对东来驾车入城入口处。在这里，对于街角问题，T·法雷尔给出了一个解决办法。他把建筑插入这个三角地带，用建筑充当链接纽带（1987年）。据说，建筑是后现代式的， 基础牢固，带有古典风格，柱式、檐口和顶层阁楼都很宽大。莱登霍尔大街上的入口大厅比较狭窄，似乎在想方设法给人们留下深刻印象。总的来说，这座大楼比同时代的后现代主义作品要好一些。20世纪80年代，对于所有后现代高科技建筑，不管形式如何，人们都感到激动兴奋，毫不费力地被城市所吸纳。可以与斯特林和威尔福德后来在银行区所设计的作品对比一下。

22. 伦敦港口管理处

位于EC3区三一广场10号，由埃德温 · 库珀爵士于1912年设计。劳埃德第一大楼也是由库珀设计。大楼就像巴洛克式的婚礼蛋糕，高大雄伟，高傲自负，俯视着繁忙但却麻烦不断的码头区。伦敦塔下大量船只高傲地涌进伦敦普尔河，就好像大英帝国的雄心豪气就体现在这些码头工人身上。海神尼普顿(Neptune)从高空俯视一切，街面上“宏伟”的建筑优雅华丽，协调自然。在建筑上部，帝国的雄心豪气仍然依稀可见。装饰华丽的餐厅和会议室，不禁使人联想起那时人们的生活工作情况。

照片提供：N·扬/福斯特及其合伙人建筑师事务所

23. 伦敦塔广场（Tower Place ）

1 South Place, EC2
Foster & Partners, 2003
Tube: Moorgate

福斯特宣称，这座面积42000平方米，相当优雅别致的办公大楼，是W·费伯（Wills Faber）20世纪70年代初期著名设计的翻版。费伯在70年代的设计方案中，没有采用60年代高大"不敏感"的设计，并且在一些小型建筑和街道上，放弃了一些中世纪的纹理图案。两座三角形的大楼由一个超大中庭连接。"石头与玻璃构成的立面……使光照达到最大。刀刃状的铝制百叶窗，可以提供遮阴，产生可变换的立面"。实际上，该项目的特别之处就在于"中庭"所形成的半封闭的户外空间。立面高20米，安装有铝硅酸盐管，每根长3.56米。这些铝硅酸盐管，负责把立面上的风载，传输到支撑房顶的钢立柱上。横梁有承载性内管和保护性外管，两管之间用聚乙烯醇缩丁醛膜包被，末端有钢构件。管内插入张拉钢缆，以抵抗风的吸力。

照片提供：N·扬/福斯特及其合伙人建筑师事务所

中庭下面是一个大型停车场。进入中庭有时会遇到难缠的保安人员，提示你不能拍照。大楼开放的时候情况会好一些。即使不允许游客静站停留，情况也会有所改观。实际上，对公众权利，有非常明显的标记（看看矮墩上写的东西）。只要遵守这些告诫，任何人都不能对你进行阻拦（实际上，就是公共通行证）。在本书写作之际，我就从城市规划部门要了一张公共通行证。这种情况，在首都很常见，特别是伦敦城内的某些场所，如金丝雀码头、布罗德盖特、美林集团大厦和敏斯特科特广场等。问题是有些地方看上去像是公共场所，但实际上都是私人的，只不过是可以允许公众进入而已。有时有些地方，如美林集团大厦和敏斯特科特广场，周末会关门。这使我们想起19世纪末的法律，在一些典型地带如伦敦广场，强迫建筑的所有人将门打开，以防止地痞流氓等不法之徒入侵。现在，我们又回到关门年代，这是20世纪末的一种礼貌，一种对私人财产的尊重。

照片：莫利·冯·斯滕伯格（Morley von Sternberg）

24. 塔山周边地区（Tower Hill Environs）

Tower of London
Stanton Williams, 2004
Tube: Tower Hill

塔山被包围了。这听起来很可怕，但这里的开发建设却相当不错。它极大地提高了游客兴趣，是伦敦公共空间处理最好的实例之一。每年游客接待量达500万人次。在本书以前所出的版本中，塔山周围地段是T·法雷尔所设计的战后住宅，类似库房，更确切一点说，是麦当劳式的房屋。不过，那些房屋已被拆除，代之而起的是更具巴洛克风格的建筑，而不是I·琼斯的马厩式的房屋。多么新鲜刺激。对于塔山周围既简单又雅致的开发建设，没有什么可多说的。不过，它的确为塔山增辉不少，构成了塔山的背景，为塔山提供了许多服务设施，如厕所、售票处、教育中心和室外表演空间等。同时，它还弥补了后面由福斯特设计的伦敦塔广场的不足，为游客和车辆提供了地下停车场。D·拉斯顿的国家剧院前庭区，与此有点类似。

25.K2（伦敦大桥大厦）[K2(London Bridge House)]

Tower Bridge Approach, St. Katherine's Dock
Richard Rogers Partnership, 2005
Tube: Tower Hill/London Bridge

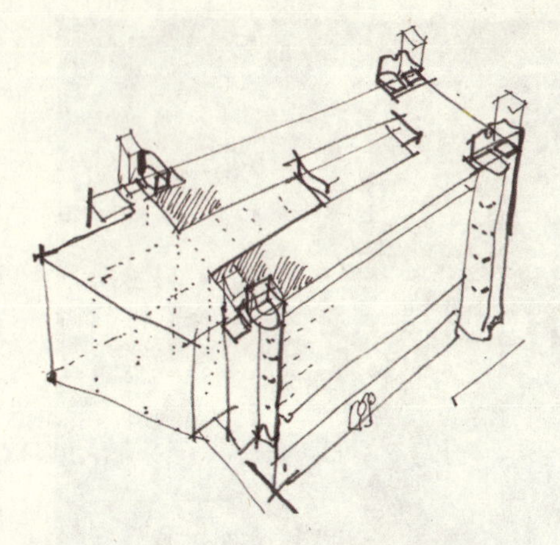

圣凯瑟琳码头位于伦敦城东，靠近伦敦塔。作为大型码头项目中的最后一个项目，圣凯瑟琳项目面积上是最小的，造价是最高的。因所处位置特殊，1969年码头关闭以后，圣凯瑟琳小区就成了第一处待开发地段。好几排精美的仓库被拆除了，代之而起的是一座有点很一般的办公大楼，叫做世界贸易中心。K2则更为壮观，位于一个很显眼的拐角处，面积16000平方米。实际上，K2的设计很简单，是罗杰斯团队所擅长的设计手法：把一个长方形分成两部分，两部分之间为中庭，用玻璃覆盖，有过桥相连，可供一个或多个人租用。中庭末端是中央电梯，交通运转显而易见，这是罗杰斯设计的大楼的基本风格之一。中庭各角有逃生楼梯和服务电梯，参见劳埃德1986大楼、劳埃德船舶协会、伍德大街88号大楼以及4频道大楼。看了这些建筑以后，你就会明白大多数商业性办公大楼都不太合乎人的需求，都负载过度。外观看起来像家庭住宅，特别是在细部方面。但每一处设计都经过了认真的分析考虑，是“维特鲁威意向”和“意向表达”的精美实例。这座大楼最突出的建筑特征是中庭空间的延展形式和入口。入口处理，与数年前罗杰斯所设计的4频道大楼基本相似。大楼令人印象深刻，无出其右。它不像4频道大楼，过分精心安排，而是留出大面积的空白，运用传统的建筑技法。在入口处，上述做法表现得很明显。在这里，建筑师运用了一些寓言式的创造性技巧，创造各种不同的入口场景。

像所有租赁式办公大楼一样，这座大楼主要结构形式为常规钢框架，混凝土填充柱和永久钢模板混凝土地板结构。

26. 伦敦塔和圣凯瑟琳码头

这是两处很吸引人的旅游胜地。建筑爱好者也很值得一看。例如，假如把伦敦塔看做一个村庄（实际上，它就是一个村庄，因为有许多人住在那里），那就非常有趣。走在城墙上，就可看见村里的住房。站在泰晤士河岸边，市政厅、伦敦摩尔区以及H·琼斯的塔桥便映入眼帘。然后，由此步行到达圣凯瑟琳码头区，直到瓦平。据说，这里的宾馆，里面不像外面那样恐怖。不过，码头上保留下来的最好的建筑是从前的仓库和钟楼，已改造成公寓[爱费利住宅楼(Ivory House)、G·艾奇逊(George Aitchison)，1860年]。围绕码头区的砖墙，是唯一幸存下来的防护设施。码头上的大部分住房都由伦顿+霍华德+伍德+莱文建筑师事务所(Renton Howard Wood Levin Partnership)设计，如1977年设计的米黄色砖、低层高密度公共住宅、20世纪90年代中期在码头北区私人居住区所建造的防护墙等。东南部的其他住房则由20世纪30年代的伦敦县议会组织设计，在过去70—80年间，成为这一地区具有划时代意义的经典住房设计，其中还包括泰晤士河沿岸一些旧仓库的改建。

27. 女子图书馆（Women's Library）

Old Castle Street, E1
Wright & Wright Architects, 2001
Tube: Aldgate East

作为伦敦城市大学的组成部分，女子图书馆收藏了大量国际图书。图书馆大楼的布局设计反映了客户的要求，即进出容易、有比较安全的私人空间，同时在某些区域环境条件要得到严格控制。大楼主要由以下几部分组成：展厅、讲座室、教育培训设施、阅览室、档案馆、咖啡馆、办公室、会客室和花园。大部分公共空间都要排在较低的楼层，越往上安全保安越严。这主要是从服务方便，并满足一些基本空间需求（如展厅）来考虑的。每层楼都有两个中央框架结构。周围是一些大型房间，供流通和服务使用。从洗衣房墙壁处向后退，在新旧建筑之间有一些附属性设施。因为既要考虑环境，又要考虑功能，导致这座楼很笨重。在平面上，各种不同的空间相互交织在一起，各空间的功能由建筑本身直接体现出来。例如，展览大厅与中央轴线相互重叠。相对安静、颜色为白色的阅览室，是这座大楼中唯一的具有对称性的空间。从宏观到细部，如小五金饰件和窗户配件等，基本设计理念都贯穿其中。与建筑师一起合作的艺术家就有9位，其中8位参与楼梯护板的设计，都于其上画了一位非常知名的妇人肖像。

就在本书写作之际，法学图书馆刚刚建成，外表由红砖砌筑，靠近女子图书馆。两座图书馆都属于伦敦城市大学。

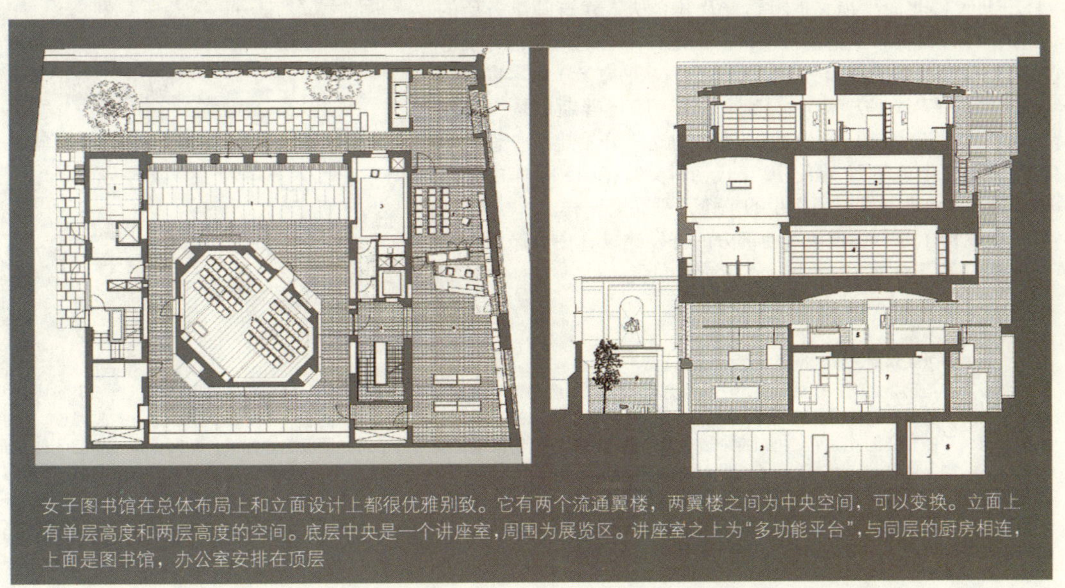

女子图书馆在总体布局上和立面设计上都很优雅别致。它有两个流通翼楼，两翼楼之间为中央空间，可以变换。立面上有单层高度和两层高度的空间。底层中央是一个讲座室，周围为展览区。讲座室之上为“多功能平台”，与同层的厨房相连，上面是图书馆，办公室安排在顶层

28. 斯皮特尔菲尔德：城市边缘 (Spitalfields：edge city)

Offices, Bishopsgate, EC2/Commercial Street,
Tube: Liverpool Street

斯皮特尔菲尔德的开发是随着城市向东扩展而展开的。这里原先为一处水果蔬菜市场，建于1683年。开发过程中有些建筑被拆除了，现在保留下来的建筑大约建于1928年。市场地产所有权归伦敦城管委会，而陶尔哈姆莱茨区（Tower Hamlets）归伦敦市和伦敦市规划局。项目刚刚提议建设的时候，市场的建筑没有考虑，而且也不想保留。但是，一些对金融贸易外行、单从企业利益考虑的人，开始利用原来的老建筑提供饮食服务。之后，又有了一个临时性的剧院以及其他服务和设施。现在，据说到这市场来的游客比去泰特现代艺术馆的还要多。开发商认为不能干的事情，市场本身好像都把它们解决了。从实用主义角度出发，开发商提出了一套开发方案，而这一方案与当地社区产生了激烈争议，并且争议还在继续。争议的焦点主要集中在布罗德盖特与砖巷周围之间的缓冲区。砖巷周围地区的自然特性虽然正在发生变化，但与布罗德盖特完全不同。例如，在砖巷周围地区，有一些17世纪的贵族建筑，如富尼耶大街 (Fournier Street) 以及霍克斯莫尔最近刚翻修改造过的基督教堂。

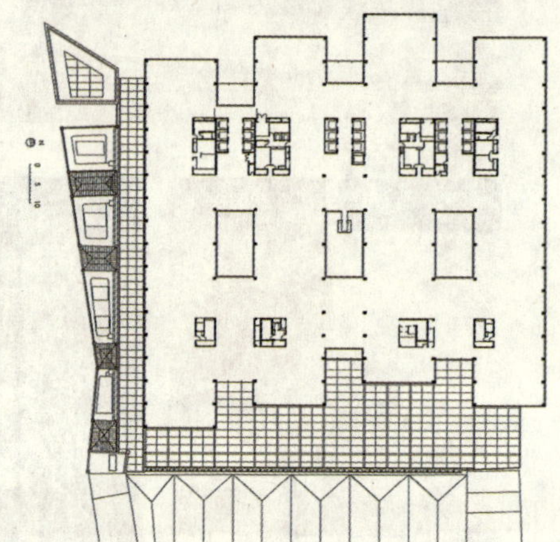

由ERP设计的这座办公大楼，位于毕晓普斯盖特大街，正对布罗德盖特和利物浦大街车站入口，面积近2.6万平方米，是再开发热潮衰退过后 (1999年) 出现的第一座办公大楼，与布罗德盖特的后现代主义建筑形成鲜明的对比，反映出动荡年代开发商风格的发展变化。从建筑造型上可以看出规划法规所产生的影响，即，在毕晓普斯盖特允许向高空发展，而在斯皮特尔菲尔德建筑则不能太高，体量不能太大。2000年，福戈及其合伙人建筑师事务所（Foggo Associates）完成了一座办公大楼，面积1.855万平方米，即毕晓普斯盖特280号，位于ERP大楼北面。福戈是阿勒普及其合伙人建筑师事务所的合作伙伴，负责布罗德盖特项目。但是，中心地带的再开发都是大型福斯特式的办公大楼（面积约7万平方米）和零售空间（面积约0.47万平方米），分别称为E1毕晓普斯广场1号和E1毕晓普斯广场10号。长期以来，对这一开发建设一直处于激烈争辩之中，与20世纪70年代初科文特花园和后来的硬币街 (Coin Street) 开发，所发生的争论几乎完全一样。

斯皮特尔菲尔德市场其他部分的开发建设，由莱昂斯、斯利曼和霍莱 (Lyons Sleeman and Hoare) 负责。

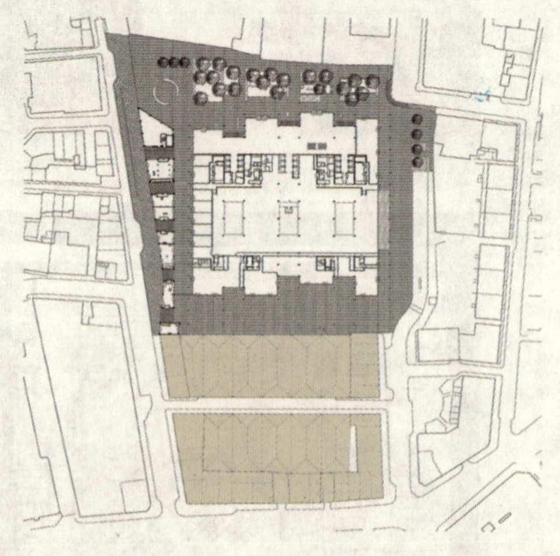

右上：斯皮特尔菲尔德市场福斯特大楼规划设计图

在布罗得盖特与市场之间，在拥有实用主义思想的资本主义金融家与砖巷孟加拉社区之间，福斯特的方案使它们得以有机协调，成功地使城市向东扩展。这种扩展，实际上是20世纪80年代中期以来所推行的扩展计划的继续。不可避免地，这一开发建设，使这一地区的价值、习俗和文化发生了变化，特别是在老市场内部。福斯特的设计隐含一个对比明显的方程式：即零售和市场空间在下面，占据大楼的两侧（伴有公共艺术管理子项目）；巨大的办公空间位于上面（供律师所用）。规划整体上很精明，正如大多数福斯特大楼所规划的那样，但细部却不那么令人称赞了，违背了整体意图。斯皮特尔菲尔德市场不是真正意义上的舒适地带。但，去看一看，走一走。比如，可以从布罗德盖特，穿过斯皮特尔菲尔德，到达富尼耶街和砖巷，然后去D·阿贾耶(David Adjaye)概念商店和伦敦皇家医院的艾尔索普大楼。

29. 彭博社：一个“吃了兴奋剂的路透社”(Bloomberg's: Reuters on steroids)

Citygate House, 39-45 Finsbury Square, EC2
Foster and Partners /Julian Powell-Tuck, 2001
Tube: Moorgate

这座建筑最值得欣赏之处在内部，进入公共艺术画廊就可看到建筑里面的情况（不然也可以通过建筑开放日组织的周末活动进入内部参观）。从外面看，它由两座大楼组成。一座是建于20世纪20年代的古典式“宏大风格”建筑；另一座是与之紧邻的新型商业办公楼，面积1.7万平方米，由福斯特工作室设计，外貌古怪造作，有点像20世纪60年代SOM事务所在翁格尔斯影响下做的那种设计。两栋楼的内部连成一体，出色的室内设计是由朱利安·鲍威尔－塔克（Julian Powell-Tuck）完成的，鲜艳的彩色地板在街道上就可看到。

建筑室内的这种戏剧性特征其实来源于彭博社那种高调的企业文化：这个新兴的通讯社成长极为迅猛，简直让从前的新闻行业头号霸主路透社在一夜之间就变成了一个药品广告商之类的小角色。彭博社实质上是一个高度发达的数据处理工厂，面向金融机构提供信息服务，但这里的企业文化充满了活力，人员工资高，服务设施好，工作环境舒适，楼内有非常漂亮的培训设施，有滚动播出的艺术节目，每层楼都有充满异国情调的大型水族箱（彭博社是欧洲规模最大的几个水族收藏机构之一，需要两位海洋生物学家全职照看），大堂兼作免费食堂。整个楼内电视的数量甚至比人还多。

彭博社内简直到处都是电视——厕所里有电视，食堂座椅上也安装着嵌入式电视。要是把这些电视拆掉，大楼的活力会显著下降。而彭博社的大部分节目都在地下工作室制作，据前去参观过的媒体工作人员透露，这些工作室通信条件发达，但布置则非常俭朴经济。因此，这个室内设计的高明之处就在于：用电视代表了彭博社企业文化的方方面面，把电视无处不在地布置在整个环境中，形成了一种具有自我宣扬效果的装置。设计师深入企业文化的核心，并用这样一种欢快的、戏剧性的手法把它表现出来，这一点不是在所有文化中、所有建筑项目里都能做到的。有意思的是，电视在这里的效果并不那么突兀碍目——它就像壁纸一样，显得自然妥帖。

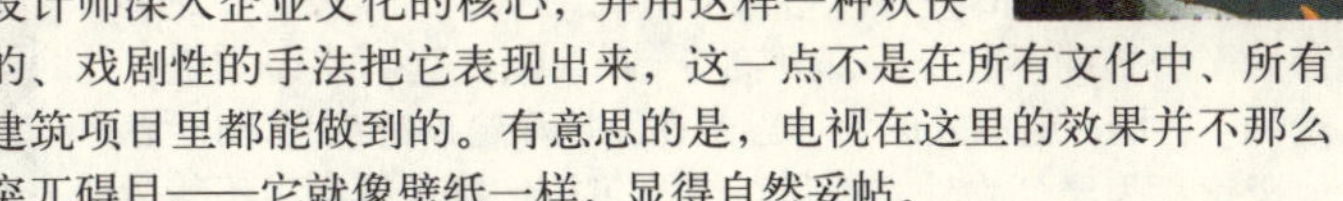

塔克作品令人振奋之处在于，它达到了“原汁原味”的效果，让设计丝丝入扣地与企业文化相吻合。这个设计做出来的不是BBC风格（我跟BBC工作人员一起参观彭博社的节目制作室时，其环境的俭朴经济让他们瞠目结舌），也不是路透社或随便哪家广告公司的风格；同样，这里的企业文化、设计理念也不一定就合你的口味（它体现的是赤裸裸的资本主义运营方式）。但这种“原汁原味”毕竟得到了充分的表达，也赢得了人们的尊重。我越是考虑这个作品就越觉得，究竟什么叫“好的”设计，这是个很值得琢磨的问题。如果没有好的风格式样，那么拿出来的设计就不会赢得尊重；但是单单有好的风格式样也不能赢得尊重——还需要某种额外的东西。也许这“额外的东西”，就是这么一种自我宣扬的态度。但是所谓的自我宣扬又很容易沦为萨特所说的“自欺”，单凭直觉就能被人一眼看穿：总好像有什么东西不对劲，让人感到这其实是在装腔作势，金玉其外、败絮其中……从另一方面来说，贫乏可能就是某些文化中最原汁原味的本质。而准确地把握住文化的本质，并把它作为设计的核心元素表达出来——这大概就是才智了。

30. 伦敦墙大街85号

EC2区，伦敦墙大街85号，由卡森与康德及其合伙人事务所(Casson Conder Partnership)1990年设计。大楼令人感到愉悦，面积相对较小，只有5085平方米，与布罗德盖特的敏斯特科特广场或者福斯特的“性感小黄瓜”形成鲜明对比。这座大楼体量小，风格上有些违背时尚。为了使它看起来更像学院式建筑，在这块保守的工业区，采用了预制石块和混凝土板块，好像它就是牛津或剑桥的一座建筑。所用石材为波特兰石灰石和尤昂石灰石。很值得与下列建筑比较一下：W·惠特菲尔德的里士满大楼(Richmond House)、鲍威尔和莫亚(Powell & Moya)的女王伊丽莎白二世会议中心。

Broadgate/Eldon Street EC2
Arup Assoc. & SOM, British Rail Architects.
1984-92
Tube: Liverpool Stree

31. 布罗德盖特：巨头之间的战争 (Broadgate：a battle of giants)

布罗德盖特的开发，涉及大规模的城市变更、建筑风格（现代主义与后现代主义之间的纷争）和带有共性的地面处理问题（主要参与方很可能都没有意识到）。第一座大楼位于威尔逊大街芬斯伯里1号，由阿勒普及其合伙人建筑师事务所设计（这是他们第一次设计租赁式的办公大楼），目标面向一个专业市场——金融贸易。芬斯伯里1号项目于1984年完成，构成了整个布罗德盖特开发计划的一块“基石”，这个开发计划是由当时伦敦最著名的两个开发商［利普顿 (Lipton) 和布拉德曼 (Bradman)］与英国铁路建筑设计所联合提出的。简短来说，在总体规划中，将一个小车站拆除，其各项服务功能合并到邻近一个大车站中（利物浦大街站）。这样，地块的开发潜力得以释放，成为位于伦敦城边缘的一块大型开发地段。

布罗德盖特开发项目总体规划由阿勒普及其合伙人建筑师事务所提出，P·福戈为负责人。但是，在大楼设计方面，只有前半部分由该公司设计。对于开发设计，开发商给出了严格的限制，并明确地告诉设计人员他们需要什么样的大楼。设计要求过于严格，促使福戈辞去了他所承担的设计任务，去从事自己的所喜欢的工作。不幸的是，之后不久（1993年）福戈就因脑瘤而去世了。后来SOM (Skidmore Owings and Merrill) 接了过来。这是一家美国公司，当时这家公司正在老港区金丝雀码头进行开发建设。福戈崇尚建设的真诚、设计的整体性和体现“艺术与技艺”的设计价值理念，这种理念可以追溯到19世纪由莫里斯 (Morris)、拉斯金 (Ruskin) 和普金 (Pugin) 等人所发起的工艺美术运动。而SOM则崇尚以历史为导向的、建立在后现代主义之上的折中主义。这种折中主义诞生于20世纪70年代的美国。

这两家公司的设计风格和价值观念不同，导致相互之间产生了严重的不和谐。开发商S·利普顿在这两家公司之间进行了协调，他本人的设计思想在设计和建设上都得以体现。他坚持认为建筑物外立面用花岗石包被，建筑里面，不管外部风格如何，都要与20世纪80年代的办公建筑相一致，因为在80年代的办公建筑上，许多理论思想都经过了深入的研究。阿勒普用花岗石作外立面装饰，并留有可以开启的接口。花岗石不承重，一旦需要可以尽快去掉，改换成铝包被，构成如画的天际线。但SOM试图让这些花岗石承重，就像100年前所做的一样。

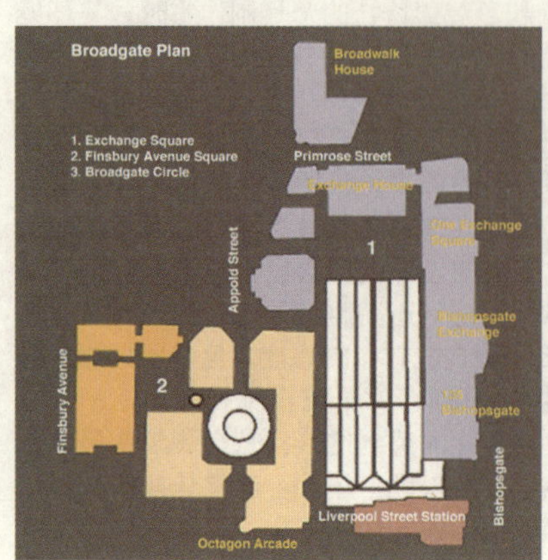

顶：遥望皇家证券交易所。建筑风格发生了变化，很可能比布罗德盖特的其他建筑都要好，令人吃惊。
上：从布罗德盖特看利物浦大街车站。福斯特设计的大楼就在对面（斯皮特尔菲尔德）。
顶部右侧：布罗德盖特柱廊。
中右：利物浦车站新旧混合开发（由英国铁路建筑设计所设计，现在该所已停办）。
底右：博特罗的维纳斯雕像。

在布罗德盖特（Broadgate）可以看到许多艺术家的作品，如R·塞拉(Richard Serra)、F·博特罗(Fernando Botero)、G·西格尔(George Segal)、B·弗兰纳根(Barry Flanagan)、J·戴恩(Jim Dine)、X·科尔韦罗(Xavier Corbero)、S·考克斯(Stephen Cox)、B·麦克莱恩(Bruce Mclean)和J·里普希茨(Jacques Lipchitz)等。所有这些作品，后来都受到菲利普·约翰逊的指责，称它们为"广场上的粪便"。这样的批评，好像不应该从他的口中说出。金丝雀码头的管理人员说，布罗德盖特的开发建设策略，就像是一顶陈旧的帽子，没有融入后现代艺术之中，是短暂的、不能持久的。

阿勒普的总体规划植根于18世纪末西区广场规划传统之中。规划中有三个广场。第一个广场，也就是我们在芬斯伯里大道1号所看到的，具有典型的英国风格。植物不规则地自然种植，潮湿的鹅卵石之间长满苔藓，管理人员不得不定期喷洒化学药剂将其根除。不过，最近，一座地下设施（艺术馆？餐馆？）建成之后，这种情况就完全改变了。现在，这个广场显得相当平淡乏味。广场周围的建筑全部由阿勒普建筑师事务所设计。但广场西侧全部为棕褐色的建筑，在技术上借鉴了以前的开发设计模式，没有采用随处可见的花岗石覆盖（仍属于芬斯伯里大道1号开发项目的一部分，也是由阿勒普建筑设计事务所设计）。

最后一个广场是规则式的，有明显的轴线，受到巴黎美术学院(beaux arts)传统的启迪。很多美国设计都来源于这个传统(而后现代主义又回复到这个传统中，摆脱了战后初期来自包豪斯的影响)。广场设计宏大，带有芝加哥的芬芳（尽管带有明显的理查森的乡村砂石景观风格）。布罗德盖特证券交易大楼位于广场北界，横跨铁路，由4个巨大的抛物线拱组成，形成一道很长的通道，其中有两个拱穿过大楼中央，另外两个掩藏于大楼内部。

第三个位于两个广场之间，即运动场，由阿勒普设计，但受到美国洛克菲勒中心的影响。就像证券广场一样，为在布罗德盖特工作的人们提供午间娱乐场所。冬季，它就成为一个户外溜冰场，孩子们穿着鲜艳服装，伴随着碰碰作响的音乐，在上面玩耍。然而，这里不仅有对20世纪建筑风格的参照，更深层的影响还来自其他的历史启迪。它就像一座柱式结构的罗马废墟，像那种被常春藤覆盖的傍坡式罗马圆形剧场，历史上的建筑大师帕拉第奥、皮拉内西、吉布斯等人都造访过这种废墟，借此师法古人之伟构，绍继往世之绝学，远溯先民之渊源。在宗教改革时代，很多修道院中的此类废墟都被毁损殆尽，现今已经长满萋萋荒草，埋没在浪漫主义的阴影中了。从这个角度出发，阿勒普建筑师事务所和SOM公司走到了一起，尽管它们各自的出发点相距甚远。然而，有人意识到，可以利用运动场来增加零售空间，这一点在最初提出的方案中被忽视了。这样，福戈(Foggo)罗曼蒂克式的梦想破灭了，被深埋在新增大楼之下，而这座大楼天天为那些醉醺醺的商人提供服务。新增一座大楼是需要的，但是人们怀念那些失去了的更深层次的文化内涵。位于两极之间的是利物浦大街车站改造工程，由原英国铁路建筑设计所设计。在这里，新旧又一次融合，旧的重新变新，新的穿上旧式的新装变旧。不言自明，毕晓普斯盖特入口，是想再现巴黎吉马尔地铁(Guimard's Metro)入口，而在这里采用了铸钢接合件和玻璃覆盖。车站的老房顶按照原来的建筑方式进行了扩展。看起来有点古旧的砖塔，新换上了混凝土包被和贴砖。老宾馆的一部分（现在是麦当劳餐馆），看起来太新，有点不逼真。实际上，老餐馆被拆了，又一砖一砖地重建起来。前院有4套大型灯饰，直接借鉴自当时颇具影响的巴塞罗那公共建筑。如果各种价值得以充分体现，那么它就做得不错。

可与布罗德盖特进行对比的项目有斯皮特尔菲尔德、金丝雀码头、美林集团大厦、敏斯特科特广场、帕丁顿盆地(Parddington Basin)、金斯克罗斯、摄政广场、伦敦摩尔区，以及重新书写伦敦景观的一些小型开发项目。

32. 赫利孔大楼（Helicon）

1 South Place, EC2
Sheppard Robson, 1996
Tube: Moorgate

这座充满自信的租赁式办公大楼，面积 2.2 万平方米，很能引起人们的兴趣。它是 20 世纪 90 年代初期建筑衰退期过后所建造的第一座大楼，意义重大，而且因为有了它，重建现代主义理论得以重新定义。从这座建筑中可以看出，现代人对玻璃的狂热、对能源保护的关心。对太阳能吸收的控制，已成为建筑设计的基本考虑因素。例如，部分立面为三层玻璃，玻璃之间留有 900 毫米的间隔，安装铝制百叶窗。百叶窗用作热量通道，夏季，顶部可以打开，冬天可以关上。设计方案在周边设有四个核心服务区，从第三层开始，楼内空间围绕着中央大厅布置，下面较矮的层次为零售空间。在后现代主义和建筑衰退期之后的年代，这个大楼让人感到新鲜激奋，充分体现出了它的存在价值，并且这种价值一直持续到今天。

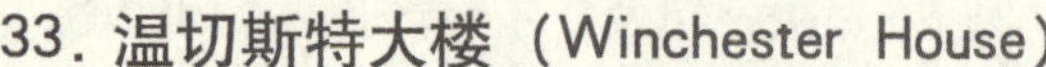

33. 温切斯特大楼（Winchester House）

Deutsche Bank, London Wall, EC2
Swanke Hayden Connell Architects, 1999
Tube: Liverpool Street

德意志银行（世界上最大的银行）伦敦总部办公大楼，华丽漂亮，令人尊敬。大楼由斯旺克 + 海登 + 康奈尔建筑师事务所（Swanke Hayden Connell Architects，一家美国公司）设计，普林格尔与布兰登（Pringle Brandon）负责建设安装。三个开放板块，面积 4600 平方米，每块能容纳 650 人，号称“交易工厂”。在伦敦墙大街一侧，温切斯特大楼沿着街道延伸，就像一道巨大、轻柔平缓的波浪。铝制窗户装饰精美，拐角处呈曲线形弯曲，与吕萨克 (Lussac) 石灰岩包被的伦敦墙交相辉映。在入口大厅、交易区之间，甚至在交易区，可以欣赏到一些价值昂贵的艺术品，如 A · 卡普尔 (Anish Kapoor)、R · 怀特里德 (Rachel Whiteread) 和 J · 罗森奎斯特 (James Rosenquist) 的作品等。毫无疑问，在这里，庸俗的艺术作品是见不到的。该楼抗风化能力较弱，不过，在这方面，它也是一个很好的实例。转到楼的背面看看。

大楼背面（大温切斯特大街）立面着重考虑大楼本身的需要。德意志银行内部，有众多艺术作品，令人印象深刻。大厅中首先看到的是罗森奎斯特的“游走于经济界的人们”。

34. 卡特勒斯花园（Cutlers Garden）办公大楼

位于利物浦大街车站东侧，E1 区。卡特勒斯花园办公大楼，是一座很普通的现代主义的办公大楼。它介于新旧仓库（18 世纪中叶）之间，由 R · 塞弗特（Richard Seifert）于 1978—1985 年设计。大楼为伦敦城边缘区带来了欢乐。保守地说，项目的目标并未完全达到。不过，从前的工业仓库，现在变成了静谧平和、舒适宜人的城市空间 [景观由 R · 佩奇 (Russell Page) 设计]。令人遗憾的是，这一地带是半私人性质的，保安人员会告诉你。进去看一看，但要注意你的相机。

35. 吉布森（Gibson）大厦

位于毕晓普斯盖特大街与针线街交口处，由 J · 吉布森于 1864—1865 年设计，原先场地上有一座新帕拉第奥建筑。吉布森大厦作为一家银行总部大楼，是维多利亚时代新古典银行建筑的经典实例。从外观上看，建筑造型精美。单层，有巨大的拱形门窗，廊柱宏大，顶部有雕塑，好像在讲述有趣的寓言故事。可以与英格兰银行大楼作一下对比。大楼里面，是银行大厅，十分宽敞宏伟，1982 年改成了组合式大厅，向外出租。附近针线街，有许多“宏伟”的银行建筑，多数建于 1850—1920 年。现在，这些建筑里面都已搬空，大部分都在翻新改造，仅仅罩着一幅建筑面具而已。

36. 芬斯伯里广场 27–30 号 (27–30 FinsburySquare)

27-30 Finsbury Square, EC3
Eric Parry, 2002
Tube: Moorgate

位于芬斯伯里广场东侧，面积1.3万平方米，由E·帕里(Eric Parry) 设计。大楼朝西的立面用石头包被，值得仔细审视，看看能否看出交错格网的几何造型。虽然它只是广场东侧的一座普通的租赁式办公大楼，但是，在外立面处理上像这样设计精良的却不多。本来芬斯伯里广场应该成为伦敦城内一处主要娱乐休闲场所，但长期以来一直被忽视。

可与下面两座建筑物进行对比，一是南面的种植广场、二是主祷文大楼，与帕里的作品相类似。

37. 摩尔大厦（Moorhouse）

Moorhouse, 117 Moorgate
Foster & Partners, 2005
Tube: Moorgate

摩尔大厦外观光洁、简单，具有雕塑般的造型，与想象中的摩尔办公大楼很相似。在这座大楼上，雕塑般的造型主要体现在南侧和东侧的平面和剖面上。

摩尔大厦高 19 层，上面 16 层为办公用房，总面积 30500 平方米，凑巧与伦敦墙 1 号成孪生姊妹，但是却不受 20 世纪 50 年代的“过街天桥”系统的限制。从风格上来说，还应属于新密斯 / 柯布 (neo-Miesian/Corb) 的“时尚秀盒”建筑后期版本。过去，在 11 号路两侧（现在的伦敦墙），到处可见“时尚秀盒”建筑。从外观看，与先前的建筑相类似，加上了城市规划的因素，立面为时尚的交错格网，典雅美观（参见伍德大街 100 号）。楼板面积约为 1250—1900 平方米，租价约为 50 英镑 / 平方米 (2006 年初的一般价格)。

大楼下面是一个新建的导轨车站。导轨车站是导轨 1 号线的一个组成部分。导轨 1 号线横贯伦敦城东西，目前正在建设，有望成为伦敦主要建设项目之一。关于这座大楼，福斯特勋爵曾说过：“新建导轨 1 号线是伦敦公共交通网络的重要组成部分。谈到摩尔大楼对这一项目的贡献，可以看出，从城市整体格局来看，单一一座大楼也可以赋予其更多的功能。对于可持续性建筑，上下班交通组织，比单一的建筑节能更重要”。

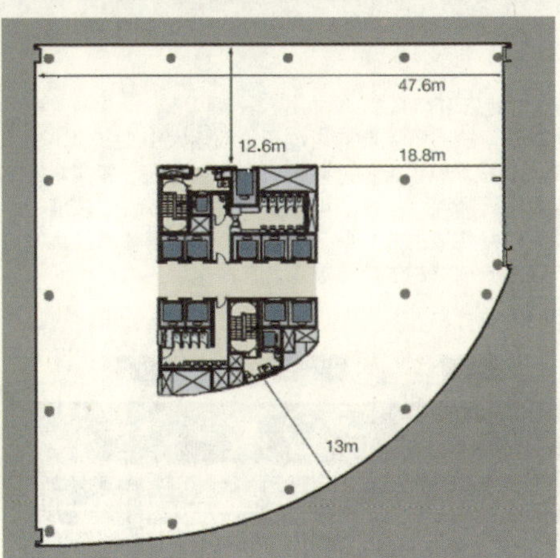

摩尔盖特曾是伦敦城的主要出入口之一，与其他城门一起，于 1761 年被拆除。1666 年，与路德盖特 (Ludgate)、纽格特 (Newgate) 和圣殿门一起，被大火烧毁，后来重建，1760 年又被拆除。

如果单独来一个“福斯特”建筑旅行，几乎就得跨越大半个城区。这些建筑包括摩尔大厦、斯皮特尔菲尔德、伦敦墙 1 号、伍德大街 100 号、格雷沙姆大街 10 号、霍尔本环路 33 号 (33 Holborn Circus)、伦敦塔广场、“小黄瓜”和正对劳埃德 1986 大楼的新建大楼。

38. 米尔顿盖特（Milton Gate）大楼

1 Moor Lane, EC2
Sir Denys Lasdun, Peter Softley & Partners, 1991 Tube: Barbican

像国家剧院一样，米尔顿盖特大楼显示出D·拉斯顿对斜线和城堡式建筑的偏好。还有他所喜好的入口，特别让人感到乏味。这座办公大楼面积20000平方米，正好填满整个场地。大楼用斜线分割，并由此进入中庭。外面全部由绿色双层玻璃所覆盖。不管是从字面上，还是从内含上来理解，绿色都代表一种激荡人心的技术，一种美学体验，但该大楼的设计没有把这一思想很好地表达出来。整体划一的防护性设计，让人感到疏远。从这个意义上说，就像与国家剧院相邻的IBM办公大楼一样，设计并不很成功。不过，毕竟，这座大楼的设计师曾经设计过一些令人震惊的作品。当然，也得承认，喜欢它的人还是不少的。阿勒普及其合伙人建筑师事务所设计的种植广场大楼上部，好像就借鉴了米尔顿盖特大楼的手法。

39.42号大厦（Tower 42）

EC2区老布罗德大街25号（25 Old Broad Street），塞弗特上校设计，于1970—1981年完成。直到最近，该楼仍是伦敦最不能不看的大楼之一，它曾是国家威斯敏斯特银行的总部［当时称为国家威斯敏斯特大厦］。楼高183米，巨大的混凝土中央立柱，上连悬臂形成楼层平面空间。建设者抱怨说，中央立柱所用的钢筋混凝土太多，运输非常困难。办公空间围绕着中央立柱排列，类似于史密森夫妇的《经济学人》杂志综合楼。聪明的伦敦人可能会注意到，大楼的平面造型类似于国家威斯敏斯特银行的标识。不过现在，谁也无法确定哪一个在先，哪一个在后。1993年，这一地区遭到爱尔兰共和军的袭击。之后，进行了大规模重建和装修。42号大厦底层（设有立柱，所有荷载都由中央立柱承受）增加了一个玻璃大厅，由GMW公司设计，整座大楼从里到外都重新进行了装饰和包被，而不是将其拆除（太困难，而且昂贵）。自从80年代中期国家干预控制放松以来，许多美国公司和组织在伦敦城承揽了项目。毫无疑问，这一横跨大西洋的翻修改造，必定是美国式的。大楼内部、上层的餐馆和咖啡馆由弗莱彻与普里斯特（Fletcher Priest）设计装修。参见牛津街普里斯特的塞德利广场（Sedley Place）。将这里的餐馆与福斯特“小黄瓜”上层比较一下。

40. 邦希尔菲尔兹墓地（Bunhill Fields）

相对来说，邦希尔菲尔兹墓地是伦敦城中被人遗忘的地方。如果你对古墓地没有特别兴趣的话，那很可能漏过它不看。假如你想在大都市中体验一下孤独和寂寞，不妨去看一看。它位于城市路和班希尔路之间，自1867年以来，就一直是一个公共活动场所。在这里，成排成排的墓碑，会告诉你过去伦敦城中心地带墓地是什么样子的。从另一方面来说，你可能只不过是想从喧嚣的城市中出来，在这里躲一会儿，特别是在夏天的下午。贾得街（Judd Street）霍尔本（Holborn）北面也有一个类似的地方，叫做乔治花园（George's Garden）。在阿尔德斯格特街（Aldersgate），还有一个“邮递员公园（Postman's Park）”。

41. 福克斯商店（Fox）

一座奇妙的建筑：福克斯商店位于伦敦墙大街118号，建于1937年，在福斯特设计的摩尔大厦东侧。这是一家卖伞的商店，店面设计师叫波拉德。维特罗利特（Vitrolite）玻璃、不锈钢和霓虹灯构成的外立面，样式独特，非常悦目。维特罗利特玻璃为一种特制的黑色玻璃，在两次世界大战之间的时期很流行。

教学大门，St Olave, Seething Lane

伍德大街地区：游荡不定的现代主义
(Wood Street Group：haunted modernism)

大家知道，原先一些偏激和激进的东西，事后看来，都或多或少地融入历史之中了。例如，劳埃德 1986 大楼，刚建起来的时候，说它是表现了一种文化的连续性，是否如此，历史自有明断。这就像 P · 阿克罗伊德在其杰出著作《伦敦传记》中所描述的：城市是一个活的有机体，它能够自我维持，自我调节。以伍德大街地区为例。眼下，在伍德大街地区，有各种风格式样的建筑，许多都是新近建成的。福斯特、罗杰斯、法雷尔和格里姆肖的作品，在这里都可以见到。这些建筑都已融入历史和传统之中。从前的那些历史遗留下来的碎片，如教堂、塔楼、墓地、古罗马和中世纪的城墙以及与罗马时代和中世纪后期有历史渊源的街道，得以延续和扩展。如伦敦的伍德大街地区，在罗马时代是一个要塞，当时的南北轴线就是现在的伍德大街。其北端通道，现在称为克里普尔门 (Cripplegate)，靠近圣贾尔斯教堂，该教堂现在还有，位于巴比肯区内。

由建筑等实体所记载的历史，在第二次世界大战闪电战中遭到严重破坏，有些建筑被彻底抹去了。如 C · 雷恩的圣奥尔本教堂，战后只剩下了一个塔尖。现在，它屹立在已经拓宽的马路中间，以前的场景只能凭想象来回忆了：在战后废墟上，杂草丛生，野花盛开，带有一种奇异的浪漫主义情调。而在战前，这里曾是一个大型维多利亚服装储藏区。多年来，D · 基纳斯顿把巴比肯地区描述为："原始天然荒野，点缀着商业文明的垃圾"。不过，伦敦市议会规划师却认为，它为伦敦将来的发展提供了巨大机会。在 20 世纪 50 年代中期，对开发建设放松了控制，伦敦墙（现在是 11 号路，耗费了成百上千人的精力）和巴比肯得以重新定位，重新开发。

闪电战过后 60 多年来，随着开发建设的进行，过去的历史被自然地流露出来。在巴比肯地区的开放建设中，先前的古罗马要塞被无意识地表现出来：道路围绕古罗马城墙延伸，就像一头大象有意躲开一个蛋壳；市政厅在一片废墟上重建起来，与古罗马圆形剧场形成鲜明对比（在最近广场铺装过程中发现的）；麦克莫兰设计的警察局大楼重新翻建了街道上的监狱；奥尔本门力图让古代的克里普尔门重现；而福斯特、格里姆肖和罗杰斯等大师设计的一栋栋金融大厦也拔地而起，好像是供奉当代财神的一座座庙宇，围绕着历史保留下来的古老教堂院落。

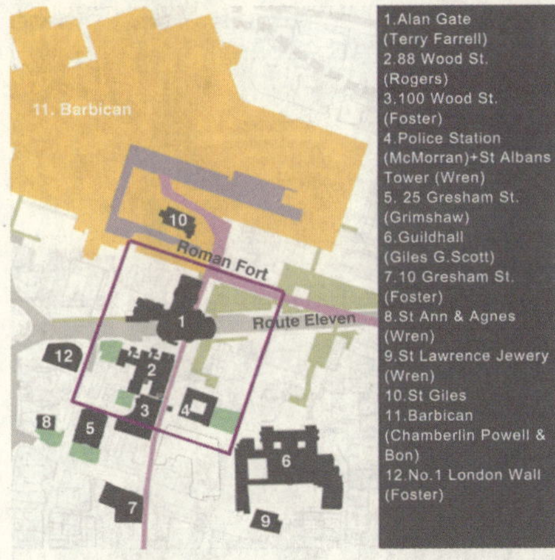

1. 奥尔本门（T · 法雷尔）；2. 伍德大街 89 号（罗杰斯）；3. 伍德大街 100 号（福斯特）；4. 警察局（麦克莫兰）；5. 格雷沙姆大街 25 号（格里姆肖）；6. 市政厅（G · G. · 斯科特）；7. 格雷沙姆大街 10 号（福斯特）；8. 圣安妮和圣阿格尼丝 (St.Ann & St.Anges)（雷恩）；9. 圣劳伦斯犹太教堂 (St.Lawrence Jewery)（雷恩）；10. 圣贾尔斯教堂；11. 巴比肯（钱伯林、鲍威尔和邦）；12. 伦敦墙大街 1 号（福斯特）。

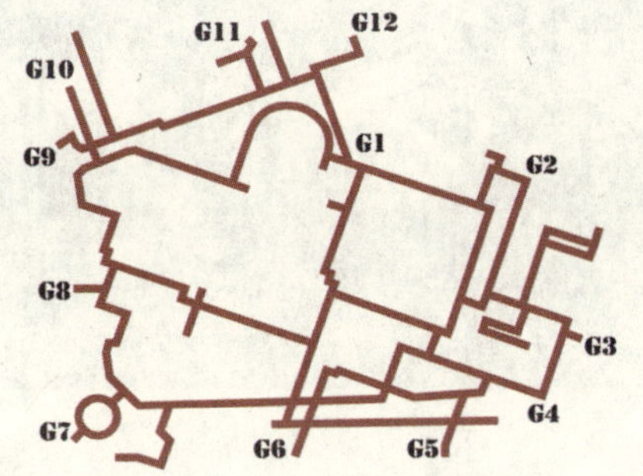

不知你是否已经意识到，作为总体规划方案的一部分，巴比肯试图体现出的一个主题就是，防卫性的城堡。城堡周边有"门"，城堡内有各种通道。

伦敦城

42. 巴比肯 (Barbican)

位于EC1区，丝绸大街，钱伯林、鲍威尔和邦设计，体现出20世纪50年代城市再生梦想。二战期间，巴比肯地区曾遭受猛烈轰炸。当时，主流规划理念，就是把人行道和建筑物地基抬高。1959年发生争议的时候，伦敦市议会一位代言人认为："反对抬高人行道是一种偏见"，而且"一旦上了人行道，不到家门口，根本就不必下来"。在这种思想指导下，规划设计了30英里长的城市高架人行道网络，直到20世纪初地产繁荣消退以及一些保守人士提出严厉警告之后，才停止下来。保守主义人士认为，道路拓宽和高架步行通道建设，忽视了城市中原有的中世纪街道格局和维多利亚时代城市的价值，一些重要地段和建筑物被抹去了。取而代之的一种思想就是，一些大楼被拆除以后，让道路慢慢地、巧妙地穿行，而在一些不太起眼的地方，还可以留下一些残余建筑，如正对劳埃德北侧的勒琴斯设计的"米德兰银行大楼"，就是可以暂时保留、有待后来拆除的建筑。这种规划理念，完全没有考虑城市街巷网络［如莱登霍尔市场和弓巷(Bow Lane)］建设。如果行人可以选择的话，那么可以选择忍受机动车噪声和尾气的排放，走大路；也可以选择避开大路走小巷。在一些生机勃勃的小巷，有些活动开发商是不支持的，常常是挂上一块匾额，指明这里从前曾是一家咖啡馆或者类似的处所。

巴比肯开发项目，完成于1957—1979年，规模宏大。类似于城堡，周边设门。有私人住宅公寓、艺术中心和学校。项目中央有一个中心景观区，有人工湖、装饰性的中世纪教堂（圣贾尔斯教堂）。在佩夫斯纳的指导书中，称其为悬挂于巨大混凝土立柱之间的新旧交融，"令人振奋，令人感到眩晕"。参观艺术中心时，在铺砌地面上，沿着油漆黄线前行，就不会迷路。项目由大楼区和别墅区组成，每座建筑都独具个性，带有"野兽派艺术"风格，让人感到既兴奋，又有所保留。没有人曾经这样说过，但是项目本身的成功就说明了这一点。它带有那么多可持续性的、中产阶级的设计特征，有人可能还会感到怀疑。

2002年，奥尔福德＋霍尔＋莫纳汉＋莫里斯建筑师事务所(Allford Hall Monaghan Morris)对巴比肯的滨水咖啡馆进行了翻修改造。艺术中心的总体规划也由该事务所负责。自2002年以来，他们一直在对艺术中心内部进行翻修改造，去掉了一些不适宜的东西。总体上说，把艺术中心改造成宜居、面向大众之所。

43. 奥尔本门：大门口奇怪孪生姐妹
(Alban Gate: strange twins at the portal)

London Wall/ Wood Street, EC2
Terry Farrell & Company, 1991
Tube: Moorgate

奥尔本门的开发商认为，要把20世纪60年代鞋盒子式的办公大楼拆除，新建的大楼就必须比原来的要大得多。法雷尔的想法是，利用伦敦上空的空中权利，建设一座横跨连通的大楼，办公空间面积为35万平方米，可供各种办公租用，高度都在规划限制以内。当时，后现代主义已不再流行，法雷尔的设想得到人们的尊重，但没有得到特别钟情，建起来的只是当初法雷尔所设想的一半。

作为城市规划专家，法雷尔按照自己的想法对这个项目进行了设计。他打算对中世纪的残缺破败的城门进行改造，设计一座大楼，并且这座大楼可以作为巴比肯的进出通道。中世纪的残破门偏北一点，邻近圣贾尔斯教堂。圣贾尔斯教堂就位于巴比肯项目的中心。另外，他建议规划师划出景观区，并把伍德大街变为步行街。这样，他就可以设置一系列的台阶，使巴比肯小区与城市其他部分之间的分割状况部分地得到解决。但，这一设想没有实现。结果，地势较低的地方的规划和建设让人感到很不舒服。前门在哪里？是在平地上，还是在巴比肯台地上［实际上，它位于蒙克威尔大街(Monkwell Street)街角处的平地上］？很简单，他的设想行不通。但是，法雷尔很可能想极力推行他的计划。敢于对20世纪60年代的规划师所留下的城市遗产进行修正，其远见和勇气值得称赞。

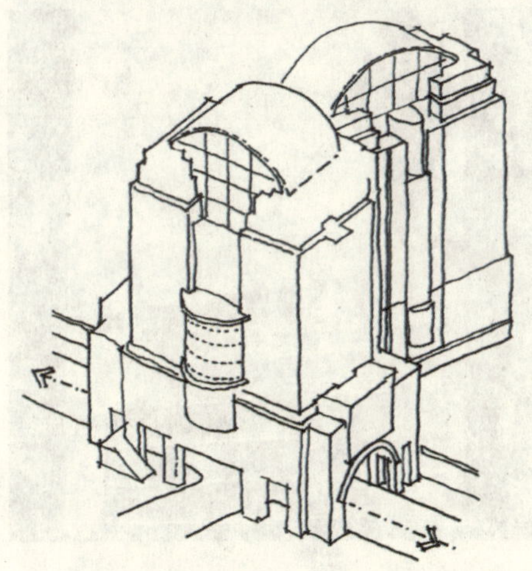

这座大楼，与法雷尔的其他大楼，如堤岸广场(Embankment Place，1991年）和军情16处大楼（M16 Building，1992年），属于同一个时代。法雷尔认为，这座大楼的主要优点就是，当时它很时尚，采用了M·格雷夫斯(Michael Graves)新结构形式（分级支撑、花岗石和玻璃），尽管很多人不喜欢。在这一点上，他与一些最著名的现代主义设计师完全不同，如卢贝特金等。那些现代主义设计师认为，现代主义大楼不应过多地考虑结构方面的问题。大楼所存在的主要问题，就是过于夸张，工程量过大。一座“古代西式建筑”，一点一点地将其塞满。更具讽刺意味的是，大楼标榜体现平民主义思想，这令人不喜欢。

作为20世纪80年代后现代主义建筑的领军人物，法雷尔无疑是最优秀的一位。但是，随着建筑衰退期的到来（1991年），一夜之间吞没了整个建筑业，他的一系列的风格式样都仅仅变成了一块墓碑而已。建筑衰退结束以后（大约在1995年），从1975年就开始主导建筑界的后现代主义思想（很可能是美国进口品）逐渐消散，逐渐被淡忘，没有人再去提起它（包括开发商）。大家都变成了现代主义，一种新型的后－后现代主义，减少了冷嘲热讽，注重体现历史主题和特征。

最显眼的、可与之对比的就是邻近的伍德大街88号大楼。法雷尔批评其“缺乏内涵”。还有一座是格雷沙姆大街25号，由法雷尔从前的合伙人尼古拉斯·格里姆肖设计。

44. 高尔登巷(Golden Lane)大楼

位于EC1区高尔登巷，巴比肯北面。其设计早于巴比肯。这是一座典型的战后建筑。那时，自尊自爱的建筑师都不愿意接“商业性”的设计任务，而且大多数都带有左翼人道主义上的偏见。大楼由钱伯林、鲍威尔和邦，于1952—1962年设计，幽雅别致，设有花园围绕。主体部分屋顶线特别引人注目，弥补了建筑下面部分的不足。就像20世纪50年代和60年代许多类似建筑一样，多年来一直被忽视、被嘲笑。但是，现在，年轻建筑师大多都寻找这样的房子居住。

45. 伍德大街88号（88 Wood Street）

88 Wood Street, EC2
Richard Rogers Partnership, 2000
Tube: Moorgate, St. Paul's, Barbican

劳埃德大楼的建筑师成熟老练，经验丰富，有些人已经退休了。即便是罗杰斯本人，作为大英王国的勋爵，也是更多地参与政治和策划方面的工作，对建筑物细节问题很少过问了，把公司留给了年青一代（本例中是G·斯特克）。许多人认为，伍德大街88号大楼是伦敦优秀的办公建筑之一。

大楼的设计开始于20世纪80年代末的"泡沫"时代，有一个日本客户达亿瓦公司(Daiwa)，1992年获得规划许可，可出租的办公空间为18000平方米。90年代初期，建筑衰退到来之时，大楼地基建设刚刚开始（因为一个电话交换站而纠缠起来）。客户回来的时候，要求在建筑几何造型不变的情况下，将可出租面积提高到24000平方米。通过降低楼层高度和将空调设施移入地下室后，得到了额外所需要的空间。建设工作于1995年开始，达亿瓦公司负责9层。这时，需要在大楼南面增加一个大型服务亭台。后来，达亿瓦公司决定不搬进去以后，这座"盲楼（'blind' building）"不得不改建，重新安装玻璃。1999年末，大楼完工的时候，有三块台地式办公区，位于第8层至第18层，以适应蹩脚的场地几何形状，从周边核心区进入。在周边区设有厕所、服务配发和火灾逃生等装置，这一点与劳埃德大楼很相似。其基本设计思想是一致的：即根据场地的特殊形状，选择规则、理性、适用的几何造型，核心服务区都安排在周边空间之中（参见4频道大楼、劳埃德船舶协会和K2）。

46. 市政厅（Guildhall）

位于EC2区，是伦敦城管委会所在地。市政厅具有悠久的历史，最早可以追溯到1411年。最古老的部分，第二次世界大战期间被炸毁了，后来进行了翻修重建，由G·G·斯科特爵士（1880—1960年）父子及其合伙人建筑师事务所增加了一部分。1955—1958年北面新增加的部分，看起来带有乡土气息，可将它与班克赛德电站（Bankside power station）（现在是泰特现代艺术馆）作一下对比，细部极其相似。西边的那一长块是在斯科特去世8年后增加的（1966—1969年）。仍由同一家事务所设计，但现在，很明显的，事务所已经有一些机遇很好的年青一代所领导，其思想观念与那些老人很不相同。结果是，该厅带有古典风格，体现出20世纪60年代对质量的高标准要求。从结构上来说，上部采用了大量预制混凝土板，伸出檐口，朝着中世纪的传统风格点头致意。这种翼式结构，有助于在G·丹斯所设计的18世纪哥特/印度式的建筑立面前面，形成一个广场。老市政厅前面、广场东侧是市政厅艺术馆（2000年）。市政厅艺术馆设计建设质量很高，但奇形怪状，是由R·G·斯科特设计的一座后现代主义大楼。他是G·G·斯科特之孙，因而得到前辈的恩惠。市政厅艺术馆有许多游客参观接待设施，其北端与老市政厅相连。东南角有一个市场，是伦敦此类区域之典范，参观需预先安排，可在建筑对话日和伦敦建筑开放日尝试参观一下。艺术馆建设的时候，挖掘出了原罗马地基，表明此地原先是一个圆形剧场。为此，为了继承和发扬城市遗产，在这个广场上会不定期地举办化装庆祝活动，非常滑稽有趣。

尽管法雷尔认为，这座大楼"缺乏内涵"，但是，在伍德大街上它显得相当突出。与伍德大街上的其他建筑一样，其高度也受到某种限制。大楼非常聪明巧妙的两层两层的升高，直至升高到 18 层，高度与法雷尔的邻近大楼差不多。与圣保罗大教堂的高度很相近，但是是允许的，因为它仍处于圣保罗大教堂的荫庇之下。其他值得关注的邻近建筑，如福斯特的伍德大街 100 号和对面的 S · 罗布森大楼，则没有这种优势。

大楼的主要特点在于其紧凑的玻璃周边设计。南侧，部分由中央支柱遮挡。西侧立面可以对热量的获得进行限制和调节。三层玻璃，另加空气抽吸系统，使热量在玻璃间上升，而不进入楼内。纯净透明的白色玻璃，观景效果极好，可以环视四周，在某些部位甚至可以探出楼外观赏。具有讽刺意味的是，这一座在计算机屏幕上设计出来的现代化办公大楼，日光与大楼外形不相匹配。

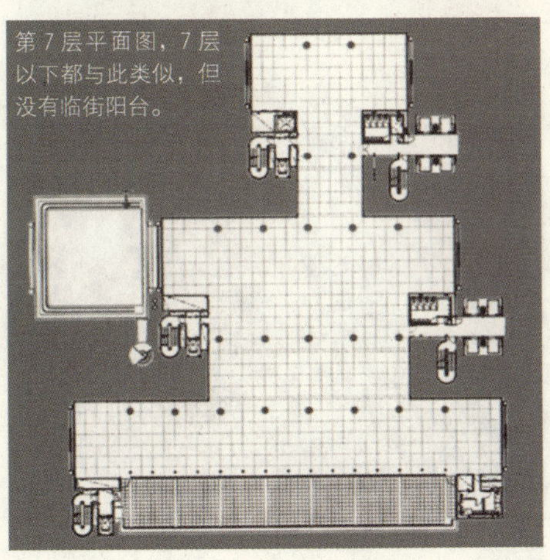
第 7 层平面图，7 层以下都与此类似，但没有临街阳台。

中央大厅也颇具特色。沿着大楼北侧，从东面一直延伸到西立面，朝向伦敦墙。内墙是磨光的灰泥粉饰。

这座总面积达 33000 平方米的大楼，采用的是常规 1.5 米格网结构，10 米 ×6 米和 15 米 ×6 米现浇后张预应力混凝土。北侧和南侧的外支撑结构，用以增强大楼的稳定性。中央立柱（通常都是起稳固作用）由建筑物本身的框架来稳固。

曾经流行的现代主义价值观（真实、有趣味等等）在这座大楼上也有所体现。如设置了彩色钢结构和通风口，红色用于排除污浊空气，蓝色用于吸收新鲜空气。即使你把它想象成妈妈、爸爸和婴儿，也没什么人会抱怨你。

47. 伍德大街（Wood Street）地区

在伍德大街地区，一些古教堂、塔楼和墓地点缀其中，如圣奥尔本教堂（雷恩设计），1682—1687 年的新哥特式塔楼（大火中存活下来的，而不是第二次世界大战）等。最重要的建筑，雷恩设计的两座教堂，一是圣劳伦斯犹太教堂，在左边，建于 1671—1680 年，二战期间被破坏，由 C · 布朗重新设计修复。另一座是圣阿格尼丝与圣安妮教堂，再向右，建于 1677—1687 年，位于圣劳伦斯犹太教堂之东。在雷恩 46 年的从业生涯中，他设计了圣保罗大教堂和其他 51 座教堂。在维多利亚时代损毁了 19 座，二战期间又破坏了 9 座。像大多数雷恩设计的教堂一样，在伍德大街地区，你所能看到的都是经过翻修改造过的教堂。但是，不管怎么说，也会给你留下深刻的印象，是认识伍德大街地区的主要特征之一。注意，有时对教堂的设计者会产生争议，如圣安妮教堂就有人说是胡克设计的。有人对雷恩设计的教堂进行过比较研究，发现教堂之间有所不同，体现出不同的价值，反映所处地段的内涵。这些发现肯定会为这一地区带来新的生机和活力。到市政厅书店转一转，看看能否发现与此主题相关的书籍。

48. 伍德大街 100 号（100 Wood Street）

100 Wood Street, EC2
Foster and Partners, 2000
Tube: St. Paul's, Bank; Barbican, Moorgate

福斯特及其合伙人建筑师事务所设计的这座大楼，高 11 层，面积 20405 平方米，类似三明治，两侧立面完全不同，体现出两种不同的城市需求。文丘里会来证明这一点。东立面(伍德大街一侧）造型优美，得到规划师的赞许和鼓励。在东立面设计上，规划师就坚持采用波特兰大理石，高度不能超限，并且上部后缩。福斯特设计团队认为，上部后缩可以弥补石头玻璃立面的不足，采用他们所最喜欢的设计形式：弧形和三角状结构呈拱形横跨整个西立面。不过，假使你快速穿过那些保留下来的中世纪的小巷，看看圣玛丽斯坦大街一侧的情况，你就会大吃一惊，拱形结构不见了，所出现的完全是另一种景象。此时，阳光可以照射到从前的教堂院落之中。立面呈倾斜弧形，由粗大混凝土立柱支撑，类似于拱廊中的“巨型柱式”。这时，你可能禁不住会回想起 J · 斯特林的倾斜式立面。看看玻璃后面，看看里面的柱子，你就会发现，外面的立柱只不过是一种小把戏，或者说是一种彻头彻尾的伪装。在这里，又一次碰到同样一个问题，就是这座大楼也面临着与邻近大楼的关系处理问题。附近的大楼有：后面罗杰斯的伍德大街 88 号，诺贝尔大街上的 S · 罗布森大楼，以及 N · 格里姆肖的格雷沙姆大街 25 号，还有对面的罗马和中世纪的城墙断片。它们都拥挤在教堂院落中由绿树草地所构成的视觉焦点周围。

人们对这座大楼日益喜欢，不过很可能出于某种不正当的理由。鉴于周围其他大楼都沉默寡言，那么在创造性方面，这座大楼就不言自明了。伍德大街 50 年的时尚，现代主义的斜肋构架、水桶式的穹隆以及 J · 斯特林式的西侧面，所有这一切都融于大楼之一身。很可能，这就说明了福斯特办公室为什么对它保持沉默寡言了。

49. 警察局 (Police Station)

伍德街警察局正对伍德街 88 号，由麦克莫兰和伯德设计。它的设计风格是纯粹的手法主义，而又属于早于文丘里作品的一种精练而优雅的建筑样式。在修建时，原本规划这个警察局要管控伦敦城中部的区域，该地区面积占整个伦敦城的 1/3，在 1941 年被德军的闪电战严重破坏。20 世纪 60 年代，伦敦开始重建这一区域（其中包括邻近的第十一大道及巴比肯地区），因此该警察局的修建在当时有着非常美好的前景。就设计风格而言，该警察局的建筑与其说属于 20 世纪 60 年代，还不如说属于 20 世纪 30 年代。伦敦的警察机构历史悠久，在当时更是傲气凌人，日常仪式繁多，而且内部等级划分细致，规矩森严。这座警察局大楼可谓标志那个时代结束的一首天鹅绝唱：15 年之后，该建筑被重新规划，成为一个服务于金融城其他各警察局的专家支持中心，因此警察们谈起它时，都带着那种追忆从前时光的怀旧口吻。该建筑的设计在 1966 年时就显得非常独特了。当时，随着战后现代主义风潮的兴起，伦敦金融城中的资本主义经营正在开拓着全新的领地，而麦克莫兰却把警察局设计成了一座意大利文艺复兴别墅式的建筑，同时又兼顾了墩座式大厦的建筑惯例。这是一座带庭院的宅第，有马厩，可拴马 16—18 匹，通风口掩藏于烟囱之内。建筑较高，上半部分为未婚警员宿舍（当然是男女分开的）。外部为波特兰石建造，院落内墙面则为伦敦普通砖。而建筑的细部（比如非洲硬木制作的房门和窗框）都经过周到的考虑，因为当时处于冷战时期，设计者要保证大楼经得起炸弹的破坏。施工时发现了一些罗马时代留下的墙体，正好用于大堂的石雕装饰。（麦克莫兰还负责了老贝利大楼的扩建工程和改造俱乐部西侧一栋建筑的设计。不幸的是，警察局大楼刚刚完工，他就自杀了。因此，警察局的主楼大厅（面对伍德街的）高窗，就以他的名字命名，又过了几年才改为其他的名字。）

50. 格雷沙姆大街 25 号 (25 Gresham Street)

25 Gresham Street EC2
Nicholas Grimshaw & Partners, 2002
Tube: St. Paul's, Bank, Moorgate

这是 N·格里姆肖在伦敦设计的第一座大楼，或许是伦敦最好的办公大楼之一。大楼（1000 平方米）的设计相当简单。不过，他把中央核心部分拆开处理，分成一个到达区和一个流通区，电梯就在前面靠近入口处。南立面是设计的关键所在。格里姆肖运用建筑技巧，设置悬臂跨过圣约翰·载克利花园（St. John Zazhary，一个公共活动场所，曾经是一座教堂的一部分，在 1666 年的大火中烧毁），创造出一个新奇、欢快的自由式入口（要从一侧进入，而不是从正前面进入）。可以把该建筑与街道对面格雷沙姆大街 10 号处由福斯特设计的办公大楼做个对比。另外，还要注意大楼的设计与花园的巧妙结合。格里姆肖曾是 T·法雷尔的合伙人，在其设计上能够看出与法雷尔的竞争。

在租赁式办公大楼中，格雷沙姆 25 号的大厅确实是别具一格，它使办公大楼前区成为该处一道亮丽的风景。外立面全用石头（石板），用带有装饰性的不锈钢“蛛网”固定。“蛛网”既代表高科技，又带有装饰性。也许正是这种立面包被形式，是这座建筑最不成功的一个方面。但，不管怎么说，它还是一座不错的大楼。

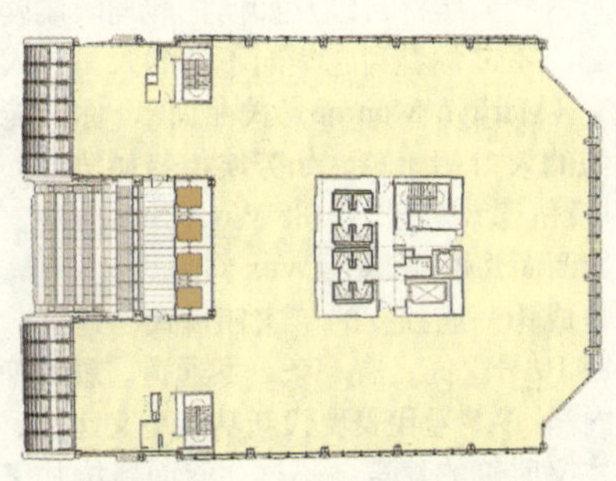

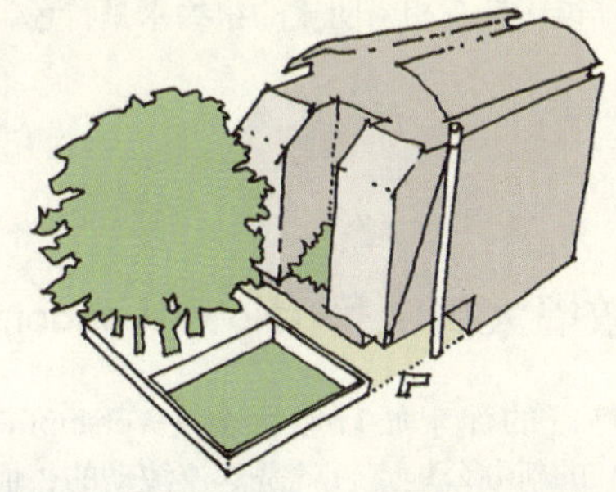

51. 格雷沙姆大街 10 号 (10 Gresham Street)

10 Gresham Street, EC2
Foster and Partners, 2003
Tube: St. Paul's, Bank, Barbican, Moorgate

我们期待着由计算机所创造的曲面得以流行，怀念密斯·凡·德·罗更为冷峻的建筑风格。好了，它来了，由罗杰斯团队设计，在伍德大街与格雷沙姆大街相交处。在窗口配列体量方面虽然还带点密斯风格，但是，三角状的坡面逃生塔和顶层阁楼把我们带回到 20 世纪 60 年代的风格时尚。现在，好像人人都成了后现代主义者。事实上，密斯只是象征性地参与了一下，并没有真正参与设计。丑闻揭露出来以后，建筑师们就可以在设计中加进一些自己的思想，这令他们感到很高兴。于是，他们就把整座大楼设计成了铝包层立面。

尽管如此，这座面积 27000 平方米的办公大楼（有一个宽大的中庭），实际上非常棒。楼面深 18 米，相对比较狭窄，立面为“通风立面”，装有木制威尼斯式的遮阳窗帘。公共宣传广告，对这些天然材料以及如何把规划限制转化为建筑优势作了介绍。不过，看到它华而不实的入口［入口玻璃为玛丽莲·梦露（Marilyn Monroe）式曲面］，你可能会不自觉地与其他类似的入口相比较，如劳埃德船舶协会、格雷沙姆大街 25 号以及伍德大街 88 号 (88 Wood Street) 等。

大楼的西面为烛商大厅 (Wax Chandler hall)，现在已单独分离出来，成为一座独立的“宏伟模式”建筑。在这座大楼与格雷沙姆 10 号之间，有一条公共通道，就好像两座建筑各有不同的内涵：9-5 号代表现代新功能主义建筑，“宏伟模式”代表社会主义时期的建筑。不过，南面新增加了一块，作为餐馆和咖啡馆，带有相当明显的纽约水景特色，掩映在北美风景之中。

52. 伦敦墙大街 1 号 (No.1 London Wall)

No 1 London Wall, EC2
Foster and Partners, 2003
Tube: St. Paul's, Bank, Barbican, Moorgate

高耸静卧的泥水匠行业协会（Worshipful Company of Plaisterers）的新办公地点，就是这座流动的、曲面形的办公大楼，面积 19308 平方米，与其邻居伍德大街 88 号，形成鲜明对比。入口大厅较小，位于伦敦墙大街一侧，从那里乘电梯可直达办公区（净面积约 1300—1900 平方米）。接待大厅在一楼，有一个中央电梯，为大楼的其他部分服务。还有一座过街天桥（20 世纪 50 年代高架步行道的一部分），与巴比肯小区相连。有趣的是现在管理人员对曲面建筑不感到害怕了，不像不久前厄斯金设计的方舟大厦刚建起来的时候那么惊恐了。

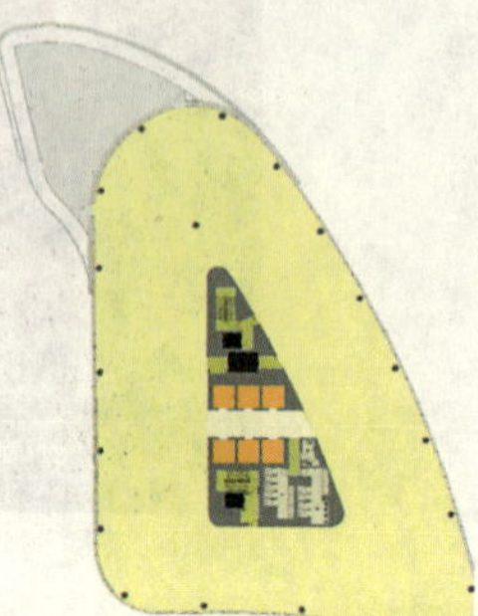

53. 圣保罗大教堂（St.Paul's Cathedral）

圣保罗大教堂是伦敦最重要的建筑之一。它高大雄伟（长155米，高111米），古老悠久（建于1675—1711年），由一位英国天才建筑师设计（C·雷恩爵士）。特别是经过二战的洗礼存活下来以后，已经成为英国的象征。用城镇规划的术语来说，这座建筑控制着伦敦的中心地带。但是，在伦敦这样一个大都市之中，究竟能否把它当做主导建筑，支持者和反对者一直争论不休。伦敦的各处建筑名胜形成的视觉走廊限制了高层建筑的开发，另外这些著名建筑的邻近区域开发问题也是伦敦建筑业最具争议的问题之一。20世纪80年代中期，查尔斯王子对主祷文广场再开发提案特别感兴趣的时候，争论变得更加激烈，这个开发项目耗时良久才得以完成（由一组建筑师共同参与，W·惠特菲尔德爵士担任总设计师）。

这座建筑物在人们的心目中有如此高的地位，引起这么多人的关注，值得吗？圣保罗大教堂的设计年代正赶上一个时代的结尾。当时，几何象征主义几乎无所不包。自学成才的建筑师雷恩深受法国“自然普通”美学思想的影响，而当时康德正在用它来区分实体与表象。伦敦正在走向繁荣，即使许多建筑师仍然假装是“投机性”的泥石匠，但现代主义思潮已经涌现。当然，现代主义一词，有很宽泛的文化含义。这是一座处于巅峰时期的建筑，在此之前是I·琼斯的时代，在此之后，则是亚当三兄弟和其他为后世建筑设计业奠定基础的建筑师（如钱伯斯和索恩等人）。

作为干砌和力学结构式的设计，确有许多精到之处。但雷恩的助手N·霍克斯莫尔并没有将它泄露出来，这使他后来（17世纪初）得以设计自己的教堂。他设计的教堂在体量上虽然较小，但是仍让人充满崇敬。不妨参阅P·阿克罗伊德以霍克斯莫尔为主人公的惊险小说。

实际上，圣保罗大教堂是一座哥特式建筑（虽然有所掩饰，而且意识到这一点，雷恩感到很痛心），并没有期望在建筑领域起主导地位，就是它的设计者也没有想到。现在，它已成为伦敦市和君王的重要典礼场所，不可小看，但这违背了其建设初衷。参观这座建筑不能单单表面上看一看，要爬上去，穿过穹顶内膛，到达顶层的观光平台。这是一种穿越和体验建筑结构的旅行。

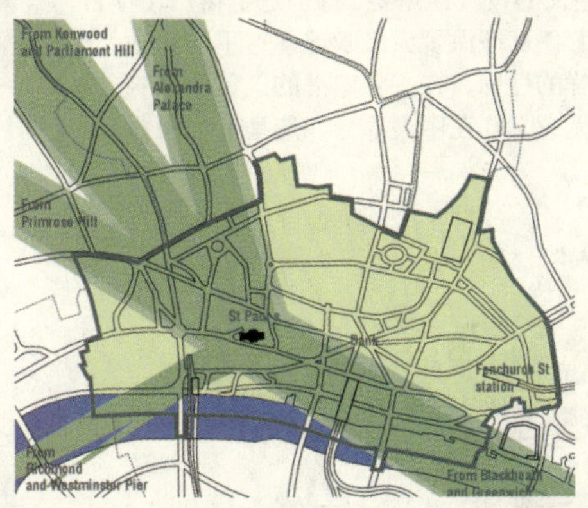

位于圣保罗大教堂视觉走廊上的一些关键地区，建筑高度受到严格的限制：伦敦城（见左）。这些建筑不得不被推向伦敦城东北具有发展潜力和发展可能的自然地段（如“小黄瓜”就在那里）。大教堂周围地带是极神圣的，所有东西都必须相对矮一些（实际上，大约8层）。

顺便提一下，大英图书馆（British Library）设计建设所花的时间，几乎与圣保罗大教堂一样长，而且两座建筑的设计师对此都有所省悟。有些项目，如皇家法院（Royal Courts Justice）和威斯敏斯特宫也遭受过同样的命运。类似的，像金斯克罗斯这样的地区，其规划设计与实施几乎花了好几代人的时间。现在，南面地区的开发有所不同了，原先封闭蹩脚的设计被取代了，这让人高兴。

54. 主祷文广场：可怕的组合 (Paternoster：a fearful assemble)

Paternoster Square, EC4
Various architects, 2001
Tube: St. Paul's

O · 瓦格纳说过，建筑是一条麻烦不断、充满荆棘之路。对于主祷文广场开发项目，这似乎很恰当。这块地区二战期间遭受德国闪电战的严重破坏，自战后重建以来，就一直遭受折磨。历史上，它是出版业集中的地带，战争轰炸中有 600 多万册图书遭受破坏。重建总体规划由 W · 霍尔福德勋爵 (Lord William Holford) 于 1955—1962 年提出，许多建筑设计师参与了规划的具体实施（1964—1967 年）。按规划，这里将以原先的一个小客车停车场为基础，建设一块没有机动车的区域。80 年代又有了替代方案。方案一提出，就因查尔斯王子的干预而陷入泥沼之中，一些很有价值的方案被拒绝，如，罗杰斯与阿勒普及其合伙人建筑设计事务所联合提出的方案。后来，参照一些过去的规划设计方案，如新乔治亚时代、新罗马时代和新佛罗伦萨时代等，提出了一个新的方案，由 W · 惠特菲尔德爵士负责协调（见他在特许会计师协会上的报告和 60 年代中期的报告）。

除了他自己的新法西主义风格的建筑以外，在这个项目上，惠特菲尔德的贡献究竟有多大，很难说清。实际上，他的新法西斯主义风格的建筑并不是特别不好，只是其造型过于奇形怪状，特别是面对圣保罗大教堂的一面，还有一根 23 米高的中央立柱。它的出现，除了结束纷争以外，并没有特别值得庆贺之处。对你来说，或许这些并不重要。不过，可以将它与其他开发项目作一下对比，如布罗德盖特项目、金丝雀码头项目，以及斯皮特尔菲尔德和美林集团大厦项目等。所有这些都是令人厌恶的怪兽，表现了资本主义的投机性需要，特别是主祷广场项目，更带有强烈的情感色彩。从圣保罗大教堂遥望这里的房顶，令人感到沮丧。各种各样的柱廊，在一种零乱的气氛中呻吟（在北边界，这些柱廊毫无意义；在中央部分，造型低劣粗鲁）。

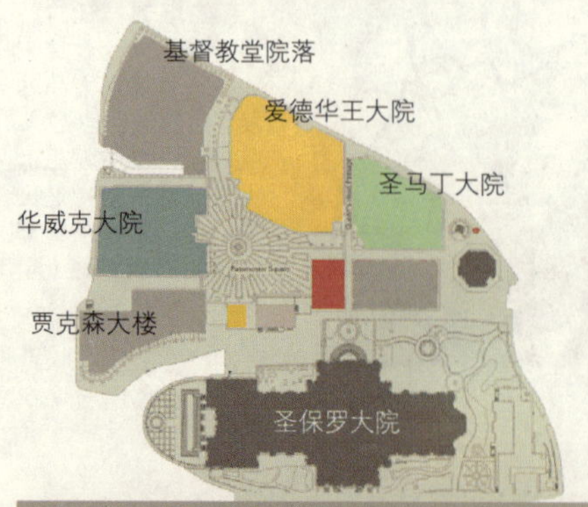

基督教堂院落 ,R · 贾得（Rolfe Judd）.
爱德华王大院：E · 帕里（与 S · 罗布森合作）
圣马丁大院：阿莱斯与莫里森
教堂大楼：惠特菲尔德与西德尔与吉布森（Sidell Gibson）
贾克森大楼：威廉 · 惠特菲尔德爵士与 S · 罗布森

中央立柱，后面的大楼由麦科马克 · 贾米森和普里查德设计

帕里设计的大楼时尚新颖，带有新 G · 泰拉尼 (Guiseppe Terragni) 外观，但体量上严重不适宜，无法形成所期望的封护感（还不如芬斯伯里广场大楼）。前面的柱廊毫无意义。

圣保罗大教堂圣殿门，右侧为普理查德大楼

不过，据说，与一些其他项目相比，如布罗德盖特、金丝雀码头等，在与周围环境的融合上，该项目要更好一些。在主祷文广场地区，城市基本结构设计相当不错，不太突出，但却考虑周到。有多位技艺精湛的建筑设计师参与了该项目（有明显的剑桥背景？），如麦科马克·贾米森和普里查德 (MacCormac Jamieson & Prichard)、阿莱斯与莫里森（远次于其最好的作品）、R·贾得、E·帕里（其中有一座建筑好像是受到泰拉尼的启发，为我们提供了另外一种新法西斯主义风格）、惠特菲尔德（沿圣保罗大教堂院落）和西德尔（就是那座砖结构建筑，实际并不很坏，还有可能是最令人感到满意的建筑之一）等。S·罗布森在项目中为帕里和惠特菲尔德提供了帮助。

最后，在圣保罗大教堂与主祷文广场之间，有一座正统的起连接作用的建筑，即圣殿门。城门经过了彻底的翻修重建，就像一个刚刚沐浴过的老妇人。圣殿门原位于舰队街中部，构成伦敦城的边界，具有血淋淋的历史（曾是叛逆者砍头的地方）。1878年，被移到伦敦北部的一个公园内，现在又移了回来，还多少带点戏剧性（其逼真性有所损毁）。惠特菲尔德大楼北面，有T·希瑟维克 (Thomas Heatherwick) 的雕塑，遮掩住两座用作次级电站的、样子冷冷的塔楼。

多花点时间看看。有些方面还是不错的，但在创造能力发挥方面，也有误导和过渡。

惠特菲尔德和希瑟维克大楼

面对圣保罗大教堂、位于惠特菲尔德拱廊里的雕塑。
右：惠特菲尔德立面，同时又是圣保罗大教堂西前脸。

花点时间，把它们分解来看。除视觉走廊外，注意观察楼角。在这里，试图打破单一立面的单调，创造视觉上的变化和多种景观，缩短与圣保罗大教堂之间视觉走廊的距离。在这一点上，没有什么可说的了。但是，在这一地段，还有一些非正统的、不和谐之处，显示出它具有悠久的历史以及政治因素对它具有强烈影响。

55. 美林集团大厦——伦敦城的骄傲 (Merrill Lynch: City pride)

Merrill Lynch & GlaxoSmith Global HQ, 2 King Edward St. EC1; Swanke Hayden Connell Architects, 2001
Tube: St. Paul's

对于新近完成的两座办公大楼，伦敦城规划厅特别引以为豪。两座大楼以完全不同的方式，代表了对城市建筑的期望。其中最著名的还是福斯特的瑞士再保险大楼，位于圣玛丽斧大街33号，也就是通常所说的“性感小黄瓜”。其优点是很明显的，但仍然属于大厦广场设计模式，与正在衰老的商会大楼很相似。商会大楼就在“小黄瓜”对面，在福斯特大楼建成之前，曾是英国此类建筑中最好的建筑。

另一座为规划师引以为豪的建筑与“小黄瓜”完全不同。这座大楼在高度上必须相对较矮，不能遮挡通往圣保罗大教堂之间的视觉走廊。从伦敦一些制高点上都可以看到这条视觉走廊，如位于汉普斯特德灌丛(Hampstead Heath)的议会山等。这样，可以安排高大建筑的地点就很少了，特别是靠近圣保罗大教堂的地方更得仔细考虑斟酌。在这一限制下，其结局就不难想象。对大教堂北边的主祷文广场项目进行了重新规划设计，建起了一片办公大楼。这些办公大楼从开建之日起，就一直争议不断，并且延续了数十年，耗尽了建筑师的创造才智。

然而，就在主祷文广场北边的开发项目，令规划师们感到骄傲。那就是美国大型跨国公司美林集团伦敦总部。在这里，采取了面向客户的设计形式，将原有建筑巧妙的融于其中，创造出了生动有趣的、相对独立的办公空间。在这些办公楼中，交易空间所占的面积很大，这也是大型跨国公司的主要特征。据说，美林集团所拥有的交易空间在欧洲是最大的，并且斯旺克+海登+康奈尔巧妙地将其融于建筑整体之中，不仅建筑形式多样，而且给人一种亲切感。

项目在整体布局上灵活多变，原有的老邮局大楼、维多利亚时代带边栋住宅楼以及雷恩(Wren)教堂和从前的墓地（现在是伦敦城的公共花园之一），都有机地包于其中。服务通道、柱廊、中庭、院落和新建公共通道都很成功，完全没有单调乏味之感，与金丝雀码头以及伦敦其他受北美影响的开发项目相距甚远。虽然只有一个出入口，但是总体布局考虑细致周到，每一个小部分都具有相对独立性。美林集团总部并没有包含于城市整体构架之中，你可以随意将其抹去，其中仍有些部分也可进行彻底的改造。

在整体规划布局上，美林集团总部让人感到高兴。在办公室内部处理方面，也让人感到心满意足。办公空间阳光充足，视野开阔，在金丝雀码头开发项目中，大多数美国模式的大楼都缺乏这一点。还有一个精美的屋顶花园，掩映于楼群之中（当然，远离董事会会议室）。

建筑物之间的距离让人感到舒适惬意，与其他项目，如马路对面的主祷文广场项目，形成鲜明对比。沿纽盖特街、位于维多利亚风格建筑后面的长长的小巷，更是特别受欢迎。

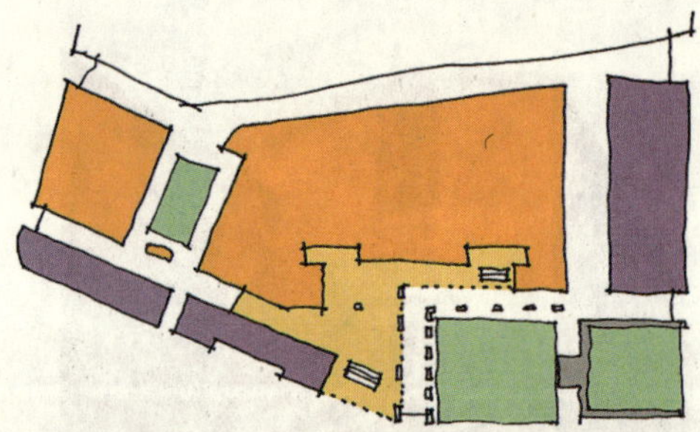

图中绿色部分为老教堂和从前的墓地。紫色部分为原先的邮局（东面）和维多利亚风格联排住宅楼区。其余的橘黄色部分为办公大楼，有一个宽大的中央大厅。南面与后面新区之间的小巷，是一条不错的通道（在安全保安措施较好的情况下），理论上说，应该从东一直通向西边。实际上，在入口大厅，你就不得不停下来。那里有保安人员在观察，看看背着相机、在门口转来转去的人在干什么。笑一笑，你可能会被拍照。

56. 坎农街 80 号 / 布什巷（80 Cannon Street/Bush Lane）

由阿勒普及其合伙人建筑师事务所于 1972—1976 年设计。大楼采用外骨架结构，没有内立柱。据说，不锈钢钢管充水，以防发生火灾。想一想，火灾发生的时候，它就变成了一把形状怪异的水壶。下面部分原先打算用作一个火车站，但一直没有实现。令人遗憾的是，后来有人出了个好主意，把底层改为零售用房。唉，这简直是浪费，不是吗？只有挖空心思地去想，才能想象出其原来的样子。

57. 前里昂信贷银行大楼（Credit Lyonnais）

大楼共 5 层，建于 1973—1977 年，由温尼父子及奥斯汀·霍尔建筑师事务所（Whinney, Son & Austen Hall）设计。正对布拉肯大楼（Bracken House）（东侧，坎农街 30 号），并与其形成鲜明的对比。此处原为雷恩设计的一座教堂，二战期间被炸毁。除了一些枝梢末节之外，该楼就一直没有让人感到新潮时尚。有些建筑师认为，大楼倒锥形的、预制玻璃钢筋混凝土立面，比一般的布拉肯大楼要更有趣。这是对塞弗特上校所设计建造的早期承重立面的模仿。有人怀疑，完全中空的带有剧院特色的内里，简直就是另一场霍普金斯恶梦。

58. 比灵斯盖特大楼（Billingsgate）

当鱼市从比灵斯盖特（下泰晤士大街，EC3）搬出以后，剩下了一座空荡荡的大楼（H·琼斯 1875 年设计）。这样，把它开发成一个大型贸易空间，时机就已经成熟。这正好赶上 20 世纪 80 年代中期城市繁荣、管制解除的时代。有些想跨过泰晤士河到伦敦城当船员的人也打消了念头，留了下来。这些人都是潜在的、有希望的承租人。怎么办？面对这种变化，R·罗杰斯团队，很艺术性地创建了一个夹楼，挂在原有结构之上。散射光通过棱镜入楼内，地下有拱形的可居住房间，靠近一个正在融化的永久冻土带。永久冻土带在泰晤士河水之下，储藏的冻鱼与泥沙混杂在一起，经过数代而形成，这让人感到愤怒。后来，遭受爱尔兰共和军轰炸，城市空间需求加剧，有些急需空间的承租人就看上了这一特殊空间。未完成的项目，对于参与者来说总是非常痛苦的。幸好，这座大楼基本上实现了原先的设计用途。不过，那一段时期很快就结束了。到 2002 年末，比灵斯盖特（Billingsgate）许多规模宏大的空间都被城市中的各种政党所占用，到 2005 年，情况也没有多大改变。

哪里出了问题？大楼的低层有点像洞穴，但却并不很像皮拉内西风格。一个大型俱乐部在这里建了起来。底层加上悬挂在原来立柱上的夹楼，其空间非常宽敞。然而，现在，伦敦城有了更多的选择。可以建一个大型市场，但位置选得不对（下泰晤士河大街）。希望寄托在沿河有限的公共门通道的复活改造上。无疑，这种复活改造也为这座大楼重新焕发生机带来了机会。

现在，在泰晤士河北岸，许多重要地段都可以步行穿过，但不像南岸那样方便，那样令人愉快，有种隐遁的感觉。不过，不妨去走走看看。

59. 布拉肯大楼（Bracken House）

Friday Street, EC4
Michael Hopkins and Partners, 1991
Tube: Mansion House, St. Paul's

布拉肯大楼是真正的专家作品，是表现建筑设计技艺的经典实例。从实用的层面来看，这座建筑当然不乏创新，而且建筑师用自己的专业本领设计出了成熟的、功能完善的办公空间，但与通常一样，这些并非本案设计中让人感兴趣的地方，当然就更不是我们能发现设计者的出众才智的地方。霍普金斯的这栋建筑好像是对整个建筑界的一个通告，仿佛是在说：看，我是一个建筑师，当过N·福斯特的合伙人，现在不想削尖脑袋挤进那种主流设计风格的框框里去了。霍普金斯用他的设计明确地宣告说，他将跨越不同建筑风格、不同建筑材料之间的区分鸿沟，专注于创造优秀的建筑样式和成熟的内部构造。

原有的建筑只保留下了南北两个翼楼，那座建筑本是《金融时报》的社址，建于1959年。这份报纸当时用大幅粉红色纸张印刷，非常有影响力，社址选在舰队街这条报业街的最东端，因而处于伦敦金融城的核心位置，当然再合适不过了。1952年，金融时报所有人，要求建筑师A·理查森教授，为他设计一座新楼，并且要求新楼立面为曲面。按照布拉肯的要求，理查森参照意大利都灵文艺复兴时期的宫殿［卡里尼亚诺宫(the Palazzo Carignano)］，提出了一个设计方案。方案中有一个中央印刷大厅和两个办公用翼楼。在翼楼的北立面，有一个黄道12宫图，上面有温斯顿·丘吉尔爵士的头像，借以表达二战期间布拉肯与丘吉尔之间伟大友情，新奇而感人。20世纪80年代中期，金融时报搬到了位于老港区的一座大楼之中，大楼由N·格里姆肖设计。报社搬走以后，就打算由霍普金斯来设计一座新楼替代原来的大楼。

霍普金斯与合伙人J·普林格尔(John Pringle)一起，同样参照都灵宫殿的几何构型，提出了一个新的设计方案。原来的两座翼楼予以保留，不太令人感兴趣的印刷大厅改造成一座炸面包圈式的办公楼，由紧凑的中庭向周围辐射，电梯在中庭。在许多方面，新办公楼都带有两座翼楼的特点。例如，顶层为阁楼，青铜包被借鉴于旧窗户使用合金，包被格网造型借鉴于翼楼上的窗户，底层石墩是理查森所采用过的"霍灵顿(Hollington)"石，颜色都是粉红色。

这座面积26300平方米的大楼，在设计上还有两个值得关注的方面。第一，大楼的新主人日本银行，希望建得高一点。但是，由于靠近圣保罗大教堂，有高度限制，不能建得太高。当然，高度增加也可以降低建设成本。第二个方面就与查尔斯王子有关了。他的影响无处不在，特别是在圣保罗大教堂周围地区，更有过之而不及。在这一地区，开发时机已经成熟，而每个开发项目都要置于他的严密监视之下。

查尔斯认为，当代建筑立面趋向于变薄，趋向于二

布拉肯大楼青铜立面（锌、青铜和铝的合金），展示了高超的建筑技艺，极为罕见。曾几何时，建筑创作灵感和其丰富的内涵，高深莫测，备受尊敬。钢筋混凝土楼板，悬空、自然倾斜，其荷载加在铸铁立面之上。上部载荷沿垂直管道传送到地面上的石墩托座上。悬臂向下的垂直力由其背面的钢管张力来抵消。所有的重力都由一座石墩来承载（除基座外，还有混凝土）。这种整体安排是对查尔斯王子批评的呼应，很巧妙。查尔斯王子一直批评说，当代建筑立面太单薄，与建筑结构框架不连接，也不承重。

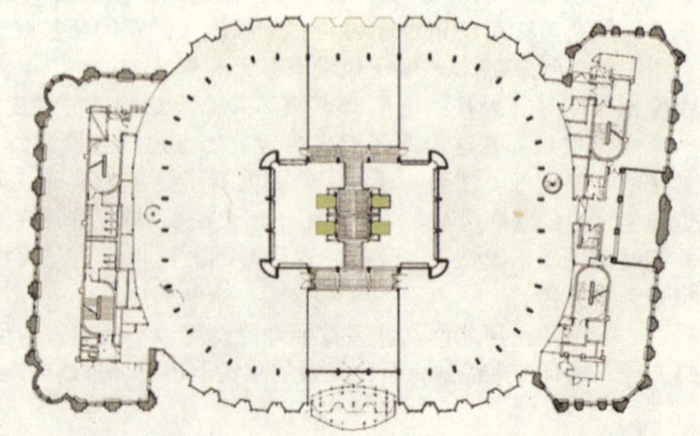

布拉肯大楼由两部分组成：第一部分，1959年作为金融时报大楼的翼楼，就像那个时代的许多大楼一样，看起来就好像是1929年建造的。第二部分，在炸面包圈式的平面图中，由M·霍普金斯所设计的中庭。中庭取代了原来的印刷大厅，但很巧妙地借用了翼楼的一些建筑特征，新旧部分得以完美结合，就好像这两部分正在一起演奏一曲二重奏，冷冰的，但却很有趣味。

维。应该改变这种情况。设计师应该回归到过去那些美好的时代。那时，厚厚的砖石包被依靠在钢结构框架之上，与地面接触，直接承重，而不是像现在所做的那样，包被与钢结构框架分离。查尔斯的观点并不是没有道理。这样，对于这座大楼，霍普金斯就设计了一道不承重立面，但是仍然具有相当明显的现代特征。这体现出一种才智、创造性，甚至还有点幽默。同时，它也进一步表明，几乎所有的优秀建筑都是即时性的，植根于所处的时代、位置和环境之中，将世俗观念与智慧创造融合为一种声音：建筑设计只不过是一种即时性活动。

外立柱向外延伸，与立面分离，悬式混凝土楼板荷载向青铜包被传递。青铜包被接受混凝土楼板的斜向压力，起到承托作用，并将荷载传到地面。这样，从某种程度上说，接受荷载的悬式石墩托座，就好像是在玩杂技。石墩（这是真正的精华之所在，不是让石头直接面对混凝土），与原建于1959年的建筑采用的霍灵顿石材搭配起来很合适。石墩托架承载荷载，其荷载又由石墩下面的不锈钢管所抵消。

电梯入口处的外包钢板是霍普金斯事务所的标志性设计。别处也有类似设计，比如2005年为圣托马斯医院设计的建筑

太阳光可以从中庭顶部射入。中庭内有4部电梯，外围是大型压铸钢板。每层，包括楼顶，都有一个连接桥，由玻璃支撑，以降低大楼的整体高度。

大楼的设计非常聪明，非常漂亮。在一座大楼上能展现出这么多建筑技艺，真是不多见。然而，令人感到奇怪的是，这座建筑看上去好像应该属于过时的现代主义了。其结构已经有点落后于时代，装饰性结构逐渐占了上风。可以与赫尔佐格和德梅隆 (Herzog & de Meuron) 的作品对比一下。就像霍普金斯在新议会大厦的创作一样，要想完全领会其优越之处还真得花点时间。

60. SOM (Skidmore Owings & Merrill) 作品区

从路德盖特希尔大街（Ludgate Hill）南侧，经过莱姆伯纳小巷，到舰队广场大街和霍尔本高架桥街，这一区域内的建筑都是由SOM设计，于20世纪80年代末期迅猛发展的泡沫经济时代建设完成。这一建筑群总面积约5万平方米，沿通往布莱克弗莱尔斯的铁路延伸，长约1.5公里。大楼为防震地基，造型各异，楼间距多变化，令人感到兴趣盎然。然而，正如美国记者尼尔·波兹曼所说，当代的娱乐经济倡导的是一种“娱乐至死”的态度，本开发项目恰恰流露出了这种倾向。SOM的当代现代主义理念以各种风格混杂融合的形式表现出来，既有舰队广场10号那种近乎中世纪风格的黑色花岗岩和不锈钢材质，而相邻并置的又有路德盖特街角处桑坦德大楼的伪美术风格设计。立面内部采用了相似的空间布局程式，使大楼从外面看起来就好像是包装精美的巧克力盒子（公平地说，时下这种方式是很常见的）。

61. 救世军：大桥满载之希望（Salvation Army：hope at the bridge threshold）

Queen Victoria Street. EC4
Sheppard Robson, 2005
Tube: Mansion House / St. Paul's

巴黎人喜欢将救世军与勒·柯布西耶和20世纪20年代的现代主义联系起来。救世军总部在伦敦中心地带一块很显眼的地方，这个很有趣。该地靠近圣保罗大教堂，坐落于福斯特千禧大桥入口处。"萨利"，按我们通常所称呼的，在那个地方已有100多年了。但是，时间的流逝和世事的变迁，使这个地方发生了很大变化，慢慢地适应了拯救军的需要。在这里，它已与"热点地块和新工作方式"理念相融合，也就是说承载需要已经大为减少了。占用多年的大楼显得有点太大了，并且与其组织结构的规模也不相适合。救世军希望人们看到的形象是福音、节俭，并且带有现代主义时尚。这就是对建筑师S·罗布森所提出的主要要求。

鉴于救世军总部大楼所要容纳的人员不多，S·罗布森提出的规划方案为，在场地最显眼的一角，建设救世军总部大楼，另外2/3的土地进行投机性商业开发，实际上已向"萨利"支付了土地费。

救世军总部大楼分为两大部分，即上三层和下三层。下三层为公共活动空间和设施，如会议室、餐厅等。上三层为办公空间，配备有办公室常用的服务和设施。救世军司令和参谋长办公室占据显要位置（楼内空间等间隔划分），并与妻子办公室共享（妻子的地位很重要）。另外，还有一些服务人员（当然是男性）。大楼的中央有一个礼拜堂，礼拜堂向街道一侧外沿，与千禧桥相通。从多方面来看，礼拜堂闪光照人的玻璃墙面和木制顶棚，是救世军总部大楼精华之所在。

下面为公共活动区。有一个大型地下会议室，一块公共咖啡区。接待层位于上面，下面有倾斜混凝土腿支撑（尤斯顿路摄政广场阿比大楼也采用了类似设计，但并不怎么富有戏剧性），会议区实际上就位于通往大桥通道的下面。

伦敦萨利大楼其他引人之处，就是立面处理。主立面和西立面用倾斜的釉质玻璃，浮挂在双层玻璃窗之上。按照建筑师的设计，北立面也采用这种形式。但开发商表示反对，认为遮挡视线，不必要的增加成本，于是就省去了。

然后，当然，还得考虑圣保罗大教堂高度问题。为降低高度，通常情况下置于屋顶的空调被移到了大楼内部。

总的来说，这是一个非同一般的客户，能够适应世事的不断变化，成为伦敦传统理念与现代实际需要有机结合的极好实例。

摄影：Richard Waite

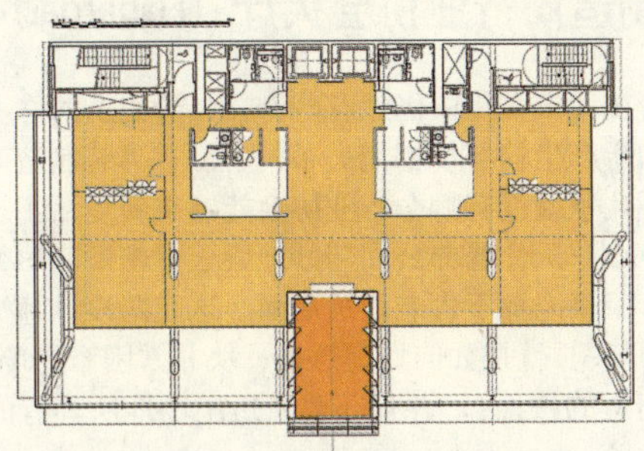

救世军大楼主楼层对称布局，分别供总司令、参谋长及其他工作人员使用（包括他们各自的夫人）。礼拜堂位于中央，外延通向街道，穿过圣保罗大教堂和泰特现代艺术馆。

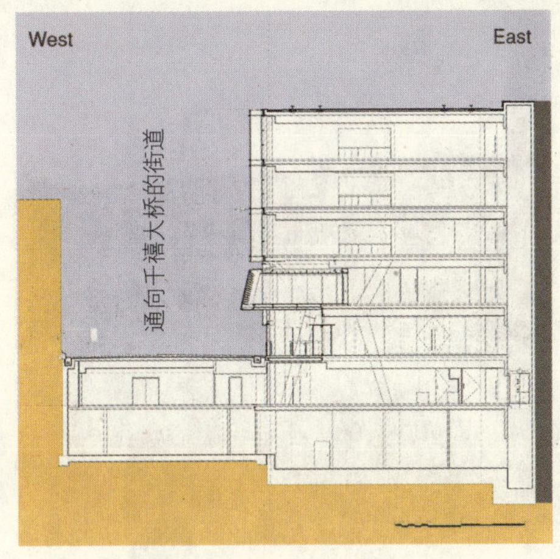

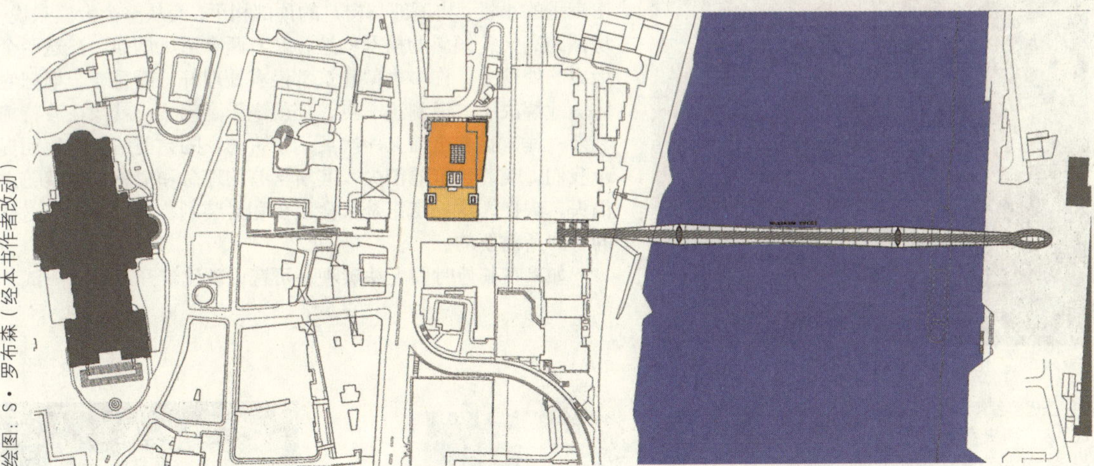

绘图：S·罗布森（经本书作者改动）

62. 每日快报大楼(Daily Express)

舰队街上的每日快报大楼，前脸和装饰性的入口大厅都会使你印象深刻，流连忘返。其后面是宏大的办公大楼。人们常常看到的情况是：漂亮的立面掩盖着其真实意图——报纸生产。大楼立立面由欧文·威廉爵士，于1930—1933年设计，是伦敦的一座真正的墙面带大窗帘的大楼（黑色维特罗利特玻璃，成拱形安装在镀铬金属柜架之上）。据说，起初，威廉想用透明玻璃，但大楼所有人比弗布鲁克［Beaverbrook，或宾柯鲁克(been-a-crook)，那时人们都这样称呼这个加拿大人］勋爵不同意。带装饰艺术派特征的入口大厅由R·阿金逊(Robert Atkinson)设计，很有特色［或许是伦敦装饰艺术中唯一值得参观的作品，墙面上装饰性雕塑由E·奥摩尼尔(Eric Aumonier)创作］。

Haberdasher's Hall, 18 West Smithfi eld, EC1
Michael Hopkins and Partners, 2002
Tube: Farringdon

男装制造商行业协会大厅位于城市腹地，围绕一个有回廊的中庭来设计空间。建筑最主要的是比例问题。柞木板装饰的、双立方形同业行会大厅（上面为倾斜屋顶）位于第一层

从入口大厅沿大理石螺旋楼梯，可进入主层，大部分公共空间都在这里。装饰材料主要用柞木

63. 男装制造商行业协会大厅（Haberdasher's）

行业协会在城市文化中仍然有些奇怪，历史上的许多行业协会以及它们所产生的环境都消失了，若没有男装制造商行业协会的努力，几乎就没有哪个行业协会能够重新复活了。在一城市地块的中心，沃什普弗公司巧妙地融于史密斯菲尔德的城市结构之中，深深掩身于古老建筑后面。这就向设计师提出了一个很有趣的问题，就是如何处理这样一块非常困难的场地(完全没有面向街道的楼面)，并且还要表达出场地所具有的文化内涵和象征意义。

今天，男装制造商行业协会大厅既是一个可出租的会议场所，也是俱乐部场地，同时还要供古老的行业协会使用，因此不同的用途之间需要协调和平衡。为此，霍普金斯设计了一个带回廊的 20 米的中央大厅，周围篱笆式的墙壁，来客沿中轴线进来后，可以向右拐，沿螺旋形楼梯上主层。软红砖、石灰石和栎木为主要建筑材料。

设计中一个很值得考虑的问题,就是比例协调问题。例如,回廊上的小拱，其顶部与窗户的顶部相平，而从整个大楼来说，房顶为高大、倾斜的格网构造，并有两个通风烟囱。在这两个地方的处理上，许多类似建筑都没有处理好，而霍普金斯把它完美地解决了。说到这一点，那就毫无疑问了，就像在波特柯利斯一样，霍普金斯又一次展示了古与今的完美结合。他还提示我们，随着建筑的消失，其所含有的理念和情感，也就随之消失。或许，这一点正是议会议员和男装制造商行业协会这样的客户所需要的。

如果在其他时间无法参观，可在伦敦建筑开放日试一试。

64. 圣巴塞罗缪教堂 (St.Bartholomew's Church)

EC1 区，西史密斯菲尔德，具有浓厚的历史积淀。最早为一个奥古斯汀(Augustian)修道院，建于 1123 年，宗教改革时期部分损毁，后来有许多建筑师对其进行修复重建，其中最著名的要算 A・韦布(Aston Webb)。他于 1886—1898 年，在衰败的布道坛基础上，增加了 4 跨（见耳堂和前脸）。忘掉这一切，只是体验一下这座建筑。这座教堂规模宏大，在空间、质地和其他建筑特征上，体现出时代的变迁，有时被粗暴地拆除，有时又被精心地修复重建。然而，不管怎样，还基本上保持了建筑的连贯性和一些重要特征。不言自明的是，你也会体会到，许多修复改建设计都是临时性的，但这也并不影响你的建筑体验。你不得不承认，这座建筑带有点罗曼蒂克情调。这块地方让人感到好像是一处陈腐的避难所，具有原始城市风貌：一个大型肉市，大型多轴卡车上装载着血淋淋的畜肉，匆忙赶路；一家大型医院；类似于法灵顿媒体人士所享受的那种泡沫式的生活——经常光顾当地的酒吧和餐馆；还有巴比肯背景。把这些通通放到一边，从大门入口处沿路走一走（大门位于一座房子下面，建于 1595 年，由韦伯设计），穿过教堂墓地和大厅，进入一条小甬道和 13 世纪的中殿。在这里，如果幸运的话，你会发现，一些都是那么的安静，斑斓的阳光热烈地亲吻着石面。可以肯定地说，这是伦敦最让人感到愉悦的建筑之一（就像旅游淡季平静的 J・索恩博物馆一样）。例如，右面是一处 1405 年的墓地，在那里一不小心，可能就会碰到 12 世纪的诺曼建筑，有点奇妙，有点不尊敬。由此你可能会断言，什么秩序，什么和谐，都见鬼去吧。

在霍尔本环路，福斯特团队设计的建筑形成了一个“大罩子”，把原本突出的街角包裹起来，而首层的石材鳍板则带来了明显的质朴气息

65. 塞恩斯伯里商务中心 (Sainsbury Business Centre)

位于EC1N区，霍尔本环路33号，面积38400平方米，由N·福斯特于2002年设计。20世纪60年代此处曾是《每日镜报》(Daily Mirror)所在地，建筑由欧文·威廉爵士设计。塞恩斯伯里商务中心，与一般大楼一样，由一些基本结构组成，如大中庭和隐于大型玻璃立面之后的大型办公空间。地面为上釉瓷砖，由大理石天窗，有各种形式和规格的通道。因外立面全是玻璃，夜晚更为壮观，整个立面（特别是拐角入口处）透明闪亮。但是，真正闪光之处，表现为另一种完全不同的形式，就在马路对面的海顿公园珠宝商店。在那里，在远离福斯特干净整洁的怪兽和有2600人工作的场所，与珠宝交易相关的带有浪漫色彩的各种活动，包括周年活动，都在这一幽雅的环境之中体现出来。

66. 摩根大楼 (JP Morgan building)

位于EC4，约翰卡朋特大街(John Carpenter Street)。地铁站：布莱克弗莱尔斯。大楼由BDP公司于1992年设计。这是一座超现实主义建筑，原先为一座文艺复兴时期的宫殿，经重新规划设计后用作金融贸易中心，总面积66000平方米。交易层为两层，面积4645平方米，每层各拿出55%的面积用作服务空间，即数字化金融交易中心。在这里，各种数字化机器滴滴作响，可以从事各种金融交易活动，如汇兑等，有些工作你简直想象不到。1/3的空间位于地下，以不违反与圣保罗大教堂相关的限高规定。总体上说，整个规划分为两部分。一部分为主楼，另一部分为岛楼（配楼），位于马路对面。设计建立在1880年戴维斯和伊曼纽尔学校(Davis & Emmanuel)之上。当时的设计非常宏大，以至于建筑都发生了变形，主要用作会议场所。古典要素，如檐口，根据其功能确定合适的比例，空调格栅带有巴洛克乡村生活情调。不管你是否注意到，建筑师借助于王储的财富和权力，巧妙地为自己树起了一道丰碑。完全带有迪斯尼风味，然而又是完全真实的，绝没有幻想和夸张。这一设计正好符合建筑上的“时尚”和“结构”理念（正如早在17世纪就已出现的“世俗之美”与“自然之美”一样），尽管或许与C·雷恩的思想还有点差异，但是基本思想是一致的。不过，想一想，这种设计理念大约在1990—1994年期间戏剧性地消失了（大约就是在这个时期，英国建筑业出现了衰退）。然后仔细看一看福斯特近10年来的一些作品，如格雷沙姆大街24号大楼（小密斯）和由彭博社所接手的大楼（SOM，大约在20世纪60年代）。

67. 史密斯菲尔德市场

EC1区，查特豪斯大街(Charterhouse Street)。史密斯菲尔德肉市原有的建筑，大部分由H·琼斯设计（伦敦塔桥的建筑师），于1831年建成。1994年，HLM公司对其相关设备和设施进行了更新改造，也就是现在所看到的部分，以符合欧盟的标准。成本造价很高。借此机会，HLM公司将市场改造成了具有现代主义特征、以不锈钢为主要部件的综合建筑，并对琼斯的棚架进行了改造。在原大楼框架基础上，增加了两层，供办公和其他活动所用。所存在的主要问题，就是周围的玻璃顶棚，据说，这还是一种创新。但是，它几乎没有什么用处，并且很明显地给维护管理带来麻烦（很容易脏污）。不过，骑自行车送信的人，发现这一设施很方便。

68. 布里顿大街44号 (44 Britton Street)

在法灵顿，这座已经衰老的、华而不实的建筑，位于EC1区布里顿大街44号，由杰尼特斯雷特－波特/CZWG公司(Janet Street-Porter/CZWG)1988年设计建造。这一地段有许多著名的办公室和工作室，44号就在一个角落处。设计体现了英国后现代主义的玩乐风格，强调边角处理，在窗户布置上耍弄技巧，隐晦而含糊。内设大型空间，屋顶为蓝色釉面砖（不是来自伦敦本地），过梁采用原木等。评论家在评说此建筑时，常常会将它与18世纪A·洛吉耶(Abbe Laugier)的评论相联系。在谈到建筑的起源时，A·洛吉耶曾有一些著名的论断。砖墙设计上采用了波特的投影原理。谈到内饰，大楼里的所有人都将其描述为：狂热、欢乐，带有滑稽玩笑氛围，看上去就像遭到了严重破坏。这有点存在主义的味道。不过，出于某种原因，建筑与轻浮总是难以协调。然而，整体上来说，这座楼的设计很聪明，令人感到愉快。它的所有人搬进去了，这座建筑也成为一种时尚。

白厅和西区

伦敦建筑从地理上来说，可以分为两极或两个集中区。第一个集中分布区就是伦敦城。第二个集中分布区就是白厅(Whitehall)地区，著名的教堂、皇宫、法院和政府机构，都位于这一区内。教堂的代表为威斯敏斯特教堂，而皇宫则以白厅为代表（现在是白金汉宫和其他宫殿），政府机构都集中在唐宁街，远离白厅。

11世纪时，英格兰国王“忏悔者”爱德华在威斯敏斯特修建王宫，当时在附近有一座本笃会教堂，其起源现已无从查考，只知道在诺曼人征服英格当时期，历代国王就已经在此加冕了。后来，王室居所搬到了白厅，威斯敏斯特宫则成为议会两院开会的地方。1698年，白厅的大部分都毁于火灾，只有伊尼戈·琼斯设计的宴会厅幸免。1834年，威斯敏斯特宫也被大火烧毁，当局为此举办了一次设计竞赛，征求“用哥特式风格或伊丽莎白风格”重修议会大厦的方案。最终采用了C·巴里和A·普金的设计，但不幸在二战中再一次被毁，后由J·G·斯科特爵士重建。现在旁边增建了新议会大厦，设计者是M·霍普金斯爵士。

随着伦敦向西北扩展（由伦敦城向西，由白厅向北），伦敦西边的贵族房地产，经过投机性开发，与乔治亚时代的街道和广场相互融合，形成一个独特的区域，也就是现在所说的西区。最早建设的广场有：圣詹姆斯广场(St.James' Square)、科文特花园、林肯宾馆和布卢姆斯伯里广场(Lincoln's Inn and Bloomsbury Square)。贝尔格拉弗亚(Belgravia)周边较大的居住区大约建于19世纪初和19世纪末。原来的许多住宅楼现在都已改成了办公大楼，但在一些重要区域仍然以居住为主，或者居住与办公混合。在布卢姆斯伯里，乔治亚时代的一些台地和别墅还保留着。战争期间和战后，一些狂热主义分子曾提出要对这些地方进行“彻底地再开发”，就像伦敦大学周围和布伦威克广场(Brunswick Square)周围所做的那样。这一区域的范围大致是，南到皮卡迪利广场(Piccadilly Square)，北到马里勒本路，西到帕克巷(Park Lane)，东到金威大街(Kingsway)。

伦敦西区开发的主要特征之一就是带有私有性和投机性。即便是摄政大街和摄政公园，也是来自于私有投资。只有在维多利亚时代末期和20世纪处，为“市民和城市着想”的城市开发思想，才能在原有古旧的城市结构中开出新路，创造出新的城市结构，如沿河大堤。这种形式在以后的开发中恐怕不会再有了。

与此同时，白厅地区作为政府所在地的地位得以强化。它与摩尔大街（the Mall）和圣詹姆斯大街的皇宫相邻，而摩尔大街和圣詹姆斯大街向西延伸，进入维多利亚区域。在这里，你可以看到罗杰斯设计的4频道大楼。或许，将来（不可避免地？）这一地区将会开发为旅游度假区，成为旅游胜地（好像已经开始了）。

左：外交部(Foreign Office)中央大院。
右：17世纪和18世纪的建筑以及“不列颠的维特鲁威”式建筑，I·琼斯设计 。他是将“规则”引入城市结构中的关键人物。

白厅和西区

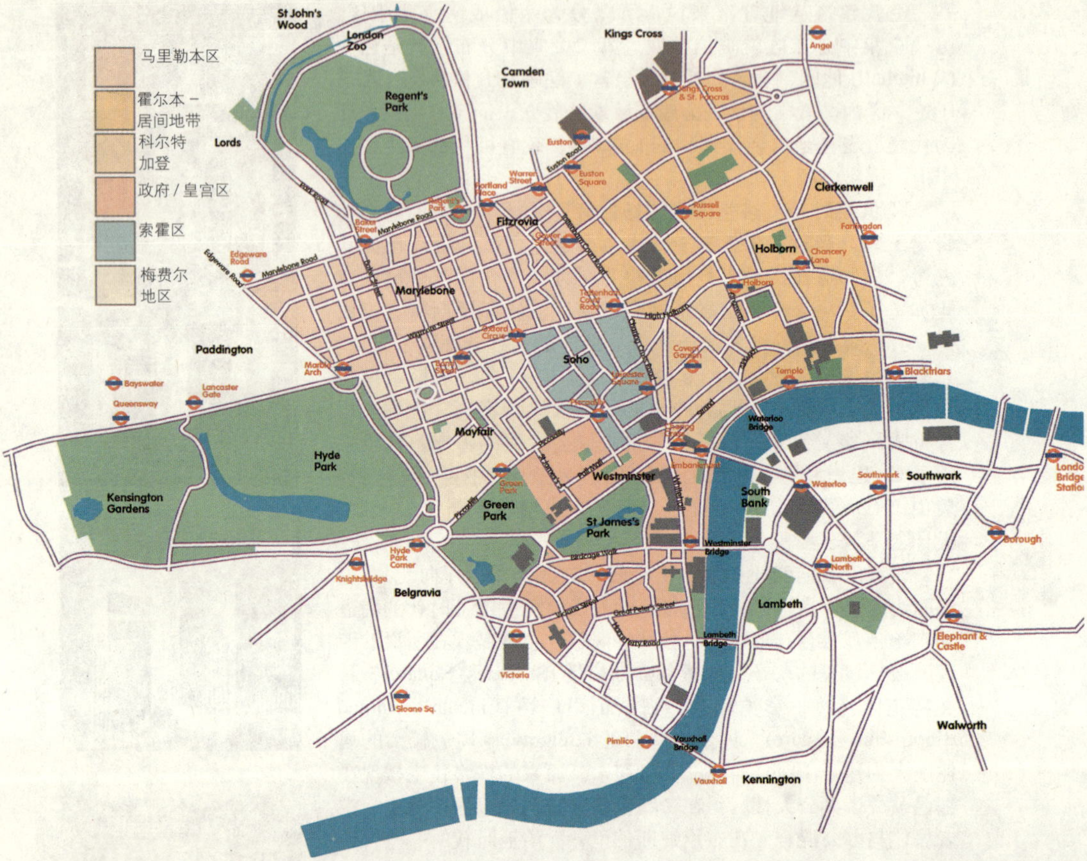
马里勒本区
霍尔本－居间地带
科尔特加登
政府／皇宫区
索霍区
梅费尔地区
St John's Wood
London Zoo
Regent's Park
Camden Town
Kings Cross
Angel
Lords
Clerkenwell
Fitzrovia
Holborn
Marylebone
Paddington
Soho
Mayfair
Hyde Park
Kensington Gardens
Green Park
Westminster
St James's Park
Belgravia
South Bank
Southwark
Lambeth
Blackfriars
Waterloo
Victoria
Pimlico
Vauxhall
Kennington
Walworth
Elephant & Castle
Borough
Bayswater
Queensway
Lancaster Gate
Marble Arch
Knightsbridge
Sloane Sq.

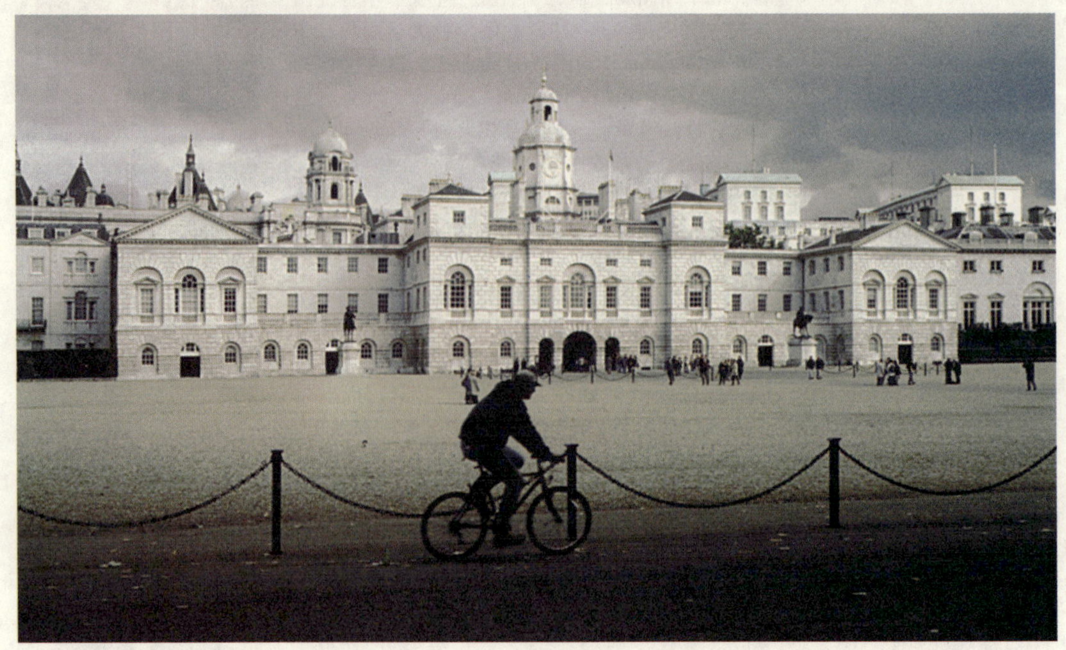

骑在马上的禁卫军，白厅(Whitehall)（圣詹姆士公园一侧）

以西区为中心，周围分布着一些古老的“村庄”，如骑士桥（Knightsbridge）、诺廷希尔 (Notting Hill)、马里勒本、圣潘克勒斯 (St.Pancras) 和安吉尔 (Angel) 等。这里的建筑形式多样，开发形式不一。即使是中心地带也分为圣詹姆斯规划区和政府白厅区。牛津街横贯东西，在牛津广场处，划分出两个明显的商业区。还有科文特花园和索霍的两个娱乐休闲区（本来应该类似，实际上很不相同）和位于霍尔本的中间地带［西区与伦敦城之间］。西边是位于托特纳姆科特路 (Tottenham Court Road) 上的电子家具区，东边是庙宇区和克拉肯韦尔 (Clerkenwell) 工作室，与西边完全不同。看起来好像，唯一能够把这些各自分离的区域融合在一起的，就是该地区是伦敦历史发展的心脏地带，而且大部分开发建设，都是在 17 世纪末到 19 世纪“乔治”扩张繁荣时期完成的。

西区的建筑植根于其历史发展之中，与周围的城市结构相关联。例如，对于霍普金斯的新议会大厦，不了解所处的环境和历史（苏格兰院落和威斯特敏斯特宫），就无法进行鉴赏。萨默塞特府邸 (Somerset House) 是一处河边宫殿，在原先一处宫殿的基础上扩建而成，与上游的建筑［阿尔德菲 (Aldelphi)］形成竞争，很不匹配。如果考虑到这些，就比仅从表面上欣赏它要丰富的多了。类似地，假如撇开沿河一大堆建筑作品，单独欣赏法雷尔的堤岸广场，也会感到索然乏味。在东面，欣赏克拉肯韦尔建筑，就要想到这里曾是舰队街报业界的后院，这些建筑是在那个基础上新建、翻修或者改建而成的。报界迁到老港区以后，舰队街本身也很值得参观欣赏。在西面，骑士桥和诺廷希尔已成为流动变化中的堡垒，固守着既有的建筑形式。

总的来说，几乎毫无例外，西区的建筑作品都有着丰富的历史渊源和广泛的、千丝万缕的联系。大英图书馆无法割断与大英博物馆的关系，其规划建设可以追溯到 20 世纪 60 年代。大英博物馆中福斯特设计的大中庭，是博物馆扩建中非常重要的一部分，成为大英博物馆的象征。文丘里的塞恩斯伯里翼楼，可以带有北美后现代主义风格，但是，也必须与 150 多年前建设的国家艺术馆的建筑相适合。

也很难说，这块地方就不会发生变化了。就在这里用“西区”这一称呼的时候，本书就已对它的南边作出过解释。它的南边界——泰晤士河，现在已经进行了重新定义。泰晤士河一方面将两岸分开；另一方面又将两岸连接起来。这样，就把西区向南延伸，而从前是一致分开着的。

维多利亚时代雄心勃勃地“改造”思想，现在在很大程度上已演化成了单纯的交通问题。伦敦市长为伦敦的许多中心广场，制定了雄心勃勃的交通疏导规划（包括特拉法尔加广场已经完成了的疏导工程）。这些计划相对来说是短命的。新增零售商店，如咖啡馆、餐馆，以及各种艺术馆，只会使交通更加恶化，为这座城市带来从未体验过的震动（没有，即使在 20 世纪 60 年代的“摇摆”时代，也没有过）。这一点在西区的夜生活上体现得最为明显。没有什么东西能够持久。不过，最近几年来，那个关口已经跳过。有人得出结论说，欣赏伦敦西区的当代建筑，就得从整体上，从它的历史变迁和将来发展趋势上去把握。正如伦敦历史学家 P · 阿克罗伊德所指出的，城市本身具有一种潜在的本领，对于新的开发建设能够不动声色地、不折不扣地吸收和容纳，融入城市整体结构之中。它能够给城市带来变化，但比我们所想象的要小得多。究竟这种论断是积极的，还是消极的，留给读者去判断。然而，在这里，我们遇到了建筑上的一个传统理念问题，即理性的“自然美”与“世俗美”的问题。“自然美”是基本的、合乎一定的自然法则，并且具有一定的结构。“世俗美”，就是要有创造性、能够流行。毫无疑问，“世俗美”在西区建筑中占据重要位置，因为传统上人们常常对西区加以嘲笑。

当前，在帕丁顿盆地 / 金克斯罗斯地区，马里勒本伯路和尤斯顿出两侧地带，正在发生重大变化，特别是在尤斯顿路两侧地区（向西发展）。

从白厅 (Whitehall) 到特拉法尔加广场 (Trafalgar Square)

唐宁街 (Downing Street) 大门

班斯凯 (Bansky) 带有政治意味的图案

圣马丁教堂 (St.Martin's in the Fields)

白厅和西区

从建筑地理分布上来看，西区可以说是伦敦城的孪生兄弟。传统上，伦敦城是商业贸易集中的场所，是贸易之家。而西区则是君王、法院、政府服务机构和议会所在地。泰晤士河，不管是从字面意义上理解，还是从象征意义上来说，都是伦敦历史发展的生命之源。它曾经是很重要的连接通道，最近几年，又被“重新发现”。在西区与伦敦城之间的霍尔本（包括舰队街和庙宇区，现在也是伦敦大学所在地），历史上律师和记者集中的场所。记者外迁（特别是迁往老港区和金丝雀码头区）并没有使这种格局发生根本性的变化。这种城市地理分布及其相应的社会、经济和政治格局，在伦敦生活中仍然占据主导地位。财政大臣（财政部长）每年一度面向显贵们的施政演说，是重要事件之一。类似的，圣保罗大教堂，成为淹没于贪欲横流之中的各类教堂的杰出代表，在教堂与白金汉宫之间铺就了伦敦最重要的典礼之路。白金汉宫根本算不上特别重要的建筑作品，但建筑本身及其所处的位置却极为重要。坐落于议会大厦对面，位于威斯敏斯特宫内的威斯敏斯特教堂，也具有同等地位。西区其余部分，大约都是在 17 世纪末至 19 世纪初开发建成的。许多规则式的广场、台地和别墅，都是投机性开发的产物，并且大部分都带有皇家和贵族特征。从更为广泛的意义上来说，贝尔格拉弗亚 (Belgravia)、骑士桥、肯辛顿 (Kensington) 等地区也包括进来，环线可以看做是西区和伦敦城的边界。然而，从地面上看到，西区的自然边界应该位于埃奇威尔路（Edgware Road）、公园巷 (Park Lane) 和沃克斯霍尔大桥路（Vauxhaul Bridge Road）一带（同时也是威斯敏斯特区与其他邻近地区的边界）。

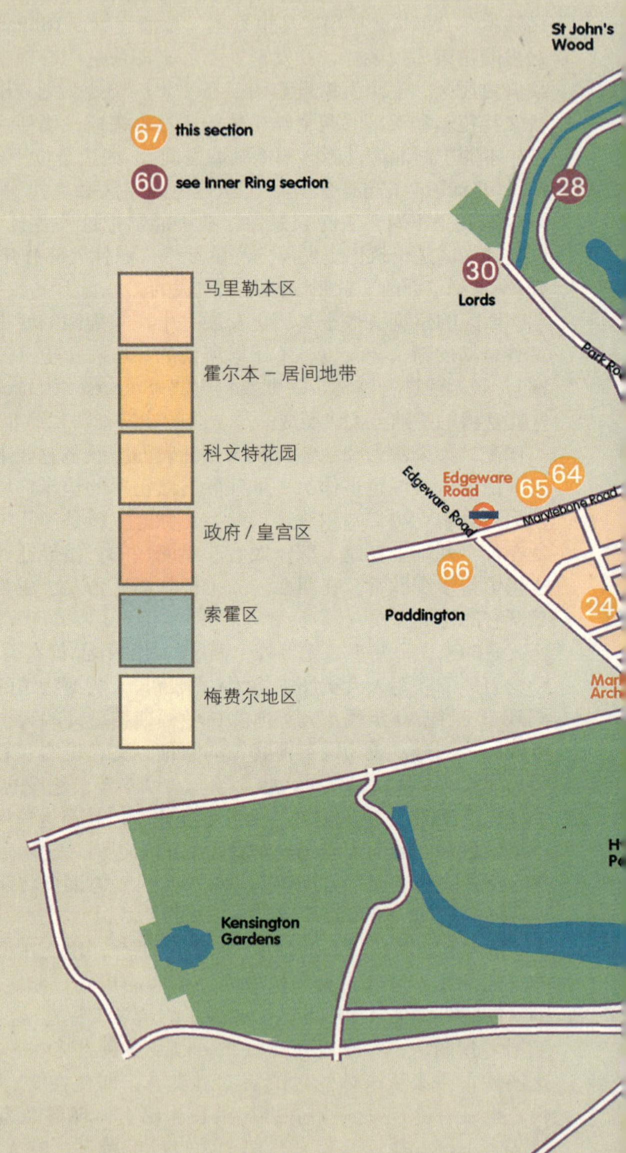

Kings Cross
Angel
London Zoo
Camden Town
Regent's Park
Pentonville Road
Kings Cross & St. Pancras
Old Street
Euston
Euston Square
Euston Road
Clerkenwell
Regent's Park
Portland Place
Warren Street
Russell Square
Fitzrovia
Marylebone Road
Gower Street
Tottenham Court Road
Gower Street
Farringdon
Clerkenwell Road
Holborn
Chancery Lane
Marylebone
Holborn
Kingsway
New Oxford Street
High Holborn
Tottenham Court Road
Charing Cross Road
St. Paul's Cathedral
Wigmore Street
Oxford Circus
Bond Street
Soho
Covent Garden
Aldwych
Fleet Street
Temple
Leicester Square
Blackfriars
Blackfriars Bridge
Piccadilly
Strand
Waterloo Bridge
Mayfair
Charing Cross
Bankside Tate
Hungerford Bridge
Stamford St
Southwark Street
Embankment
Pall Mall
Green Park
Westminster
Waterloo
South Bank
Piccadilly
Green Park
St James's Park
Westminster Bridge
Hyde Park Corner
Birdcage Walk
Belgravia
Victoria Street
Great Peter's Street
Lambeth Bridge
Lambeth Road
Kennington Road
Horseferry Road
Victoria
Pimlico
Vauxhall Bridge
Vauxhall

白厅和西区

1. 特拉法尔加广场(Trafalgar Square)

特拉法尔加广场，位于白厅区南北轴线上，构成白厅区的终端，很明显。为了减少广场与国家艺术馆之间人行道上的客流量，福斯特团队对广场进行了重新设计。广场的存在，使政府机构区与莱斯特广场(Leicester Square)和街面上的现实生活隔离开来。莱斯特广场就在特拉法尔加广场北面，朝向议会大厦和威斯敏斯特教堂。在特拉法尔加广场右面有保罗玛尔大街，通往白金汉宫；东面有斯特兰德大街(Strand Street)和舰队街，直接通达伦敦城。这的确是一块颇具象征意义的地方。

特拉法尔加广场的历史可以追溯到约翰·纳什(John Nash)时代，以及从18世纪开始一直延续到19世纪初的城市开发和再开发热潮。除国家艺术馆外，广场最主要的特征，就是科林斯柱以及柱顶上的纳尔逊(Nelson)雕像(创作于1843年)。科林斯柱总是能够吸引到各种各样的政治集会活动，激发改造狂想，如1845年增加了聚散式喷泉，后来E·勒琴斯又进行了修改，现在所看到的是福斯特团队的改造方案(一个“世界广场”项目，北边没有机动车通行)。改造后的广场，被重新归还给民众。不过，现在广场主要用作娱乐休闲场所(由市长办公室负责管理)，而不是暴动集会之处。

2. 海军拱门(Admiralty Arch)

见左图。位于WC2区，特拉法尔加广场西南，建于1911年。这是一道得胜之门，横跨于摩尔大街入口处。拱门整体下宽上窄，成尖削状，目的是为了使典礼之路两侧的城市几何造型得以相互融合。这条典礼之路，从白金汉宫出发，穿过中央拱门，沿斯特兰德大街和舰队街，一直抵达伦敦城中的圣保罗大教堂。道路两侧地段及建筑，在伦敦城市发展过程中具有重要地位。海军拱门由A·韦伯爵士(类似于现在的福斯特)设计。当时他是全国建筑作品最多的建筑师。现在，副首相住在上层。

3. 圣马丁教堂(St.Martin's—in—the—fields)

位于特拉法尔加广场，由J·吉布斯设计，建于1720—1726年。受到罗马建筑风格的强烈影响，其象征主义手法简直就是好莱坞哥特式建筑的翻版(就像一座异教徒教堂，有柱廊，核心部分由基督教的象征，即塔楼)。内饰由R·布洛姆菲尔德(Reginald Blomfield)于1887年设计重修。现在正计划扩建。在附近的阿尔德威奇(Aldwych)，你还会看到另一座教堂，即圣玛丽·勒·斯特兰德教堂(St.Mary-le-Strand)，由吉布斯于1717年设计，同时他还参与了伯灵顿大楼(Burlington House)的设计(在帕拉第奥占绝对统治地位之前)。

4. 宴会大厅(Banqueting House)

位于SW1白厅区，由琼斯于1619年设计。整座建筑为半木结构和都铎式大楼，超现代、外国情调、博学、令人震惊，超时尚，贵族们经常在这里举办舞会。从上到下(腓力斯式)都带有国外风格，并且还作为查尔斯王子的娱乐休闲之所。在建筑美学方面，这座大楼也是一个经典实例。这里所说的建筑美学后来被表述为“世俗之美”和“自然之美”。宽大豪华的宴会大厅所体现出的是“世俗之美”，“自然之美”则体现在立面几何造型和中央双立方体空间上。在这里，当时的等级、秩序、礼仪和对称观念，都一一体现出来。“弦不调好，自然就会有不和谐悦耳之声”，莎士比亚戏剧中的一个人物曾说道。毫无疑问，这座宴会大楼也曾经有过弦未调好的时候。

5. 多佛尔宫 (Dover House)

白厅地区有许多著名的建筑，可以一边漫步，一边欣赏，如一战纪念碑(Cenotaph)、禁卫军卫队总部(1891年)、宴会厅(1619—1622年)、政府办公大楼，如外交部(1862—1875年)、国防部(1939-1959年)和新议会大夏(2001年)等。多佛尔宫就位于白厅区一块相对僻静，不太引人注目的场所，现在是苏格兰办事处所在地。西立面面对禁卫军卫队总部，由R·佩因(Richard Paine)设计，于1754—1758年建成。另外，亨利·荷兰(Henry Holland)也参加了部分设计工作，主要是沿街墙内的入口区。沿街墙面幽雅别致，具有乡村风格，在这一带很罕见。

6. 唐宁街 (Downing Street)

谈到白厅地区，就不得不提到唐宁街。唐宁街最早可以追溯到1682年，现在所保留下来的就是两座重要住宅式建筑：首相官邸和财政大臣官邸。首相官邸曾为首相R·华尔波尔(Robert Walpole)翻修重建，与现在所看到的样子有很大不同。为预防爱尔兰共和军的袭击，1989年增设了一道安全门。实际上，唐宁街10号是一座非常绝妙的剧院，经过了翻修改造，成为宏伟宽敞的居住和办公之所，掩映于相对平淡的立面之内。1766年进行过一次翻修。1960—1964年，R·伊里斯(Raymond Erith,昆兰·特里的已故合伙人)对内饰重新进行了设计布置。与唐宁街10号相关的建筑师还有R·泰勒(Robert Taylor)爵士和J·索恩(John Soane)爵士。南面就是外交和联邦事务部大楼(Foreign & Commonwealth Office)，由G·G·斯科特设计。位于唐宁街北拐角处的建筑是原财政部大楼，好像是一座大型迷宫，通常在伦敦建筑开放日开放。

7. 白金汉宫 (Buckingham Palace)

位于SW1白金汉门，摩尔大街尽头，1660年形成基本布局，1705—1913年历经翻修改造。在白金汉宫深宅大院中，保留有原始乡村住房。19世纪20年代，这些住房成为摄政王关注的重点。建筑师J·纳什和摄政王本人都没逃出建筑丑闻的干扰。J·纳什的开支超过预算的300%，而摄政王则在工程中为个人谋取私利，后被E·布洛尔(Edward Blore)所取代。后来，其他建筑师参与了白金汉宫的设计和建设。现在所看到的立面和“圆顶”(包括J·布洛克于1911年设计的维多利亚纪念馆)，由A·韦布于1913年设计。部分内容开始逐渐向公众开放，如2002年开放的皇家艺术收藏馆。该馆由J·西姆普逊(John Simpson)设计。J·西姆普逊深受威尔士王子的喜爱。J·法雷尔正在制定公众开放计划，但不像能在短期内完成。在城市设计方面，白金汉宫真正重要的地方，不是它那些备受批评和不受人喜欢的建筑，而是在于它是皇家典礼之路的起点。从这里出发，沿摩尔大街、穿过阿斯顿·韦伯的海军拱门，进入古老的斯特兰德大街和舰队街，最后抵达伦敦城中的圣保罗大教堂。

8. 伯灵顿拱廊 (Burlington Arcade)

W1区皮卡迪利广场(Piccadilly Square)，S·韦尔(Samuel Ware)1815年设计，带有强烈的巴黎风格。伯灵顿拱廊商场，是伦敦最令人感到愉快的购物场所之一(如果不嫌贵的话)。商场后立面令人感到不太舒服，它是1911上年加上去的。该地区还有其他几个拱廊式建筑，如马路对面西边的王子拱廊(Prince's Arcade)、保罗玛尔大街滑铁卢广场上皇家歌剧院拱廊(Royal Opera Arcade)等，但没有一个可与之相比。

9. 新议会大厦（Portcullis House）

Portcullis House, Victoria Embankment, SW1
Michael Hopkins & Partners, 2001
Tube: Westminster

1890 年，新苏格兰大楼作为伦敦警察局办公处所开张启动。大楼由 N · 肖 (Norman Shaw) 设计，当时人们习惯称它为“果酱厂”，因为大楼外观在水平方向，红砖与波特兰大理石交替使用，与查灵克罗斯（Charing Cross）路上的柯罗斯布莱克威尔果酱厂很相似。这座警察大楼有它特殊之处。肖为增强大楼的坚固性，墙面下部采用花岗石砌筑，使大楼看起来就像城堡。花岗石由犯人从达特摩尔采集。大楼的地基原为一家未完成的国家歌剧院。国家气象局从苏格兰大楼迁到附近一座大楼（1967 年的楼）之后，N · 肖的大楼（正如人们所习惯称呼的那样），成为马路对面威斯敏斯特宫的附属组成部分。最近，随着议会工作的不断增长，在大堤拐角处新增了一座大楼，称为新议会大厦，为议员们提供急需的办公和会议空间。在平面设计上，新苏格兰大楼为四方形，中央有一个庭院。房顶尖削，有巨大的砖砌烟囱。所有这些都是新议会大厦设计时所必需参考的。但是，霍普金斯的设计，在中世纪传统的基础上又有所提高，增加了一些防护性要素，这一点从其名称上就可体现出来。它既体现出传统建筑特征，又有当代建筑的设计和建造风格，特别是在平面规划和屋顶造型方面，模仿借鉴了绍伍的许多建筑作品。无须争论，这是一种防护性设计。外包被设计具有秘密炸弹防护设施，以防恐怖主义袭击。肖时代也须面对这一问题，原来的苏格兰大楼 1884 年就被炸毁过。

设计

新议会大厦大体上可分为五层，平面形状类似长方形的面包圈，办公室进深 13.2 米，双承载走廊，计划容纳议员 210 位。有地下通道与宏伟的拜瑞大楼相连。所有设计寿命均为 200 年。防核恐怖袭击，美学观感上令人满意。但对于这最后一个标准，大多数人并不是感到完全满意，因为建筑本身并未说明什么。

霍普金斯还参照了威斯敏斯特宫的设计。C · 巴里和 A · 普金设计的威斯敏斯特宫，由大笨钟作主导，极其规则平衡，垂直面与水平面对比鲜明。在保得力大厦的设计上，霍普金斯就借用了这种规则的强化垂直立面的处理方式。由此，它对另外两个建筑作品给予了强有力的回应。

霍普金斯的大楼盖起来了，但颇具争议，有许多不同的观点。但是，它毕竟是一件很突出的建筑作品，同时创造了两项让人意想不到的成果，一是迷人的、新皮拉内西式的地下车站（位于大楼下层，威斯敏斯特站）；二是木围顶层庭院，相当突出耀眼，与相对冷酷的外立面形成鲜明的对比。

N · 肖的新苏格兰大楼，位于 SW1 区靠近议会大街的维多利亚大堤，可以分为两部分。第一部分，也是比较好的部分，于 1887—1890 年设计建造。第二部分设计建造于 1901—1907 年。两座建筑都是用作伦敦警察局大楼。一位历史学家对这两座大楼的描述为，与肖性格最接近的建筑，而肖一向表现得很严肃（巴洛克音乐风格和苏格兰巴洛克音乐风格）。地基用花岗石建造，由达特摩尔的犯人开采。其上是一个敦实的方形建筑，墙面红砖与波特兰石灰石相间排列，成条带状。楼顶有三角状山墙和高大的烟囱。拐角处有小塔楼，带有城堡风格，而这是肖所熟悉的，来自于其苏格兰背景。

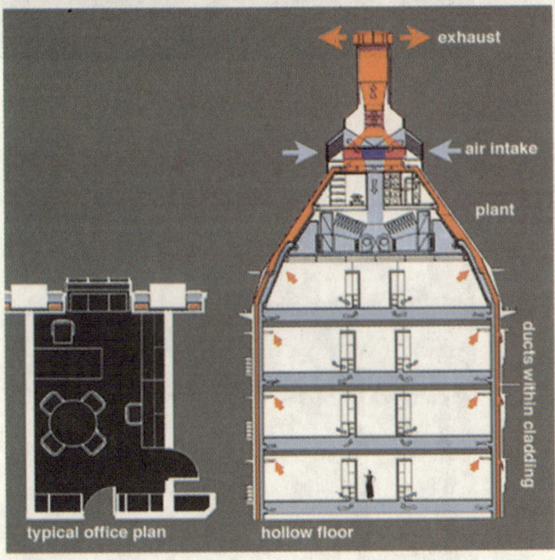

威斯敏斯特地下通道

新议会大厦面包圈中心部分是中央院落，每一角各有一部电梯和楼梯。总体上说，设计很简单。然而，大楼坐落于一块大型结构地块上，相对较低的地段和环线可从其下穿过。反过来，可以把大楼看做是一个“电梯盒子”，深达朱比利地铁站。这个‘电梯盒子’带有皮拉内西式的芬芳，会让你获得意想不到的体验。你一定得去看看。

中央院落

新议会大厦底层有商店和一个地铁站入口（靠近街道一侧），大楼的主入口在河边一侧。其内部可以看做是把一个大型空间分成了两层，顶部有拱形的分层栎木和玻璃覆盖，用不锈钢架支撑。底层中央部分为一个小型景观花园，有一些低矮的树木和一个小池塘。一边为自助餐厅，另一边为由服务员服务的餐厅，面对主入口。还有一部电梯，可通往地下隧道，与威斯敏斯特宫直接连接。第一层四周走廊空间供议员开会或举办小型报告会所用。走廊有6根巨大的钢筋混凝土拱结构构成。混凝土拱承受大楼上面的载荷，将其传到立柱，立柱深达大楼地基。

房顶与外包被

新议会大厦铝铜合金房顶，构成一个通风系统，有三层楼高。“烟囱”将污浊空气通过巨大的预制房顶管道，从大楼中抽出。新鲜空气从烟囱底部进入，经过加工和泵压，通过立面上的其他管道进入大楼中。立面上的管道与大楼内相通，流入的空气又从周边立面管道中流走。13道烟囱负责空气的抽吸和外排，第14道烟囱用作发动机和锅炉烟道。空调所需要的水来自两个很深的隧洞，实现热量交换和降温，减轻空调载荷量。在卫生系统当中，这些水被用作“灰水”。房顶、房顶管道由6毫米厚的铝铜合金板，预先压铸而成，直径达700毫米。每一组管道，重三吨，含有空气吸入和排出通道，安置在一个拱形的、钢铝结构之中。

房顶的布设和空气的处理，仅是这座大楼极其复杂的立面处理的一部分。实际上，大楼还具有炸弹防护功能，这使其建造成本极其昂贵。大楼外面垂直层次上，德贝砂岩装饰之间，是一些预制立面要素，由管道系统、窗户、遮阳装置和“轻型外壳”。窗户设置三层玻璃，有洞穴式百叶窗。百叶窗可以帮助将空气加热，被加热的空气迅速被吸到上层的空调系统，然后由热交换器将热空气排走，新鲜空气重新进入楼内。

10. 白金汉宫售票处 (Buckingham Palace ticket office)

位于维多利亚女王纪念馆北面。一座可拆卸的小型建筑，掩映于绿色公园绿树红花之中，窥视着来白金汉宫参观的游客。看起来就像一枚巨大的子弹横卧在那里。木支柱张拉膜结构，说明是临时性的，仅在夏天使用。单从建筑方面来考虑，大多数人认为离皇宫和游客太近，要是放在别的地方，会更为人们所称道。SW1 伯德沃克路(Birdcage Walk)，白金汉宫。M· 霍普金斯及其合伙人建筑师事务所于 1994 年设计。地铁站：绿色公园站。

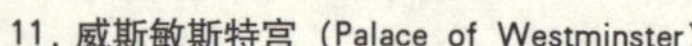

11. 威斯敏斯特宫 (Palace of Westminster)

位于 SW1 区，由 C· 巴里和他的助手 A· 普金，于 1875—1860 年设计建造。普金占主导地位。他早熟，才华横溢，狂热皈依天主教，三次结婚，最终因精神病死于拜德拉姆精神病院，时年 40 岁(1852 年)。剩下的工作由巴里继续完成，直到 65 岁。据说，他在威斯敏斯特宫项目上，因精力耗尽而去世。原始竞标文件中有这样一条，就是威斯敏斯特宫的设计必须是哥特式风格，以便与威斯敏斯特教堂相协调。设计拜瑞所坚持的主要原则，就是规整和对称。普金负责装饰。关于宫殿的设计，他评论道，“完全希腊化，先生。古典形体上装饰着都铎式的细部”。游客可能会觉得装饰设计带有明显的哥特式风格。但事实并非如此。实际上，是拜瑞的规整式布局掩盖了都铎式的细部，并且使大楼看上去很结实。

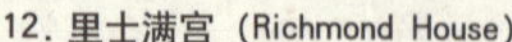

12. 里士满宫 (Richmond House)

位于 SW1 区议会大街，面对勒琴斯的一战纪念碑，由 W· 惠特菲尔德及其与合伙人设计事务所于 1987 年设计。砖式结构的立面成条带状，强化垂直立面与里士满宫立面横向对比，立面后缩，整座大楼面向街道。立面后缩在 16 世纪的建筑中很常见。可折叠的木板以及伯格利宫(Burghley)式的立面 [位于诺散茨 (Northants)]，看起来就像可折叠的服装。另请参照附近的新苏格兰大楼。由 N· 肖于 1890 年设计。还有 M· 霍普金斯的新议会大厦，议会大厦的附属建筑物。沿着南边的小路走一走，三座建筑都可看到。

13. 一战纪念碑 (Cenotaph)

位于 SW1 白厅区，由 E· 勒琴斯于 1919—1920 年设计。纪念碑不高，但对那些在第一次世界大战战争恐怖中死去的人，表达了深深的敬意。勒琴斯设计过许多纪念碑（馆），如伦敦城中的塔山。所有这些纪念碑（馆），都验证了阿道夫 · 路斯 (Adolf Loos) 的格言：只有这类纪念性建筑，才真正值得建筑师给予关注，所有其他建筑，更恰当地说，都是“哑巴建筑”。纪念碑简洁，用材恰当，一直是一处主要纪念场所（礼仪上的和文化上的）。原来打算设置一个燃烧的火焰。如果安上的话，会更具象征意义。

14. 圣詹姆斯公园餐馆 (St.James' Park restaurant)

St James' Park, SW1
Michael Hopkins & Partners, 2004
Tube: Green Park

圣詹姆斯公园很受欢迎，这个由霍普金斯设计的小餐馆，更是使其锦上添花。餐馆面向湖面，形成一道湖边长廊。餐馆另一面位于一个阳台之下，就好像躲藏于掩体之中，在景观中不显得突兀鹤立。与之相比的类似建筑不多见。泰晤士闸口公园中的亭子［由帕特尔和泰勒公司（Patel & Taylor）设计，见第171页］有点类似，迈尔恩德生态中心(Mile End ecology centre，见第230页）也有点相仿（注意，内部不是由霍普金斯设计）。

15. 沃特斯通 (Waterstone) 书店大楼

位于皮卡迪利广场(Piccadilly Square)东侧，原先为辛普森(Simpson)百货商店，由约瑟夫·恩伯顿(Joseph Emberton)设计(1935年)。根据所保留下来的部分，人们看出大楼当初的模样(到上面酒吧看一看)。再往前走，有一座雷恩1682—1684年间设计的圣詹姆斯教堂，这个地区当时仍属于开发地段，雷恩在这样的场地做设计也是仅有的一次。临近该教堂有座小楼，是E·勒琴斯1922年设计的前米德兰银行，属于“雷恩复兴”式风格，很招人喜欢。该楼现在被改造为一个艺术画廊。这表明，艺术画廊经过尝试在伦敦东区开辟新的经营地段之后，终于又回到了传统的梅费尔地区。

16. 伊丽莎白二世会议中心 (QE II Confercence Centre)

位于宽殿街(Broad Sanctuary)，由鲍威尔和莫亚于1986年设计。大楼的设计思想来自于邻近建筑上的玻璃、铅和石头立面。大楼最富特征之处，就是内嵌的横梁，承托着主会议厅楼板，并与邻近大楼的房顶线相照应。顶层内收，内有一个小院落，还有酒吧区、餐馆，以及一些秘密区域(即便是设计师也不完全知道)。鲍威尔和莫亚所崇尚的那些美学形式已不再流行了，但这并不会抹杀这座大楼的一些优点(从内部布局上可以感觉出来)。

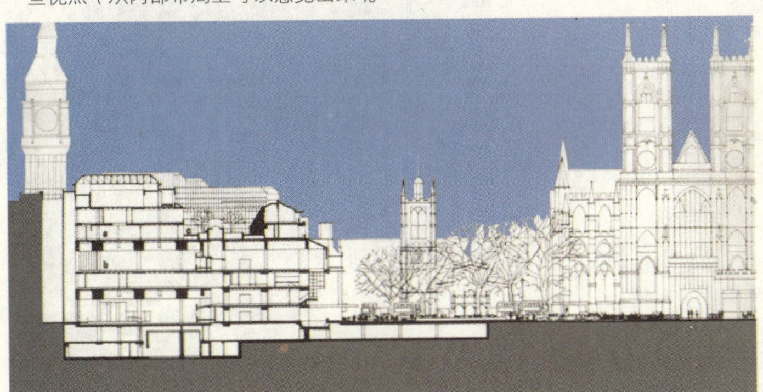

17.4 频道（Channel Four）电视台大楼

124 Horseferry Road, SW1
Richard Rogers Partnership, 1994
Tube: St. James's Park

4 频道电视台大楼具有我们所期望的一些重要特征，特别是它的入口区，很有戏剧性。这里有景观电梯，有空调塔楼和高大的通信天线，所有这些特征在劳埃德船舶协会大楼和伍德大街 88 号大楼上，都得到了进一步发展。在这里，一个中轴对称的几何造型，链接在位于拐角处的入口上。悬空天篷下面有一座桥，颇富戏剧性。严格限定的大厅奇特无比，就像是在玩杂技，令人叹为观止。玻璃悬空，就好像是为避免各个要素相互碰撞（如绳索与托架）。真是一种颇有收获的经历，如此生动，如此扣人心弦，在劳埃德大楼上绝对感受不到。除此之外，还有一块开放的景观区，与对面的住房开发区共享。办公室在西座翼楼，工作室在地下。外包被与罗杰斯的布罗得威克大厦（索霍区）、圣凯瑟琳多克的 K2 大楼、劳埃德注册大楼和伍德大街 88 号大楼都有点类似。

有这样一种感觉：整个建筑的 80% 都集中在面积只占 20% 的入口区

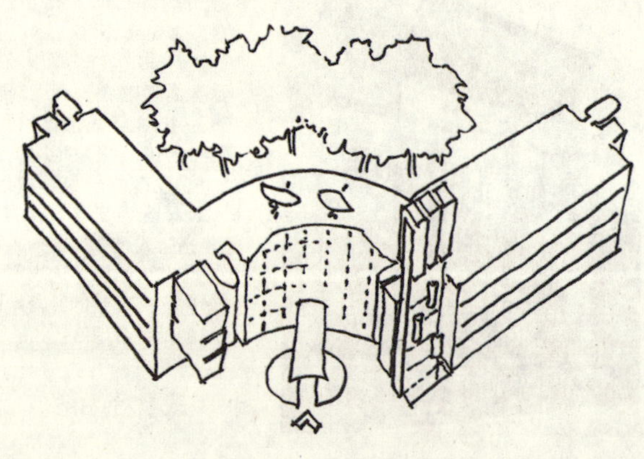

18. 威斯敏斯特罗马天主教堂（Westminster Cathedral）

SW1 区阿什利花园（Ashley Gardens），先前为一处监狱所在地。由 J·F· 本特利（John Francis Bentley）设计，建于 1895—1903 年。外观极为引人注目，其设计风格与哥特式的威斯敏斯特教堂不同。但是，教堂里面却仍有威斯敏斯特教堂的影子：未完工的意大利拜占庭式教堂，混凝土穹顶，下部有巨大的砖砌拱门，饰有闪闪发光的图案。所有这些以及表现苦路（Station of the Cross）的雕塑，都由 E· 吉尔（Eric Gill）于 1913—1918 年设计。必须承认，这是一座非常难以处理的建筑。不过，停下来看一看，你就会获得奖赏和满足。——苦路：圣经中耶稣殉难之路——编者注。

毫无疑问，如果要比较的话，那就是与威斯敏斯特教堂。这座教堂太复杂了，你必须特别留意。当然，它也很值得一看（如果你能忍受数量众多的游客）。注意，西侧的两座塔楼，是由 N· 霍克斯莫尔设计（1735—1745 年）。很明显，教堂建于 7 世纪初，但直到 11 世纪才引起皇家的注意，现在已成为伦敦最主要的象征性纪念建筑之一。

19. 马沙姆街（Marsham Street）

Marsham Street government offi ces
Terry Farrell & Partners, 2004
Tube: Westminster

马沙姆街政府办公大楼的兴衰，与建筑师T·法雷尔的经历有点相似。政府办公大楼在20世纪60年代建成，后来逐渐落伍，不合时尚，之后又进行重新开发改造，并在某些方面取得了成功。法雷尔作为建筑师的职业生涯也是在20世纪60年代建立起来，然后落伍，后来又设法创新，并取得成功。大楼占据一个街区，由一个大型墩座和三座塔楼组成（以“丑姐妹”著称），供一个政府部门使用。据认为，该楼已成为城市萎缩的典型实例。法雷尔，作为20世纪80年代英国首屈一指的后现代主义建筑师，在90年代初期明显过时了。于是，他决定将这座办公大楼拆除，重新建造一座。这样，对于这块场地究竟用来干什么，以及政府在开发建设中是否参与问题上，就一直悬而未决。不过，当时，法雷尔已经成为这一地区的总体规划师。因此，从建筑学的角度来说，他可以增加一些与当时时尚关系不太密切的要素。结果，政府决定占用这块地方，盖一座新大楼（大约可容纳工作人员3500名，最多可以达到4500名）。这样，法雷尔不仅负责这一地区的总体规划，而且还负责新大楼的设计。然而，情况又发生了重大变化，政府出台了“私有激励”政策，也就是说，政府只打算租用，而不想拥有所有权。从这种意义上说，这座大楼与一般商业性建筑就没有什么不同了。在设计上，空间可以比较容易拆分，剩余部分还可以出租给其他机构和组织，政府也能够从大楼管理事务中摆脱出来。

按照法雷尔的总体规划，将场地分为居住区和办公区两部分，两块之间有私人花园和庭院。有两条街道穿过西区，行人可以从邻近街道进入。假使没有恐怖主义威胁，这种规划设计应该非常成功。受恐怖袭击的威胁，街道往往大部分时间关闭，或者给予严密的监视（建筑师在确定作品风格的时候经常会忽略这样的现实细节）。

项目在马沙姆街一侧更为成功，的确是名副其实的城市空间。沿着大楼的外立面，有水景、有草地，还有各种各样的座椅，可供在这里工作的人和居民欣赏和享用。

办公大楼由三部分组成，每一部分都有一个中庭。三部分之间有桥相连，并有一条内部“街道”穿过三个楼区。内部空间连续，有会议、复印处等各种空间。每座楼都有各自特定的颜色体系，以便相互区别。地下室有大型自助餐厅、体育馆和会议室。

不管是外观还是大楼内部，都很成功，充分验证了法雷尔的设计思想和设计技巧，尽管政府部门选择从商业房产商手中租房办公。这种商品房的内饰和分割只能满足最低需求，而不会多出一点点。同时，它也标志着，随着艺术建筑政策的延续，法雷尔原来所持有的、将建筑整体上创作成一件艺术品的观点，不得不放置一边。

关于这一点，有两个方面。一方面，客户认为，美学问题是艺术家的事，与建筑师无关。因此，任何有点自尊的项目都不需要艺术家与建筑设计师的合作。另一方面，有人认为，很明显，建筑师无法提供足够的美学快感，他们只是经过系统培训的规划师和技师，不是艺术家。这种观点在英国很流行。在这种思想支配下，艺术家被请来对建筑和一系列具有地方特色的装饰进行改造。后一项只不过是个人口味问题，而前一项，当然还要看你的观点，只会使建筑的艺术性丧失殆尽。不管哪一种情况，受益的都是艺术家，而不是建筑师。不过，建筑师还不得不自我谄媚地说，这种合作使建筑本身更为优雅美观。这样做危险吗？很久以前，从多方面来说，建筑师就已经丧失了对建筑项目各个环节的控制。后来，他们又让位于项目经理，而现在让位于艺术家的机会也日益临近了。关于建筑设计的未来，除了一些最直接性的要素以外，据说，建筑正在向这样一个方向转变：实用主义加上一丁点儿艺术装饰。这种趋势可能符合政府和投机性资本主义者的利益，而对于马沙姆街项目，结果所有伦敦人都从中受益。不过，有人担心，这种情况能走多远。

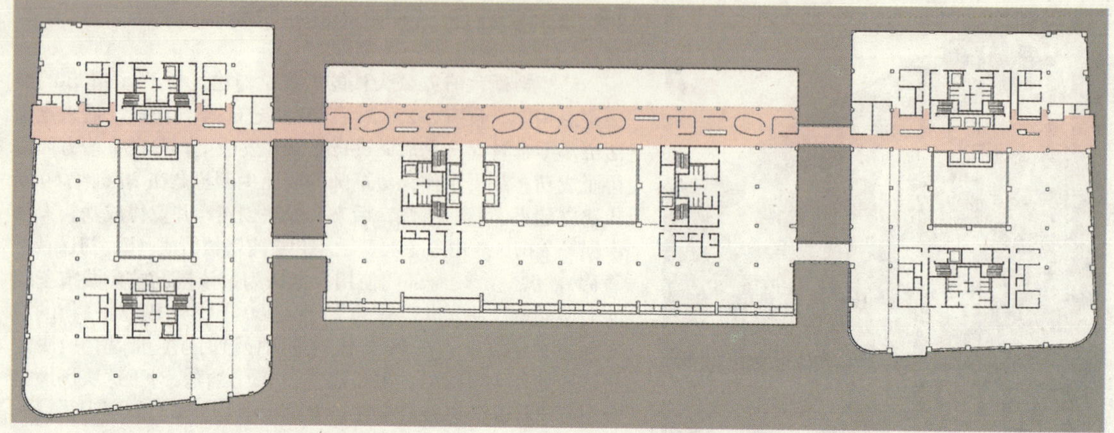

马沙姆大楼的设计，有点类似于现在的家庭办公室，将来一旦需要可以对其进行拆分。现在紫色条带部分打算用作内部“街道”，并且有会议空间。注意：图中规划不包括后面的居住部分（不是由法雷尔事务所设计）。

20. 红衣主教广场（Cardinal Place）

正对维多利亚车站，由 EPR 公司于 2005 年设计。大楼既有巨大的办公空间（46920 平方米），又有零售空间（12450 平方米）。远观圣保罗大教堂，与其连成一线，优雅壮观。建筑本身拆分为许多空间，带有福斯特风格的“鼻子”特别引人注目。总体规划运行良好，建筑本身非常有趣。

21. 利灵顿花园（Lillington Gardens）

位于 SW1 区沃克斯霍尔路，由达伯恩和达克（Darbourne and Darke）于 1961—1971 设计。这是一个综合性再开发项目，令人尊敬，尽管房屋销售出去以后，有些房门改成了新乔治亚时代或类似的房门。在伊斯灵顿（马克斯住宅项目，面对未来住房区），也有类似的开发项目，目的是要将住房院落与周围的街道融为一体。在利林顿花园中部，你还会见到圣詹姆斯小教堂，与乔治大街上的不相上下。

22.《经济学人》杂志综合楼（Economist complex）

位于 SW1 区圣詹姆斯大街（St.James's Street），由史密斯夫妇于 1960—1964 年设计，是城市主义标志性建筑之一。同时，也在某种程度上促使史密斯夫妇成为建筑界的英雄。项目可分三块［两座办公楼，一座公寓，另外在布德尔俱乐部（Boodle's club）附近设置一块窗口地带］，围绕一个抬高的小广场布列（一个微型卫星城）。经过精心设计安排，在圣詹姆斯建成区的心脏地带，构造了一个独立城市板块。波特兰石灰石与化石相融合，创造出一种时尚典雅的设计风格。它诞生于“年轻人充满愤怒”和建筑被“野兽派”所主导的时代。这一“综合性再开发项目”，表面上看起来粗鲁、干扰破坏城市的文雅与安静，但与其他类似项目相比，却是最有礼貌的。这一代人遥望大西洋对岸寻找灵感，从新密斯风格那里寻找装饰花样（柱子的装饰）。然而，尽管原先的意图是向前发展，但实际上办公室设计却回到先前的时代。有一些优雅且很专业的设施，而不是未来时代所推崇的大面积楼板开放空间。拐角处的一块（从前的银行），主层有两层楼高，用作艺术馆和高档酒吧，是捎带开发的。SOM 对办公大楼的大厅进行了改进，增加了一个顶棚（似乎有点多余），对入口起指示作用。

23. 城市学校（Urban School）

Hampden Gurney School, Nutford Place, W1
BDP, 2002
Tube: Edgeware Road, Marble Arch

这座建筑的设计非常优秀，目前声名不彰，实在是有点被低估了。它的建设开发背景相当普通：教会学校缺乏资金、房屋年久失修，所以校方不得不通过卖出操场的地皮来筹款重建整个学校，但这就要求建筑师采取较为特别的解决方案来应对需求（不仅要设计学校，还要设计周边的居住区）。居住区就在学校大楼后面，内院对着学校的后窗，景象简直像是从希区柯克电影《后窗》里搬来的一样。不过这个设计的特别之处其实是学校本身。学校建筑共计3400平方米，楼内活动场地分层布置，使用起来效果很好，阳光可以从中央天井和街道一侧照射进来。确实，这个地方寸土寸金，设计也因而极端紧凑。但是最后成效不错，附近的家长都争相把孩子送到这里。如果说它有什么薄弱环节的话，那就是它是采用设计与施工总包给同一家事务所的方式修建的（大多数学样建筑也都是这么做的），由此而来的一些问题偶尔会暴露出来。

24. 圣詹姆斯公寓（St. James'）

位于SW1圣詹姆斯广场26号，由D·拉斯顿爵士设计，于1958—1960年完工。受前合作伙伴W·科茨（Wells Coates）和特克顿小组（the Tecton group）战后作品的影响，公寓采取了可分割式单元布局。从这里可以俯瞰圣詹姆斯公园。在此类私人公寓中，它是二战后的第一处。结构式的设计帮助拉斯顿在业界建立了声誉。现在，英国正在发生重大变化，由独栋式住宅向公寓式大楼转变。对那些从事该行业工作的人来说，对圣詹姆斯公寓一定很感兴趣。

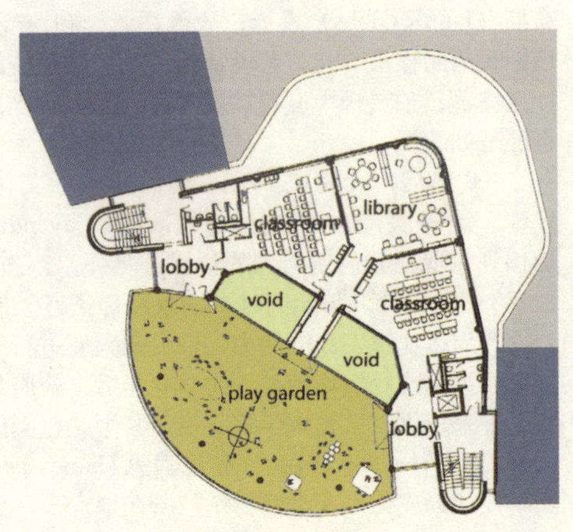

25. 旅行者俱乐部（Traveller's Club, 1829—1832年）和改良俱乐部（Reform Club, 1841年）

位于SW1区保罗玛尔大街，两者相互毗邻。保罗玛尔大街来自“Pallo di magllio”，一种游戏，曾以咖啡馆和俱乐部而著名。这两座大楼都由C·巴里设计，外形带有罗马风格的意大利宫殿式建筑，为伦敦建筑界增添了一种新格调。两座建筑的中庭都很宏大，旅行者大楼就像一个开放的庭院，而改良俱乐部就像置身于玻璃围成的空间。改良俱乐部大楼（给人的印象更深刻），楼梯宽大、漫长，直达周边走廊和主层的宏大空间，如图书馆。伦敦人所常见的居住格局在这里颠倒了：佣人住在地下层，留宿客人住在顶层。这座建筑值得仔细研究，特别是它在服务设施方面的布局安排。改良俱乐部大楼两侧，有D·麦克莫兰设计的一座大楼（下，从左边数第二座）。该楼呈典型的条带式立面，令人畏惧，但很吸引人（另见伦敦城伍德大街警察局和老贝利大楼的扩展部分）。还可参见位于滑铁卢广场的经理人俱乐部（Director's Club, 1817—1819年）和雅典娜俱乐部（Athenaeum, 1827—1830年），两座建筑都由D·伯顿（Decimus Burton）设计。

26. 萨克勒画廊（Sackler Gallery）：心脏手术式的建筑

Royal Academy, Piccadilly, W1
Foster and Partners, 1991
Tube: Piccadilly, Green Park

萨克勒画廊入口，由原来的房顶空间改造而成

在皇家美术学院核心地带，原先的皮卡迪利大街遗留下来的唯一一座大楼就是伯灵顿大厦（Burlington House）：该建筑由J·德纳姆爵士（Sir John Denham）设计，建于1644年，1714年第三代伯灵顿伯爵R·博伊尔继承了它。博伊尔是一位年轻贵族，对建筑很有热情，号称“赞助艺术的阿波罗神”。他从1715年开始与C·坎贝尔（Colen Campbell）和W·肯特（William Kent，后来成为博伊尔的门客）一起改造这栋建筑。博伊尔去欧洲大陆巡回旅游过两次，感受过帕拉第奥的作品，还研读过帕拉第奥的《建筑四书》(Quattro Libri)。因此，他打算将伯林顿宫改造成一座示范性的帕拉第奥式意大利风格建筑。然而在建设初期，首先完成的部分主要却是一个带照壁的法国式入口前院，以及一道双扇形的拱廊。这些都由J·吉布斯（James Gibbs）设计，他曾在意大利接受建筑设计训练，后因政治阴谋被取代，其设计由一些引领潮流的宫廷艺术家来补充完善。伯灵顿大厦曾被视为高尚品位的化身。也许今天它也还是如此。

100年后，大约在1815—1819年，伯灵顿大厦进行重新修建。这一次，G·卡文迪什(George Cavendish)勋爵将主楼梯移到了现在我们所看到的位置。另外，还新增了一个花园，由S·韦尔设计。与此同时，伦敦经历了巨大的变化，为了充分发挥周边建筑发展的潜力，伯灵顿大厦进行了扩建，开发了伯灵顿大厦购物拱廊街。大约200年后，政府将伯灵顿大厦门买了下来，供皇家美术学院所用。其中，花园部分卖给了伦敦大学。1866—1869年由J·彭尼索恩(James Pennethorne)爵士重新设计，成为“人类博物馆”所在地。

1868—1874年，C·巴里（威斯敏斯特宫的建筑师之子）和R·R·班克斯（R.R.Banks）将前院改成了现在我们所看到的样子。S·斯默克(Sydney Smirke)在老楼梯与新画廊之间架起了一座天桥，新画廊就位于原伯灵顿大厦之后。同时，在老区和新区之间创建了两座天井。另外，又在原建筑基础上增加了一层，也就是

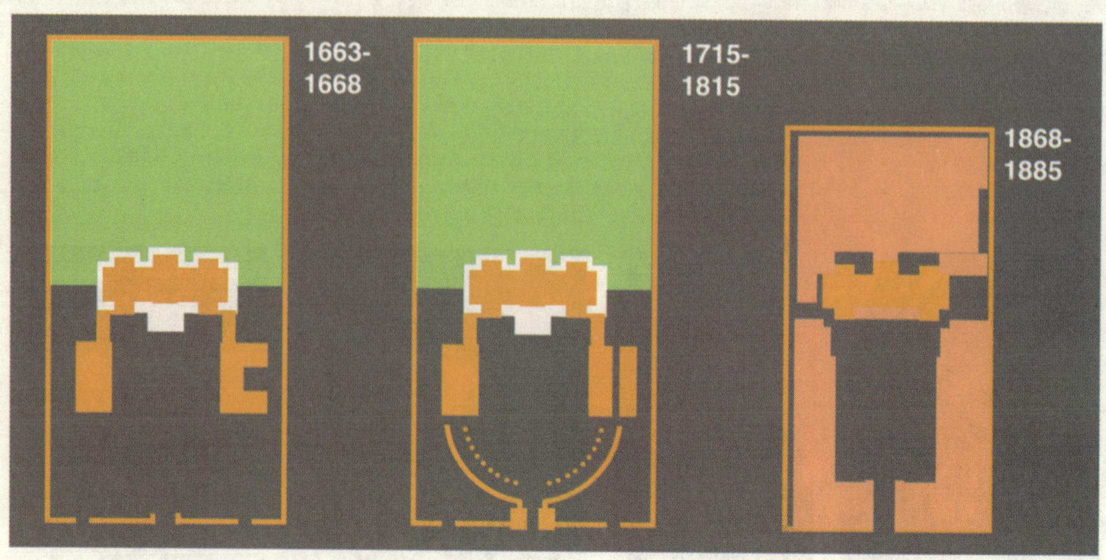

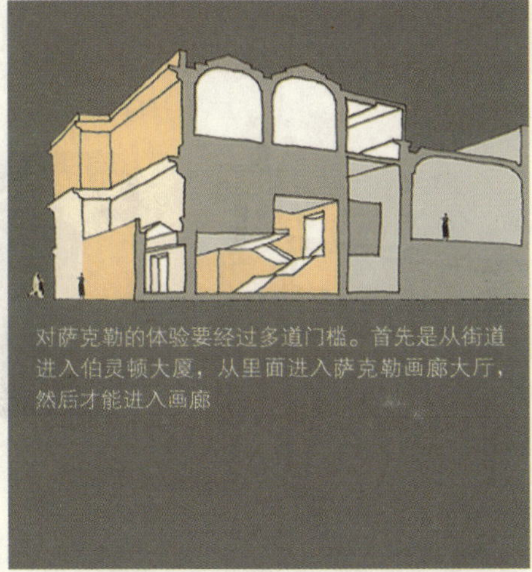

对萨克勒的体验要经过多道门槛。首先是从街道进入伯灵顿大厦，从里面进入萨克勒画廊大厅，然后才能进入画廊

上图：画廊大厅（将如不喧闹的话，是一块非常好的区域）。右上：维多利亚墙面新釉饰。右下：由原先的天井改造成的楼梯。乘电梯上，然后从这个楼梯下来，体验一下。

我们所说的院士作品画廊，伯灵顿大厦前脸外观也进行了重新装饰。

在接下来的一个世纪中，伯灵顿大厦又经历了多次翻修改造，如N·肖增加了一座楼梯和餐馆，T·G·杰克逊对前面的房间和大厅进行了重新布置（1899年），C·格林（Curtis Green）对图书馆的改建（1927年）以及R·伊里斯（Raymond Erith）对入口大厅的改造等（1962年）。改造翻修一波连一波，一层摞一层。伯灵顿大厦仍然矗立在那里。但是，到20世纪80年代末，大楼的动脉线已严重受阻。这时，对其进行系统的改造已不可能了。不过，小规模的改造机会还是来了：原来位于顶层的院士作品画廊需要改建。福斯特和他的团队（由合伙人斯潘塞·德·格雷领导）接受了这一任务。在这座日益衰老的建筑堆上，事过325年之后，一座杰出的、心脏手术室的建筑萨克勒画廊出现了。

建筑师将原来的两座天井进行了清理，加上顶盖，把原先淤塞、多余的空间，改造成了一种新型流通空间，特色鲜明，颇富戏剧性和想象力。一座天井上新设了一部电梯，而另一座天井上增设了楼梯，跨越老伯灵顿大厦与维多利亚部分之间的连接地带，在上层创建出崭新的画廊空间（原先是院士作品画廊），有自己的制冷系统和宽敞的入口大厅。斯默克檐口线（用于保护古典和新古典主义雕塑）与新空间连为一体，整个空间被包围在钢框架结构之中，框架上安置白色、透明玻璃，阳光可以照入，喧嚣和凌乱被挡在外面（现在所看到的百叶窗是后来加上去）。柱梁连接考究，空调系统巧妙地融于中空墙体管道和艺术性装饰的玻璃地板之中。玻璃地板经过精心设计，能在新旧之间进行区分。从底下的入口处，到上面的画廊空间，垂直层次明显。类似的，在画廊里面，有一块空间，光秃秃的、穹隆形的、顶部照光，可以最大限度地减少喧嚣和混乱。

然而，对于这样空间狭窄，近乎悬空的设计，难免要面临许多困难，它几乎涉及建筑设计的各个要素。在皇家美术学院这个设计个案上，涉及的时间长，情况在不断发生变化，在设计上给上人一种“填塞”的感觉。例如，上层的画廊大厅，常常会因家具过多而超载，而低层的楼梯大厅和玻璃地面上有时也会放置一些笨重的、维多利亚时代的物件，使人对玻璃地面的承载能力直觉上产生怀疑。尽管有这些问题，但是从总体上来说，伯灵顿大厦的设计还是相当出色的，很值得走一走，看一看。你不妨从皮卡迪利大街出发，穿过银行区和拜瑞入口通道，来到斯默克的屏风式分割大楼，进入伯灵顿大厦和韦尔设计的大厅；站在两个天井上，体验一下韦尔的光彩照人的立面和斯默克的百叶窗以及另一边的实用主义立面；乘玻璃电梯向上，坐在被福斯特结霜玻璃覆盖的大厅之内，欣赏檐口上的古代装饰。建筑之神韵表现得很完美，没有人会因福斯特的改造而感到不舒服。正是福斯特的改造，使伯灵顿大厦重现生机，仍在那里让人享受欢乐。

27. 国家美术馆塞恩斯伯里翼楼：后现代主义建筑（Sainsbury Wing，National Gallery：Post—Modern manners）

National Gallery, Trafalgar Square, WC2
Venturi, Rauch, Scott- Brown & Partners, 1991
Tube: Charing Cross, Leicester Square.

这个项目引起的历史风波不小。项目由商业投资发起，对W·威尔金斯 1832 年设计的大楼进行扩建。第一次竞标胜出的是阿茨+伯顿+科拉莱克建筑师事务所（ABK），但他们的方案却被查尔斯王子斥责为“老朋友脸上长的一个疖”——说实话，这个新古典主义风格的设计方案不怎么样，放在特拉法尔加广场北侧、白厅轴线的端点上很不般配，查尔斯王子这么来评论它，还真有点高估了。这样一来，就重新举办了一次竞标（当然这回的参赛者是精心挑选的，避免不够格的滥竽充数之辈混入），最终的获胜者是美国的文丘里、劳奇与斯科特－布朗建筑师事务所（该事务所现名 VSBA）。完成的建筑颇具争议，而在思想内涵上也非常丰富。有一点毫无疑问：你要么会被它吸引、甚至对它肃然起敬，要么——就像英国大多数的建筑专业人士那样——会对这整个建筑极度厌恶，根本不愿多看一眼。（如果你想确知时代的变迁会在建筑风格上产生多么大的差异，就可以抓住机会，看看这座建筑对面、特拉法尔加广场东南角的那座多层办公楼。那座楼表面上看去至少有 100 年的历史了，其实却是与塞恩斯伯里翼楼同时修建的，用以替换原址上一座与它完全一模一样的大楼。）

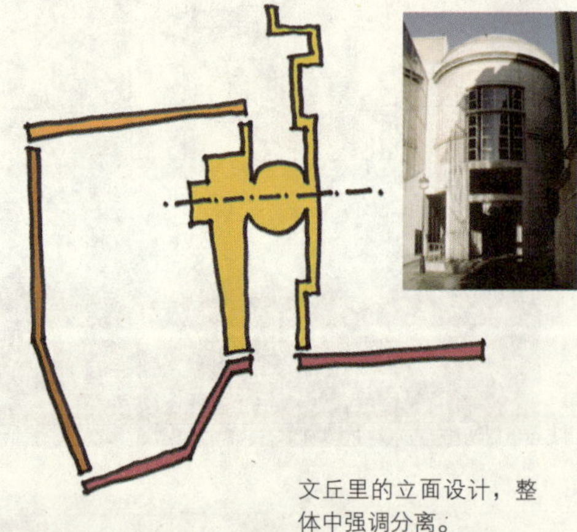

文丘里的立面设计，整体中强调分离。

在 VSBA 方案中，有一条中轴线，所有的建筑和其他要素都沿中轴线布列，中轴线从威尔金斯主走廊引出，穿过新塞恩斯伯里翼楼，在一个拱形框架中终结，带有绘画中的透视效果［见奇马·达·科内利亚诺的《圣多马的怀疑》（the Incredulity of Saint Thomas，Cima）］。建筑师将绘画中的建筑要素运用到了他们自己设计的建筑之中，两部分相互融合，构成一幅学院的透视图画，中间带有一些拱形的开口。仅此一点，就倾注了许多建筑技艺，很值得参观。

离开这个盔甲似的大楼，进入一些相对简洁的房间。这些房间相互连通，中世纪一些独特和永久性的艺术品在这里展出，

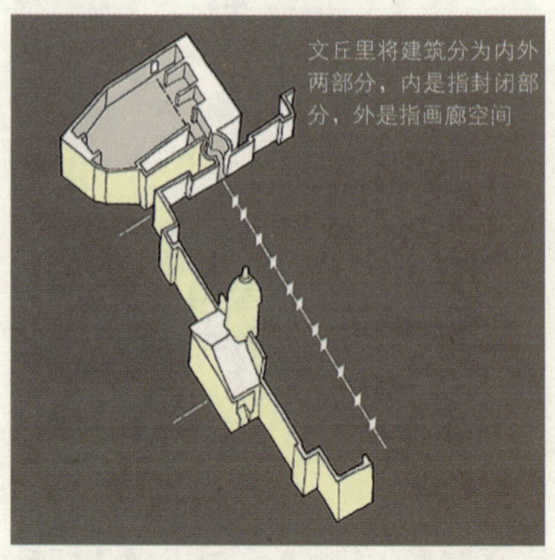

文丘里将建筑分为内外两部分，内是指封闭部分，外是指画廊空间

后现代主义建筑横跨大西洋传入英国，很快取代了 20 世纪 60 年代过时的建筑风格。R·文丘里（Robert Venturi）便是领军人物之一，并受到历史性人物C·詹克斯（Charles Jencks）的鼓励和支持。C·詹克斯把T·法雷尔当做朋友，帮助他成为英国后现代主义建筑首屈一指的人物。关于建筑上的后现代主义，不管它在其他文化领域具有什么含义，在建筑界主要是指 20 世纪 70 年代和 80 年代的建筑，与带有明显的史前建筑和古典建筑倾向的建筑之间，所进行的一场对话。不管怎么说，在这场对话中，思想与概念满天飞。其中最主要的就是构成、等级、层次和结构。主要论证方法就是引用历史实例。文丘里曾以他那博学的大脑，综合运用图像和符号表达方式，提出了一种分类体系，在这一体系中，各种思想与概念相互融合，变得不那么棱角分明。1990 年，建筑衰退期到来了，一直延续到大约 1994 年。建筑业苏醒以后，后现代主义消失了，蒸发了，没有人再去谈论它，大家都假装它好像从来没有出现过。后来，现代主义又回来了，但高科技主义消失了（曾经与后现代主义相对而生）。之后，大家开始沉浸于其他文化圈子里所热衷的后工业时代和后现代主义时代。即使像法雷尔这样的著名建筑师，又成了再生现代主义。现在，大家又都成了真正的后现代主义建筑师，即使福斯特 50 年代的一些仿制品，也完全没有了讽刺意味。另一方面，值得注意，也很有趣，就是在那受训的“年轻”建筑师当中，后现代主义精神又一次搅动起来（如 FAT），并且有些建筑还存活了下来。

各个房间都经过精心安排，可以对角相视。照光经过精心设计，只有很少量的太阳光可以照射进来。这一点参照的J·索恩设计的达利奇绘画艺术馆(Dulwich Picture Gallery，1862年，英国第一家公共艺术馆）的设计。在达利奇绘画艺术馆顶层就采用了提灯和顶部照光。

按照VSBA的设计，里面的空间连续一致，外立面则区别明显，就好像这两座楼之间联系不多或根本没有联系。这是与现代主义正统观念不同的一种新型设计风格。主立面借用了威尔金斯立面当中的一些设计要素，巧妙地融进了沿特拉法尔加广场北侧的建筑立面之中。在对面，也就是主立面的后面，采用的是新拉斯韦加斯广告牌式的设计。它面对莱斯特广场(Leicester Square)，拼命向前延伸。西立面是使用主义者，朴素简洁，仅仅用普通砖砌成。新翼楼与老楼之间的空间设计更为复杂：采用了内外组合设计，非常聪明巧妙。主楼梯（实心内墙、石贴面以及一些与其他立面相类似的特征）有一段设在外面，有大型玻璃护罩保护，同时又能观赏威尔金斯大楼和连接天桥。天桥两端就像是两座相互隔离的塔楼。但是，因为采用了黑色玻璃和笨重的框架，正如文丘里已经认识到的，它无法实现所预想的目标。不过，它仍不失为一种复杂的、雄心勃勃的有益尝试。它增加了一些博学的后现代主义要素，借用了先人的一些成功的做法，多次参照原威尔金斯大楼的设计方法。在主楼梯设计和夹楼着地方式上，采用了芬兰伟大的建筑英雄A·阿尔托的一些做法。表达了对埃及建筑的敬意，例如，低矮的支撑柱和一些含义深刻的要素（至今还没有揭开谜底）。对于这些，文丘里认为是武断专横的。设计体现了竞争、聪明、带有讽刺意味（作为通常所说的后现代建筑）、顽皮而且机智多端。例如，楼梯上面的拱顶，是一个翻转透视，就参照了梵蒂冈贝尔尼尼设计的著名的皇家楼梯。然而，在这里，穹隆形的顶棚（胶合板做的），随意漂浮，不接触任何墙面，既像是在玩游戏，又不挡路，开创建筑历史。可以肯定，这种设计方式，最早起源于这里。

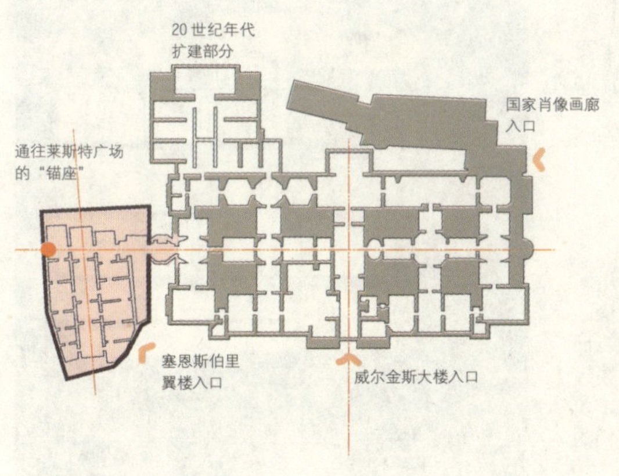

或许，这些建筑理念在英国扩散过于缓慢。必须承认，建筑的好坏最终取决于“真实的”建筑设计活动（“真实”也是一个难以限定的概念），而不是取决于思想理念以及利己主义的建筑风格。“看，我多么聪明”，利己主义建筑师经常把这句话挂在嘴上。美学，正如T·伊格尔顿(Terry Eagleton)所指出的，是靠身体来表现，而不是靠思想理念。另一方面，卡西尔认为，美学带有神秘性和象征性，而大多数建筑师却忽略这一点。有人可能会问，对于VSBA博学的、杂技式的设计所表达的敬意和欢呼，心里想的和所表现出来的能一致吗？直观表现和激动人心的建筑质量（对所有建筑都是至关重要的)，置身于它所处的背景之中，会带来直觉上的不舒服？或许，用文丘里自己的话来说就是，塞恩斯伯里翼楼“几乎完美无缺”，很值得一看。别弄混了，这座建筑所表现出来的高超的设计建造技艺，许多建筑根本无法与其相比。参观一下，一定要瞪大眼睛。

像国家肖像画廊一样，国家美术馆也由狄克逊与琼斯对其流通空间进行改造。原先，进入馆内要经过一段非常狭窄的柱廊。改造以后，游客可直接从底层入口进入，柱廊台阶两侧各有一个入口（到2006年，只有一个入口已经建成），离开的时候，可以步行直接横过马路，到达特拉法尔加广场，这是一项重大改进。

28. 国家肖像画廊（National Portrait Gallery）

St. Martin's Place, WC2
Dixon Jones, 2000
Tube: Leicester Square, Charing Cross.

国家肖像画廊就位于国家美术馆后面，但两者几乎毫无联系。直到最近，由于进出困难，人们不喜欢穿越深深的廊道［包括P·高夫(Piers Gough) 20世纪所设计的玻璃空间］，来客数量一直不高。但是，馆内有许多宏伟壮观的收藏品，并且自从狄克逊与琼斯对其进行设计改造以后［翁达杰翼楼(Ondaatje Wing)］，其吸引力大增。设计的主要内容就是将国家美术馆与国家肖像画廊进行空间置换。置换以后，可以在国家肖像画廊之内创建一个新的流通体制，其做法与福斯特在萨克勒画廊所采用的方法相仿。来客仍然需要穿过E·M·巴里的老楼，但距离缩短了，可以很快进入一个新建的、宽敞高大的大厅。大厅内有电梯，把来客带到顶层，然后穿越画廊空间再滑回来。或者，如果愿意的话，可以从上层的咖啡馆欣赏一下周围北美的景观。

看起来设计相当简单，就把国家肖像画廊改造成了一个令人喜欢的地方。但是，大厅空间的创建和夹楼悬空地板设计安装，却需要一些在古代所流行的杂技工程工艺（狄克逊与琼斯把它掩藏起来了）。

右上：老画廊照片

可以来一次“比较对比”旅行，看一看这些重要的艺术馆（都经过了更新改造），包括华莱士收藏馆(Wallace Collection)、国家美术馆、国家肖像画廊、皇家美术学院、萨默塞特府邸(Somerset House)、泰特英国艺术馆(Tate Britian)、泰特现代艺术馆、英国博物馆、V&A艺术设计博物馆，以及较远一点的海洋博物馆(Maritime Museum)，还有那些位置不太显眼的场馆，如杰弗里博物馆(Geffrye Museum)等。在欣赏艺术的同时，注意留心它们的建筑特色。

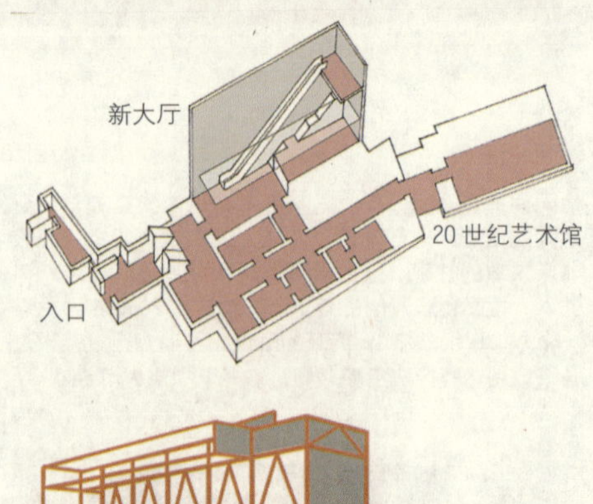

29. 新西兰宫 (New Zealand House)

SW1区草市街(Haymarket)，R· 马修、约翰逊 - 马歇尔及其合伙人建筑师事务所（Robert Matthew, Johnson-Marshall & Partners）于1957—1963年设计。是一座典型的墩座（底层带退台）+高塔（高约70米）式建筑，曾一度非常时尚。它也属于伦敦第一批全面安装空调的大楼，当时空调的普及令本楼的建筑师和工程人员有点过于乐观，设计了全玻璃的外立面。而后才发现这个设计有很多问题，不得不在内部增加了很多窗帘——不过窗帘倒让大厦的特色更加鲜明了。顶层酒吧（不面向公众）周边有阳台，供观景游览。2006年初大楼开始重新装饰，希望窗帘能够保留下来。

福斯特办公室作品特拉法尔加广场经历了重大变动。在特拉法尔加广场与国家美术馆之间，建立了一条快速方便的连接通道，广场上的生活也发生了变化，成为伦敦人的一处新娱乐休闲场所。当然，连接通道的建设遭到出租车司机、公共汽车公司和小汽车驾驶者的极力反对。广场由市长办公室负责管理。在这里，成群的鸽子与传统的政治抗议相结合，构成一幅独特的风景画。在市长“100个广场”项目推动下，参照其他城市的建设经验，如巴塞罗那，伦敦必将更加热情好客，不负盛名。

照片：N·扬/福斯特及其合伙人公司提供。

30. 皇家歌剧院（Royal Opera House ）

Bow Street, WC2
Dixon Jones BDP, 2000
Tube: Covent Garden, Holborn

皇家歌剧院建于 1858 年，由建筑师 E · M · 巴里设计。最近，该剧院及其邻近建筑花厅正在进行大规模翻新改造，投资高，历时长，而且颇具争议。翻新改造的基本方案为 J · 狄克逊 (Jeremy Dixon)20 世纪 80 年代初期的竞赛获奖方案，并融合了 BDP 和狄克逊的后期合伙人 E · 琼斯 (Ed Jones) 的设计。这项正在进行的翻新改造是一个很好的城市设计实例，反映了建筑的历史发展过程，I · 琼斯的设计和原来的科文特花园广场都得到较好的体现。在 17 世纪 30 年代 I · 琼斯的设计方案中，没有拱廊。1877 年增加拱廊，现在又将拱廊加以延长。在剧院设施方面，根据戏剧爱好者、舞蹈爱好者、管理人员和舞台的需要进行了综合设计，并在帕里的基础上有所创新。最终形成的不是一座建筑，而是一个由 5 座区别明显的建筑所构成的混合体。许多建筑师对此感到不舒服。很明显，狄克逊先要做一个大蛋糕，让大家来品尝。虽然有很多人反对，但在新的历史时期，他是最成功的翻新改造设计。

剧院经过翻新改造，最终形成三个演出空间。现在，剧院大厅重新粉刷装饰，座位重新安排，灯光重新布置，但一些人们所熟悉的特征被保留下来。剧院能容纳观众 2262 人。增加了空调，视线有了改善。花厅加装了电梯，开设了一处类似包厢的酒吧，构成休息区的活动中心。屋顶的圆形酒吧和看台也可乘电梯到达。后面是宽大的工作空间，新建了一个排演室，其下是新建的林布利演播室剧场，有 446 个座位，芭蕾工作室由原来的 2 个增加到 6 个。舞台区也进行了重新改造。除可以用作一个公共平台外，还新装了电梯和一个台塔，台塔的高度是舞台拱架的 3 倍。在最南翼有更多的工作室和办公室，在科文特花园广场一侧有柱廊，供货物零售之用。

这项工程规模宏大，仅涉及的各种文件资料就达 150000 份，图纸 80000 份。在建筑方面，一些古老传统的东西被保留下来，同时又与邻近一些新建建筑相融合。如布拉肯大楼，劳埃德船舶协会和利物浦大街火车站。后来设施经改造后“生产”潜力提高了 50%，从前一天只能满足两台演出所需，而现在增加到 3 台。对观众的容纳能力有了大幅提高，如观众可以通过顶部的凉廊俯瞰科芳园广场。剧院的内部其规模更是令人吃惊。具有历史纪念意义的观众大厅，经过重新装修，带着其历史装饰和等级划分，与舞台联结在一起，形成一个巨大的舞台。在舞台后面，能容纳大量人员和设施装备，为前台的演出服务，包括歌唱、舞蹈以及坐在观众席的观众。

这一建筑杰作很值得参观欣赏。不过，该建筑也有其不足之处。最明显的地方就是在科文特花园广场一侧缺乏出入口，休息大厅和酒吧空间也处理得不好。此外，位于弓街 (Bow Street) 上的巴里所设计的主要出入口位居次要地位了。在伦敦，劳埃德 1986 大楼的改造也遭受同样的问题。

旋转曲桥横穿道路，将剧院与芭蕾舞学校连接起来，使人们得以摆脱建筑几何规则的单调，产生一种清新欢快的感觉。该桥由威尔金森 · 艾尔 (Wilkinson Eyre) 设计，聪明又睿智。

上图（从左至右）：现代部分：位于弓街上的巴里设计的老出入口；威尔金森与艾尔桥远景；老花厅（Floral Hall）外观（1858—1860年），后面是一条经过装饰的走廊并有酒吧和咖啡馆，由此通向外部的公共空间，同时起到与演出部分相隔离的作用。

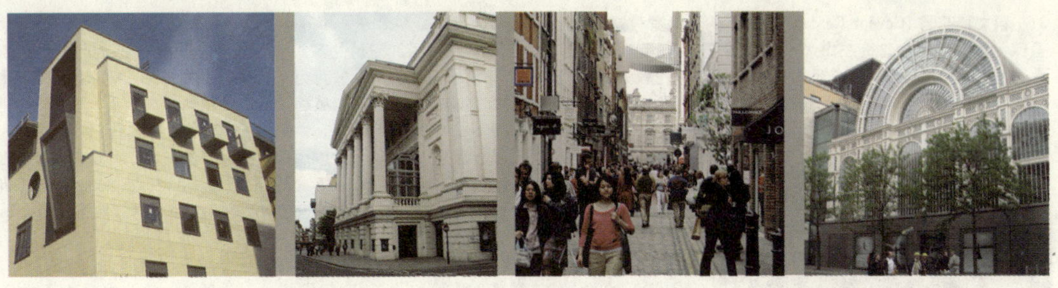

台塔
主观众大厅
ballet studios
bar
广场廊柱
1858年时的正立面
花厅
工作间和办公室
开放排练室
舞台布景入口

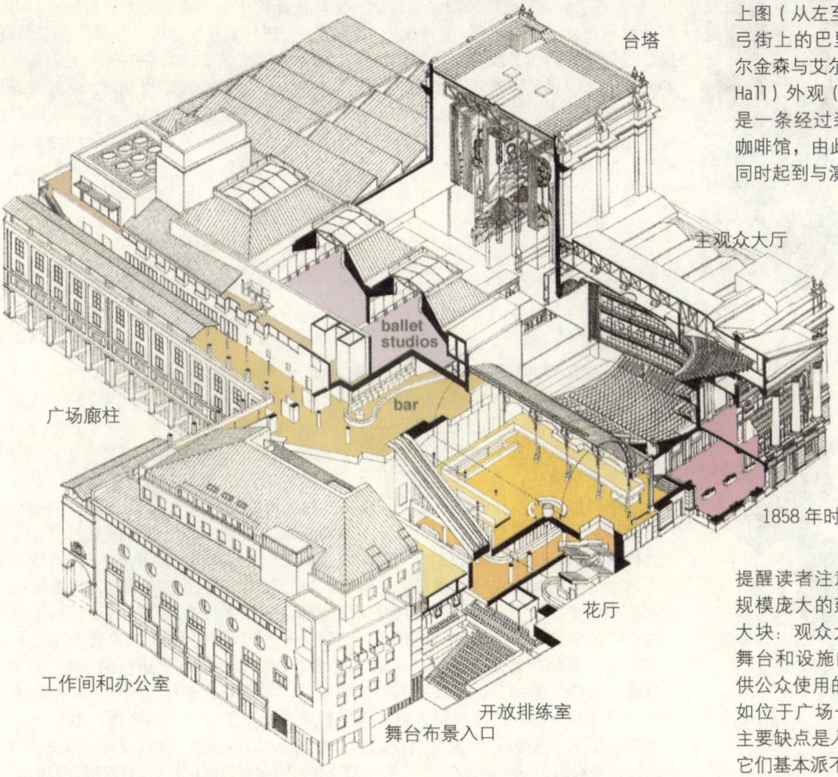

提醒读者注意：皇家歌剧院是一座规模庞大的建筑，可将其划分为三大块：观众大厅及相关空间，包括舞台和设施的最隐蔽的演出空间；供公众使用的各类建筑，最明显的，如位于广场一侧的柱廊。该建筑的主要缺点是入口和休息空间的安排，它们基本派不上用场。

广场柱廊
观众大厅
巴里设计的入口
公共休息室及相关空间

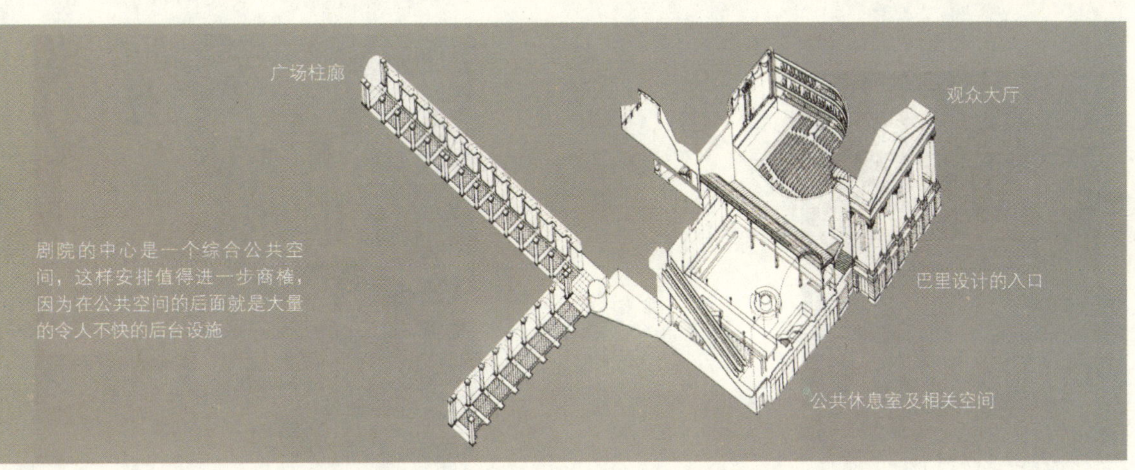

剧院的中心是一个综合公共空间，这样安排值得进一步商榷，因为在公共空间的后面就是大量的令人不快的后台设施

31．科文特花园(Covent Garden)市场上的圣保罗教堂(St.Paul's church)

圣保罗教堂是伦敦建筑杰作之一，建成于1630年。其正面（看起来有点古怪的空旷的东门廊，而不是西面）被改造成了演出舞台，面对一个开阔的广场和一个有柱廊的广场，是伦敦大街上“规则式”创新设计的一部分。为了获得国王的允许，皇家勘测人员和同行的著名建筑设计师J·琼斯受开发商的诱使，要求建造一座纯粹的大型建筑，并且是全英格兰最精美的建筑。结果，随着西部地区的开发，一块富有潜力的土地，慢慢地贬值了，广场变成了市场，街道也呈现出萧条景象。不过现在所看到的绝大部分都是1795年大火以后经过整修了的。建筑师琼斯在伦敦的其他作品还有宴会厅（Banqueting House，1662年）、王后行宫（Queen's House，1615年，格林尼治）、圣玛丽教堂（St.Mary's Church）、林赛宫(Lindsey House)和林肯旅馆(Lincoln's Inn Fields，1640年)。

科文特花园市场最早建于1670年，这里的建筑都建于维多利亚初期［C·富勒(Charles Fuller)，1828—1831年］，直到20世纪70年代初，它一直是伦敦的主要蔬菜批发市场。70年代初开始执行大伦敦市议会计划，市场被迁到一个交通更为方便的地方，对原场地进行了重新开发改造，建起了新建筑、快速路、人行道和众多引起公众不满的钢筋混凝土结构，导致伦敦的“综合开发改造”得以终结。很快，该市场就成为许多代理机构和音乐工作室的聚居地，引领伦敦的潮流和时尚。到了80年代，零售业蓬勃兴起，大部分代理机构和工作室被挤了出去，迁到了克拉肯韦尔，后来又迁到了舰队街上的报业区，而原先位于克拉肯韦尔的一些机构则迁到了老港区。自那以后，科文特花园市场就主要作为零售和宾馆住宿区，集中于市场中心的几幢建筑之中。这些建筑都是历经多年保留下来的，经过多次翻修和改造。

32.D·拉斯顿的皇家医学院(Royal College of Physicians)

位于外环与圣安德鲁宫(St.Andrew's Place)交口处(NW1)，建于1960—1964年。该建筑体现了勒·柯布西耶的设计思想，并融合英国巴洛克风格。设想一下，这是一座影响多么深远的建筑：它有中世纪的根基，有战后国家卫生服务体系的影子，还有20世纪50年代末期的痕迹，特拉法尔加广场上的新希腊时期的建筑风格也在这里得以体现，当代建筑思想也被融入其中。专业性、典礼性和实用性巧妙地融合在一起。在摄政公园一侧，是有柱廊的凉亭式结构，东侧体现出了知识意味，柱廊的一部分就是管理办公室。大多数构造都是典礼性和象征性的，如图书馆象征大脑和文化，启动室（调查）象征心脏，中央高大的大厅和中央楼梯象征肺，餐饮区象征肠胃，房顶的气流吸进装置象征口嘴，蒸气排放系统象征……（尽可能由你自己想象）。观众大厅看起来就好像是一位演讲者在演讲。奇形怪状，不可思议。所有的一切都是不言自明的，看不到来自莱斯登的任何暗示或提示，但他却清楚地表明了建筑师对哈维(Harvey)血液循环理论（类似于建筑循环）的极大兴趣。90年代，在有关方面的请求下，在正对调查室的一侧，拉斯顿又增加了一座“豆荚”状的建筑，与邻近建筑连接起来，形成了目前的医学专业教育区。在教育区南部，还有一座新古典主义大楼，由N·黑尔(Nicholas Hare)设计。从这个大楼向北，就是摄政公园的纳什柱廊［也可通往帕克村(Park Village)和卡姆登镇(Camden)］。

33. 摄政大街／摄政公园（Regent's Park）（1811—1830年）

摄政大街/摄政公园南端是查尔顿酒店(Charlton House)，北端是一片宏伟壮观的别墅和台地。原先这里是王室土地，本来打算主要用作娱乐休闲场所，后来改造成了摄政公园。尽管这片土地从来没有当做娱乐休闲之用，但是它在设计建造上讲究实用、互不关联的特性，对伦敦的城市设计和大规模开发建设，特别是在伦敦大规模扩张和形成时期，具有积极的借鉴意义。

建筑规划师J · 纳什(John Nash)娴熟的建筑规划技艺在摄政大街/摄政公园的设计建造上也得以体现出来。纳什向来以摄政王宠臣而著称，顺理成章地与摄政王情妇成婚。这立刻为纳什带来了事业和家庭的成功。聪明的纳什建议修建一条道路，绕开拥挤繁忙的索霍区，连通梅费尔居住区，使“贵族绅士”区与“工匠贸易”区相区分。

摄政大街极其尊重现状，讲究实际。从滑铁卢广场东侧开始，避开价值更高的圣詹姆斯广场，穿过一些宏伟壮观的柱廊（原先的已经拆除，今天我们所看到的是按“宏伟思想”所建造的建筑），一路蜿蜒北上。然后继续向北，与牛津街相交，到达波特兰广场。该广场最早由亚当兄弟公司设计建造。经过曲直调整，从朗厄姆酒店(Langham House)向北可以一直俯瞰摄政大街尽头。原来的朗厄姆酒店现在改成了朗厄姆宾馆，其对面就是BBC广播电台。在新旧相接之处，纳什巧妙地设计了一座教堂——万灵教堂(All Souls)，教堂西侧环以廊柱，便于人们沿双曲弯道进入波特兰广场。

在摄政大街北端，造型困难困惑着纳什。在这里，他设计了一个新月形的公园，作为摄政公园的铺垫。之后就进入摄政公园之内，公园内有一系列宏伟壮观的台地，特别是在公园的东边，如切斯特台地(Chester Terrace)，建于1825年；坎伯兰台地(Cumberland Terrace)，建于1826年。公园内规划建造的别墅只完成了5座，沿北面的运河排列，这里以前曾经有一个市场。20世纪80年代，Q · 特里获准新建三座别墅，作为原有别墅的补充。摄政公园东北角是帕克村。维多利亚铁路穿村而过，将其分为东西两部分。帕克村作为“城中村落”，令人兴奋，设定了伦敦反工业化的未来发展方向[在这里，别墅位于紧靠北边的圣约翰树林(St.John Wood)之中]，虽然在伦敦建筑界，维持传统仍然占主流地位。

沿摄政大街，由于开发商不止一家，纳什不得不设法维持统一的秩序和规则。不过，摄政大街上原来的建筑几乎没有一座保存下来。大约在1913—1928年，绝大部分建筑得到重新开发改建，参与的建筑师有N · 肖，A · 韦布、E · 牛顿和R · 布洛姆费尔德爵士，他们都是当时的著名建筑师。

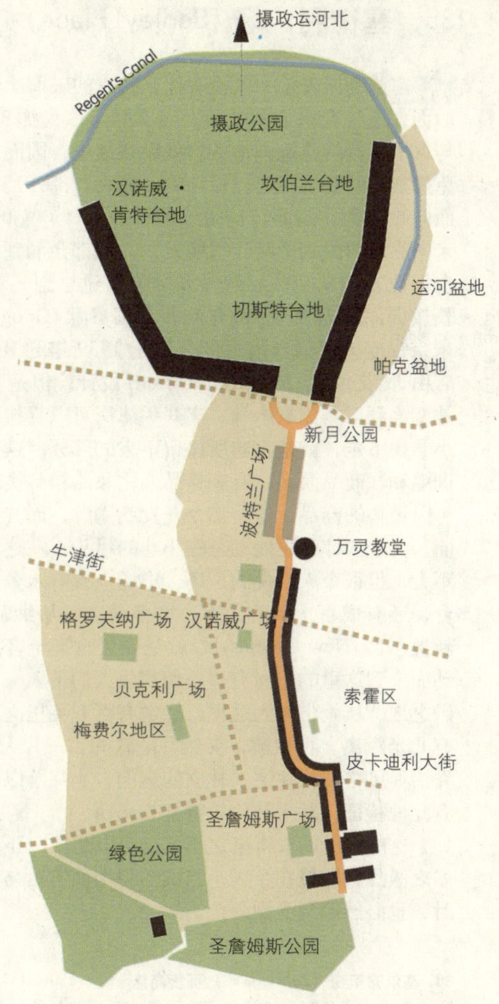

34. J · 纳什（John Nash）的万灵教堂

朗厄姆广场(Langham Place)，1824年。万灵教堂在城市设计中的地位，远比单单作为一个教堂重要得多。在万灵教堂，建筑要素有机地结合在一起，就像儿童积木，但它们工作完好。从教堂到摄政公园这一段，是纳什规划设计中最困难的一部分，因为在外观上要保持建筑风貌的协调一致。万灵教堂截断了漫长的视线，使人们能够很容易地绕过双曲弯道。该弯道已经成为一个城市“地标”，展示出设计建造者的娴熟技艺，而这种技艺现在已经失传了。见附近的BBC大楼新建部分。

35. 塞德利广场（Sedley Place）

Sedley Place, W1
Fletcher Priest, 2004
Tube: Bond Street

塞德利原先是一条没有什么特点的破旧小巷，位于牛津街后面，通往几块偏僻处所。而实际上，大约30年前，费莱彻与普里斯特的建筑师事务所就设在这里。因而，在设计上就难免掺杂一些感情因素。设计的“血肉”部分是如何使其更好地面向牛津街。然而，这是一座商业大楼，它的出现使周围11米内的商店受到影响，很明显，人们都会涌到该大楼购物。这也促使人们从一些思想（如拆除重建思想）和实例中吸取经验教训，如20世纪50年代，美国谷歌(Google)免下车购物，东京银座大厦以及附近的、建于1939年的HMV商店，该商店由J·艾伯顿(Joseph Emberton)设计。但是真正吸引人的还是塞德利广场建筑本身。离开牛津街可以直接进入小巷，沿着小巷往下走，就是古巷所保留下来的部分。这里气味芬芳，格调温和，商品繁多，有奢侈品、化妆品、鞋类以及所有在底层可以销售的商品。这些都令开发商陶醉，而其他人则不然。然而，更令人惊奇之处却是在小巷的尽头。在这里，有一个面积不大，但很令人愉悦的广场。广场上置有水景，周围有住宅阳台，还有成百上千的游客。许多游客［从纳瓦拉(Navarra)到新奥尔良(New Orleans)］，就是受了建筑游客指导书作者的煽动而来到这里的。所有这一切都将人们带入一片令人愉悦的偏僻之地。从闹市来到这里，感觉有百万英里之遥，但实际上只有几米距离。再往前，突然，伦敦的另一片天地展现在眼前：乔治亚风格联排住宅，林立的烟囱、小院落以及诸如此类的带有此地特征、甚至是伦敦特征的东西。

这些成就的取得来之不易。可以想象一下，当时争议会有多么激烈，即使在今天，当试图将街面喧嚣与安静背景相融合时，也必然遇到激烈争论。

36. 塞尔弗里奇（Selfridge's）百货商店

塞尔弗里奇百货商店大楼位于牛津街（W1区），是伦敦最引人注目的建筑之一。该楼设计建造于1907—1928年，外观有大尺度的柱廊，规模宏大壮观。芝加哥的建筑师D·伯纳姆（Daniel Burnham）以及R·F·阿金逊(R.F.Atkinson)和J·伯奈特(John Burnet)爵士都为此来到了伦敦。“该建筑在英格兰创造历史”，佩夫斯纳评论说。最近，大楼内部进行了重新装饰改造。该商店是伦敦最早的购物场所之一。到现在，其宏伟壮观的柱廊还没有任何建筑可与之匹敌。

37. 雷蒙德胡德（Raymond Hood）

与20世纪20年代和30年代纽约摩天大楼建筑风潮相呼应，毫无疑问，R·胡德的杰作成为伦敦的一道风景线。帕拉迪姆大楼(Palladium House)原先为国家散热器公司(National Radiator Company)所使用，于1928年设计，位于大马尔波罗街(Great Marlborough Street)和阿尔及尔大街(Argyll Street)拐角处。它的黑色花岗石外立面与牛津街上的HMV商店和舰队街上的每日快递大楼形成鲜明的对比。

穿过大街，就是半木制的“自由”商店，由E·T·霍尔(E.T.Hall)和E·S·霍尔(E.S.Hall)设计(1922—1923年)，各自都追求艺术真品。摄政大街街面由同一位建筑师于1914年设计，1925—1926年建成。

38. 布罗德维克大楼（Broadwick House）

15 Broadwick Street, W1
Richard Rogers Partnership, 2002
Tube: Oxford Circus

这个建筑乍看起来有点简单：底层是零售空间，上层是办公空间，由福特公司租用。该公司主要从事多品牌设计咨询。顶层高度加倍，并有一个夹层，用作办公空间。该楼的设计展示了高超的智慧，既体现了罗杰斯团队的特征，又能很好地适应它所在的场所。位于伯威克大街市场尽头，索霍区的一角。入口大厅有电梯、厕所等。和通常一样，终点是标志性的教堂尖顶式造型。或许有一天，我们会扫视一下这个城市的天际线，那时就会很容易地发现罗杰斯的所有建筑。大楼顶部呈曲面，有柱廊，漂亮壮观。

39. 阿斯布雷商店（Asprey store）

W1 区新邦德大街（New Bond Street），由福斯特进行了重新装修改造，供零售之用。大家或许还记得斯隆街(Sloane Street)上的艾斯布里特(Esprit)商店以及位于伦敦的类似商店。整个建筑的主要特征是有一架大型螺旋楼梯，周围墙面用镜面装饰。

40. 桑德逊宾馆（Sanderson's Hotel）

W1 区，伯纳大街 37 号(Berner Street)，由 58 年设立的桑德逊墙纸商店改建而成，是一家“脊形宾馆”。法国建筑师 P· 斯塔克(Philippe Starck)设计（2001 年）。他才华横溢，设计最富时尚。位于圣马丁路 38 号的圣马丁宾馆的改造也由斯塔克设计，该宾馆现有房间 204 个。两家宾馆的内部装潢都很漂亮优美。但，圣马丁宾馆更好一些。两家宾馆的开发商都是 I· 施拉格(Ian Schrager)。

41. 万圣教堂（All Saints）

WC1，玛格丽特大街、牛津街的北面。万圣教堂的设计着实令人惊奇，外观砖砌结构色彩斑斓，内部高大宽敞、阴森幽暗、香雾缭绕。对此，你可能会喜欢，也可能会感到讨厌。除此之外，在建筑组织和安排方面也颇具匠心：33 米的方形场地被完全占满，尽管三面被围，除教堂本身外，仍然拥有一个大小适中的入口院落、一个唱诗班学校和教父用房。万圣教堂是最好的建筑艺术杰作，由 W· 巴特菲尔德(William Butterfield)于 1858 年设计。

42. 华莱士博物馆 (Wallace Collection)

Manchester Square, W1
Rick Mather Architects, 2000
Tube: Bond Street, Marble Arch

华莱士博物馆曾被忽略，最近几年才重新“发现”，才得以从偏僻之所展现在灯光闪耀之下。R · 马瑟 (Rick Mather) 对其内部院落进行改造之后，吸引力大为上升。现在，与索恩设计的艺术馆一样，成了一处很受游客青睐的场所。事情都是相对的，与国家博物馆或类似的场所相比，华莱士博物馆，包括索恩设计的艺术馆，要相对安静些。

华莱士博物馆于 1897 年捐献给国家。博物馆内有大量精美的法国 18 世纪的绘画、古老的名家杰作、家具和瓷器，其中就包括 F · 霍斯 (Frans Hals) 的“面带微笑的骑士 (Laughing Cavalier)”。这些东西原来都放在位于伦敦市中心 19 世纪末期的一座大楼内。这座大楼原归华莱士所有。像大多数艺术馆一样，华莱士博物馆缺乏摆放空间，缺乏人们现在所期望使用的各种设施。玛泽想出了一个主意，将地下室腾空，设立一个讲座室，安装一些教育用设施，开辟一块艺术展览空间。此外他建议大楼中厅安装玻璃，新建一个上方照光的咖啡厅。最终，华莱士博物馆没有进行大规模的改造，既不像萨克勒画廊，也不像国家绘画艺术馆。但是，不管怎么说，经过稍许改造，它成了伦敦市一家很重要的博物馆。

曼彻斯特广场前

室内咖啡 / 院落

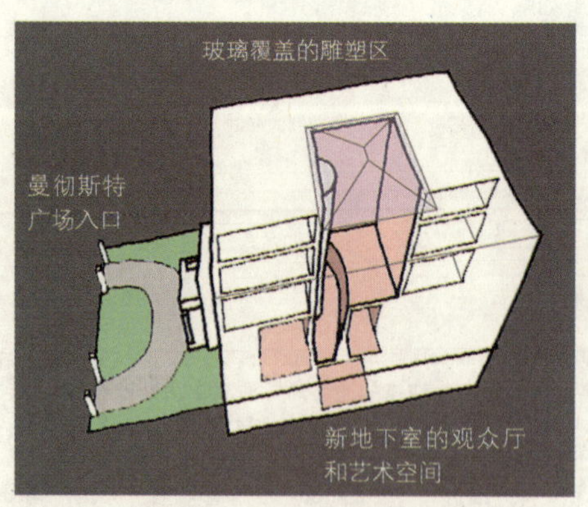

43. 布卢姆斯伯里 (Bloomsbury) 圣乔治大楼 (St.George)
该大楼是霍克斯莫尔的又一设计杰作，其设计年代可追溯到 1716—1731 年。2006 年正在进行翻修改造，不过，在你读到此书时，可能已经完工了。场地限制迫使霍克斯莫尔将宏大的入口柱廊安排在南面，剧院靠街的一侧。原来的入口位于塔下，其设计参照了哈里卡纳索斯 (Halicarnassus) 的摩索拉斯王陵 (Mausoleum)，很值得一看。

44. 塞弗特上校的中点大厦 (Centre Point)
W1 区，托特纳姆科特路与牛津街交口处。在它那个时代，该建筑以过分贪婪、令人不能容忍而著称。在这个路口处，地面布局令人很不满意，需要通过大型城市更新改造项目对其进行改造。不过，随着记忆的流逝，建筑师们开始逐渐接受这样一座“商业化”建筑。对塞弗特上校的框架式承载建筑以及他在伦敦设计的其他建筑，有些人开始给予赞赏。

45. 文莱艺术馆 (Brunei Gallery)

University of London, Thornaugh Street, WC1
Nicholas Hare, 1995
Tube: Euston, Russell Square

与邻近建筑相融合已经成为一种主要建筑设计技艺，而且备受尊崇。这种技艺是后现代主义的遗产，与现代主义的结构式倾向形成鲜明对比，有时就是对历史的否认。在建筑材料、组团形式、组织结构以及几何造型方面，文莱艺术馆都试图与18世纪后期邻近建筑相融合。然而，一旦转过街角，设计式样立即发生了变化，设计更加自由开放，在入口处连接通道更灵活，而这在拉塞尔广场 (Russell Square) 是见不到的。现在，入口处的砖墙改成了板墙。有一个学生用的咖啡馆和一个伊斯兰屋顶花园。艺术馆主要展示伊斯兰艺术，值得一看。

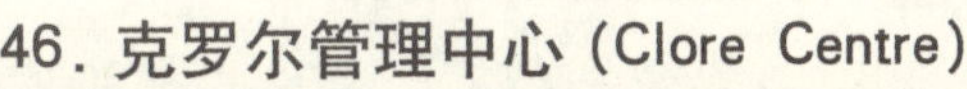

46. 克罗尔管理中心 (Clore Centre)

University of London, Torrington Square, WC1
Stanton Williams, 1998
Tube: Euston Square, Euston

克罗尔管理中心靠近文莱艺术馆，由斯坦顿与威廉设计。设计采用了多种纹理主义手法，使乔治亚时代风格联排住宅在这里终结。一些常规设计手法也得到应用，如地基、主厅和阁楼等。但是，其外立面延伸，将邻近 7 米内的建筑物几何造型也容纳进来。乔治亚时代风格凸窗。外立面中央部分，没有采用内嵌承重式砖窗，而是采用大面积的悬挂玻璃。

47. 丹尼斯 · 拉斯顿的两座大楼

两座大楼靠近斯坦顿与威廉的管理中心和文莱艺术馆，沿贝德弗德路 (Bedford Way) 展开。一座是伦敦大学亚非学院 (SOAS)，建于 1973 年，由白色预制板包被。另一座是教育学院，建于 1970 年。

48. 阿尔弗莱德广场 (Alfred Place) 建筑

该建筑可追溯到大约 1972 年，是塞弗特上校建筑事务所的作品。就我来看，在设计较差的建筑当中，这还是较好的。现在它仍然被人轻视、不受欢迎，主要是因为它过于时尚。

49. 陶克拜克（Talkback）大楼

20-21 Newman Street, W1
Buschow Henley, 2001
Tube: Tottenham Court Road

我们得承认，作为一家独立电视节目创作公司的行政大楼，陶克拜克很难接近。在古老的街道后面所展现的完全是另一种景象。它充分体现了建筑师的设计思想：既不花里胡哨，又能避免传统办公室的陈旧老套。也就是说，设计要体现出城市文脉，具有居家氛围，同时还带有20世纪50年代英国建筑师的自我陶醉。形式上类似于R·赫伦(Ron Herron)的印象派建筑，从里到外都发生了彻底的改变，加上通道和其他设施的配合，形成一座全新的建筑整体。但是，这里没有采用令人陶醉的高新技术，取而代之的是令人愉悦的天然材料和一些容易得到的材料，看起来就像来自艾赛克斯的木材大院，而不是来自遥远的外国加工厂。

50. 广播大厦（Broadcasting House）

Broadcasting House
MacCormac Jamieson Prichard (+ Sheppard Robson for P2), 2005-6
Tube: Oxford Street

在某些方面，该项目可能会很完美。但是，另一些方面，它又犯了一些错误，令人痛惜。从整体上来看，它很令人鼓舞，但是到了建设中期，原来的建筑师退出，由S·罗布森接替。英国广播公司(BBC)与开发商有一个协议：BBC提供设计思想，开发商提供大楼，建筑师由承包商取代。滑稽有趣的事情就来了。项目分为两个阶段，建筑面积达80000平方米，预计到2006年中期完工。但是，36个广播工作室、23个广播中继站、6个电视工作室，2个控制室以及60个编辑／图像制作工作间，再加上1万英里的电缆，还是很值得一看的。当然，这里也有许多比较好的艺术形式，与E·吉尔原来的建筑(1932年)能够相互补充协调。这座建筑由V·迈耶上校(Colonel Val Meyer)设计。据说，预计将会有大量游客参观游览，就像在怀特城所见到的那样？

51. 英国电信塔（British Telecom Tower）

塔高186米，位于WC1菲茨罗弗亚区(Filtzrovia)，克利弗兰德大街(Cleveland Street)，于1964年建成，曾遭受爱尔兰共和军袭击。之后增加了公共活动平台，设立了旋转餐馆，以亲近公众。自那时以来，电信塔就一直被看做是地标性建筑，高深莫测，笼罩在一片神秘气氛之中。里面有大型城市微波通信设施。中点大厦、新圣玛丽埃克西大楼、圣保罗大教堂、前国家威斯敏斯特大厦（42号大夏）、金丝雀码头，再加上电信塔，共同构成伦敦的天际线。可以安排参观，但一般比较困难。

52. 皇家建筑师学会总部大楼（RIBA）

位于波特兰广场66号，很值得一看。该楼外表美观，楼梯精美，里面有图书馆、书店、酒吧、咖啡馆等。国家职业注册制度（对大多数人提供专业保护），经历了数十年的纷争。之后，才建起了这座大楼。与此同时，随着经济萧条所带来的持续破坏，英国建筑师把他们的活动地点放在了西区（1932—1934年）。地铁：牛津站。

53. 阿勒普大楼（Arup offices）

Arups
13 Fitzroy Street, W1
Sheppard Robson
Tube: Warren Street / Great Portland Street

阿勒普大楼由R·罗布森设计。有人可能会问，为什么不是由阿勒普公司设计？该楼规模宏大，建筑外观有点奇形怪状，有人把它看做是外来怪兽。设计风格与以前有很大不同，在建筑界享有较高声誉。在那一带街景中，它的确构成一道独特的风景。但是，如果要以那种方式创造街景，那么为什么不多增加一些东西，使其显得温柔调和，并且能够与里面的其他建筑相协调？不过，不管怎么说，在世界一流的工程设计师为自己设计方面，这是一个很好的实例。大楼外部管线以及其他装饰可与摄政广场上的阿勒普大楼相比较。

54. 议会大楼（Congress House）

该楼位于WC1区大拉塞尔大街(Great Russell Street)。1948—1957年间，曾是英国工会委员会总部（HQ,Trade Union Council）所在地，领导了英国的工人运动，成为一座宏大的纪念性建筑，追悼在两次世界大战中所阵亡的工会会员。直到20世纪80年代末期，它仍是900万工会会员的权利象征。尽管撒切尔主义和布莱尔新“左派”政府所倡导的后现代主义仍然值得怀疑，但是R.·阿伯丁(David du R. Aberdeen)为工会委员会设计的这座大楼却是一座建筑精品，很值得一看。1948年，阿伯丁在设计竞争中获胜。那时正是伦敦历史上阴暗惨痛的时期。但是，对建筑师说，却乐观向上，对战后英国未来充满希望。可以想象，澄澈光明的现代主义，光临街道拥挤、台地遍布的伦敦乔治亚中心地带的情景 一方面煤烟缭绕，烟雾弥漫另一方面，F·西纳特拉（Frank Sinatra）之流，又使其充满浪漫情调，但离现实却差之千里。大楼坚建成的时候，国家恢复建设早已走上正道，《清洁空气法案》(Clean Air Act)也已实施两年，阿伯丁大楼成为重要的社会象征，摇滚乐开始流行，服务型经济正在发展，“愤怒的年轻人”综合症开始对艺术领域产生影响。然而，大楼刚启用，工会委员会与政府的斗争就开始了。20世纪80年代初，在军情5处（MI5）的帮助下，撒切尔政府在与矿工的斗争中赢得了胜利，最终达成了一项和解协议。不过，R·阿伯丁不打算再去设计有重要影响力的建筑。

白厅和西区

马里勒本路／尤斯顿路开发走廊 (The Marylebone Road/EustonRoad development corridor)

这是T·法雷尔的又一力作，很自然地展示出其设计技巧。面对资本主义租赁式的办公用房开发，从整体上使城市环境进一步向文明迈进。例如，作为西区的北界，在这条繁忙的街道上，他想出了一种方法，使交通前移，而行人后移。在托特纳姆科特路与尤斯顿路交会地带，如果上述设想得以实现，那么，摄政广场的开发就会更好地与城市的心脏地带相融合，紧邻北边界地区的居民“岛屿”感就会有所减轻。整条道路都应用同样的设计方法。据报道，在本书写作之际，尤斯顿车站地区制定了一个雄心勃勃的商业开发计划，其规模不亚于金丝雀码头地区。这条线路及其邻近地区，似乎正要停止衰弱，经历大规模的变革变化。

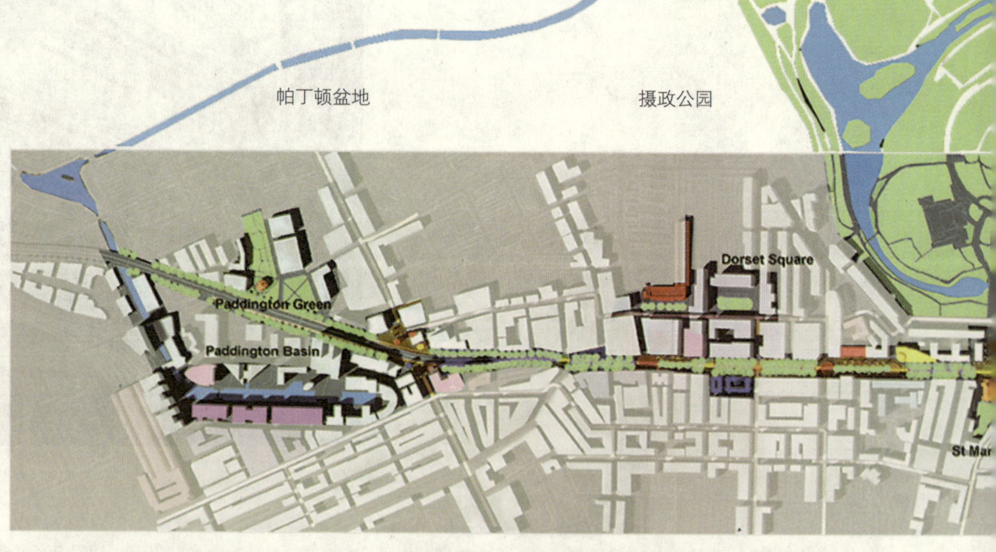

绘图：T· 法雷尔及其合作人建筑师事务所

沿着这条走廊，排列着几个重要车站：帕丁顿、马里勒本、尤斯顿、圣潘克勒斯和金斯克罗斯。车站之间是一些当地居民区，并常带有种族偏见。遗憾的是，一旦再开发真付诸实施，这些地区将会不可避免地发生重大变化。随着帕丁顿车站地区开发建设的完成和金斯克罗斯车站地区开发建设的开始，这两个地区都发生了巨大变化，并迅速沿走廊扩展，波及邻边地区。关于法雷尔的规划，不管在其他方面是否得以实现，但是，却得到伦敦市城市化和市长建筑顾问组的青睐（由R· 罗杰斯勋爵领导），将这一走廊地带纳入伦敦市再开发计划之中。这一再开发计划涉及城市的几个关键区域、涉及人口增长、新住房的开发，并特别强调公共交通体系的建设。

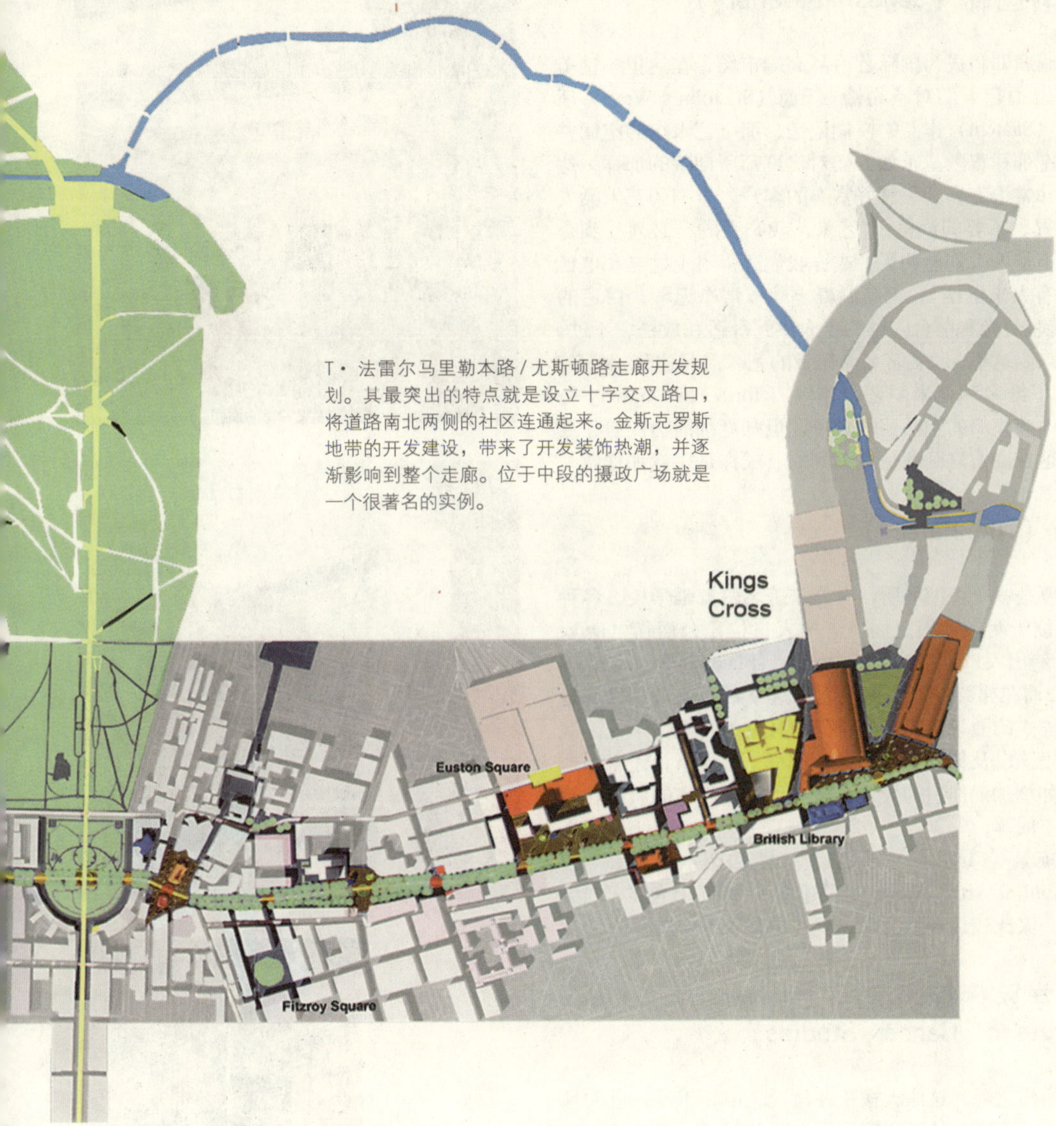

T·法雷尔马里勒本路/尤斯顿路走廊开发规划。其最突出的特点就是设立十字交叉路口，将道路南北两侧的社区连通起来。金斯克罗斯地带的开发建设，带来了开发装饰热潮，并逐渐影响到整个走廊。位于中段的摄政广场就是一个很著名的实例。

Kings Cross

Euston Square

British Library

Fitzroy Square

尤斯顿路紧挨着金斯克罗斯东头的圣潘克勒斯车站和米德兰德宾馆(Mi)，将来有一天可能会实现其设想，成为穿越英吉利海峡隧道欧洲之星快速交通的终点站。然而，这座壮观令人喜爱的建筑一直处于朽蚀危险之中。充满浪漫色彩，风景如画的宾馆吸取了全欧宾馆的精华，面朝着车站，于1847年开业，有400个房间，是伦敦最好的宾馆之一。该楼的建筑设计师为G·G·斯科特爵士。从1850—1870年，他是英国最高产的建筑设计师，虔诚的哥特派人物。车站棚架是当时世界上净跨度最大的建筑，并且一直保持了好多年，由W·H·巴罗(W.H. Balow)设计。

55 高古轩画廊（Gagosian Gallery）

6-24 brittania Street, WC1
Caruso St John, 2004
Tube: Kings Cross

高古轩画廊即将成为国际艺术品高端市场，在这里，精美的艺术品可以引起人们对圣约翰·沃德（St. John's Word）所丢失的萨奇（Saatchi）作品的模糊记忆。那个艺术馆的空间并不像这个画廊那样宽敞。正如人们对建筑师所期望的那样，这座建筑细部非常漂亮。为了讨好富有的客户，专门为艺术品安装了降温装置。不要问价格，“艺术，我亲爱的，必须找到合适的买家，不是人人都能购买。或许我们还得附上姓名和电话号码，以便有人来电话”。钢筋混凝土地板洁净无瑕，白色的墙面完美无缺，灯光和前台安排的令人感到舒适和放松。不过，如果你确实来到这里，欣赏著名而昂贵的艺术品和建筑，那么，请你也去一下维多利亚米罗艺术馆（Victoria Miro Gallery）。那里，也有一些类似的空荡荡的盒子，但却更加活力四射，令人震撼，而这在高古轩画廊是见不到的（或许是乐意那样做）。

56. 广场（The Palace）

16 Flaxman Terrace, WC1
Allies and Morrison, 2001
Tube: Euston

广场主要是一个表演场所，有几家著名的舞蹈学校，各种设施齐全，位于两条大街之间。老出入口位于公爵街（Duke Street）上，新出入口位于弗莱斯曼大街（Flaxman Street）。

A&M 公司在弗莱斯曼大街设立了这个新出入口，目的是创造一种橱窗式的效果。当人们进门前经过的时候，学校、演员和学生用设施以及舞蹈工作室等，都可一览无余，还有一些其他改进，如增加工作室的数量，提高现有工作室的质量和改善公共活动空间等。

在城市前景（City Lit）成人教育学院和切尔西艺术学校（Chelsea School of Art），A&M 公司还有一些更出色的作品。总之，作为一家比较成功的公司，现在 A&M 正遍布全伦敦。

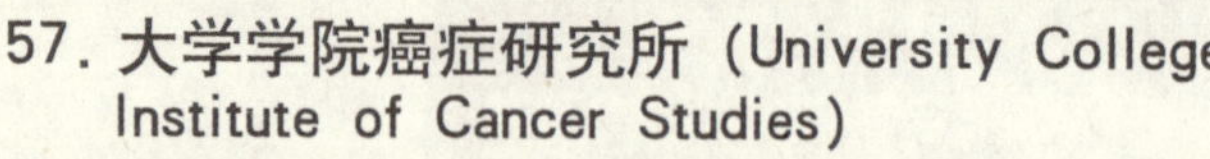

57. 大学学院癌症研究所（University College Institute of Cancer Studies）

Huntley Street, W1
Nicholas Grimshaw & Partners, 2006
Tube: Warren Street / Goodge Street

在本书写作之际，这座大楼正在建设之中。不过，已初具雏形（见图，左侧）。对于在写作之时，刚完成一半的建筑，一般来说，我不向人们介绍。但是，该楼将于 2006 年完工，已展现出未来景象。该楼原来是一家护理中心，由建筑师 P·沃特豪斯（Paul Waterhouse）设计。他是著名建筑师 A·沃特豪斯（Alferd Waterhouse）的儿子。新设计保留了后一部分（作为办公室），拆除了后来扩建的部分。新增部分主要作为实验用房，有各种实验室和教学用设备设施。沃特豪斯的其他作品还有，大学学院医院、位于南肯辛顿的自然史博物馆（Natural History Museum）以及位于上霍尔本（High Holborn）的保诚保险公司大楼（Prudential Insurace Company）。该大楼靠近塞恩斯伯里总部大楼，由福斯特设计。

大英图书馆前院。这里正逐渐被咖啡屋等所占据，彻底改变以前光秃荒凉的景象

58. 大英图书馆（British Library）

St. Pancras, Euston Road/Melton Street, NW1
Colin St. John Wilson, 1964–1998
Tube: Euston, St. Pancras

大英图书馆项目刚开始的时候，由S·威尔逊和L·马丁爵士（Leslie Martin，1908—1999年）所组成的合伙企业接手。那时，L·马丁爵士是剑桥大学建筑学院院长，著名伦敦传媒学院建筑系主任。同时，在皇家节日大厅(Royal Festival Hall)设计中是一个关键人物。1962年，大英图书馆设计竞标的时候，威尔逊是一个独立从业的建筑师，并在剑桥大学当教员。20世纪60年代后期，马丁退休后从合作企业中撤出，威尔逊夫妇及其他合伙人继续执行这个项目。他们试图把建筑设计作为一种职业生涯，但在政治上和人们的情感上都面临着一片反对之声。1962—1964年，最初设计时，设计场地就位于布卢姆伯里博物馆前面，后来设计规模不断扩大，原来的场地显然有些太小了。1933年，在圣潘克勒斯大街又找到了另一处地点。1978年，提交了一套新的设计方案。此时，威尔逊和马丁联手设计的大楼本来应该建成了。当时的设计主要有以下部分：地下部分、入口大厅、人文科学阅览室、自然科学阅览室、"装订厂"扩展部分以及更多的阅览室。但是，直到1999年建设工作才分阶段完成，共用了35个年头。

到1972年，两个早期方案都是低层、高密度、综合应用方案，有住房、商品用房和一个新建图书馆，见邻近的布伦威克中心（Brunswick Center）。最初设计参考了W·R·莱瑟贝(W. R. Lethaby)1891年提案，从大不列颠博物馆到滑铁卢大桥，有一条"神路(Sacred Way)"。与此同时，就在图书馆外迁的时候，威尔逊也提出了一个设计方案，在方案中，他提出阅览室应该回归公众，将其放在南北轴上。后来，在福斯特的大中庭规划设计方案中，部分采纳了威尔逊的设计思想。

关于圣潘克勒斯大街，威尔逊在其最初设计方案中，提出了分为两部分的设计思想。第一部分为规则部分，并附带有许多不规则的内容，就像码头上排列的船只一样。实际上，实施的设计方案比他所提交的方案更严格规整，更有组织有规律。例如，在现在的规划方案中，很明显，与原先的概念性设计有直接的联系：中央有一条直挺挺的轴线，将各个非规则安排的部分连接起来。但是，沿主要轴线布置的、作为规则设计组成部分的那些非规则设计却备受争议。不管怎么说，与原来的规划还是比较相配的。

在竖向安排上完全按设计方案进行。进深最大的楼层摆放书籍，使这座建筑看起来像一座名副其实的"冰山"。往上是自动检索区。再往上，在设计时所考虑的一个关键要素就是接受阳光，其次就是阅览室高度要随存放内容而发生变化。建筑的上层将整个建筑呈现在人们面前，特别是中央大厅，实际上很难称其为大厅或休息厅。在这里，阿尔瓦·阿尔托（Alvar Aalto）的公共空间理念清

场地完美 值得敬重

不管你是否相信，对于战后现代主义建筑师来说，包括S·威尔逊（Sandy Wilson）和SOM，都扮演了英雄式的角色。还在SOM的时候，威尔逊就为大英图书馆设计了国王图书馆（King's Library），该馆位于整座图书馆的心脏地带。国王图书馆在设计手法上，直白地表达了对G·班舍弗的尊敬。1963年，G·班舍弗（Gordon Bunshaft）为耶鲁大学设计了贝尼克珍本图书馆（Beinecke Rare Books Library）。但是，在威尔逊的国王图书馆中，没有采用1.25英尺厚的发光大理石板。虽然这种方式当时已很流行，而是改成了"三明治"似的玻璃夹层（见图书馆背景）。随着威尔逊许多努力的失败，SOM日益凸显。

楚地得以体现。用威尔逊自己的话说，在钢筋混凝土结构之上覆盖着一层层的“冰块”。这些都是从光学和维护的需要出发，逐个地融于设计之中。在这方面，可以将这个建筑与威尔逊20世纪90年代中期所设计的位于东区的圣玛丽学院（St. Mary's College）相比较。你会发现，这座图书馆在装饰上更简洁，拥有更多的莱维伦茨成分，而不是阿尔托。威尔逊大胆地采用了莱维伦茨的“有袋砌砖”风格。按字面意思理解就是用一个袋子来摊分接缝灰浆，从而使建筑显得更粗犷，更有乡村风味。

大英图书馆概念设计模型

地上部分

地下部分

一本书需要250年才能完成？

“承担大型公共项目，你就得面对烦人的拖延耽搁，无情的失望沮丧和最令人难堪的嘲笑凌辱。这还不算，最令人难以忍受的是来自无知者的、对设计方案的肆意批判”——引自（CW）E·伯克（Edmund Burke）。

· 大英图书馆的设计从开始到完工大约延续了250年。
· 图书馆内书架长度总计有340公里，书籍累积长度超过12公里。大楼地下25米，地上48米
· 图书馆楼层面积112643平方米。

对于位于圣潘克勒斯大街上的大英图书馆（British Library）的设计与建设，威尔逊以非凡的毅力取得的成就，颇具讽刺意味。得克萨斯州仪器公司J·基尔贝（Jack Kilby）发明集成电路仅仅4年之后，图书馆的设计工作就于1962年开始了。当时程序语言和程序编制已经广为流行。或许，这一切都为这个项目的实施提供了历史背景。经过37年的酝酿，经那时的首相J·梅杰（John Mayor）允许，项目最终于1999年完工。但是，并没有完全实现原先的雄心勃勃的扩建计划。其原因主要是由于场地的限制。完工并不意味着完成。到1999年，计算机辅助（CAD）建筑设计已经被看做是理所当然的了，建筑的“泡沫”（Blob）时代已经到来，源自阿尔瓦·阿尔托的威尔逊的灵感，不言自明，已经过时了。

大英图书馆的设计和建造花了很长时间。这期间，威尔逊常常喜欢提到圣保罗大教堂。C·雷恩设计的圣保罗大教堂也经历了漫长的酝酿建设时期。10年内只完成了一半，还未完成前就已经被塞满。随着数字化书刊时代的到来，如果在是否适应时代潮流问题上，对大英图书馆提出批评，就有欠公允。图书馆的宏伟计划深深地影响了人们的情感。在建筑师看来，“大英图书馆内的藏品，是对人类精神自由和精神多样性的体现和保护，它引导人类走向神圣之路。”这种神圣思想在E·包洛奇（Eduardo Paolozzi）爵士所创作的牛顿（Isaac Newton）爵士的雕像中也有所体现。牛顿雕像的创作受到18世纪90年代W·布莱克（William Black）木雕刻的影响。

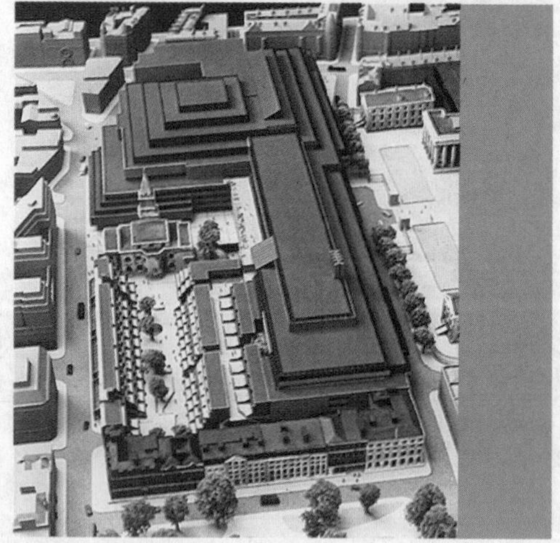

重新设计的通道

在1962—1964年的报告中，S·威尔逊建议，将原来的环形阅览室（Round Reading Rome）向公众开放，使其构成南北通道的一部分，与不列颠博物馆南面的新图书馆相连通。这一设计参照了W·R·莱瑟贝1891年的设计思想。莱塞贝曾设想在博物馆与滑铁卢大桥之间创建一条“神路”。后来，福斯特重新提出了设立一条人行通道的设想，从圣潘克勒斯大街上的新建大英图书馆，穿过不列颠博物馆的中心地带（和它的大中庭），直达特拉法尔加广场。不过，这只是一种概念性设想，并未真正实现。毫无疑问，不列颠博物馆中庭不会成为福斯特所设想的中央公共空间。实际上，对大英图书馆产生影响的真正交叉线路是东西向的，从金斯克罗斯到帕丁顿。

59. 大学学院医院 (University College Hospital)

235 Euston Road, London NW1 2BU
Llewelyn Davies Yeang
Tube: Warren Street

该座医院大楼位于托特纳姆科特路与尤斯顿路交口处。此类建筑虽然并不多见，但在该地区却具有重要地位。它看起来像亚洲的某个城市，而不是伦敦，但这一点或许正是其优势所在。实际上，我喜欢它的色彩，对它所处的角落和它的路口感到羞耻。与邻近的灰兮兮的威尔康姆相比，它不更令人感到兴奋吗？还可以将它与圣托马斯医院（St. Thomas Hospital）的霍普金斯设计的大楼比一比。据说，这座大楼由669个床位，地上部分高80米，地下部分深17米，有2000个房间和2400台计算机。它靠近沃特豪斯父子1896—1903年所设计建造的大楼。那座大楼规模宏大，墙面由红砖和赤陶砌成。

60. 皇家音乐学院 (Royal Academy of Music)

Marylebone Road, NW1
John McAslan + Partners, 2002
Tube: Regent's Park, Baker Street

皇家音乐学院大楼大部分位于地下，有一个巨大的房顶，房顶两端用琉璃瓦覆盖，在马里勒本路就好像是从地下冒出来一样。地下部分为新建的音乐厅和录音大厅，是这座建筑的核心。经过较大规模的重修和扩展，这里已成为"活生生的博物馆"、档案馆以及教学和实践场所。皇家音乐学院的这座大楼由J·纳什 (John Nash) 于1820年设计。

61. 议事大楼（Senate House）

由C·霍尔登（Charles Holden）于1937年设计。位于布卢姆斯伯里区，是伦敦大学的主要建筑，用作行政中心和图书馆。在设计上，很多地方没有采用乔治亚联排建筑风格，而现在这种联排式建筑更受欢迎。1932年伦敦市提出了宏大的都会规划，将城市向北扩展。议事大楼就是其中的一个组成部分，虽然宏大的规划仅零零碎碎的执行。大楼的设计相当固执。就像霍尔登所说的"相当有韧性"，但它确实有很精美的中央大厅［试图模仿梅尔大街（Male Street）上的建筑风格］，有各种不同时期的精工细作。设计一座大楼想法来自于客户。多年来，除圣保罗大教堂以外，它一直是伦敦最高的建筑。也得承认，建造这样一座大楼，还有一个简单直接的原因，那就是设计师当时所处的地位。霍尔登当时已是著名的建筑设计师，同时许多精美的地铁站，如安罗斯苑（Anros Grove）、波士顿庄园（Boston Manor）、克垃彭南（Clapham South）、摩登（Modern）和索斯盖特（Southgate）等，都是由他设计。

62. 维尔康姆基金会（Wellcome Trust）吉布斯大楼（Gibbs Building）

Wellcome Trust
215 Euston Road, NW1
Michael Hopkins & Partners, 2005
Tube: Warren Street / Euston Sq. / Euston

关于用艺术来美化建筑的问题，菲利普·约翰逊的戏语“广场上的粪堆”，反映了人们的一般态度。在维尔康姆吉布斯大楼中央大厅，艺术家J·希瑟维克（Thomas Heatherwick）为其设计了一座巨大的悬空雕塑。对于这尊雕塑，霍普金斯建筑设计团队本该予以拒绝，而不是与其讨价还价。雕塑名其为“布莱吉森（Bleigiessen）”，高大、纤细、精美、熠熠发光，完全依靠数字化时代的高技术。如将其位置再往中间挪一点，它就会成为整个中央大厅的主宰，影响到整个建筑的质量。本来中央大厅本身就颇具辉煌了。实际的情况是，雕塑被安置在中央大厅的一端，创造出了一种感觉：这就是维尔康姆，维尔康姆是致力于科学研究的慈善机构。

雕塑隐隐约约地采用了德国传统手法，将熔融铅倒入水中，塑造出所需要的造型。不过，维尔康姆基金会不是被动的接受既成的造型，而是采取了一种积极主动的态度，对雕塑的造型产生影响。霍普金斯设计团队所隐含的设计灵魂就是：将分散在各地的设计师召集在一起，就未来设计发表意见，不拘形式，开诚布公，相互交流，紧跟时代，乐观向上。在这种理念的指引下，尤斯顿路上的这座大楼就设计出来了，并成为原先一座大楼的孪生姊妹楼。原先那座大楼于1932年设计建造，现在正在进行重新装饰，用作维尔康姆图书馆和公共展厅。

不过，还得提一提，吉布斯大楼外观灰暗，给人一种阴沉沉的感觉，与邻近一家医院形成鲜明对比。那座医院大楼明亮欢快，风格上有点不合时尚。但是，一旦进入楼内，看一看底层的会议室、中央大厅的咖啡馆、上层的职工餐厅和宽大的工作间，这种感觉就会云消雾散了。在上层的职工餐厅可以欣赏伦敦美妙的天际线。有些工作间南向中央大厅有孔道，工作人员可以凭栏观赏，类似于香港的老年人公寓。

从风格上来说，这是一座典型的高科技大楼：钢、玻璃、由精美细部件所构成的露天结构以及木制装饰品的使用等，有一点却是难以避免的，就是在这座综合性大楼内，考虑了功能的一致性，而各个组成部分独特性方面则相差甚远。对于后一种挑战，霍普金斯设计团队，将全身心投入，以满腔热情去应对。

（上）从尤斯顿路看外面
（中）中央大厅
（下）中央大厅立面覆层式处理

这真令人称奇，科学研究和高技术能够与艺术品很融洽地婚配在一起。要知道，艺术品是按主题深深地植根于怀旧和偶像崇拜之中的。对于任何虚构或神秘主题，这座雕塑都是很好的例证。它创造出一种独特的情感，慢慢地深入到人们的心目中，而不是以一种简单直率的方式。希瑟维克的作品（艺术品究竟是什么？）杰出非凡，就像这座大楼以及维尔康姆基金会所支持的自然科学一样，完全依赖于数字化技术，充满了智慧。很明显，雕塑是在项目实施的后期很晚的时候才加进去的。艺术家被招来，设计点东西，将已有的房门连通。他进行了许多尝试，设计了一些东西，可以将一个个的“信箱”连通起来，并且可在室内组装。只有一个位置，就是在中央大厅一头、艺术馆后面那一块，确实奇形怪状。事实上，照片上所展示的物品，你将永远不会看到。

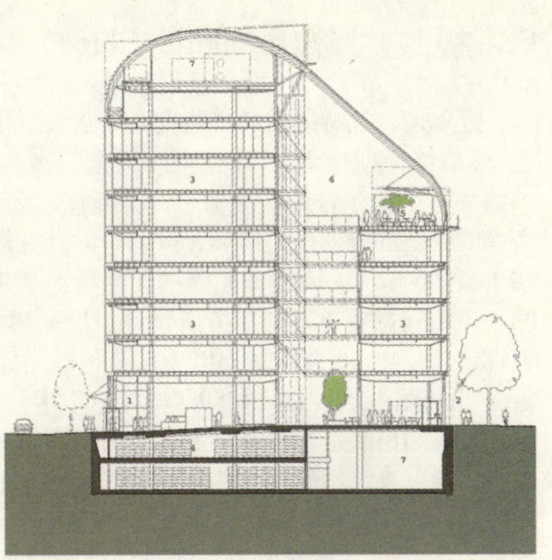

63. 摄政广场 (Regent's Place)

Regent's Place
Euston Road, NW1
Tube: Warren Street / Great Portland Street

近年来，托特纳姆科特路发生了重大变化，各项活动向北迁移，直抵尤斯顿路。与此同时，尤斯顿路本身也在发生变化。卡姆登与法雷尔合作，提出了“尤斯顿林荫大道”规划方案。方案的关键部分就是尤斯顿大厦地带的开发建设。该大厦建于20世纪60年代。围绕着尤斯顿大厦增加了几座新大楼。最早的一座由阿勒普建筑师事务所设计。后来增加部分由S·罗布森设计。最终，摄政广场得以大规模扩展，成为重要交通节点，备受当地居民关注。再加上迈克尔·克雷格－马丁的大型壁画，更加令人高昂兴奋。但是，如要想看大型建筑，则不要到这里来。到这里来，主要应该是看一看局部城区是如何发生巨大变化的，在城市健康发展理念基础上，是如何实现其现在面貌的。例如，1998年，阿勒普事务所设计的大楼是当时最好的，而现在看起来则有点太小了，即使它周围有一些住宅楼。还可看一看福尔摩斯广场。该广场由AHHM公司设计。

除此之外，还有一些其他项目上马。如市长100个公共空间项目，其他各种咨询机构提出的方案和规划等。摄政广场的总体规划由法雷尔提出，其特点就是规模宏大。据说，在首都伦敦具有开发潜力的地段当中，尤斯顿／马里勒本路走廊地带就占了大约25%。在这条东西主干线上，小汽车每天的通行量为6万辆。这些都是摄政广场的看点。花点时间，从帕丁顿出发沿着大街走一走，你就会意识到，对于伦敦中心区，这一地带是多么重要，景色是多么丰富多彩。

位于摄政广场后面的阿勒普事务所设计的大楼（1998年）。到目前为止，在那一带楼当群中仍然是最好的建筑。斯特林在斯图加特所采用的绝活，在该楼也得到应用。另参见位于底层的布罗德俱乐部（Broadgate West Club）体育馆，该俱乐部由AHMM公司于1998年设计。

尤斯顿大厦，36层，高约125米。在很长一段时期内，它是伦敦最引人注目的建筑。该楼由S·凯耶、E·佛敏及其合伙人（Sidney Kaye, Eric Firmin & Partners）于1972年设计。最近，大楼正在进行返修改造，增加一些罗浮宫式的展台，由霍金斯与布朗建筑师事务所（Hawkins Brown Architects）设计。与同时期的其他高层建筑一样，根据防火规定，电梯提升高度不超过30米。这座大楼的第17层曾是军情5处的电话服务部门。它看起来很完好，但随着时间的推移，显得有些古怪。

越过入口大门，若干空间和处所组成了一个“内部村落”

64. 在马里勒本大堆砖结构建筑中，有一座单薄、透明、简单明快而又充满高技术的预制“皿”式工棚。这座工棚看起来似乎有点不协调，但却并不使人感到不愉快。M·霍普金斯及其合作人建筑师事务所就位于这里。然而，过分考虑高技术，也使霍普金斯办公室失去一些关键性的建筑特征，那就是空间的自由组合安排与建筑自身同等重要。两个工棚、一个入口门亭和场地后面的一座现有建筑（该建筑曾用作车间、商店和印刷间等），通过一个结构性的遮阳篷相连接。周围以及内部空间布置成花园式的休闲娱乐区，可以吸纳大陆空气，给人一种懒洋洋的、桌布沾有酒斑的夏季聚会之感。换句话说，这座深藏于大门之内的建筑，令人感到欢欣和快乐，尽管高技术和预制建筑还存在一些问题。自然的，你会将其与福斯特和罗杰斯的工作室进行比较。

65. 莱森画廊（Lesion Gallery ）

莱森画廊是少数几个没有离开东区，迁入霍克斯顿的画廊之一，是现代文脉主义 Modernist contexturalism）的又一实例。它将新旧有机融合，颇具匠心。该画廊规划成“L”形，与街角的另一座建筑相照应，反映出极简抽象艺术的两个阶段。第一阶段在李森大街（Lisson Street），第二阶段在贝尔大街（Bell Street）。在贝尔大街上，画廊试图与周围建筑相协调，使其不特别奇异显眼。有巨大的滑动玻璃门，大型作品可以方便进出。上层为工作室。

另见红楼（The Red House，第 190 页）和卡姆登艺术中心（Camden Art Center，第 206 页）。纯商业画廊见高古轩画廊（Gagosian，第 98 页）和维多利亚米罗画廊（Victoria Miro Gallery，第 217 页）。

66. 帕丁顿盆地（Paddington Basin）区

Paddington Basin, W2
various architects, 2002-2005
Tube: Paddington, Edgware Road

帕丁顿盆地位于伦敦西区帕丁顿车站东北，大运河两岸，类似于一个小型“金丝雀码头”，原先是铁路用地。实际上，帕丁顿盆地的开发，使位于金斯克罗斯路与帕丁顿车站之间的马里勒本路 / 尤斯顿路走廊得以终止。同时，它又成为西区的北界。

按照 T · 法雷尔的总体规划，东边的盆地部分尽可能与周围地段相连接，虽然周围地段几乎没有什么东西。帕丁顿车站朝向由南改为东北，作为连接希思罗机场的终点站。这一部分由其合作伙伴 N · 格里姆肖负责设计。位于滑铁卢的欧洲之星大楼就是由格里姆肖设计的。

总体开发方案分为 4 个部分：车站地区、以圣玛丽医院为中心的帕丁顿医科大学区、帕丁顿中心区 1，总体规划由西德尔与吉布森提出、车站北部以及西道（West way）两侧（这里围绕谢尔顿广场，有成群的办公大楼），以及为滨水地带的东区（位于西道与运河之间）。滨水地带有两座很奇特的桥。一座在设计上看起来很聪明，但位置选择不适，缺乏和谐和韵律。该桥由托马 J · 希瑟维克设计。另一座桥跨度 3 米。桥面呈螺旋状，像玩杂技，完全多余不必要。人们可能会怀疑，只有创造性和工程设计天才的设计师，怎么会搞出这么荒谬的东西。不过，也许你会反问：看看你自己所做的那些蠢事吧。（每周五中午 12 : 00 开启）。

关于城市设计问题以及伦敦现在再开发现状，也请看一看帕丁顿盆地。但是，要注意：它不喜欢照搬照抄。例如，一些与街道相关的常见问题看起来是公共问题，但实际上却是私人问题，无法照搬套用。

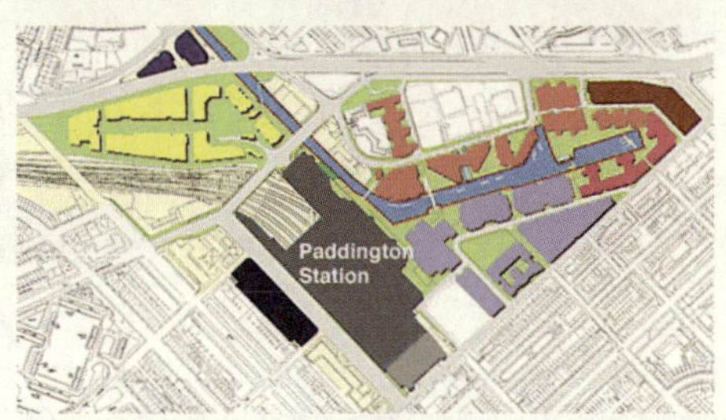

帕丁顿中心区　该区分为两部分，一部分由西德尔与吉布森设计，另一部分由 S · 罗布森和科恩 + 佩德森 + 福克斯建筑师事务所共同设计。滨水地带有办公大楼，由 T · 法雷尔和 R · 罗杰斯设计。还规划了一些其他大楼。在帕丁顿车站西侧，艾尔索普建筑师事务所设计了一座克罗斯火车站（Cross Rail Station）。

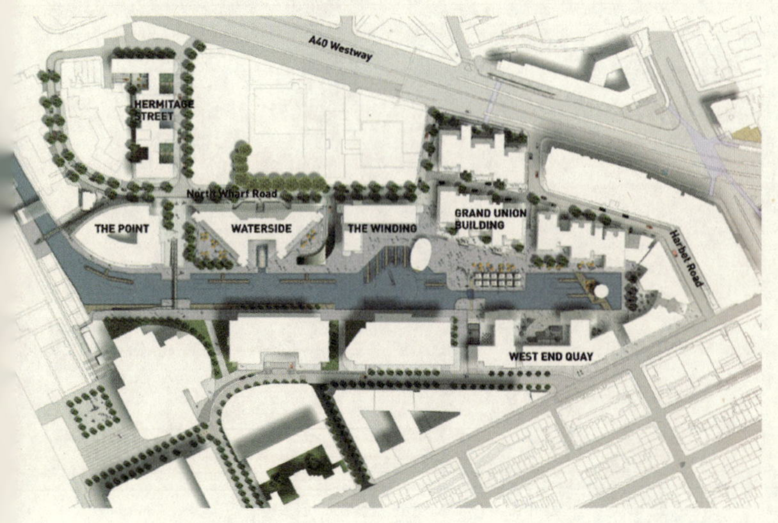

罗杰斯滨水大楼相当精美，但似乎缺乏与周围环境的关联，有尺度、欠优雅。另见罗杰斯的城市大楼。

67，幻想大楼（Imagination）

WC1 斯托街（Store Street），由 R· 赫伦建筑师事务所 1989 年设计。

幻想大楼由一位比较独特的建筑师设计。该建筑师的作品建成的不多，但却受到其他作品丰富、且付诸建设的建筑师的热烈称赞，如罗杰斯、福斯特等。当初，大楼的设计主要是作为创造性建筑师活动的场所，这些创造性建筑师因“崭新体验”理念而著名。这座大楼的确、并且一直是他们自身的一种崭新体验。同时，对于建筑师来说，这座大楼也是一座很合适的纪念性建筑。人们可能会认为，这位建筑师是东区的化身。对同一个主题，他会反复修改运用。他成长于 20 世纪 50 年代的伦敦，迷恋流行艺术和美国风尚，如好莱坞电影和高莱斯（Gauloises）香烟，或许正是高莱斯香烟使他过早过世。他对“建筑结构性”理念和隐藏在公共面频下的私人王国的执著，在这座大楼中得以充分体现。这种执著或许是 R· 赫伦私有社会思想和政治思想观点在建筑上的反应，以及对卢贝特金 1949 年所提出的著名设计方案的尊敬。

幻想大楼的核心部分是其中央大厅，类似帐篷。在设计上几乎完全没有进行预先分割，明确用途，而是构建了一个“欢乐空间”。在这个空间中，设计不服务于特定的目的，而是强调对空间的使用。比如，你可以根据需要随意设立门窗。从建筑结构上来说，使用者可以按照自己的意愿进行组织安排。中央大厅的硬件和细部精美华丽，但本质上来说，它更强调其中的内容。使用这一空间的人会留下重要印记：或许这就是 R· 赫伦自己的好莱坞舞台，等待演员出场。具有讽刺意味的是，空间使用者往往都会额外增加一些东西，创造一些趣闻轶事。它曾经是一所学校，或者是一家医院？还是它是由两座建筑组成，中间隔一条狭窄的过道？或者 R· 赫伦把一个“H”形的规划拆分成了两部分？事实上，它属于后一种情况，但也并不能说明什么问题。有一点让人感到遗憾，中央大厅下面的部分会慢慢被使用人塞满。从另一个方面来说，这也是一种生命的简单延续——修改、报废和替代，有时对所做的一切可能还会后悔。对于这些，R· 赫伦可能已经早有预知了。顺便提一下，20 世纪 60 年代中期，著名的绘画作品“行走中的城市（Walking City）”，其作者就是 R· 赫伦。在“行走中的城市”和电影“霍尔的移动城堡”（Howl's Moving Castle，2005 年）中，赫伦的设计思想有一些体现，既新奇，又浪漫，与其原来的思想形成鲜明的对比。

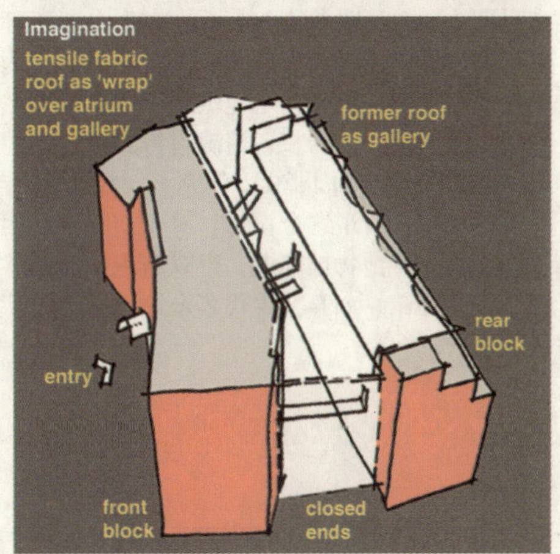

幻想大楼隐藏在前后墙之内。该楼原先的设计为“H”形。

68. 大英博物馆中央大厅（British Museum Great Court）：创造、销毁与再创造

Gt Russell Street, WC1
Foster and Partners, 2000
Tube: Tottenham Court Road, Holborn

大英博物馆中央大厅是200年建筑史的见证：该博物馆自1808年开始规划建设，1823年经过重新规划设计，发生了重大变化。原来作为博物馆中心和公共绿色空间的设想被摒弃。随着博物馆的扩大，在原先三面的基础上，又增加了一面，中央部分改建成了大英图书馆大型流通阅览室。这样，阅览室与四边形中央大厅之间的空间就成了贮藏室。场地已全部占用，但博物馆的收藏量还在继续增加。

在20世纪60年代的规划设计中，图书馆被迁到别处，中央大厅有了新的利用潜力。经过重新设计创造，地面得以铺装和覆盖，形成了一个室内公共空间。同时，又对博物馆的流通结构进行了重新组织安排。然而，如果图书馆部分不迁往圣潘克勒斯（见大英图书馆）上面这些改建都不可能实现。按照福斯特的设计，中央大厅成为一个有遮护的室内空间，顶部用玻璃建成穹隆型。同时，还提供了一些新设施，阅览室得以开放展现，整个博物馆的流通情况也得到改善。

中央大厅房顶于2001年完工，技术精湛。中央大厅的设计值得庆贺。有了这个设计，对于面临资金困难和顾客数量减少困惑的大英博物馆来说，得以解脱。此前，有些观众就转移到了其他场馆，如泰特现代艺术馆。中央大厅是建筑业的伟大成就之一。

有人争辩说，大英博物馆中央大厅的设计和建造，其真正的英雄是B ·哈波尔德（Buro Happold）。假设将中央大厅设计成平顶，不加设缆索，那么它也可以以更简单的方式达到同样目的。同时，还能克服立柱焊接方面的难题。很明显，这一点很关键，因为我们不得不依赖奥地利的工程技术。类似的，阅览室墙体可以作为中央大厅房顶的支撑，能够防止房顶坍塌。没有这些工程师先导性的工作，就不会有现在的中央大厅。

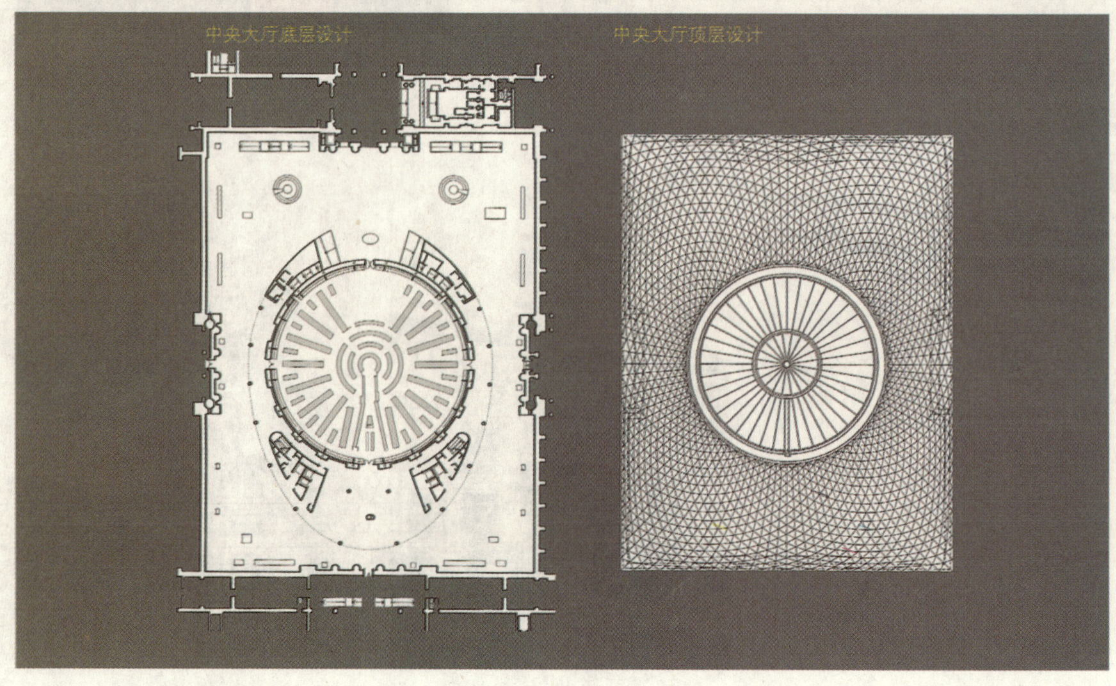

福斯特的设计，看似简单，但却颇具想象力。他把一个四方形的建筑，改造成了重要公共场所，既能方便观众进出，又可以为博物馆提供一些额外设施，如依位于地下的宣教室和观众大厅等。作为一个大型综合性项目，恢复改建工程量较大，但破坏性工作又能降到最低限度，如先前阅览室和入口大厅的改建。

根据新设计，阅览室周围的空间得到清理，外围立面得以进行较大规模的创造改建，其中就包括仍有争议的南走廊，阅览室重新回归一般公众。在阅览室周围，新建了商店、餐馆和展览室。两道成对称布局的楼梯沿阅览室盘旋而上。中央大厅顶部为玻璃房顶，约 92 米 ×73 米，比一个足球场还大，宏伟壮观。此外，大厅内还增添了一些新设施，如画廊、克劳教育中心和专供年轻人参观的福特中心。

在福斯特的设计中，其基本思想之一，就是要将中央大厅创建成一个有遮盖的公共活动空间，其中最关键的部分是，从位于圣潘克勒斯的大英图书馆新馆，穿过中央大厅，到特拉法尔加广场，布设一条步行通道。这一设想已经有很长的历史了。大英图书馆新馆建筑师 S · 威尔逊，在 1962—1964 年所提交的报告中，提议将中央阅览室向公众开放，开辟一条南北通道，将图书馆移到大英博物馆南面。这一设计参照了 W · R · 莱瑟贝 1891 年所提出的设计方案。按照 W · R · 莱瑟贝的方案，在博物馆和老滑铁卢大桥之间，要创建一条“神路”。2002 年下半年，博物馆受到资金短缺的困扰，许多活动都大为缩减，比如减少了开放时间，与画廊的开放时间相一致等。

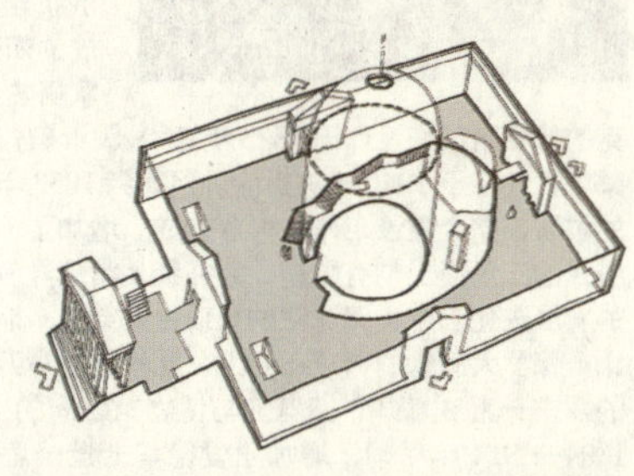

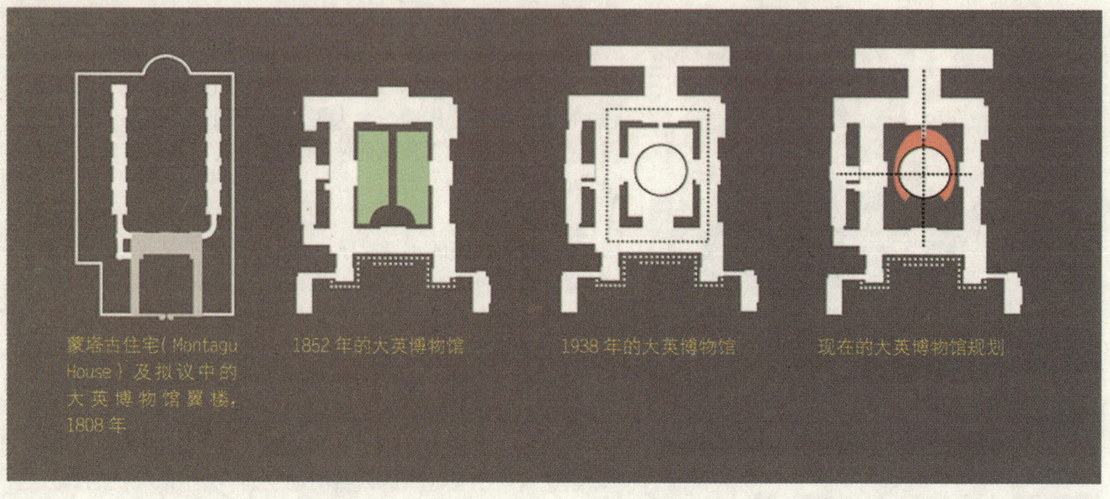

蒙塔古住宅（Montagu House）及拟议中的大英博物馆翼楼，1808年

1852年的大英博物馆

1938年的大英博物馆

现在的大英博物馆规划

背景

大英博物馆一直就占据现在的位置。原先是蒙塔古住宅及其花园，于1675年兴建。1759年，大英博物馆开业，并迅速扩展，到1808年，就占据了原先的花园。1816年和1821年，R·斯默克提出新增翼楼的方案。后来，为安置国王图书馆，对他提出的方案进行了修改，最终建成的是：一个起始平台，可供新建翼楼，形成一个开放的四边形景观，原先的蒙塔古大楼被拆除。斯默克的新希腊风格设计于1823年开始，设计宏伟壮观，常引以为豪。蒙塔古住宅于1840年被拆除。但直到1852年，随着大英图书馆的扩展，整个建设工作才得以完成。增加了一个主路口走廊，希腊式的三角顶上刻有雕塑，象征着人类从异教徒时代向科学时代的发展进化。中央阅览室的穹顶由其弟S·斯默克设计，其体量比圣保罗大教堂的穹顶还要大，几乎与罗马万神殿相当。对空间的需求一直在增加，阅览室与博物馆之间的空隙也被书店填塞。1904—1914年期间，增加了爱德华七世画廊，建筑师为J·伯奈特。1936—1938年，北面的建筑增加了夹层，并新开了窗户。最终，在这一环型设计中，大英图书馆位于中心地带，周围是博物馆。博物馆的通道曲折迂回，上下起伏，可一边游览一边前行。而阅览室通道则比较狭窄，较低，穿过入口大厅从主入口走廊延伸过来，便于进行学术交流和学术研究。如果大英图书馆不迁到圣潘克勒斯大街的威尔逊设计的新馆，不管怎么规划，空间总是不够用。迁出之后，阅览室和博物馆的压力得以解脱。据说，阅览室和博物馆的读者和观众数量每年上升6.5倍。最初的设计方案，在阅览室周围需要较大规模的拆除和重建。这个方案分阶段进行了修改，逐渐形成了一个新的设计思想，使读者和观众更容易出入。经过设计竞争，福斯特的方案被采用。根据福斯特方案，有一个带房顶的中央大厅，沿中央阅览室安排了一些新设施和场馆，阅览室周围没有什么空间可以再利用了。然而，在彩票基金的资助下，作为一个公共开放空间，中央大厅的开放时间比博物馆延长了。他们认为，将中央大厅改造成一个有遮盖的公共空间，非常完美。

房顶

大中庭房顶面积 6700 平方米。如果没有价格低廉的计算机以及合适软件的配合，它的设计、建造和施工几乎是不可能的。这一网格结构重达 800 吨，每一部分都不相同，以便与四边形建筑墙体、柱廊高度以及阅览室的位置相适应（距中心 5 米）。

· 已建成的大厅呈方形环状，中央有天井。网格双面安装玻璃。玻璃数量达 3312 块，钢骨架焊接点 1800 个（需 5200 人来完成）。

· 墙体石栏杆外侧支撑结构，安置于滑动特氟隆支撑材料上。特氟隆支撑材料又用钢柱支撑（直径 120 毫米），钢柱安置于混凝土支柱上。这样，因热胀冷缩而产生的称动可以达到 50 毫米。外缘能够进行自然通风。

· 房顶内部钢筋混凝土立柱支撑，20 根，直径达 457 毫米。支柱外面用石灰岩包被，之间的空间可以使用。

· 房顶最高处距地面 26.3 米。当地规划师认为它已经超出了允许高度范围。坡面钢构件在维也纳建造，船运到德贝，再构建成 152 个预制构件，用钢总重量达 478 吨。另加双面玻璃 315 吨。玻璃表面覆陶瓷釉料，减少太阳辐射的吸收，覆盖面积达到玻璃总面积的 57%。不过，肉眼几乎是看不到的。

阅览室

国家展览馆于 1851 年设计建造，其预制铸铁房顶特别引人注目。最初的阅览室就是参照国家展览馆建造的，共用了 2000 吨铸铁。有拱穹顶直径 42.6 米，比罗马万神殿穹顶只短 61 厘米。内里为造型纸板，厚 1.27 厘米。钢铁的热胀冷缩以及铸铁和木框架的经常性偏移，经常会引起大范围的开裂。所有裂缝都必须进行及时修复，进行焊接或者填塞灵活性高的"绷带"。重新刷漆，重新贴上金色叶片。为了与原来的装饰风格一致，对内里的维修，需先除去表层，再用专用溶剂溶解，使其显露出原来的"地层图"，然后进行维护。

现在，阅览室内还设有安嫩伯格中心。这是一座现代化的图书馆，有计算机屏幕显示系统与保罗·哈姆林（Paul Hamlyn）藏书库相连。其藏书库藏书量达到 25000 册以上。

立面装修

大中庭内里面进行了大规模的维修和装饰，其中就包括颇具争议的南门廊。该门廊于 1875 年彻底毁坏。装修所用石材为弗莱芒石灰石，与斯默克所使用的波特兰石材区别明显。许多人感到不理解，对这样一个小小的设计，为什么要推倒重建？博物馆方面给出的合理解释是，就像一个古旧希腊花瓶翻修一样，新旧部分必须有明显的不同。新装修的门廊与先前的明显不同，却又恰到好处，而不是一个大杂烩。它所采取的是"忠实于原作的装修"思想，这种思想起源于 W· 莫里斯等人。上述原则言之成理，难以反驳，而且特别适用于大英博物馆这一项目，做出这个决定的是业主方面而非建筑师或施工方面，也增加了其说服力。

· 在大中庭项目中，新用石材量达 1000 吨。地面所用石材为法国石灰岩，称为"巴尔扎克(Balzac)"。

69. 英国皇家戏剧艺术学院（RADA）

62 - 64 Gower Street, WC1
Avery Associates, 2001
Tube: Goodge Street, Warren Street

作为皇家戏剧艺术院有经验的剧院建筑设计师，在高尔街 (Gower Street) 与马里特街 (Malet Street) 之间，B · 阿沃雷 (Brian Avery) 清整出了一切场地，用于建造一座新建筑。这座建筑既紧凑，又具艺术性；能够与周围环境相融合，又具有自身特点。新建教学用剧院，即杰伍德 · 冯堡剧院 (Jerwood Vanburgh)，有 203 个座位。还有生产制作空间，以及诸如此类的工作室，这些都位于地下室内。大楼高 10 层，地下 3 层，面向大街。其设计技艺值得一看。一进入入口大厅，参观就开始了，你立刻就会看到售票处、咖啡馆以及酒吧等。然后是仿照索尼安 (Soanian) 的做法突出而明显。在冯堡剧院后面，有一道窄窄的，与剧院等高的空间，与约翰 · 吉尔古德剧院 (John Gielgood studio theatre) 相隔离，从地面一直延伸到天际线，阳光可由此直接照射到整座建筑的心脏地带。冯堡剧院具有高度灵活性。在这里教学规模小，但排练演出规模却可以很大，并且演出排练条件和布置能够多样化，以适应不同的演出环境。这些设计都体现了阿沃雷对剧院建筑的设计特点，并且隐藏在建筑立面之内。此外，还包括相当舒服和简洁的座位。剧院有 4 层，看起来很高，但包厢不大，只有 2.5 米，正面线状分开，以增加空间感等。所有这些都使这座楼既紧凑经济，又功能完善，令人愉快。在这里，不论是什么样的教育机构，都会为此感到自豪。碰到有公共演出时，你就可以直接进到里面参观游览。

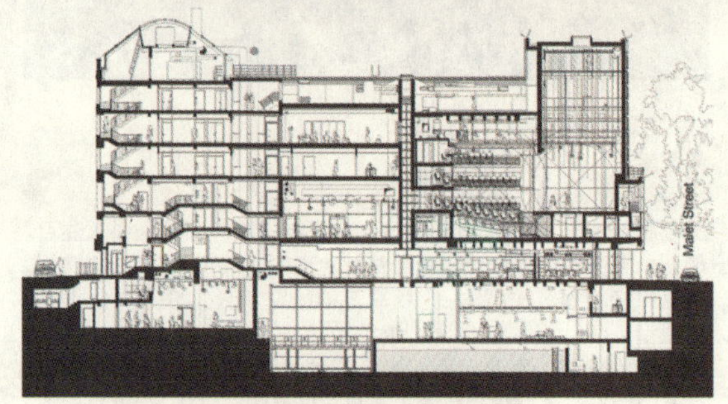

新旧建筑之间的窄带空间，左边是冯堡剧院。

70. LSE 图书馆（LSE Library）

10 Portugal Street, WC2
Foster and Partners, 2001
Tube: Holborn, Temple

伦敦政治经济学院图书馆（LSE Library）。抱歉，应该叫学习资源中心。该中心有学习场地 1200 处。原先是一家书店（1916 年）。在书店建立之前，这里是一片墓地。另外，还有一家济贫院和一家医院。由于预算偏低，福斯特小组给出的设计方案几乎完全从实用角度出发，简单明了。图书馆内空间宏大，坐满了如饥似渴的莘莘学子。计算机工作站约有计算机 500 台。大楼的中央为核心流通区，顶部通风，装有灯光和太阳光反射装置。围绕着核心流通区有电梯和螺旋式步行坡道，直达书库。书架长度累计有 50 公里长，厚度约 4 米。有 14 组学习用房和 2 组培训用房。穿过培训用房薄薄的隔板，就可进入近乎私密的学习空间。第 4 层是伦敦政治经济学院研究实验室，第 5 层是后来扩建的，这里非常繁忙，有时一天 24 小时开放。

还有一处学生服务中心，由 KPF 于 2001 年设计改建。

71. 学生广场（Piazza）

10 Portugal Street WC2
MacCormack Jameieson Pritchard. 2003
Tube: Holborn, Temple

福斯特设计的图书馆大楼前门，面对一个广场。广场上有一家咖啡馆，单层建筑，为涌入图书馆的成百上千的学生提供服务。咖啡馆看似简单，但设计上却很讲究，成为广场的一大特色，使广场显得更为舒适优雅。

72. 共济会教堂（Freemason's Hall）

建于 1972—1933 年，阿什利和纽曼（Ashley & Newman）设计，位于玛丽皇后大街（Queen Mary Street）。该楼属伦敦华而不实的建筑之一，但也并不是没有可看之处，特别是其内部。通常情况下，在建筑开放日就对公众开放。它是这条街上的第三座共济会教堂。从建筑外部来看，这座教堂的顶部呈塔形，尺度未免过大，看起来参照了伦敦城中的伦敦港口管理处老楼的设计（伦敦港口管理处正对伦敦塔，由 E·库珀爵士设计于 1912 年。同一建筑师还设计劳埃德大楼，建成年月基本与这座共济会教堂同时）。

73. 空间大厦（Space House）

该楼由塞弗特上校于 1962 年设计。在建筑结构和建筑前地块状况方面，与中点大楼都非常相似。A&M 公司很赞赏它的外观。他们认为，总有一天，人们会蜂拥而至，到这里来喝一杯热牛奶咖啡，尽管或许到那个时刻喝热牛奶咖啡已经不再时髦了。可以将这座大楼与位于骑士桥地区中部的宾馆大楼以及塞弗特上校的其他作品，如位于珀希街（Percy Street）上的豪华办公大楼，做一下对比。所有这些建筑看起来都不错，虽然并不十分完美。我不明白，为什么大家总是对这个人进行诽谤，有一点是很显然的，即此人在设计方面并没有做多少工作，但其名字却留在了建筑上。

74. 城市前景大楼 (City Lit)

Keeley Street, WC1
Allies & Morrison, 2005
Tube: Holborn / Covent Garden

A&M 建筑设计事务所（Allies & Morrison）在建筑界的声望已经建立，并且声名远播。各种各样的建筑都承揽设计。有的规模相对较小，有些规模很大，像大型办公用房开发项目。而这座教育大楼，则属于两者之间的中型项目。城市前景大楼面对塞弗特上校所设计的一座环状塔形建筑。该建筑现在是英国“建筑与建成环境委员会”所在地。在建筑风格上，与位于骑士桥区中心地带的宾馆大楼相类似。即使塞弗特上校设计的大楼使你分心，你也会禁不住转过身来欣赏一下这座米黄色的建筑。该楼由 A&M 设计，体现出一贯的设计风格。特别是窗户，非常细致入微。金属构件和大楼的整体设计，带有阿尔瓦·阿尔托风格。实际上，即使是砖料的使用也受到了阿尔托的影响。

城市前景成人教育学院设有成人教育课程 2700 余门。1997 年刚创建的时候，曾让 A&M 负责设计。但是，后来投资大量缩减，不得不完全重新设计。除此之外，该楼附近还有一些著名的建筑与其产生竞争，如塞弗特上校设计的大楼，1933 年设计建造的共济会教堂以及对面的皮博迪 (Peabody) 社会公益大楼（建于 1880 年）。大楼栏杆设计上，城市前景大楼、皮博迪大楼以及位于威尔德街（Wild Street）上的阿尔托娱乐大楼，三座大楼都能够相互协调匹配。在栏杆体积和尺度上，阿尔托娱乐大楼似乎就是要与新巴洛克式的共济会大楼相对抗。共济会大楼的栏杆粗大笨重。在基利街 (Keeley Street) 上，建筑柱廊被遮挡。这无疑给人一种安全感，特别是当咖啡馆的窗户打开的时候。或许将来柱廊的遮挡状况会消除，那时你就可以尽情地欣赏紧挨塞弗特上校设计的大楼的这片土地之风光。不管怎么说，还是有点古怪。

作为一座公共建筑，进出城市前景大楼很方便。但是，除底层接待大厅和长长的咖啡馆区以外，内部构造几乎是索然乏味。空空的走廊缺乏特色。它只不过是现代教育业中一座普通的教育空间或教育设施。有人可能会问，这是一座教学大楼？不是一座办公大楼？还有人可能会把它看做是一家二流宾馆，并且，有些方面显然是从别处偷来的。对外立面的强调处理，主要体现在底层结构上。咖啡馆区面对着狭长的“盲”柱廊，而这些“盲”柱廊又没有进出口。这种设计可能有其合理性，只是不被一般人所知。但是，用建筑学专家的眼光来看，它进一步削弱了内部特色，让人感觉不到丝毫乐趣。或许其最初的设想，就是要人们体验一下投资与质量的关系，即投资大小决定设计建造质量。其实，即使是投资受限，他也完全可以采取另一种设计形式，在设计建造上体现出更多自由和灵活性。

看过城市前景大楼之后，如果你感到不满足，那么就在看一看路对面的塞弗特上校设计的大楼，注意，塞弗特上校设计的大楼底层也不是很令人满意。

另见 BBC 白城媒体中心（BBC White City Media Centre），切尔西艺术学院 (Chelsea College of Art) 等建筑。

精心设计的主立面

位于吉利大街上的狭窄、有门的柱廊（通常情况下不能入内）

位于威尔德街上的立面：呈曲面形，带有阿尔托风格。在尺度上，使邻近的共济会教堂得以突显。对这无过梁的、浮动的砖构架，建筑纯粹主义者可能会持反对态度。

75. 索恩博物馆（Soane Museum）

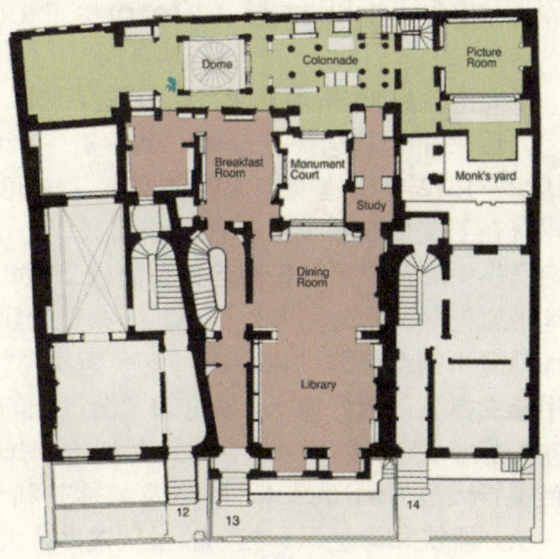

索恩的规划，有三排标准乔治亚时代建筑构成，有些关键部分安排在三排建筑的尾部。

建筑爱好者来到伦敦，都要看一看索恩博物馆。索恩博物馆位于WC2区，林肯旅馆大街(Lincoln's Inn)上。里面有住房、有办公室，还有索恩爵士的私人博物馆。索恩博物馆建于1731—1833年，那时就已收归国家。

博物馆分为三排(第12、13和14排)，均为乔治亚时代风格。三排建筑相互毗邻。为突出中央部分，将第三排末尾削去了一部分。中央建筑为整个规划的核心。后来，位于西侧的建筑也纳入博物馆之中，就形成了现在的规模。目前，博物馆内空间绰绰有余，里面蕴涵着丰富的建筑灵感，体现了索恩对典雅城市生活的渴望。除了水平方向上分层处理以外，在垂直方向上索恩也进行了大胆探索。他设计了一系列的建筑结构装置，设法将阳光从顶部引入室内。当然，典型的乔治亚时代建筑是不这样处理的。

穿过地下室砖石拱门，向上，光照逐渐增强。沿途点缀装饰各种各样的古董(许多都是掠夺来的)，这让建筑师感到高兴，也让雇员们深受教育。还有一些闪光之处，如图画室墙体的分层处理以及视线的互相连接等。所有这些对人类文明发展都具有不可磨灭的贡献。

地下室中央有一处修道处所，带有19世纪末浪漫主义风格，同时也多少有点索恩自画像的味道。修道室位于哥特式建筑之中。建筑上的有些部分好像是借鉴了威斯敏斯特大教堂的设计。修道室有点顽皮和幽默，但是通过自我指责和自我嘲讽，索恩性格得到更好展示。他既是建筑巨匠，又是人间凡人。在位置和空间处理方面，很少能够像索恩这样处理细致周到以让建筑自身娓娓道出。

典型的索恩设计技巧：分层搁板，用于悬挂图画，面向光照，光线直通地下室。

下左：辉煌壮丽的早餐厅
下中：从柱廊一侧观地下室
下右：纪念大厅，日光从上面射入。
所有空间和场所，都带有典礼式建筑风格

76. 维多利亚大厦 (Victoria House)

Southampton Row, WC1
Alsop Architects, 2003
Tube: Holborn

大伦敦市政府（GLA，见市政厅）原先位于伦敦摩尔地区，后来在为其选择新址时，其中有一个投标方案，就是对1922—1932年间建造完成的"宏大"建筑进行改造。这项工作落在了艾尔索普头上。他受命将其中心地带改造成办公室、健身俱乐部和底层零售商店，总面积20000平方米。这个中心地带原先是保险公司办公用房。新改建的建筑最吸引人的部分都隐藏于两个新建前庭之内。一个两层"气泡"式会议空间，用腿支撑着，就好像R·赫伦的"会行走的城市"缩微版。伦敦的佩卡姆大楼（Peckham）、麦加浓（Mecanoo）的布达佩斯特银行大厦（Budapest bank）以及柏林盖利大楼（Gehry），都令人感到欢快和愉悦，一扫一般租赁式办公大楼的沉闷气氛。这种风格现在有点过时，取而代之的是斯堪的纳维亚风格。但是，如果你真想看一看的话，就得去哈默史密斯（Hammersmith）剧院，看看厄斯金的室内装饰（艺术水平不高）。

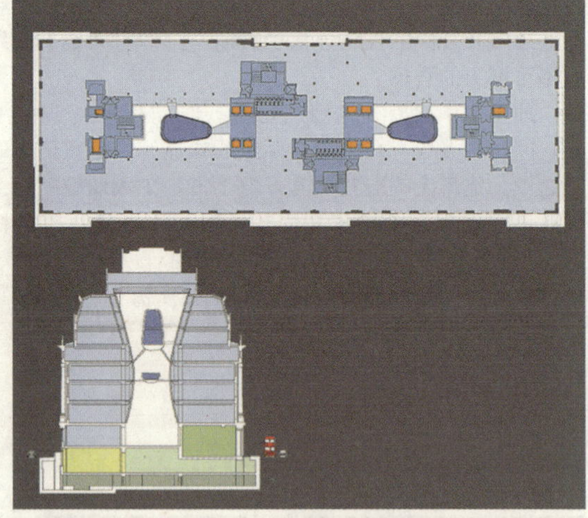

77. 林赛大楼（Lindsey House）

位于林肯旅馆广场西侧。林肯旅馆广场由伊尼·琼斯于1640年设计。1751年，林赛大楼被分为两部分。原来的室内装饰没有保留下来。但是，从外观上也可以大体了解它的变迁，因为其外立面非常新颖独特。通过一点一点地向前追溯，对乔治亚时代伦敦的建筑风格，你就会有一个大致的了解。18世纪的建筑规则，基本上都体现在外立面上。在设计上，不仅具有新帕拉第奥主义的本质特征，而且在法律法规上都有所创新，如建筑必须沿着街道街景延伸，对中世纪的残存建筑进行掩盖或拆除等。去索恩博物馆的时候，顺便看一下。

78. 皇家法院（Royal Courts of Justice）

位于斯特兰德区（Strand）舰队街东端，建于1871—1882年。皇家高等法院大楼在媒体上很常见。该楼奇妙壮观，按照建筑构造原理堆积而成。与圣保罗大教堂、威斯敏斯特宫以及现在的大英图书馆一样，正如瓦格纳对建筑项目所定义的那样，皇家高等法院项目也遵循了一条"困难麻烦"的程序。

79. 布伦兹维克中心 (Brunswick Centre)

建筑师P·霍金逊(Patrick Hodgkinson)的布伦兹维克中心项目，于1972年上马。它就像一艘外来航船，其设施完备，造型多样，有自己的“生活空间”。布伦兹维克中心设计方案由P·霍金逊和L·马丁爵士，于1959—1972年提出。按照他们的方案，中心本来还应向北扩展，包括私人承租房以及一些其他设施和特征，如人行道铺砌釉面砖等。中心原本想作为一个高密度底层社区示范性项目,但存在许多缺陷和不足。然而,不管怎么说,在伦敦建筑业中,它仍占有重要位置。布伦兹维克中心可能有许多优点，但是它并没有表现出对已有建筑的尊重，或者试图将已有建筑融入已有城市结构之中。它使人联想起H·霍赖恩(Hans Hollein)的绘画：一艘航空母舰，孤零零地停泊在一片山地当中。布伦兹维克中心诞生的年代，愤怒的年轻人要求进取，思维开放，希望在建设项目中有自己的基础结构，而不是仅仅去适应已有的基本构架。布伦兹维克中心的确是真正意义上的现代主义代表作。与传统的等级观念相反，中心建设中可以对新生活方式进行预先安排；对一些公共用地或城市中的荒废地段，可以用低层高密度格局替代摩天大楼。霍金逊的这些观点在乔治小区中都有所体现。霍金逊还试图违背当时流行的正统规划观念，将各种用途的建筑和各个阶层的人们笼合在一起。中心开始建设的时候，是综合应用、风险性开发。但建设完成的时候，却变成了单一阶层住房，许多方面没有取得成功，为今天留下许多困难和麻烦。然而，霍金逊却因此项目而成名，并且一直受到尊敬。可以将其与位于瑞士村亚历山大大道上的小区比较一下。

80. 游客中心和档案中心 (Visitors Centre and Archive Centre)

“卫报(Guargian)”和“观察家(Observer)”报，为了存放历史性原始文件，提出了建设游客中心和档案中心的想法。这些历史文献档案又可以分别追溯到1821年和1791年。原有砖墙立面上的孔口进行了重新安排，有的予以保留，有的归类合并。然后，在其后面构造了一条柱廊。中心的核心部分由三个连续的区域组成，一条主线贯穿其中，使空间更具个性化。这三个区域分别为：(1)入口区和公共咖啡馆区，可以独立于新闻室单独开放；(2)永久展示空间，其周围为临时性的空间。这里，设有活动分区和移动式座椅，可以随时改造成演讲室。(3)档案区。环境高度控制，用于贮存原始图片和纸质文献。在档案区还设有学习室，更具个性化。很值得一看。这是阿莱斯与莫里森建筑师事务所鼎盛时期的作品。在这个作品中，商业利益和实用主义没有占主导地位。

81. 贝文大楼 (Bevin Court)

斯金纳、贝利和卢贝特金(Skinner, Bailey and Lubetkin)的典型作品，他们三人原先为特克顿小组的成员。大楼呈“Y”行，由130个单元组成。中央楼梯宏伟壮观，可以通向外面的凉台。外立面时尚新颖，可以改换。入口处有P·耶兹(Peter Yates)的壁画，出人意外。

82. 赛德勒威尔剧院（Sadler's Wells）

Rosebery Avenue, EC1
RHWL and Nicholas Hare Architects, 1998
Tube: Angel

它是在1931年剧院基础上翻修而成的，目的是为当地社区居民创造一个熟悉亲切的演出空间。其主要构成部分为，新建大型观众大厅，用于观看舞蹈演出。一个小型贝利斯剧院，进行了重新装饰。还有培训中心、排练室等。一些真正具有当地社区特色的元素被融入其中。其内部设计，直白而强调功能，强化装饰的简洁性，主要用玻璃和钢加以装饰。在外立面上，N·黑尔建筑师事务所为其提供咨询。

83. 社会科学学院大楼（School of Social Sciences）

School of Social Sciences, City University
St. John Street, EC1
Stanton Williams Architects, 2004
Tube: Angel

STA的作品，很酷，很精细，这座7000平方米的大学大楼也不例外。正如人们所期待的那样，大楼的能效很高，内部设计很灵活。以中央大厅为中心，依次布设。中央大厅成为举办各种活动和会议的中心。外观上，覆层设计精良，玻璃雨屏光滑洁净。

这座大楼与泰克顿斯巴绿色地产的三个街区相邻（建于1946—1950年）。与海波因特（Highpoint）一样，其工程师仍为O·阿勒普（Ove Arup）。

84. 独立电视新闻公司大楼（Independent Television News）

格雷旅馆大街200号（200 Gray's Inn）。福斯特及其合伙人建筑师事务所于1989年设计。地铁：大法庭巷站（Chancery Lane）。

大楼高10层，37000平方米，地下二层，非常繁忙。其建筑特点体现在三个方面：（1）中央大厅；（2）雅致的双釉履层，间隔300mm；（3）后缩式入口区。一扇高大旋转门将人们引入更加生动动人的空间。在这里，公众可以亲身体验电视新闻广播。遗憾的是，建筑时间上的安排问题以及预测房租收入低等问题，导致预算不得不缩减，入口运转良好。中央大厅安装有一部悬挂式手机，颇具戏剧性。它由B ·约翰逊（Ben Johnson）设计。大楼的窗户等开口工作正常。但是，这个地方，有时还是会给人一种空旷感。

85. 芬斯伯里健康中心 (Finsbury Health Centre)

位于EC1区,松树大街(Pine Street)。特克顿小组设计。建于1935—1938年。现代主义派早期作品之一。当时，建筑师及其支持者公开宣称自己是社会主义者和人本主义者，相信建筑师有能力为他人的福利做出一定的贡献，特别是为那些被压迫者和贫苦大众。他们相信，通过建筑设计，抛弃过去，体现福利平等，一定会创造出一个完全不同的新社会。其中最关键的人物，就是建筑师B ·卢贝特金。卢贝特金的合伙人与准建筑协会学生会员有密切的联系。1932年从前苏联，经华沙和巴黎到伦敦后，加入协会。作为年轻设计师，在芬斯伯里他想先在医院设计上展露身手。那时，芬斯伯里是伦敦最贫穷的地方之一，医疗保健条件很差。英国社会关系、左翼政治以及来自欧洲的新思想(俄国构成主义对佩罗和勒 · 柯布西耶)，这些似乎无法调和的东西，在卢贝特金手里变成了壮观的现代主义派杰作，体现出“艺术引导科学”的传统。大楼分为两翼和中央三部分，左右对称，显著地体现出了巴黎美术学院风格的设计理念。两翼建筑为行政管理和诊疗用房，中央部分为接待区、候诊区和一个楼上演讲大厅。进入大楼，从宽敞的两端向上，沿着走廊前行，就进入各自的房间。大楼的框架以及各种用途房间的组织和安排，堪称理性设计的楷模。在现代主义与实用主义结合方面，也树立了一个光辉的典范，既能满足各种服务所需，又美观。但是，也有一些古怪之处，带有那个时代的鲜明特征。如地下室设计成一个加工处理和除虱场所，儿童车不能进入，床垫被运到这里进行烧毁。这些都会使人想起国家社会主义的所作所为——功利主义和种族清洗。

芬斯伯里健康中心大楼，很容易被人忽视。但是，与特克顿的海波因特大楼和伦敦动物园的企鹅池(Penguin Pool)一样，它已成为伦敦受欧洲影响的少数几座建筑实例之一。芬斯伯里健康中心大楼，将实用主义和美学思想相结合，成为一座楷模式建筑，在当今建筑界仍占有一席之地。

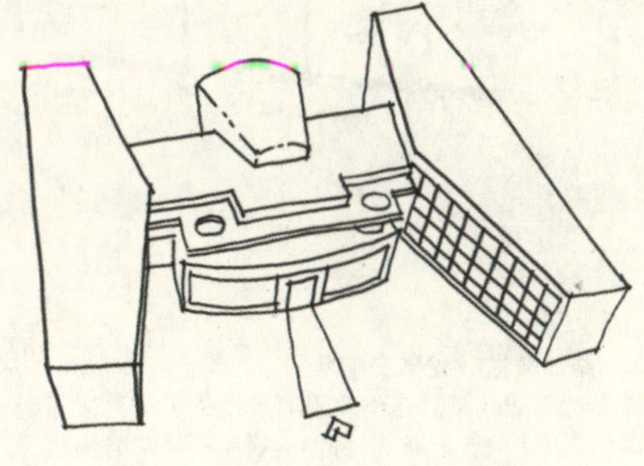

85. 啤酒广场 (Brewery Square)

位于EC1区,圣约翰街(St.John Street)北段,于2004年设计建造,最初由荷兰建筑师埃里克 · 冯 · 埃格拉特(Eric von Egeraat)设计,后来由汉密尔顿建筑师事务所(Hamilton Associates)完成。该事务所由前D· 拉斯顿的人员经营管理。该事务所所涉及的建筑，号称为掩藏于背景之下的整套生产装备。不妨看上一看。设计精良，有许多新颖的突出性要素，整个看上去不具有英国特色。就在这座楼的后面，就是建筑设计合伙人办公室(BDP)。

86. 加诺住宅楼（Gazzano House）

Farringdon Road EC1
Amin Taha Architects, 2005
Tube: Farringdon

这座住宅楼，在材料选择和建筑特征上都使人为之一振。外立面采用低合金高强度钢材，立面造型是时下很流行的“方块点心”。这种立面造型2005年开始广为流行。乔克农场(Chalk Farm)的法尔登与克莱格学校(Feilden & Clegg school)大楼外立面也是采用这种形式。“方块点心”立面处理得独特精致，合金钢覆层体现出城市的优雅和坚韧。这正应了那句谚语：货真价实。

位于海盖特(Highgate)的约翰·温特大楼(John Winter house)，是伦敦唯一的一座采用低合金高强度钢的著名实例。

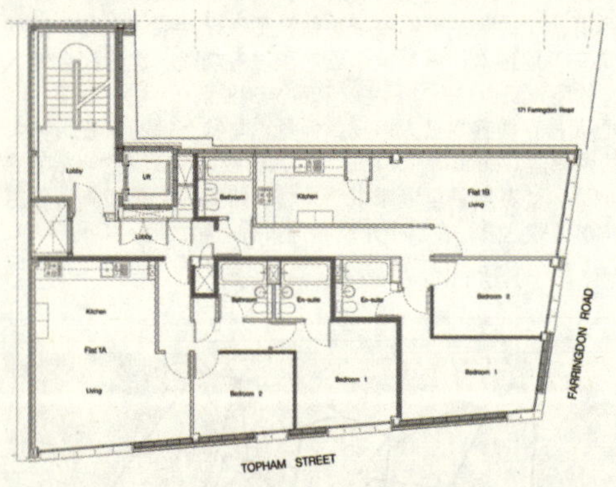

摄影：Amin Taha 建筑师事务所

87. 路加教堂／伦敦交响乐团

Old Street, EC1
Levitt Berstein Architects, 2003
Tube: Old Street

原先，路加教堂只是一座没有灵魂的、被荒废了的空壳，沉闷还常带点浪漫色彩（J·詹姆斯）：奇妙的霍克斯莫尔方尖楼，1728年建立。但是，现在它已经被重新翻修改造了。改造后成为一个音乐教育培训中心，设立了LSO发现项目。中央部分为杰伍德大厅。大厅内有个带走廊的大型排演室和各种录音设施，服务于伦敦交响乐团，可容纳观众350人。杰伍德大厅为钢架结构，教堂西边的地下室和从前的墓地，重新挖掘改造，供乐团所用。声音是改造所关心的主要问题之一。采用了无声供热和通风系统，有孔管道深埋，总长计有100米。改造很成功，令人印象深刻，但又避免了对原有建筑的过度改动。例如，内部有些地方改动较大，但外表上几乎完全遵循了原来的风貌。

注意，许多房屋占有人及其保安人员，对建筑拍照越来越不能容忍了。原因是多方面的，但并没有什么特殊或敏感之处。与法国不同，对于原建筑的设计或图像，英国作家不受版权限制。伦敦城管委曾向我建议，一旦你发现某座建筑像一个公共场所，在不妨碍他人的情况下，就可以迅速拍下来。然而，有些建筑或者建筑占有人明确指出，不经允许不得拍照。把建筑拍照片当做一种商务活动时，这时所拍得的照片就具有商业性质。给儿童拍照，或者有可能涉嫌侵犯私人权利时，会使人感到不安，要特别小心，除非得到允许。一般情况下，对建筑内部拍照是不允许的。但也不是绝对的。如果你是受邀请正式拜访，有礼貌，乐于替他人着想，那么有时也是可以拍照的。

注意，有些小巷或街道，看起来是公共性质的，但实际上却是私有的，保安人员会阻止你拍照。金丝雀码头、美林集团大厦、家禽街1号、布罗德盖特、奥尔本门以及劳埃德船舶协会，都属此类。但是，此类地方，按照规划，公众都是可以接近的，只是在某些特殊场合会有所限制，并且预先会给以告示。在其他时间段内，你都是站在公共场地上，没有人会阻止你拍照。有时，在铺装地面上，会看到一排排的不锈钢立柱，这通常就是权属界线。注意，不要只看权属标志，还要联系到上面所讲的公共场所的特点。如果你对某地权属不清楚，可以向当地规划部门咨询，找出当年的规划许可条文。

对于各种保安规定，不必与他们理论。保安规定各不相同，警卫人员也只是履行他们的职责遵章而行。每年 9 月份，是进入建筑内部的最好机会。9 月份的第三个周末为“伦敦建筑开放日”。这是一项教育性的公益活动，由“开放伦敦建筑”慈善基金（Open House London）组织。在建筑开放日，全伦敦有 600 多座建筑可以免费参观，其中有些建筑，平时是不能进入的。与欧洲其他国家类似开放日不同，在英国，建筑开放日往往引导你重点参观现代建筑和当代建筑。那时，你就可以尽情地拍照。

网址：www.openhouselondon.org.uk。

伦敦滨河地带：从沃克斯霍尔桥到伦敦塔桥

右图：亨格福德桥（Hungerford Bridge），新建部分绑在老桥上。

左：堤岸花园。邻近查灵克罗斯车站，保留着17世纪的闸门，左侧有19世纪的大堤。

泰晤士河一直是伦敦生命之源。一方面，它默默地为这座城市服务，另一方面又受到不合理的开发利用。中世纪以后，泰晤士河是伦敦淡水和鱼类的主要来源。到19世纪中叶，成了一条开敞的污水河，臭气熏天，人人都避而远之。有些人例外，那些靠河谋生的人，也就是东区的码头工人和水手，以及从事类似职业的人，都离不开它。20世纪50年代，泰晤士河仍让人感到悲伤、灰暗和阴冷。河水有毒，潮汐不断，水流难以驾驭，一到夏天就发出一股特有的气味，与臭名昭著的伦敦雾堪称姐妹。到1957年，只有鳝鱼能够在泰晤士河水里生存，但后来也都死亡了。之后，20世纪60年代末期，许多码头悄悄地关闭，进入了一个大规模的恢复时期，但几乎很少有人注意到这一点，大多数伦敦人仍然背河而去。例如，河岸地带(Bankside)、泰特现代艺术馆所在地，直到最近仍然属于偏僻之所，对于这一地区的再生复活，规划师都不抱什么希望了。

后来，情况发生了重大变化。在千禧桥一带，伦敦重新发现了泰晤士河和它的堤岸。从沃克斯霍尔桥出发，一路步行，到达巴特勒码头及周边地区，不仅成为一种可能，而且成了人们所期望的目标。滨河地带，特别是南岸，已经成为一条主要游憩路线。巴黎风格的玻璃罩顶游船来往于泰晤士河上，便于游客观景和拍照。去金丝雀码头，有计算机控制的游船，只需要按一下电钮就可顺利启航，既生机勃勃，又方便可靠。很明显，伦敦已经重新发现了它的历史性大动脉。

现在看来，这种变化发生得很缓慢，但仍然具有重大意义。为数不多的重要事件，如伦敦眼(London Eye)、泰特现代艺术馆、千禧穹顶、千禧桥和萨默塞特府邸的建设，触发了一个地区大规模的重新定位。长期以来，一直只能从陆地进入的地区，现在成了一处滨河漫步之所。那些过去的奇观，如南岸大楼(the Southbank)、设计博物馆(Design Museum)和环球剧院(Globe Theatre)，与这些新建部分成了兄弟般的朋友，而从前则是相互隔离的。两座新桥建成开放，即从前摇摇晃晃、现在所说的千禧桥和亨格福德桥新增部分。新市政大厅也屹然矗立起来。法雷尔曾猛烈抨击的M16大楼和堤岸广场大楼，突然成为令人尊敬的滨河装饰品。

钓鱼者全神贯注地等待鱼儿咬钩，引得游客不禁驻足观看，上了年纪的伦敦人则在一边愣愣地发笑。有关泰晤士河的网站繁荣起来。在旅游当局的宣传小册中，滨河观光成为伦敦游的主要内容。从威斯敏斯特桥到伦敦塔桥南大堤一带，好奇的游客蜂拥而至。即使相隔较远的北岸，也重新引起人们的注意。为此，在本书第3版中，不得不加上这一部分内容。但是，并不是所有方面都前景迷人。伦敦仍然面临着许多问题，其中最主要的就是雨水和污水的处理问题。现在两者共用一条管道，大量雨水和污水周期性地排入河中，使河中的生物感到惊骇。在低潮汐的沙滩上玩耍，在水中漫步，看起来是一个不错的主意，但却不是最健康的娱乐休闲形式，并不值得推荐。

本节所介绍的建筑，大多位于南岸，在沃克斯霍尔桥与巴特勒码头之间，特别是在布莱克弗莱尔斯桥之后更为集中。

滨河概览（A riverside perambulation）

泰晤士河南岸已经成为休闲漫步场所。好像大多数人的散步休闲活动，都集中在威斯敏斯特桥一带（经过威斯敏斯特地铁站）。在本节中，休闲漫步路线应该从沃克斯霍尔桥开始（M16大楼），从逻辑上说应该从这里开始，泰特英国艺术馆就位于这里［最好从皮姆利科地铁站（Pimlico Underground Station）进入］，然后，沿着大堤向上走，一直到伦敦塔桥（Tower Bridge）及其附近地区，或者，反过来也可。

在沃克斯霍尔桥附近，你会看到法雷尔的M16大楼（在南侧）。这座大楼已经完全过时了，或许这就是你不得不仔细看一看的原因。一座近代哨兵式的堡垒，掩映在普通办公楼群之中。周边还有ERP设计的、古怪的住宅群和阿勒普合伙人建筑设事务所的沃克斯霍尔地铁站/公共汽车换乘站。更吸引你注意力的可能在北边，这里有斯特林的克罗尔艺廊（泰特英国艺术馆扩建部分）和最近约翰·米勒（John Miller）在泰特英国艺术馆刚完成的作品。与其邻近的有阿莱斯与莫里森建筑师事务所设计的切尔西艺术学院大楼（非常完美的转换）。继续向前漫步，就来到兰贝斯桥附近。一不小心就迈进了一块偏僻之地，正好可以看一看4频道大楼和附近的沿街市场，这里可是吃午饭的好地方。在佩奇大街上有E·勒琴斯的住宅建筑（不过，不是他最好的作品），马沙姆街上有法雷尔的政府大楼。还有不可小看的威斯敏斯特天主教堂等。穿越兰贝斯桥或威斯敏斯特桥，回到南岸。在威斯敏斯特桥，你会看到威斯敏斯特宫 、威斯敏斯特教堂和新议会大厦。所有这些都位于北岸和西区，因为这里就是白厅区，或者更确切地说是白厅区的一部分。

上：千禧桥上的夏季游客，背景为圣保罗大教堂。
下：在OXO大楼附近欣赏泰晤士河。

从威斯敏斯特出发，你很可能就会走进霍普金斯设计的醒目耀眼的朱比利车站，然后跨过大桥，众多美景尽收眼底。自然，你也会情不自禁地被伦敦眼所吸引。再往前，就是重新修缮过的亨格福德桥和南岸文化中心，还有D·拉斯顿的国家剧院和IBM大楼。从这里，你可以穿越亨格福德桥，去探索法雷尔的堤岸广场以及与其相邻的堤岸花园(Embankment Gardens)（有I·琼斯设计的滨河通道）。然后，再回到南岸。

沿着南岸，可以直接去伦敦塔桥。但，按照这一行程，北岸的一些重要建筑，如萨默塞特府邸和法学会址就不得不舍弃了。不过，到滑铁卢桥以后，你可以改变方向，这里有许多伦敦最好的景观。

滑铁卢桥以东、泰晤士河南岸地带特别令人感到愉快。看完这里以后，前面就是OXO大楼，由L·戴维森(Lifschutz Davidson)进行了重新装修设计。最近刚刚完成的、亨格福德桥的装修也由他设计。从这里还可以去另一个方向，那就是硬币街。硬币街有许多很有趣的住宅，由L·戴维森和H·汤普金斯(Haworth Thompkins)设计。

沿河边顺风而行，桥下也有许多景观让你流连忘返。但主要目标不是这些，而是新建泰特现代艺术馆、千禧桥和环球影院（重建部分由席草覆盖）。与法雷尔的大楼一样，环球影院在建筑界也早已过时。不过，假如你能够站立两个小时观看演出，还是很值得一看的。

向东，朝伦敦大桥方向前进，沿途有许多景点值得一看，如克林克监狱博物馆(the Clink)、维诺波利斯大厦(Vinopolis)等。不过，劝你撕开表面假象，看一看那些真正有趣的历史性景观。最吸引人的就是萨瑟克教堂和巴洛夫市场(Borough Market)。巴洛夫市场始建于20世纪90年代，当时是“农产品市场”。后来，迅速繁荣扩张。现在是伦敦重要活动场所，主要进行有机食品交易，货物很好，但价格有点过高。

像斯皮特尔菲尔德地区“自然爆发”一样，巴洛夫市场长期以来一直面临

上：亨格福德桥上的街头小贩

着严峻的考验。现在的成功，暂时挽救了它，尽管“农产品”的含义日益受到怀疑。这里的鱼类餐馆很富创造性，由J·威克姆 (Julyan Whickham) 设计，其所有人已经易主。

从伦敦桥下可步行去海斯商城（Hays Galleria）。从前，海斯商城是一个小型码头，主要供仓储所用。现在加了顶盖，里面满满当当的。河的对面，在海斯商城中轴线上，有许多重要的城市大楼，如比灵盖特市场 (Billingsgate Market) 和劳埃德大楼等。

从这里向东，新建市政厅将呈现于眼前，由福斯特建筑师事务所设计。市政厅周围的办公楼开发项目，也是由福斯特团队设计。

现在，你到了塔桥（也可作为休闲漫步的起点）。这里，引人注目的景观，就是巴特勒码头（从技术方面来分析，它实际上是老港区的一部分。）可以沿着塞德泰晤士街走一走。原先这条大街主要为附近的仓储服务，现在已经改成了公寓区和餐饮区，其中的许多建筑都由T·康兰 (Terence Conran) 设计。然后，穿过J·威克姆的带有荷兰风味的大型开发区［他的岳父为A·范艾克 (Aldo van Eyck)］，去看一看设计博物馆 (Design Museum) 和霍普金斯的一座小型建筑。这是一块非常有趣的地方，界限分明，曾经全是仓库，值得逛一逛。

跨上新近落成的步行天桥（由N·莱西设计），越过圣救主码头 (St.Saviour Dock)，就可看到P·高夫所设计的两片建筑，一片为中国码头 (China Wharf)，另一片则是一个小型居住区，两片大楼都是“悬挂”在泰晤士河上。转回身来，继续看一看罗瑟希泽 (Rotherhithe) 及其周围地带新建的滨河居住区。再往前，就可看到切利花园 (Cherry Garden) 和希望码头 (Hope Wharf)。那里有一个小“村庄”，还有霍金斯与布朗最近刚刚完成的一些作品。精力充沛的话，可以去萨里码头看看 (Surrey Quays，看起来就像一个新建城镇，朱比利加拿大水文站就在这里)。然后，再去迅速变化中的德特福德（Deptford），这儿有老港区轻轨通行的拉班中心（Laban Centre）；以及朱比利延长线通行的格林尼治。

相关大桥

威斯敏斯特大桥

建于1739—1750年，最早由C·拉贝尔耶(Charles Labelye)设计，后遭人妒忌去了巴黎。注意，该桥不允许带狗，破坏墙面将受重罚。1846年关闭，1854—1862年由C·佩奇(Charles Page)重新设计改造，C·巴里爵士作为设计顾问。它是在历史性的伦敦大桥之后所建造的第一座大桥。

亨格福德桥

最早建于1841—1845年，一座悬索式步行桥，是当时英国跨度最大的桥，由I·布鲁耐尔(Isamabard Brunel)设计。1863年由J·霍克肖(John Hawkshaw)接替，他还设计了查灵克罗斯车站(1860—1864年)。车站建设之前，火车不得不停靠伦敦桥站。现在的步行道，于2002年由L·戴维森设计。

滑铁卢桥

建于1811—1817年，由J·伦尼设计，当时是一座私人收费大桥。1937—1938年拆除(桥墩刚建起来，这在泰晤士河大桥建设中是常见现象)。1937—1944年，由朗代尔、帕尔默和特里顿(Rendel Palmer & Tritton)重新设计，G·G·斯科特爵士为顾问。工程师们告诉我说，大桥的设计建设极富戏剧性，建成后的大桥不是预先所设计的样子，设计结构为拱形，实际上建成的是盒式桁架结构。

布莱克弗莱尔斯桥

建于1760—1769年，R·迈尔纳(Robert Myine)设计。1860—1869年，由J·古比特和H·卡尔(Joseph Cubitt and H. Carr)设计重修。在维多利亚女王时代，主要为了解决交通拥挤问题。大桥的建设打开了萨瑟克地区开发建设的大门。1907—1910年展宽。

布莱克弗莱尔斯铁路桥

建于1862—1864年，由J·古比特和F·T·特纳(Joseph Cubitt and F.T. Turner)设计。现在已经不用了，仅存桥墩。

萨瑟克桥

建于1814—1819年，由J·伦尼设计。沃克斯霍尔桥和滑铁卢桥也是由他设计。铸铁桥墩，三拱，当时是跨度最大的。1912—1921年重建，也就是现在所看到的5拱桥由摩特和海尔(Mott & Hay)设计，E·乔治(Ernest George)为顾问。

坎农街铁路大桥 (Cannon St Railway Bridge)

建于1863—1866年，霍克肖和J·沃尔夫－巴里设计。1886—1893年加宽，1979—1981年重建。

伦敦桥 (London Bridge)

建于公元100—400年，公元1000年更换了桥面材料。1176—1209年，改为石桥，与岸边的房屋成一线。19拱，一端为吊桥，中部有一个悬空小教堂。大桥附近的建筑由老乔治·丹斯(Dance)和R·泰勒爵士于1758年拆除。老丹斯还设计了曼森大厦(Mansion House)。1823—1831年重建，由老约翰·伦尼设计，他的儿子负责建造。1903—1904年加宽。1967-1972年重建，莫特＋海＋安德森建筑师事务所(Mott Hay & Anderson)设计。当时，伦尼的老桥被整体搬迁至美国亚利桑那。原有桥面石材被揭下后，镶贴在混凝土的主体结构上。

伦敦塔桥

建于1886—1894年，J·沃尔夫－巴里为工程师，H·琼斯为建筑师。桥面可以开启，目的是便于船只通行。设计体现出人们对大桥的同情和怜悯。桥中间的游客中心，由M·斯夸尔(Michael Squire)于1992年设计。

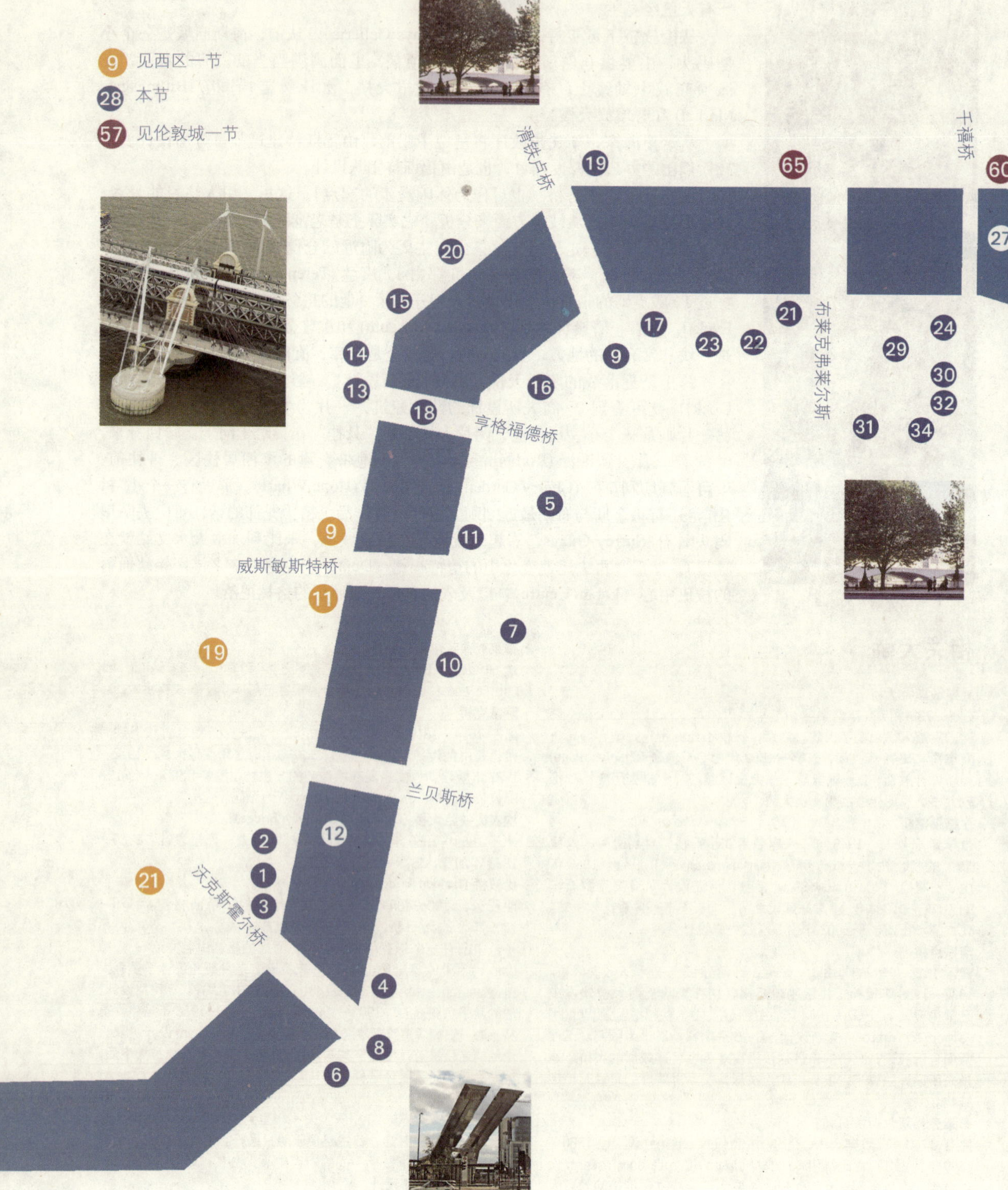
9 见西区一节
28 本节
57 见伦敦城一节
滑铁卢桥
干禧桥
布莱克弗莱尔斯
亨格福德桥
威斯敏斯特桥
兰贝斯桥
沃克斯霍尔桥

水路（By water）

近年来，沿泰晤士河岸漫步已非常方便。但是，还有各种各样的船只服务，如从泰特英国美术馆［在马克斯和巴菲尔德设计的米尔班克大楼（Millbank Pier）］，去泰特现代美术馆的快船，以及去金丝雀码头的快速通勤服务。注意，不要被“达米安·赫斯特游船(Damien Hirst boat)”所欺骗。去现代美术馆的快船，船边只有几个彩色斑点。网络已经改变了我们的生活。建议在网络上查一查最新游船服务及其时间表。

注意，你还可以从沃克斯霍尔桥步行向西，或者从塔桥步行向东。够你走的，道路一直在不断改善并向前延伸。

萨瑟克桥

坎农街铁路桥

伦敦桥

伦敦塔桥

南与北（South & North）

有一点值得注意，就是大约在700年的时间里，伦敦只有一座伦敦桥，唯一的跨河通道。1209年的石桥有19拱，拱厚8–10米，导致上游和下游水流差别很大。实际上，桥两侧有大约2米的水位差，从桥下通过很具挑战性。在上游，水流平稳，上下前后移动容易方便，而在下游，水流相当湍急。1759年，大桥中部桥拱开启以后情况才得到改善。1831年，整座大桥被拆除，由C·伦尼爵士重新设计。新桥建成后，河水流速加快，反倒成了南北之间的一道障碍，这在从前是没遇到过的。原先的伦敦桥还可以购物和居住，在它的北端，雷恩的殉道者圣玛格努斯教堂(St. Magnus Martyr)的门廊与大桥的人行道相通。南岸也与邻近的住房相连。

相反，随跨河交通需求的增长，在伦敦城东边圣凯瑟琳码头所建设的大桥，即现在的伦敦桥，不仅将城市分为南北两部分，而且将伦敦桥东侧“池塘”中的大量船只与通向威斯敏斯特的上游船只相隔断。“池塘”里常常有大量船只滞留，新建大桥必须设法让它们顺利通行。于是，H·琼斯爵士的“活动桁架”方案获胜，最终于1885年获得议会批准。还有一个更为复杂的方案，由J·巴泽尔杰特（Joseph Bazalgette）提出。他设想在南北两岸之间设立一个高差，南岸修建一条450米长的螺旋坡道。

花点时间，克服疲乏，近前实际看一看大桥的合拢方式：19世纪的天鹅之歌，不朽的杰作。我们现在所看到的一切（包括建设装饰），其真正的作者是J·沃尔夫－巴里（琼斯于1887年去世）及其助手建筑师G·D·斯蒂文森(George D. Stevenson)。

沿岸交通的改善和步行道的创建，将南北两岸密切连接起来，使泰晤士河对伦敦这个大都市的重要性更加突出明显。然而，在居住区连接方面，还需要采取一些实质性的步骤。这个问题已经展开讨论，并且有各种思想和方法的竞争。或许有一天，居住区也会实现完美的连接，泰晤士河又一次成为伦敦最重要的大动脉。不过，从某种程度上来说，现在还很难想象。

1. 泰特英国艺术馆 (Tate Britain)

Millbank, Atterbury Street, SW1
John Miller / Allies and Morrison, 2002
Tube: Pimlico

泰特现代美术馆在岸边开馆以后，老馆由S·史密斯1897年设计，1937年增加了杜文雕塑馆（Duveen sculpture gallery），由R·沃克和J·R·鲍勃(Romaine Walker and John Russell Pope)设计；1979年，L·戴维逊等人增加了一个展馆，还有斯特林与威尔福德设计的克罗尔艺廊，经过重新设计，改成了泰特英国美术馆，并增加了一个新馆和西入口（由J·米勒设计），阿莱斯与莫里森建筑师事务所负责外部景观设计。

米勒的设计方案，使泰特英国美术馆的容量增加了1/3，5个馆重新装修，增加了9个新馆，并且这些都与原来的老建筑实现无缝连接。其核心部分是新建入口大厅，宽敞明亮，配有壮观的楼梯。总之，这座美术馆，新颖有趣，工艺精湛。在这里，可以看到史密斯、斯特林以及其他建筑师的影响。令人感到奇怪的是，这种设计似乎偏离了米勒作品的一贯特征，即优点明显、清晰可辨和具有潜在的一致性。然而，这些特点在米尔班克地区泰特英国美术馆上都有所体现，只不过是有针对性地作了调整，而在赫尔佐格和德梅隆设计的大楼上则看不到这些特征。

从这里还可以去参观一些其他建筑，很方便，如切尔西艺术学院(Chelsea College of Art)、米尔班克地产、达伯恩和达克的利林顿地产(Lillington estate)，以及乔治街(George Street)上的小圣詹姆斯地产(St.James the Less)。还可以继续往前走，一直到维多利亚大街。也可以选择另一条路线，跨过沃克斯霍尔桥，去M16，那里有EPR的住宅区和阿勒普的换乘站，继续往东，可以去兰贝斯桥。

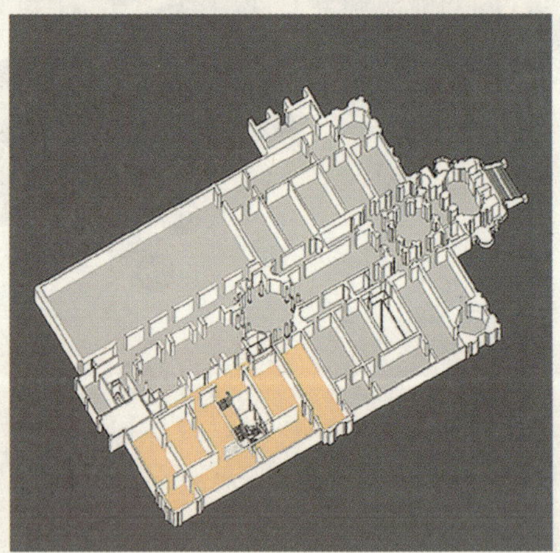

顶：美术馆内部空间，新入口楼梯
上：米勒新增和改建部分轴测图
下：新建主入口楼梯。由楼梯经过大厅，可以直达美术馆展区。
左：老展区和新展区。

克罗尔艺廊的入口前庭景观设计虽然不受重视，但其实在低调中蕴藏着精妙的技巧，当访客来到建筑大开的入口处时，就能感受这一技巧的重要意义

斯特林设计中的嬉戏感是构成克罗尔艺廊的视觉愉悦的重要因素，在外部，它体现于设计与原建筑古典特色的相互映衬中，在内部，则体现于建筑入口处空间的设计。就好像建筑师把空间装进了一个紧凑的轮廓，隔绝了那些充斥着争论的室内设计

克罗尔艺廊，斯特林与威尔福德及其合伙人建筑师事务所 1986 年设计，面积 3200 平方米，在 S· 史密斯 1897 大楼基础上扩建而成。S· 史密斯 1897 大楼由糖业巨头亨利 - 泰特 (Henry Tate) 资助建设。目的是为了存放美术馆中特纳的收藏品。克罗尔艺廊静静地坐落于泰特入口花园之一角，看上去就像被遗弃了似的，有点过时。但这并不会削弱建筑本身的艺术性，只是说明斯特林严谨缜密的风格。预算紧张，客户要求又非常特别，如对空间布局、排列顺序、主展室安排等，要求与原有的展馆相一致。或许，结果，人们可能会觉得，斯特林要是在寻找一块可以表现其建筑技艺的空间，但又不侵占表演空间。这是一个经典的设计实例。在这个设计实例中，项目重新调整，问题也由设计者本人所提出。

设计从一条简朴的小路开始，穿过景观前院。建筑立面借鉴邻近建筑的经典立面语言，红砖和波特兰石，巧妙地、不露声色的与它们融为一体。带有斯特林特征的一些手法，如欢快的酸绿色的使用，不受欢迎，大多数人不喜欢。这一点他一定知道。他开了个小小的玩笑，立面整体看上去像结构性格栅，但在拐角处却采用了另外一种欺骗性方法。即便是拐角处的窗户，他也搞得似玩笑一般，参照斯图加特艺术馆的设计（1984），不采用石头立面。在内部组织安排上，有一条起始轴线，邻近的建筑结构（体量小，紧凑）与它成 90° 角排列。楼梯间色彩鲜亮，上方照光。还有一道前拱廊，由此可直达展览空间。遗憾的是，前拱廊地毯已经移走，备受争议的浅褐色墙面也已更换，有遮护的座椅区已经撤销，原来从这里可以俯瞰简单整洁的景观前院。

最近，泰特英国美术馆周围的景观进行了改造，与克罗尔艺廊差别很大，由阿莱斯与莫里森设计。不过，克罗尔艺廊的花园还是进行了重新安排，并且比较成功。原先斯特林设计的规则式的起始轴线，由一条新轴线所取代（有点鲁莽）。新轴线位于建筑立面与和道路之间。对花园来说，这是一种改进，但按照斯特林的设计方案，这简直是一种破坏。

2. 米尔班克地产 (Millbank Estate)

位于泰特英国美术馆后面（右侧），1903 年由伦敦郡议会（London County Council）建设厅设计建造。这是继肖尔迪奇（Shoreditch，边界地产）之后的第一块市政地产。再往北，在 SW1 佩奇大街和文森特大街（Vincent Street）交会处，有一处大型地产，由 E· 勒琴斯爵士于 1928—1930 年设计。立面整体格局为壁阶式，设计新颖奇特，应时时尚。除此之外，住房整体设计也很值得一看，假如你对家庭式住宅和公寓式住宅感兴趣的话。

3. 切尔西艺术学院（Chelsea College of Art）

University of the Arts, Chelsea College of Art
Atterbury Street, SW1
Allies & Morrison, 2005
Tube: Pimlico

毫无疑问，艺术是一笔大生意，但又有点荒谬。在英国，艺术教育的规模很大，各教育机构之间相互竞争，艺术家成百上千的出笼。这就是切尔西艺术院改造建设的背景。A&M 设计。在这里，它做得很好，而往常其租赁式办公空间开发常常使人感到困惑。基本设计思路一目了然，新旧建筑有机融合在一起，中部留出一个大型前庭，就像没有胎儿的孕妇（直到现在仍然没有怀孕的可能）。更确切点说，无论在细部上，还是在特征特性上，新旧建筑都艺术性地融合在一起，然后又硬生生地分开。原先的医院、新建大楼，依托于原建筑的扩增扩建部分以及各个连接通道，相互混合在一起，让人感到舒服愉快，从基本色调上看起来就像一所艺术学校。新建建筑令人欢欣喜悦，但没有矫揉造作。谚语："使用方便，坚固持久，欢乐愉快"，很自然的、毫无敌意地在这里体现出来，但设计者的思想理念又深深地蕴含其中。作为一件杰出建筑作品，即使你不会为它睁大眼睛，上气不接下气，也会为它感到惊诧，充满敬意。现在，即使按照切尔西艺术学院的设计方式，来应对租赁式办公大楼开发中的实用主义倾向，那又会产生什么样的结果呢？实际上，据说，这种设计风格主要来源于客户，而不是建筑师本人。谁知道呢？

切尔西艺术学院三角形的展示区

位于旧楼与新工作间之间的主楼梯

4. 军情 16 处大楼（M16）

曾经出现过这样一个实例，一个竞赛获奖的居住区设计方案，随着市场情况的变化，逐渐演变成了办公用房（见下面的第 6 条）。在建筑界，这种情况经常发生。方案正在设计，电话来了，是首相打来的。她，一位携带手提包的女士，想要一处大型建筑，从事秘密工作。大家知道，这样的大楼眼下是没有的。于是，重新修改设计方案，为 M16 的秘密工作人员修建一座不可渗透的临河宫殿。混凝土外包被是欧洲最昂贵的，而里面的设备设施比其外壳花费更大。里面雕塑般的、令人心颤的绿色玻璃和浅黄色混凝土结构，使人很难分辨出这里究竟是什么机构。主体结构来源于法雷尔住宅设计竞赛获奖方案，其主体思想是，其中的每个人都能临河观景。外装饰受 20 世纪 20 年代和 30 年代纽约时尚风格的影响。当时，资本主义巨头穿戴着宽宽的垫肩，在现代主义的掩饰下矫揉造作、娱乐消闲于后缩式的大楼之中。这些大楼由霍拉伯德（Holabird）和鲁特(Root)、R·胡德(Raymond Hood)、B·古德休(Betram Goodhue)和H·费里(Hugh Ferri),诸如此类的人所设计。大楼的顶部,甚至还带有弗兰克·劳埃德·赖特早期 HVAC 住宅中的玛雅(Mayan)文化情调。顶端造型使人不禁联想起自由女神像(Statue of Liberty)上的皇冠，但又有点不协调。詹姆斯·邦德(James Bond)搬了进去，大家在那里工作都很愉快。你可沿着河边道路从楼前漫步，近距离欣赏 M16 间谍们的工作情况。不过，有时他们可能在地下 9 层，位于地下深处的一个秘密世界，与地上开敞的办公室明显不同。

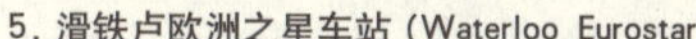

5. 滑铁卢欧洲之星车站(Waterloo Eurostar)

一座商标式的建筑，N·格里姆肖及其合伙人建筑师事务所 1993 年设计。给人一种飞机场的感受，由到达区、乘车办理区、等待区和商店等。在结构设计上，新建部分与原来的维多利亚车站有机地融合在一起，砖拱顶覆盖着铁路线。屋顶位于最上方，显而易见，称为“5层三明治”，由房顶、候车区、出发区、到达区和地下停车场。拱跨度 400 米，有三根立柱支撑，中央立柱偏置,以应对 5 条铁道的离心力和地下隧道的相关约束和限制。东边有一个内置结构，大部分不透明，西边则相反，阳光可以照入。拱面几何造型复杂，多变化。由法国来的火车到达时，漫长笨重的铁轨产生冲击波。针对这种情况，拱面采用标准件来处理。实际上，火车对拱面所产生的影响水平方向上可以达到 80 毫米，垂直方向可以达到 6 毫米。如果按常规情况处理，将需要成千上万块特种规格的玻璃。但是，格里姆肖采用了垫圈和标准长方形玻璃，相互叠盖而成。然而，不管设计多么聪明，到 2007 年欧洲之星车站还是要搬到圣潘克勒斯。

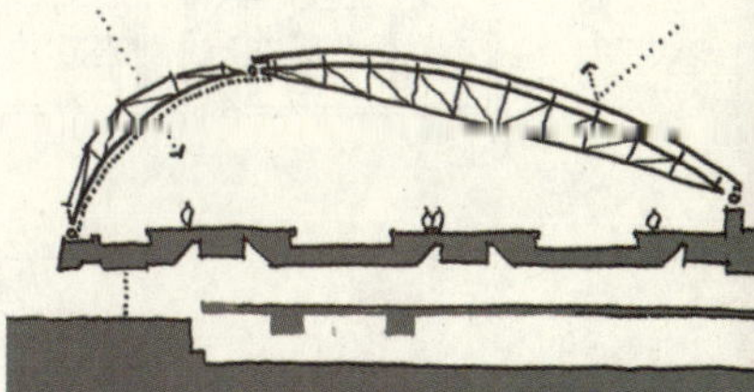

6. 宝麦蓝设计的公寓大楼

位于沃克斯霍尔地铁站北面,由宝麦蓝（Broadway Malyan）设计。大楼底部基座外延，形成沿河露台。设计方案主要借鉴于T·法雷尔的早期方案，总体上来说还算不错。但其细部处理让人感到羞愧，特别是上部，房顶上延，奇形怪状，令人难以想象。近看比远看感觉要好一些。公寓大楼的建设，使沿河步行道得以向西延伸。

沃克斯霍尔区都有些什么特征性设施和建筑呢？在法雷尔的 M16 大楼东侧，有一个渡口。渡口由一家旅游公司经管。这家公司专门使用二战时期的“鸭子”，一种水陆两用运输船，在泰晤士河上载运过往乘客。做法有点奇怪，但是也不失为一种不错的选择。“鸭子”后面的高大建筑就是米尔班克大厦，由R·华德及其合伙人建筑师事务所（Ronald Ward & Partners）于 1960—1963 年设计，最近由 GWM 重新设计改造。

7. 森托街 1 号公寓（Centaur Street House）

No.1 Centaur Street, SE1
dRMM, 2004
Tube: Waterloo

当今的伦敦，一些地域性很强的建筑比比皆是，隐藏于一些很奇特的地点之中。森托街 1 号公寓就是一个很好的例子。精美的设计，出自一家小公司，但声誉与日俱增。场地和大楼紧靠铁路线，欧洲之星列车从这里经过去往滑铁卢站。在伦敦内城这样一块奇特之处，满足了当地社区居民的一些实际需求，如到附近的公园游玩等。大楼引人之处就在于其简单明了，外包被简单、显明、没有矫揉造作，令人神清气爽。很明显，关于这座建筑还有一些其他可圈可点之处。但是，在伦敦的建筑结构之中，简洁明了就是它的主要贡献（不是干扰）。建筑师们把这座建筑描述为："欧洲水平式公寓与英国带阳台的立体式公寓的杂交建筑"。每个公寓单元都有劳姆普兰式的内饰，客厅宽敞明亮，有两层楼高，与邻近封闭的卧室和楼梯相接。同时，还在卧室与铁路之间构成混凝土缓冲带。主要为混凝土结构，外面有雨帘。所有构件都是预制件，按照 dRMM 的设计小册子，从国际上选购。

尽管在与主铁路线衔接方面，圆滑而不突兀，带有典型的伦敦特征，但这座小建筑在许多方面都不带有英国特征。从建筑整体上来说，这座小楼使伦敦这座大都市更加生动活泼。

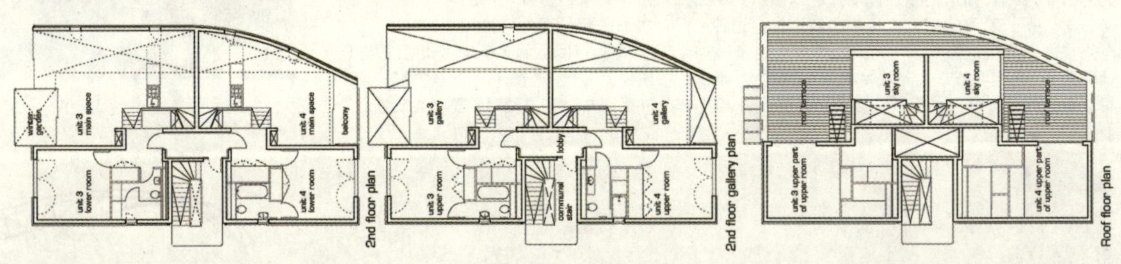

8. 沃克斯霍尔地铁公共汽车换乘站

阿勒普及其合伙人建筑师事务所 2005 年设计。换乘站很具标志性，看起来生机勃勃，好像是在一字一句地说，"嗨，我在这里"。设计很简单，在地铁站上面有一座控制性建筑，公共汽车站沿着一条轴线布设，距离很长，外围是不锈钢框架，鲜亮照人。正南面是来自滑铁卢的铁路线，西北面是 EPR 高层公寓区，法雷尔的 M16 堡垒位于其东北侧。加上这个换乘站，构成了一幅完美的建筑三重唱。对于这个换乘站，不管它是奇妙无比，还是受人嘲笑，作者在这里无须多说什么（我已为它所折服）。去看一看，自己做决定吧。

9. IMAX 公司滑铁卢电影院（Waterloo Cinema）

位于滑铁卢站／桥附近，由 B · 阿弗利及其合伙人建筑师事务所（Brian Avery Associates）于 1999 年设计。设计简单利索，外观呈鼓形（玻璃），里面呈环形布置。底层有南岸入口。属于一种地标性的、能够自己给自己做广告的建筑，在伦敦很罕见。滑铁卢电影院，也是南岸文化区更新改造的重要组成部分。照片所显示的是电影院及其周围的环境。左上角，河对面是法雷尔的堤岸广场。令人遗憾的是，"鼓"外面进行了艺术装饰，好像这样做比朴素简洁的建筑装饰要好一些（比如庆祝一部电影的发行或者广告，照片下面右侧是建设中的电影院）。

10. 埃佛利纳儿童医院 (Evelina Children's Hospital)

Lambeth Palace Road, SE11
Michael Hopkins & Partners, 2005
Tube: Westminster / Waterloo

一个多世纪以来，伦敦第一家儿童专业医院。有 140 个床位，有电影院、特护室和各种专业化服务设施。专业化服务设施都围绕中央大厅布置，有咖啡馆、表演空间和儿童学校。

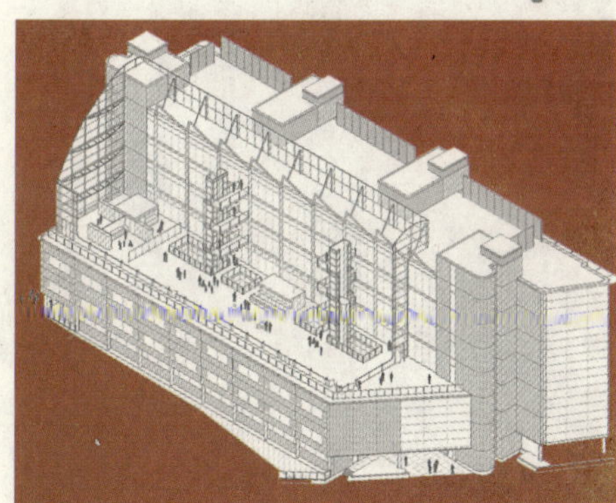

绘图：霍普金斯（本书作者修改）

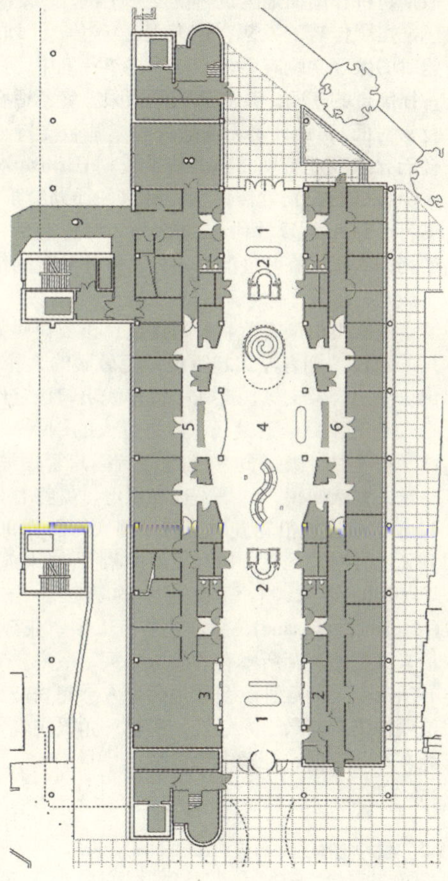

照片：圣托马斯医院(St.Thomas Hospital)

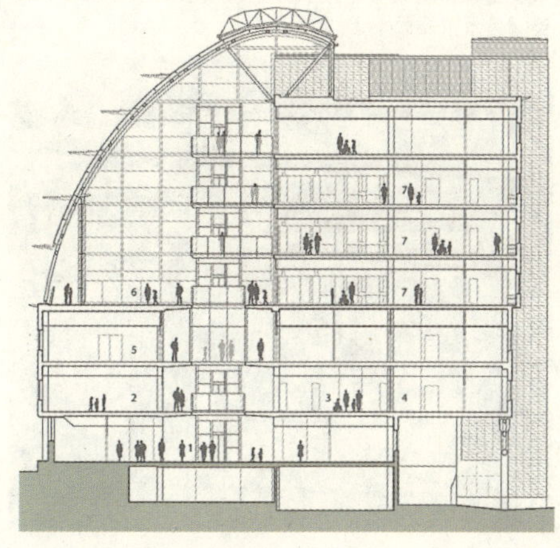

11. 伦敦眼 (London Eye)

Jubilee Gardens, Belvedere Road, SE1
David Marks & Julia Barfi eld Architects, 2000
Tube: Waterloo, Embankment

伦敦眼直径 135 米，在伦敦众多千禧年建筑中鹤立鸡群。实际上，最初由一家私人建筑师事务所提出，但政府不予支持，这促使建筑师变成了企业家。伦敦眼圆环状，可旋转，宏伟壮观，并且富有娱乐性。它改变了这一地区的旅游格局，使威斯敏斯特桥和南面地区重新焕发了生机。

按照作者的设想，伦敦眼是千禧年计划的重要组成部分。当时的保守党政府要求，在千禧年计划中，应该适当地有一些古怪离奇的东西。政府认为伦敦眼方案不适合（位于威斯敏斯特宫对面），设计者无法获得彩票基金支持。于是，建筑师们转而寻求商业资助。英国航空公司 (British Airways) 发现这是一个极好的公众宣传机会，对这一计划给予支持（部分拥有，支付巨额 APR 贷款利息，利率为 29%）。之后，获得规划许可证，最初为 5 年，临时性的。不久，宏伟壮观的伦敦眼，很快取得了成功，赢得了大家对它的支持。

伦敦眼由一家荷兰公司建造。该公司曾完成了数个类似结构的建设，拥有浮式起重机。伦敦眼的大轮子横跨泰晤士河，由一个三脚架支撑，连在一根轴线上起稳定作用，电动机也位于轴线上。另一条轴线，就是巨大的钢制脚架，将轮子固定，占用一小块土地。这块土地原有南岸管理局所有。2005 年的时候，曾威胁说，如果不提高租价，就将对其再开发利用。由 32 个玻璃座舱沿轮旋转。转一圈大约需要 35 分钟，可以欣赏到无比壮观的景色（风和日丽的晴天）。来前最好先预订。

2005 年末，合资企业中的第三个合伙人 M · 陶萨德 (Madame Taussaud)，从其他所有人手中获得了对它的控制权，后来又把建筑师所享有的股份都买了下来。等着看吧，可能会有所改变，而这种改变恐怕会令人感到兴奋和欢乐。不过，简洁明快仍是其最引人之处。座舱一角很快就要安装历史人物蜡像，在此之前，赶紧去看看吧。

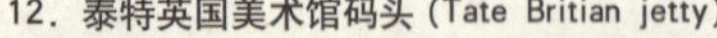

12. 泰特英国美术馆码头 (Tate Britian jetty)

该码头也是由马克斯与巴菲尔德设计。从这里可以乘快艇去泰特现代美术馆。位于泰晤士河上，就在泰特英国美术馆外面。

13. 堤岸广场 (Embankment Place)

Charing Cross, WC2
Terry Farrell Partnership, 1991
Tube: Embankment, Charing Cross

大家知道，法雷尔的作品常会体现出各种各样的主题，如功能性、美学性和历史性的主题等。在本例中（在从正面来突出泰晤士河的建筑中为数不多的一例），所涉及的主题有：1863年火车站的空中权利、外部服务核心区（正如法雷尔所指出的，类似于劳埃德大楼）以及对历史性建筑的借鉴。在借鉴历史性建筑方面，所参照的主要建筑物和内容有：一个大型居住区，沿泰晤士河排列的、位于伦敦城和白厅之间的宫殿，莱道克斯（Ledoux）的水景（入口大厅），莫斯科库苏卡亚车站 (Moscow Kurskaya station，车站月台）和O·瓦格纳的维也纳车站（Vienna stations，靠近大堤一侧）。然而，这座建筑仍然具有它自身的特性。

新建部分就坐落在老站砖拱地下建筑之上（可以与法雷尔从前的合伙人N·格里姆肖所设计的滑铁卢车站相类比），使人联想起文化征服时期，建立在原有建筑之上新建寺堂，让历史慢慢地渗入到我们所说的当代建筑之中。在本例中，还同时回溯到其他历史主题。这座建筑具有鲜明的特征和强烈的对比感。例如，在横跨铁路方面，体量比例安排和带有杂技特性的结构布局，独特而引人入胜。最好从南岸欣赏，从这里还可以看到，服务大楼横跨在车站与办公楼上部，蔚为壮观。大楼的巴洛克风格与老楼的体量和尺度，形成鲜明对比（还算成功），特别是在东边，在维利尔斯街 (Villiers street) 一侧。

车站宾馆 (Station Hotel)

在斯特兰德大街 (Strand Street) 一侧，建于1863—1864年，由E·M·巴里，1830—1880年设计，C·巴里爵士（1795—1860年）的第三个儿子。议会大厦就是由C·巴里爵士设计，第一座使用人造石材的建筑。巴里还参与了皇家美术学院和皇家歌剧院的设计。

14. 约克水门 (York Watergate)

SW3区，堤岸花园内。建于1626年，一度盛传其设计者是伊尼戈·琼斯，其实它是由N·斯通 (Nicholas Stone) 建造的，此人是白金汉公爵一世乔治·维利尔斯门下的首席石匠。从约克水门可直达约克宫 (York House)，在维多利亚大堤建造之前，是泰晤士南岸的标志性建筑。可以想象，当年泰晤士河上过往乘客的可怜相，就像现在人们去约克宫一样，一步一步地，一边数一边前进，最后抵达约克宫后面的大街。约克宫后面的街主要是指维利尔斯街和白金汉姆大街 (Buckingham Street)，伦敦最早的租赁式开发地段之一（17世纪70年代往后），奠定了现代秩序和规则的基础。开发商为著名的投机者尼古拉斯·巴本 (Nicholas Barbon) 博士。项目在实施过程中，不同的建造商在不同的地段，通常会创造出一些非规则的、但却很引人注目的造型。

15. 泰晤士河大堤 (Thames Embankment)

长3.5英里，宏伟壮观。由约瑟夫·巴泽尔杰特于1868—1874年设计。伦敦大部分地表雨水和污水通过大堤隧道，流往伦敦东部，然后通过泵房抽提，将它们排入污水工厂和泰晤士河中。大堤的重要标志性建筑之一，就是克娄巴特拉碑，为抢劫来的埃及方尖碑，可追溯到公元前1500年。奇怪的是，似乎没有人对它格外关注。

16. 皇家节日音乐厅 (Royal Festival Hall)

位于SE1区，建于1951年。号称“人民宫(people's palace)”，主要用作英国节日庆祝活动。节日音乐厅是该地区仅有的唯一建筑，其他建筑都因温斯顿·丘吉尔不满和反对而拆除。其设计工作主要有L·马丁(Leslie Martin)、P·摩罗(Peter Moro)和E·威廉(Edwin William)三人完成。他们都是伦敦市议会建设厅的建筑师。音乐厅看起来就像内环中的一个“鸡蛋”，周围是休息厅。观众席有座位2600个。还有一些其他设施，如“流动的”的楼梯，引人注目。外观上尽可能透明。对某些建筑师来说，音乐厅是一座纪念碑。这些建筑师相信社会主义，崇尚社会的发展进步。他们认为，“艺术应该引导科学”。观众厅从设计之初就有许多艺术方面的专家参与进来。由于时间和资金的限制，最初的方案根本不可能完全实现。到60年代初，其新斯堪的纳维亚美学风格被W·乔克批评为“海上奇想”，代之以强烈的新柯布西耶风格。音乐厅的扩建延伸部分、外立面的改造以及主入口从一侧改为面向泰晤士河等，都体现出这一风格的转变。这时，在南岸的总体规划中，音乐厅已经成为重要的标志性建筑。原来放弃的“小厅”，经过扩建改成了伊丽莎白女王厅。伊丽莎白女王厅紧挨普赛尔厅(Purcell Room)，最初源于当代艺术学院搬迁计划。当初想建一处美术馆(现在是海华德美术馆，Hayward)，后来连同国家电影院都搬到了这里。国家电影院由“电影院”中的节日大厅改造而成。音乐厅以及周围由伦敦市政议会建筑师所设计的大多数建筑，都是冷酷无情的混凝土结构。市政议会建筑师主要有W·乔克、R·赫伦和D·柯罗姆顿(Denis Crompton)，三人构成设计三重奏。皇家节日音乐厅不失为一座宏伟壮观的建筑。新亨格福德桥建起来以后，到这里来更方便了。几年前，阿莱斯与莫里森对餐馆进行了重新装饰。现在这两人正在从事一项大型翻修计划，并参与总体规划的制定。总体规划的目的，就是要使这一带从前所拥有的某些特征得以恢复，并解决一些当前所面临的问题。到2005年夏天，部分工作已经完成。

17. 国家剧院 (National Theatre)

SE1区，阿珀地(Upper Ground)，由D·拉斯顿爵士及其合伙人建筑师事务所1967—1977年设计。挑剔的查尔斯王子对此甚是不满，说它简直就是一个核电站。国家剧院与皇家节日音乐厅形成鲜明对比。音乐厅空间宽敞，光线充足，人们可以从它宽大的楼梯涌进涌出。国家剧院则不同，喜用阴影，强调阴暗对比，装有巨大的水平悬吊式平台，其下面是一个“肥大的”城堡。自然，也就成为这一地区的主要标志。剧院由三个大厅组成，基座呈方形，从西北到东南有一条斜轴线横贯其中。入口位于西北角，靠近滑铁卢桥。各种服务及支撑区域位于东南角。设计很简单，但给人的感觉却是复杂的、极富戏剧性的。装饰为混凝土现浇，楼梯呈封闭式，各楼层景色优美，紫色地毯豪华典雅，还有那圣保罗大教堂雄伟远景的映衬。一代一代的经理人拥塞在这里，为观众提供多层次的服务，包括演出前、演出中和演出后等各个阶段。而这也正是现代观众所期望的。机场模式更具随机性，凭借这种随机性把钱从观众的钱包里挤出来，而不是带着某种特殊的、颇具戏剧性的理由去拜访乘客。20世纪90年代末期，斯坦顿与威廉对大厅区进行了改造，这深深刺伤了拉斯顿，磨去了这座建筑的棱角(工程于1998年完成，拉斯顿于2001年去世)。按照拉斯顿的方案，他重点选择出入口进行改造，特别是小汽车即停即离区和其他机动车服务区，还有带张拉膜结构的、不常用的露台，增设咖啡馆以及其他类似服务。但是，他的方案被拒绝了，尽管他极力避免对露台进行“修剪”，并且基于任何事情都可以推倒重来这样一种理念，对斯坦顿与威廉的方案表示赞同。不过，总的来说，国家电影院大楼生机勃勃，很值得一看。去利特尔顿剧场(Lyttelton)看场演出。阳光明媚，天气晴朗，剧院空空荡荡、非常安静的时候去看看，你会发现城堡式的空间布局，搜索到建筑魅力之所在：有些儿童可能还在那里欢呼雀跃，因为他们发现这里是全世界最好玩的地方。

Victoria Embankment, WC2
Lifschutz Davidson & WSP Group Engineers, 2002
Tube: Embankment / Waterloo

18. 亨格福德桥 (Hungerford Bridge)

我觉得，在亨格福德桥和千禧桥两座桥当中，我更喜欢亨格福德桥，尽管它有许多不足之处。有人就说，我不会欣赏工程项目。我所要强调的是，在人们可以通行之前，千禧桥属于一项工程，而亨格福德桥好像就是先把人放在那里，然后再进行桥梁建设（不管设计者当初的意图如何）。亨格福德桥宽阔平坦，看起来就像一条林荫大道。千禧桥可能更漂亮，在结构设计上更大胆、更优雅，但我还是更喜欢亨格福德桥。于是：见鬼去吧！实用主义的老一套和抽象主义美学思想。不管怎么说，我承认，桥的结构形式（新桥挂在旧桥之上），令我心满意足，并且已经成为伦敦复活再生的真正标志。新建部分绑在老桥上，就像一个“外星怪兽”紧紧地贴在一位运气不佳的宇航员脸上。

新桥提案最早源于20世纪90年代初期，当时为改善过河

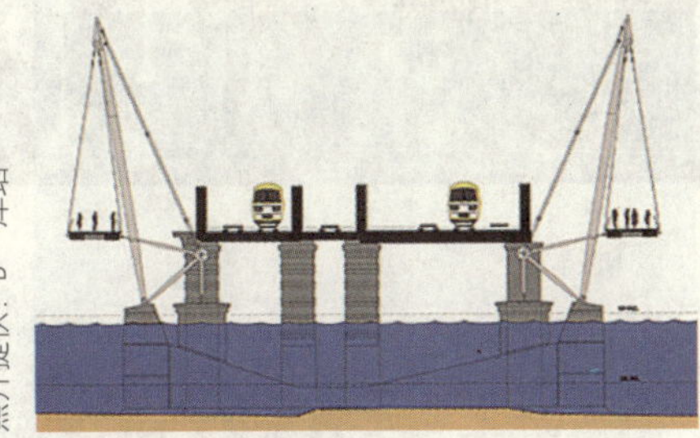

绘图：L·戴维森
照片提供：D·库珀

通道，就滑铁卢车站进行了咨询协商。多少世纪以来，伦敦人一直使用着一条步行通道，滑稽可笑。这条步行通道绑在亨格福德铁路桥北侧，很不方便。但它却是从查灵克罗斯到南岸文化中心区和滑铁卢的主要通道。数年以后，处理了二战时期遗留下来的未爆炸的炸弹，经过一段时间的拖延和耽搁，并解决了额外增加的费用以后［需要市长利文斯通（Livingstone）的担保］，伦敦人终于能够享用这座经过了巨大改进的桥。桥有两条步行通道，绑缚在老铁路大桥之上。

奇怪的是，建筑师们称这一悬空结构为“天使的翅膀”，或诸如此类的东西。现在，既然桥已经建成了，就不再需要这种带有促销意味的称呼了。白色钢构件抓扣在亨格福德老桥支柱上，桥两侧高高的悬杆伸向空中。过河感觉改变了。原来感到丑陋不堪，而现在过河就像是在林荫道上漫步（桥面相对较宽），沿途还有叫卖的小贩。小贩们很快看到了这一机会，而在其他桥上是没有的。与此同时，通勤列车从身旁呼呼驶过。夜晚，灯光照耀下显得更为美丽。与千禧桥相比，我更喜欢这座桥。这主要是从它所具有的城市景观价值，而不是从它的结构构造方面来说的。

颇具讽刺意味的是，项目在实施过程中遇到了很多麻烦，设计师不得不在“设计－建造－再设计－再建造”模式下，遭受折磨，设法消除各种争议，如工程造价、细部处理、步行道之间的连接以及终点站的设置等。有点让人伤感，但其实际效果却令人感到满意。

19. 萨默塞特宫 (Somerset House)

Strand, WC2
Dixon Jones / Inskip & Jenkins / Feilden & Mawson, 2001
Tube: Temple, Embankment, Covent Garden

正如你现在所看到的，萨默塞特宫摆脱了政府官僚主义作风。在官僚政府大楼里，办公室林立，沉闷乏味，院落里停满了小汽车。没有巴黎的宏伟项目作示范，萨默塞特宫也不可能建成。

萨默塞特宫最早由 W·钱伯斯于 1766 年设计，用作专业学会、政府部门和海军部 (Navy Board) 的办公场所。原址为一座都铎式宫殿，经过改造重建以后，成了伦敦第一座公共办公建筑，与阿德尔菲 (Adelphi) 相并列。阿德尔菲位于上游，比萨默塞特宫早 8 年，其风格与萨默塞特宫相差很大。在规划设计中，两个项目都横跨宽宽的泰晤士河（大堤建造之前），乘船可以直接抵达。斯特兰德大街一侧出入口较高，从这里出入时会有一种特殊的体验，可以从入口沿着台阶，直达地下咖啡馆。试试看。

20 世纪 90 年代末期的翻修改造，作为一项长期重大项目（尽管有点迟），对税务局大楼中央院落进行了彻底整理。中央院落原来只用作停车场，缺乏想象力和活力。喷泉院落 [优美华丽，借鉴了巴黎雪铁龙公园 (Parc Citroen)] 和临时性的沿河露台，包括与滑铁卢桥相连接的一座步行桥，由狄克逊与琼斯负责设计。其他改造部分还有考特奥德画廊 (Courtauld Gallery)，海梅特奇博物馆 (Hermitage Rooms) 和吉尔伯特收藏馆（Gilbert Collection，装饰艺术）。然而，令人遗憾的是，其风格、情境处理和服务设施，又回到了陈旧保守、混乱无序的英国传统之中。大楼的结构由费尔登与莫森设计，而吉尔伯特收藏馆则由莫斯基普和詹金斯（Inskip & Jenkins）负责。

即使你对博物馆不太感兴趣，但咖啡馆却有了巨大改善，并且可以坐在沿河露台上欣赏伦敦景色，是一处很不错的地方。内院很迷人，你可以坐在那里，展开想象的翅膀，尽情地回味体验钱伯斯的空间处理、古典主义思想和精湛的技艺（每年 12 月份，中央院落就改为滑冰场）。

20. 阿德尔菲居住区 (Adelphi)
亚当兄弟 (Adams Brothers，3 人) 1768—1774 年设计，当时是一个投机冒险性开发项目。现在大部分都消失了，只在台地一带还留有部分建筑。当然，佩夫斯纳指导书中所说的“乔治亚时代河边最宏伟的建筑”，早已没有了，现在已经变成了办公大楼（建于 1936 年）。但是，从皇家艺术协会和制造与商业协会大楼 [RSA 公司设计，约翰亚当大街 (John Adams)]，可以大体看出阿德尔菲居住区的大体轮廓，特别是当你从斯特兰德大街，一直往前走，到达有穹顶的迷宫似的建筑区时，所得到的印象会更好。

21. OXO 开发项目 (OXO Development)

OXO Development, South Bank, SE1
Lifschutz Davidson, 1997
Tube: Waterloo

除布罗德华尔 (Broadwall) 小区以外，L·戴维森的另一个开发项目就是老 OXO 大楼的开发改造（其特征性塔楼仍然保留），位于硬币街，于 1997 年设计建造。地铁站：滑铁卢站。这是一个综合性开发项目，顶层有临河餐馆、酒吧和啤酒馆，总面积 15000 平方米。原大楼建于 1928 年。OXO 开发项目很像“20 世纪 90 年代末期的雅皮士”，由 H·尼科尔斯（Harvey Nichols）经营。从高台上看，景色极为优美，尽管其面北一侧让人感到有点不快。餐馆周围上方装有电动散热装置，顶棚色彩、照光状况和声学效果都得以改善，有公寓式单元 78 套，供硬币街住房协会使用。

22. 布罗德华尔开发项目 (Broadwall)

Bernie Spain Gardens, Belvedere Road, SE1
Lifschutz Davidson, 1994
Tube: Waterloo

共有住宅楼 27 栋，原开发商为硬币街社区管委会 (Coin Street Community Builders)，现在由一家住房合作公司接管。3 层楼房，11 栋，供家庭使用。南边的楼房为四层，无电梯；北面的大楼高 9 层，为小单元。沿街路口处理细致微妙，并有象征性的缓冲带。花园一侧有烟道，呼哧呼哧，有点刺耳（冬天取暖）。整个项目看起来就像是英国化的丹麦风格。与巴塞罗那乔治亚风格的建筑作一下对比（见下面），H·汤姆金斯最近刚完成的项目。据说，当时带孩子的白领中产阶层都喜欢涌入伦敦城中心地带（H·罗杰斯），在这里有这样一片家庭式住房与公寓式住房相结合的住宅区，较为罕见。

23. 爱罗克居住区（Iroko housing）

Belvedere Road, SE1
Haworth Tompkins, 2001
Tube: Waterloo

硬币街这一社区开发项目，坐落在一个地下停车场之上，毗邻联排住宅楼。北面完成之后，就可形成私密性很强的居住场所。方案原型大体源自 19 世纪初期的荷兰公园 (Holland Park)，就像米尔顿凯恩斯（Milton Keynes）的改造一样，现在已成为一座西班牙风格的居住区。项目共有住房 59 套，其中 32 套为家庭住房，每套最多可容纳 8 人。其余部分为公寓式单元和小单元混合住房。所有住房都供出租，由当地居民所组成的住房合作社负责管理。一个公共阳台作为出入口。项目有以下几个简单规划原则：所有楼房都有临街出入口；有私人花园与社区院落相连；所有公寓式单元和小单元都有大型阳台，而且卧室也有阳台，可以俯瞰社区小院。大楼外侧墙面为砖砌，院内一侧为木材。设计遵循低能耗、可持续性原则，既优美文雅，又使用方便。每个单元都有太阳能热水器提供热水。太阳能热水器质量轻，能耗低，置于房顶，将水加热后输送到房屋中的热水箱中。

24. 泰特现代美术馆（Tate Modern）

Bankside, SE1
Herzog & de Meuron, 2000
Tube: Blackfriars, Southwark, St. Paul's

英国许多新建机构，其处所都是由原先的建筑改建而成，或许是为了让人们不忘记过去。银行大楼改成了酒馆，泵站改成了餐馆。在这里，原先为一处发电站，有4.2米长的砖砌结构构成，历史悠久。因实际需要，改建成了艺术消费大厦。泰特现代美术馆，集中体现了英国经济由制造业向娱乐服务业的转变。在这方面，伦敦其他任何建筑都无法与之相比。此外，通过了这座建筑你还会发现最近英国建筑业的一种新趋势，那就是对外国建筑师表现出支持和赞同。很明显，瑞士建筑师已经认识到这一点，但是他们并不想再去重复。

岸边发电站由G·G·斯科特爵士于1947年设计，1963年建成。发电站以石油为动力，1974年石油危机发生以后（经济危机接踵而至），到20世纪70年代末，就关闭了。尽管其规模较大，位置显眼，但很快就被人们忘记了，被忽视了。其原因，一方面因为泰晤士河本身早已被人遗忘，另一方面因为它所处的位置不好，与北岸的伦敦城堪称一对难兄难弟。

现在，原先大楼内部已被掏空，只保留了宏伟的砖墙和烟囱，有些部分仍待将来资助改造。巨大的汽轮机房经过改造，成了一座纪念性的、上方采光的大厅，可由一条同样壮观的坡道进入，抵达下沉式售票处、信息中心、教育培训区。与其相邻的是伦敦一家最大的书店。扶梯、电梯、新建艺术展室以及其他服务性设施，如咖啡馆、餐馆、观众大厅和会员俱乐部，都沿建筑北边排列，俯瞰大厅。

下：汽轮机大厅宏伟壮观，令人印象深刻。不过，白天灯箱关闭，许多建筑特征看不到。

尽头有“光柱”，有两层楼高，位于砖墙之上，主要外部象征性改造设施，里面有空调间和餐馆等。游客可通过北面和西面新增路口进入汽轮机大厅，大厅由投影“光箱”。乘扶梯可以抵达上层展厅，那里艺术品众多，建筑材料和装饰风格多样，绚丽多彩，其中就包括栎原木地板。整体感觉是综合性的，很成功，但你又会经常发现独特之处，令人欣喜若狂，类似于巴黎的“宏伟项目”。但是，在建筑方面可能不像媒体所宣传的那样神奇。说了这么多，总的来说，该项目取得了巨大成功。

从外部来看，公共活动区主要集中在北边（有遮阴）和千禧桥沿河步行道。这一设计曾一度令人不满意，后来建筑师在北入口处增加了一处商店，这一地段迅即活跃起来，吸引力大增。然而，在出入口方面，还有一些问题有待解决。

这座美术馆的设计好不好？我承认自己持矛盾态度。有些地方让人感到非常欣慰，有些则不然，如展示空间就不够奇妙，不够壮观。相比之下，泰特英国美术馆展示空间则更为宜人。为什么“友人”空间及其相关空间那么沉闷乏味？有趣的是，留在人们大脑中的往往是那些最简单、最基本的特征，如栎原木地板，看起来磨损得恰到好处。棕色的楼梯扶手有些部分已经出现磨损和撕裂。这两个特征加在一起，给人一种暖融融的、很受欢迎的感觉：它的朽蚀衰败情况良好。你能找出其他类似的建筑吗？希望管理人员能够意识到这种独特性，尽心尽力地去维护保养。

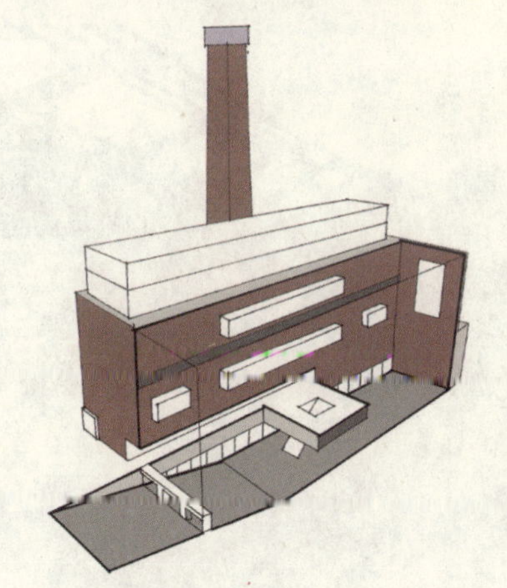

25. 环球影院（Globe Theatre）

本特格拉姆公司 1995 年设计。泰特现代美术馆东侧，是伦敦一怪，很具吸引力。外观上看，是 1959 年剧院的翻版，靠近莎士比亚老剧院。主要构建材料为栎木，有露天后排看台，茅屋顶（当然，有供水装置，以防火灾）。不过，别误会，它既是一座严肃正规的建筑物，又是一座名副其实的剧院，不是迪斯尼乐园。从建筑方面来说，它试图填补中世纪建筑与 I· 琼斯规则式帕拉第奥式建筑之间的空白。一座公共建筑，类似于维特鲁威所描述的罗马剧院。从 16 世纪末一直到 17 世纪初，老环球剧院一直都是伦敦最重要的公共聚会场所和建筑类型。可以想象，文艺复兴时期的这样一座古老而重要的建筑，现在是很难欣赏到了。从这一意义上来说，环球剧院的重建几乎可与巴塞罗那博览会德国馆相提并论。剧院本身很值得关注，但与其相关的一些现代附属设计却很一般，这不能不说是一种遗憾（机会错过了）。假使你对建筑历史不太感兴趣，到里面看场演出，也会有一种全新的体验。

26. 巴洛夫市场（Borough Market）

位于伦敦桥下。建筑内容不是很多，但新旧交融，体现出一种普遍精神，曾经被拆毁和放弃的地段又重新焕发生机。原先的批发市场改成了零售市场。根据建筑竞赛获奖设计方案［格雷格与史蒂芬逊（Greig + Stephenson）］，对原建筑进行了精心改造。最好参观时间为星期五和星期六。

27. 千禧桥 (Millennium Bridge)

River Thames
Foster and Partners; Arup; Anthony Caro, 2002
Tube: Blackfriars, St. Paul's

记得有一次，我与一位工程师在一起吃饭，他说："没有危险！根本不用担心它"。桥由阿勒普公司设计，壮观引人，大胆而勇敢，但启用不久就关闭了。为了查找问题，天才工程师对其进行了认真检查，用计算机进行了详细分析，并与保险公司进行了漫长的对话协商，大约12个月后，桥才又重新开放。增加了几根润滑杆。除工程师外，没有多少人会注意到这一变动。桥的颤动很快被人们所忘记。(不过，阿勒普公司的网页上有说明，让大家放心。)

关于这座桥，阿勒普公司解释说："1996年，金融时报举办了一次设计竞赛，目的是在萨瑟克地段与布莱克弗莱尔斯桥之间，设计一座横跨泰晤士河的步行桥。在这一地段建桥，桥梁的跨度要大，纯粹是工程结构技术问题。然而，位于城市中心地带的这样一座步行桥，同样还会涉及行人和环境问题。从这种意义上来说，它又是一座公共建筑。考虑到泰特现代美术馆与圣保罗大教堂之间的连接，大桥又必须与具有雕塑般的形态"。他们接着说，"于是，建造了一个复合体起，独一无二……竞赛要求建造一个涉及工程、建筑和雕塑的复合体。设计工作量最小，同时又能使行人领略到无与伦比的伦敦景色……桥面宽4米，铝材，上有不锈钢栏杆，两侧由缆柱支撑。缆柱深达桥面下部，不影响伦敦观景。大桥为悬索桥，较浅。中央跨度144米，高张拉力的缆柱2.3米，跨度与缆柱之比为63：1。比一般悬索桥大约浅6倍"。

但是，对一些不很困难的问题（自发产生的），这一设计算不算比较聪明的解决方案？很明显，在竞赛中获胜的建筑师福斯特及其艺术上的合作者[安东尼·卡罗（Anthony Caro)]，所提出的低态"光刃"思想，给工程团队带来了许多困难。然而，他们都巧妙优雅地解决了。不过，你可能还会感到，某些文化要素（不是抽象美学和工程技艺）有些残缺。而位于上游、由L·戴维森设计的亨格福德桥，几乎与千禧桥属于同一个时期，却一股脑地把许多文化要素展现出来（即使仍有一些小缺陷）。亨格福德桥一方面可供行人穿行，另一方面又可看做是一条城市林荫大道，行人可以与售货小贩交流购物。千禧桥，4米宽的铝制桥面只可用作一种穿行装置，而不能停下来欣赏泰晤士河美景。

不过，总的来说，它是泰晤士河上一座很优雅的设施。当然，是一件工程杰作。灵感与高科技相互融合，既才华横溢，又稳固坚实，显得亨格福德桥就像一个草草打扮的灰姑娘。

桥南头的行人，转过身去就是大堤。

大桥剖面

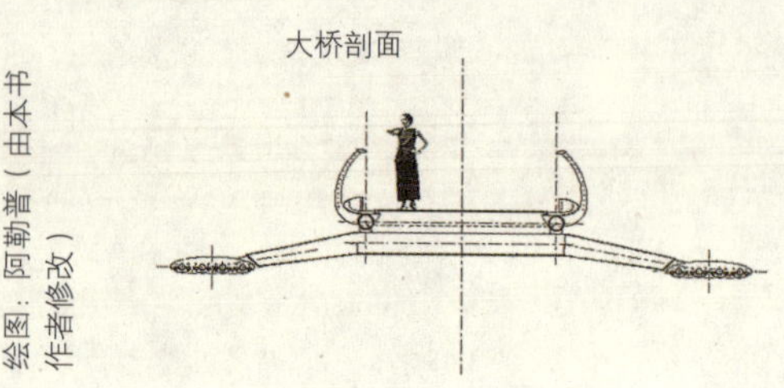

绘图：阿勒普（由本书作者修改）

显而易见，千禧桥属于那种优雅的、杂技般的悬挂式结构，与亨格福特桥大道形成了鲜明对照。

最明显的缺陷在桥的两头。桥北头很容易地与附近的街道融合在一起，穿过了救世军大楼，与圣保罗大教堂相连，尽管有一条主干道横贯而过。桥南头，因泰晤士河与泰特现代美术馆之间距离太近，遇到了麻烦。因高度限制，迫使大桥不得不回缩，这样桥上行人正好就踩在河边行人的头顶上，很不雅观。福斯特与赫尔佐格、德梅隆曾就这一点进行过激烈的电视辩论，很逗笑。然而，总的来说，毫无疑问，有了这座桥，圣保罗大教堂与泰特现代美术馆和环球剧院就实现了连通，两岸重新焕发了生机，过去曾因连接不畅而死气沉沉。值得一提的是，千禧桥是100年来泰晤士河上第一座新建桥。

摄影：马丁·哈特曼

28. 服装博物馆 (Fashion Museum)

SE1 区伯蒙德西街 (Bermondsey Street)，R·莱格雷特 (Richard Legortta)2002 年设计。地铁站：伦敦桥站。填塞在伯蒙德西街上的一座时尚墨西哥式建筑，沿街尽是小型仓库。美国建筑师学会金奖作品 (AIA Gold Medal)，号称“英国当地和国际服装面料展览馆第一家”，专供服装面料展览展示。上层为公寓住宅，帮助筹集资金用于下面两层的展览项目。

实际上，这座华美的建筑，就像传说中的“黑盒子”一样，对项目本身几乎没有任何阐释，就像它的发起人Z·罗得 (Zandra Rhodes) 一样古怪。空荡荡的墙面，好像真的能够战胜墨西哥夏天的炎热。或者是为了防护目的？一方面，它奇妙而华美，为伦敦桥一带带来奇观；另一方面，它很可能就像罗得的服饰一样怪异，把一些古老过时的问题又翻了出来，如风格、当地传统、文化的交叉混合以及诸如此类的问题。就好像英国人对真正优秀的建筑不知道欢呼称赞。真是这样吗？

29.CZW 公司

很久以前 CZWG 公司就因善于将一些雕虫小技（属于未老先衰那一种）与商业开发机会（由开发商所驱动的）相结合而著称。他们的作品大多欢快活泼，但也富于变化。这里所介绍的大楼位于 SE1 区，霍普顿街 / 城堡场 (Hopton Street/Castle Yard) 班克塞得劳茨 (Bankside Lofts) 地段，有公寓式住宅楼（130 个单元）和办公空间，在靠近泰特美术馆新馆一侧，还有一家咖啡馆（照片，靠右侧）。在这一项目中，新旧大楼相互融合，与其通常作品相比，设计更为复杂，更为现代化。从某种程度上说，或许是该公司更为成功的作品，在建筑方式和材料方面富于变化与综合。大楼顶部有一个黄色的旋转塔楼，俯瞰着伦敦，堪称点睛之笔。

萨瑟克街与大吉尔福特大街 (Southwark Street/Gt.Guildford) 交口处，还有一座刚建不久的大楼，也是由 CZWG 公司设计（照片：右侧）。大楼顶部向外倾斜，并不很成功。

30. 河边 123 号 (Bankside 123)

Nakside 123
Allies & Morrison, 2005
Tube: Southwark

随着时间的推移，A&M 公司渐渐融入主流思想之中，从实用角度出发，听从于客户的摆布。本项目就是一个典型的实例。这是一个大型租赁性办公用房开发项目，泰特现代美术馆与其为邻，街角处有朱比利线地铁站（萨瑟克站），将美术馆与平淡乏味的萨瑟克大街纵深相连接。凑巧的是，A&M 公司自已的办公室也在这里。整个项目分为三块，呈“手指状”，与福斯特的摩尔广场有点相似。北面是星级旅游胜地，靠近一条主干道，它正好位于两者之间。同时，在泰特现代美术馆与项目办公楼之间形成新的城市空间，为艺术馆南侧将来翻新改造提供了方便。这样，总体规划能否实现，就取决于泰特现代美术馆将来的扩建情况以及向萨瑟克纵深的发展情况。就像摩尔开发项目一样（其中的市政厅已成为标志性建筑，并享有很高的声望），河边项目也想从 Z·哈迪德建筑基金会 (Zaha Hadid's Architecture Foundation) 设计项目中分得一杯羹。办公楼高 10−12 层，分为三块，总面积 85000 平方米。楼板面积宽敞，为 1.5 米方格，意思是说，大楼的外面只有一层薄薄的皮，里面有大量的公共空间。1 号大楼于 2006 年完成，面积 46000 平方米。其他两座较小的大楼预计 2007 年建成。从外观上看，对细部及其构成特别关注，体现出 A&M 公司的一贯风格。但是，蓝色浮动散热片让人感到，建筑师是在想方设法使空荡荡的玻璃外壳变得生动活泼起来。从遮阴方面看，在这样薄薄的立面上，采用这种装置根本没有必要。当然，这样做可以有更多内部空间。可以与下面的帕勒斯特拉大楼作一比较。

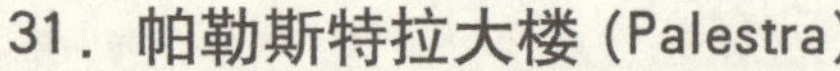

31. 帕勒斯特拉大楼 (Palestra)

Palestra
Alsop Architects, 2005
Tube: Southwark

该楼建筑面积 38000 平方米，形状怪异，迎合了实用主义需求，具备典型租赁式办公建筑特点。在办公建筑领域，建筑师可施展的才华有限，而在这里，经过变通和创造，大楼最终被人们所认可。泰特现代美术馆和千禧桥的建成启用，加上特征鲜明的萨瑟克车站和帕勒斯特拉大楼，还有阿莱斯与莫里森设计的河边 123 号项目，使这一地区迅速发生了变化。过去，整体上说，这一地区让人感到凄凉孤独，而现在却让人感到幽雅别致，生动活泼。这也正是艾尔索普公司所要达到的规划目标。

自然地，你会将它与 A&M 的一个项目相比较。一方面，艾尔索普公司想表现得彬彬有礼，另一方面它又非常率直纯真。大楼外探，立柱倾斜，安装壁阶式格网和彩色玻璃，就像套装本身与其上面的珍珠那样对比鲜明，还有点像花花公子在阔步炫耀。这样，艾尔索普公司的这一作品最易受到时尚变迁的影响。随着大楼完工邻近，人们可能会猜测，其内部方式与外观外貌可能也会相似（近一段时间来总的风格并没有发生变化），并且将会赢得人们的赞赏。艾尔索普公司的这座大楼与 A&M 公司作品最主要的不同之处，在与它们与街道、特别是与泰特现代美术馆 (Tate Modern) 的衔接方式。帕勒斯特拉大楼没有零售拱廊来提高大楼底层的活力。A&M 公司也没有把为公众提供喜闻乐见的场所作为一种主导思想、自然地融入其设计之中［例如，见 BBC 的媒体村（BBC's Media Village），白城（White City)］。

32. A&M 公司工作室（A & M Studio）

Southwark Street, SE1
Allies & Morrison, 2004
Tube: London Bridge

A&M 公司工作室正对班克塞得 123 号项目，为这条沉闷的街道带来了活力，特别是在夜晚，大楼立面更使这里显得生机勃勃。在这样一块不好处理的场地上，大楼内部设计非常聪明，带有安藤忠雄的芬芳格调和大众化的文明气息，使这一带受益匪浅。大楼底层既能作为入口大厅，又可作为公共咖啡区、报告厅和模型展示区。

33. 萨瑟克大教堂

现在所看到的萨瑟克大教堂，大部分都是 19 世纪翻修改造过的，其年代为 1818—1897 年。切利和佩夫斯纳（Cherry/Pevsner）在其指导书中认为，当时的翻修改造主要是因为社会需要严肃的"建筑作品"，于是将萨瑟克大教堂重新解构，使其既带有当时的建筑时尚，又带有 17 世纪的建筑特征（指导书用 12 页的篇幅专门讨论这个问题）。大教堂北面新增了一个四方形院落，增加了商店（常常都是必需的）、咖啡馆（可以吃点东西）、图书室和展览室，所用材料试图与教堂原结构材料（石灰石、石英、铜等）相协调。R·格里弗斯合伙人建筑师事务所（Richard Griffiths Associates）设计，2001 年完工。从建筑本身方面来说，这些新增设施还是很吸引人的，尽管从总体上看，没有古典风格那样沉稳动人。然而，新建部分与大教堂之间的一条通道，华丽耀眼，一下子就吸引了你的注意，使你感觉到这些布置都是经过了精心的规划安排。据说，这是对一条直巷的重新发现和重新包装，即兰瑟劳特通道。一般来说，此类项目只会掩盖建筑本身的特征，而且不管它是好还是坏，对游客来说，都无助于接触了解大教堂本身。或许需要立一个导游牌，上写"别管历史，睁开眼睛看一看。去了解建筑本身，它在等着与你对话"。

34. 杰伍德艺术馆和工作室（Jerwood Gallery）

SE1 区联合街 171 号（171 Union Street），P·洛克（Paxton Locher）1998 年设计。原先为一处学校，经过设计改造，设立了戏剧舞蹈排演公司，还有办公室、住房和咖啡馆。其开发模式就是一方面满足客户的核心需求，另一方面又考虑项目本身需要，使项目具有活力。在这里，公众所能参观的主要是艺术馆，其他大部分为私人空间，不能参观。距泰特现代美术馆步行只需几分钟。

35. 海斯橱窗艺廊（Hays Galleria）

SE1 区战桥巷（Battlebridge Lane）。呈"U"形，原为维多利亚时代的仓库，经改造而成。海斯商场沿港口排列，原来船只可以在这里装卸货物。在 M·威格－布朗及其合伙人建筑师事务所（Micheal Twig-Brown & Partners）的设计方案中（1986 年），除填河部分和银行办公大楼外，原有其他部分都予以保留。在这一项目中，建筑顶部开口，自然通风，围绕中央区域展开。底层周边为商店和咖啡馆，已成为颇受欢迎的场所之一。从这里跨过泰晤士河，欣赏伦敦景色，也相当不错。事实上，总的来说，这是一个很不错的开发项目，尽管它带点后现代主义的格调。例如，可以与福斯特的摩尔伦敦项目比较一下，就在附近。从这里步行，向西就是南岸区，向东就是摩尔伦敦，还有大伦敦政府大楼（GLA）、塔桥和巴特勒码头等，很方便。

36. 独角兽剧院(Unicorn Theatre)

Tooley Street, SE1
Keith Williams Architects, 2005
Tube: London Bridge

独角兽儿童剧院在这一带很受欢迎，与市政厅堪称姊妹建筑，再加上摩尔伦敦，成为这一地区别具特色的三座建筑。当然，这三座建筑都由火车站所主导(这里不涉及其他地点，如河对面的伦敦地牢)。威廉斯的想法是，这座剧院应该“粗犷而美丽”。他说，“这座新剧院就像一个不对称的亭子。立面开放透明，使公众能够看到建筑的心脏部分。有些部分有意做成实心体，看起来像悬崖峭壁，并规则地插入一些窗口和阳光”。这种有序规则式设计，对儿童是否合适不好判断，还是由你自己去决定吧。

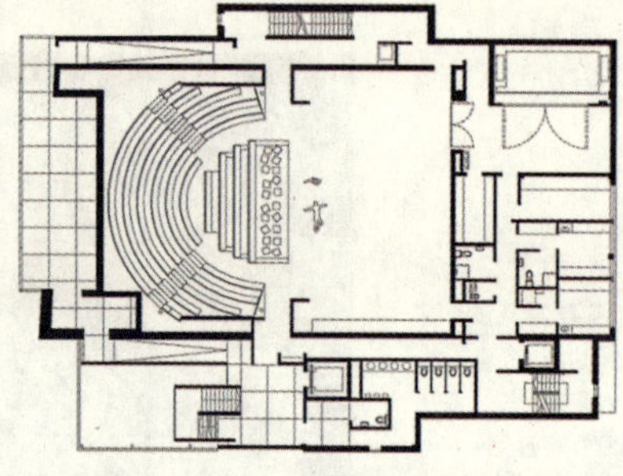

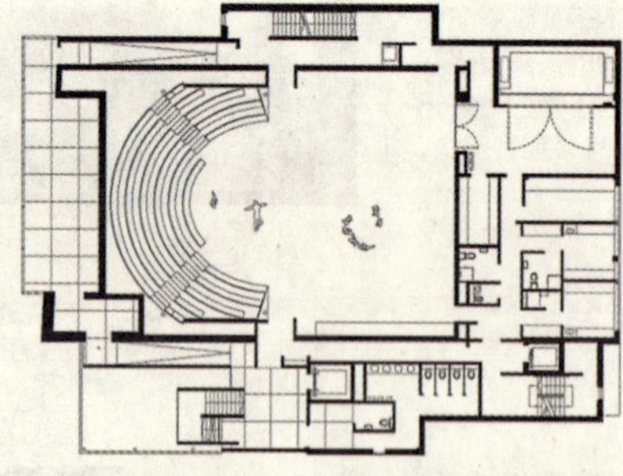

独角兽剧院设施丰富：350 个座位的观众厅（温斯顿剧院），120 个座位的立体声剧院，还有一个排演剧院和通常都会有的附属设施，如教育室和多功能室（规划左侧）。温斯顿剧院在几何布局方面，运用了黄金分割规律，并带有鲜明的维特鲁威风格

远望图利街（面向伦敦桥车站），“绿色房间”上耀眼的阳台伸向大街（右边是摩尔伦敦）

照片：福斯特及其合伙人建筑师事务所 / 奈杰尔 · 扬

或许，摩尔伦敦的最佳参观时间是在夜晚。那时，泰晤士河对面办公大楼灯光闪烁，充满活力

37. 摩尔伦敦（More London）

Tooley Street, SE1
Foster and Partners, 2001-2003
Tube: London Bridge

这块场地已经空闲了好长时间，对其进行开发建设并融入萨瑟克城区城市结构中，很受欢迎。摩尔伦敦项目的开发建设，标志着伦敦开始突破传统的边界线向外扩展，泰晤士河也不再是南北的分隔线，而是变成了南北关联通道。

作为一个租赁式的城市商贸广场，摩尔伦敦项目借用了金丝雀码头的设计思想，在大楼下面设置地下服务区。地上，最突出的特点就是设计了一条斜步行道，其终点为市政厅，目的就是要将伦敦桥车站与塔桥连接起来。日本人称市政厅为“草莓”，很贴切。从整体上来说，步行道的设计很成功，但在实际的安排上 又有意识地避开海斯橱窗艺廊，另外提供一处零售场所，体现出“我们或他们”的区别。零售商品的差别很难看出，但建筑本身却有许多问题值得深思。福斯特的办公大楼都是一些千篇一律的玻璃盒子，外表看上去空空荡荡，最大的一座能够容纳 4500 人。这些办公大楼，还有宾馆、商店等，都是大型板式结构，个别带有中庭。项目继承了先人传统，河边步行道也不过分遮阴（有人将其形容为“手指”，光线从建筑之间穿过）。但是，要使规划师认可这一点，在建筑布局基本确定的情况下，就只有在单个建筑上做文章了，比如建筑上端设计成曲面、合理设置玻璃立面的朝向以及采用必要的工程措施等。实际上，有些路段更像荒凉的小巷。我们失掉什么东西了吗？或许，当南面的建筑完成以后，整个项目会更有活力，从社会方面来说，更加“有机化”。

可以将摩尔伦敦与其他项目作一下对比，比如美林集团总部、白城的 BBC 媒体村、金丝雀码头、主祷文广场、布罗德盖特、摄政广场以及帕丁顿盆地等。在伦敦大开发热潮中，所有这些项目，都有一些人们所熟悉的特征：就像一座大型岛屿，场地所有形式单一，建筑类型承租方式多种多样。其基本思想就是遵循人实用主义理念，即“无法计量就无法经营”。也就是说，任何价值都应赋予一定的数值，所要计算的唯一数值就是价值底线。这种理念谈不上新奇，但作为一种思想理念，对伦敦城市开发产生了前所未有的影响。最终，任何开发模式都会走向终结，新的开发模式不断涌现。对现代办公用房设计来说，20 年周期可能太长了，但只有经过 20 年或更长的时间，各种问题才会逐渐暴露出来。或许，最困难的问题是如何让设计这条恐龙温文尔雅地死去。只是简单地放弃过去、开创新的模式？或者，更为现实一点说，对这类项目仍然给予大量投资，然后眼看着其沦为二手货？

摩尔伦敦场地规划设计了一条假想对角线，从伦敦桥车站开始，一直延伸到市政厅和塔桥，绕过海斯橱窗艺廊

38. 市政厅（City Hall）

Tooley Street, SE1
Foster and Partners, 2001-2003
Tube: London Bridge

市政厅是大伦敦政府 (Greater London Authority) 和大伦敦议会 (Greater London Assembly) 所在地。一家报纸称其为“福斯特的睾丸”。市政厅（“气泡”）孤立显眼，附近有地下通道，这些通道同时也为市政厅周围的办公建筑服务。这些办公建筑也是福斯特及其合伙人建筑师事务所设计。市政厅看起来就像一枚“草莓”，日本人就用这个称呼。市政厅将不断增值，但客户很精明，租期仅为 25 年。有人可能会问，对于此类公共资金项目，将来会怎么样？

大约 K · 利文斯通 (Ken Livingstone) 当选市长前两年，市政厅开始委托设计，并由市政工程部门进行基础设施建设。工程完成了一半的时候，大伦敦议会插了进来，根据自身需要，提出了一些新要求。对于突然出现的情况，福斯特事务所能够从容应对，但对负责人 K · 舍特沃斯 (Ken Shuttleworth) 来说，仍感到相当棘手。

市政厅采用了圆形几何造型，这种结构形式较难设计。一般情况下，大学一年级建筑学生都避免采用这种结构。要是没有现代数字化技术和富于创造性的建筑师，市政厅的设计和建造根本不可能进行。在设计上，一方面，参照德国议会大楼的设计，采用组合式玻璃空间，象征民主透明。另一方面，追求高度“绿色”建筑，能源消耗只是普通办公大楼的 1/4。例如，外观上所看到的这个球形结构，符合 B · 富勒方程，即外表面积最小，内部空间最大。此外，大楼南侧外倾，可以适当提供遮阴。

2005 年的测量数据显示，实际上，市政厅并不像所设想的那么“绿”。可持续程度高的建筑约为 120 千瓦小时 / 平方米。市政厅的实际消耗值为 376 千瓦小时 / 平方米，其设计值为 236 千瓦小时 / 平方米，比现行设计规范高 8%。尽管媒体对此有所吹嘘和夸大，但其表现总体上说还是不错的。现在正计划在楼顶加装太阳能电池板。

左上：底层入口
上中：从大厅通往办公空间的坡道
右上：从“伦敦起居室”向北观望

进入大楼，首先看到的是入口大厅，形状奇特，色彩斑斓。在这里没有别的选择，只有螺旋前进。向下到下层，那里有咖啡馆、会议室等空间；或沿中央电梯绕行，或者向上到达公共活动区，由此还可进入中央议事厅，它正好就位于大楼的心脏地带。

办公空间围绕中央议事厅布设，大约占全部面积的2/3。顶部有“伦敦城起居室”。这是一个组合空间，其周围有阳台，可以在此欣赏伦敦美景。看到大楼的几何造型，你可能会觉得里面的办公空间不好安排。实际上，自从大楼开始启用以来，管理人员已经想方设法将可容纳的人员数量，由400人提高到了650人，并且运转良好。然而，市政厅由于形状限制，无法进行扩建。还有，关于开放性规划还常存在争议。

中央议事大厅之上是螺旋式台阶坡道。通常情况下，游客不能通行，原因是明显的，就是为了安全，防止噪声。游客一般可乘电梯到达“起居室”。有时（当然是在议会不开会的时候）可以从坡道返回。如能赶上，的确令人欢呼兴奋，特别是在夜晚。从这里可以清楚地看到办公区，对这座大楼的功能有一个大体了解。实际上，坡道最主要的功能就是，使工作人员能够把主要注意力放在坡道上，观察到在楼层之间上下的游客。此外，走在富于变化、有台阶的螺旋坡道上，姿态也煞是引人，还可以观赏到泰晤士河对面的城市风光。

有人可能不禁会问，对于一些难以处理的设计问题，市政厅就是可以仿效的解决办法吗？对于公众来说，市政厅富于魅力，具有象征性。把民主比作透明材料是荒谬的。在流通方面也遇到一些问题，只是被安全问题所冲淡了。公平地说，安全问题难以预见。尽管有这些不足和缺憾，但是这座建筑仍然体现出来某种精神，值得崇敬。

39. 舍德泰晤士（Shad Thames）

SEI区巴特勒码头，C·罗奇（Conran Roche）1990年设计。地铁站：伦敦桥/塔山站。

数年前，舍德泰晤士还凄凉脏乱，拥挤不堪，作为东区工人阶级浪漫史的象征，令人怀疑。现在，这里整洁干净，有一股香甜气息，令人感到愉快，感到高雅。过去的巴特勒码头仓库，经过翻修改造，现在已变成了一座座漂亮的临河公寓。街道经过精心设计改造，增加了许多桥梁，从前桥梁主要是作为仓库内区和外区的连接通道。仓库（19世纪末）之间的狭窄空间经过改造，增加了少数民族餐馆——康兰餐馆。康兰就住在街角处，在前戴维迈勒（David Mallar）大楼（由M·霍普金斯设计）上层。舍德泰晤士是变老了？变新了？还是变得更加真实了？不管怎么样，现在它确实让人感到愉快。

40. 霍斯里唐恩广场 (Horselydown Square)

J· 威克姆的已故岳父是荷兰大师 A· 范艾克。因此在威克姆设计的霍斯里唐恩广场项目上，我们也能约略看出某些来自荷兰建筑的影响，这是一个优秀的公寓住宅开发项目，底层有商店和办公用房（威克姆及其合伙人建筑师事务所 1989 年设计。地铁站：塔山 / 伯蒙德西站）。建筑造型和细部很具创造性，非同一般。带有超级构造性技巧，是一座很不一般的英国建筑。上面说了这么多赞美之词，但它也有不足之处。位于项目心脏地带的广场就不很成功，缺少植被。假如有植被覆盖的话，与现在的情况会有明显的不同。广场下有一个停车场。整个项目可能会随时间流逝衰老，但目前表现良好。

41. 设计博物馆 (Design Museum)

SE1 巴特勒码头，C· 罗舍 1989 年设计。地铁站：塔山站、伯蒙德西站和伦敦桥站。

原先为一处仓库，是泰晤士河边最沉闷的处所。C· 罗舍将其改造成了一座设计博物馆，颇具戏剧性。博物馆外面为白色，横排窗，就像是 20 世纪 30 年代格罗皮乌斯 (Gropius) 的作品。毫无疑问，佩夫斯纳一定会喜欢。人们或许会问，这些直率的建筑师，为了演绎 20 世纪的创造神话，在博物馆这类建筑设计上采用历史性主题，是否合适。或许还是合适的吧，这座博物馆看上去太严肃了？有必要将其推倒，重新设计一座完全不带现代主义时代烙印，将所有背景、相关事件等都掩藏起来的新博物馆？为什么不能新建呢？底层有商店和咖啡馆，永久性博物馆展室和艺术展室在上层（有点被遮挡），蓝印餐馆面对第一层。在写本书的时候，设计博物馆正在寻求位置更好的新址。

42. 圣救主码头

N· 莱西 1997 年设计。这是一座步行桥，结构复杂，可以转动，外表看上去就好像有人偷走什么东西似的。或许，有些地方做得过分，需要修剪。不过，不管怎么说，作为不锈钢结构设计，它的确是一件艺术品，值得细细品鉴。低潮的时候泥沙裸露，船只排列在港口（过去就曾有大量船只停泊，一直延伸到仓库区）等待涨潮的到来，载有木材的笨重的船只停靠在桥边，煞是好看。最好还是不要把这些景色当做大桥的组成部分。东边就是新康柯德码头 (New Concordia Wharf)，在该地区率先对仓库进行了改造 [P·T· 爱德华兹 (Pollard Thomas Edwards)，1981—1983 年]。

新康柯德码头以及与其相类似的仓库是第一批改造建筑。经改造以后，变成了人们所期望的居民大楼。然而，这种情况并没有持续多久。随着改造重点向西迁移 [例如巴特勒码头 (Butlers Wharf)]，到 2000 年，巴特勒码头与罗瑟希泽之间东部地带仍处于荒凉状态。2000 年以后，巴特勒码头东面的开发又被重新激活。上述情况表明，对此类地段的开发需要有一个相当长的过程，尽管靠近塔桥，也帮不了多大忙。人们可能会有这样的想法，即老港区的更新改造所需的时间较短，但实际上，码头早在 1970 年就关闭。

43. 环形大楼（the Circle）

SE1 区伊丽莎白皇后街（Queen Elizabeth Street），CZWG 公司 1989 年设计。地铁站：伦敦桥 / 伯蒙德西站。

环形大楼是 CZWG 的公司所设计的典型的后现代主义作品。其设计思想来源于陶瓷罐（但感觉就像高高耸立在那里、虎视眈眈的一只猫头鹰），破碎的陶瓷一块一块地拼接起来，华丽美观。中央由陶瓷砖围成一个前院。整座大楼有 302 套住房。大楼的另一个重要特征就是有一系列的阳台，由木料支撑。为追求大楼的生动活泼，反而使整座大楼更显得严肃呆板。即使有一些信息标志，也相互不一致，相互矛盾。不过，这样做至少可以给人一种愉快的感觉。大楼里面的设计很一般，走廊出入口令人感到不舒服，外立面看上去就像快速安装的、单衬砌结构建筑。对于这些，只能对开发商加以谴责，而不能原谅。有趣的是，虽然在风格上有些过时，但是大楼保有自己的特征，运转表现良好。

44. 中国码头住宅和办公大楼（Apartment and office building, China Wharf）

SE1 区磨坊街（Mill Street），CZWG 公司 1988 年设计。地铁站：塔山站。现在，这些后现代主义公寓和办公大楼正在日益衰退，但仍然不失为河边一道美丽的风景线。大楼立面带有明显的沿河特征，外观红色，齐整，剖面式排列布局。隐约带有中国特征，很引人注目。但其最动人之处在于船尾。这里从楼内伸出一条悬臂，构成一个阳台，即使春季潮汐上涨的时候，也能悬浮于水面。在 CZWG 公司的作品中，这是最富才智的设计，因为它植根于所处的环境之中，而不是孤立独处。靠陆地一侧，考虑到了各种不同的场地条件，简单，但又颇具个性：白色混凝土立面，深深的长槽（很明显，参照了竖井设计），有一定角度的内嵌式窗户（可以引人观赏，捕捉阳光）。

就在中国码头东侧，还有高夫的一件河边作品，即一座滨河独栋式楼房。该房有悬梯，很值得一看。虽然不是世界上最好的设计，但也可以享受一下建筑位置所带来的美感，领略到意想不到的感觉（2000 年，照片：右）。

45. 迈勒大楼（Mellor Building）

位于舍德泰晤士大街（Shad Thames Street），面对新康柯德大街。M· 霍普金斯及其合伙人建筑师事务所 1990 年设计。

开始建造的时候主要是供厨具商戴维 · 迈勒（David Mellor）所用，建完的时候顶层增加棚屋，供 T· 康兰所用。自从建成以来，一直就以精美朴素而著称。混凝土框架外露，铅制边板，与巴特勒地区其他大多数建筑形成鲜明对比。

邻近还有一座类似的建筑，白色，由 C· 罗奇于 1998 年设计。设计之初主要是用作办公建筑，但从未使用过，也没有改造成公寓住宅楼。

LIBATION

老港区与格林尼治

左：靠近拉班中心（Laban Centre）的德特福德河（Deptford Creek）涨潮时

引 子（Docklands Notes）

老港区位于伦敦桥下游，伦敦塔附近，过去都称之为“池塘”。这里船只密集，仓库林立，与贸易相关的各种活动和设施应有尽有，只要不触犯法律，几乎什么事情都可以做。18世纪末伦敦大发展时期，这里交通堵塞严重。于是，开始考虑对东边平坦的沼泽区进行开发建设。从1790—1830年，许多大型工程项目接连上马，将这一地区建设成了一个潮汐码头，有众多新建仓库，许多地方有高墙和壕沟保护。除此之外，东区应运而生。东区主要是码头工人的住宅区，曾有一段时间家禽业也非常繁荣，因而被称之为伦敦后院。城里富人们将污染物都向这里排放，一些政客也随着主导风向西南风被刮向这里。

从经营方面来看，码头从未取得成功。即使在大英帝国最繁盛时期，伦敦港口管理处组建并对其进行管理之后，这座码头仍然有许多棘手的问题。这种情况一直持续到二战以后很长一段时间，即使战时遭受了严重破坏也无济于事。然而，变化的时候到了。20世纪60年代，货物运输达到历史高峰，机械化和集装箱化就要改变一切。到1970年，码头大部分地区已经关闭，货物运输都向蒂尔伯里（Tilbury）集装箱码头转移。蒂尔伯里码头就位于泰晤士河口。一大片荒废的土地留给了伦敦。1980年高峰期，老港区被遗弃或正在被遗弃的土地达到8000英亩。

上：中国码头悬空船尾，难得的滑稽建筑作品。
下左：千禧穹顶（the Dome）。
下中：从金丝雀码头一座高大建筑上所看到西侧景象。
下右：朱比利地铁站金丝雀码头扶梯。

怎么办？首先想到的是综合性应用。一场神秘的大火把一些精美的仓库烧毁了。一些精明的经理人和政客来到了这个码头区，希望开发出一块平整广阔的土地，用作工业厂房，容纳传统制造业，而传统制造业当时在伦敦已经落后了，服务业正在逐步占主导地位。于是，一个自治“开发区”建立起来了。在这里没有反抗情绪和左翼人士所具有的某些天性。而这些常会使传统开发形式遭受干扰。在减税政策的支持下，报界从它们的历史性场地舰队街迁移过来，充分利用了劳工改革政策，而这曾经引发严重的骚动。20世纪80年代初，撒切尔政权劳工政策的主要特征就是如此。但是，事后看来，也就是在这一时期，为后来经济的发展和城市的变迁打下了基础。

对于这一地区的开发前景，过去认为只是有可能，而现在人们逐渐对它抱有乐观态度，雄心勃勃，确信无疑。20世纪80年代中期“泡沫经济”时代，老港区曾经迅速繁荣，虽然在全伦敦仍属下游，但也

可以将老港区项目（36平方公里）与拟议中的"泰晤士河口"开发项目（518平方公里）作一对比。"泰晤士河口"开发项目，位于伦敦中部，泰晤士河河口。在这里，计划有20万个新家庭来此居住。但是，眼下对这一设想中的规划产生了巨大争议。有人主张从长计议，高标准规划，建设高标准人住房；有人则主张从实用主义角度出发，完全采用"速成"模式。

为开发商带来了财富，或打碎了开发商的发财之梦。工业厂房建设计划被放弃，由办公室和工作室取而代之。那些新近发起来的"雅皮士"，都渴望住在伦敦城附近，靠近泰晤士河。现在，仓库都租出去了，真带有浪漫色彩。建筑向高层发展的趋势，从纽约传到了老港区，即使在瓦平地区低层建筑仍有所增长，但也仍鼓励当地人"当一回雅皮士"。

金丝雀码头位于老港区的心脏地带。设计者认为，在交通基础设施方面，政府能够提供必要的支持，满足人们的交通需求。因此，将码头尽可能地抬高。到2002年，老港区轻轨线大幅度地延长。改造之初，就像玩具火车线路，由一条废弃铁路改建而成。目前，这条线路仍在建设之中，还在不断延伸。朱比利延长线(Jubilee Line)已经完工，正赶上千禧年和千年穹顶建成开业。伦敦老港区开发公司为老港区带来了它所需要的一切，住房开发随处可见。当然，不尽人意的地方肯定很多。但是，作为伦敦的一个大区，老港区得到了更新改造，改变了伦敦的城市结构。现在，东区那种人口稀少破败的景象，只能留在当地人的记忆之中，或者人们所喜闻乐见的肥皂剧式的虚拟现实之中了。

正是基于这一点，伦敦才得以成为2012年奥运会举办城市。奥运会的举办，将会极大地促进城市开发由西区向东区发生历史性转变。而在东区的心脏地带就是金丝雀码头。它已成为东西连接的中心纽带，向东有斯特拉特福特区，还有政府更宏大的梦想，就是"泰晤士河口"开发项目，预计这一项目将会吊起很多人的胃口，吸引他们在这里安置新家。

上：在集装箱城(Container City)的就餐者。

右：R·威尔逊(Richard Wilson)的朴实"构件"，靠近千禧穹顶。

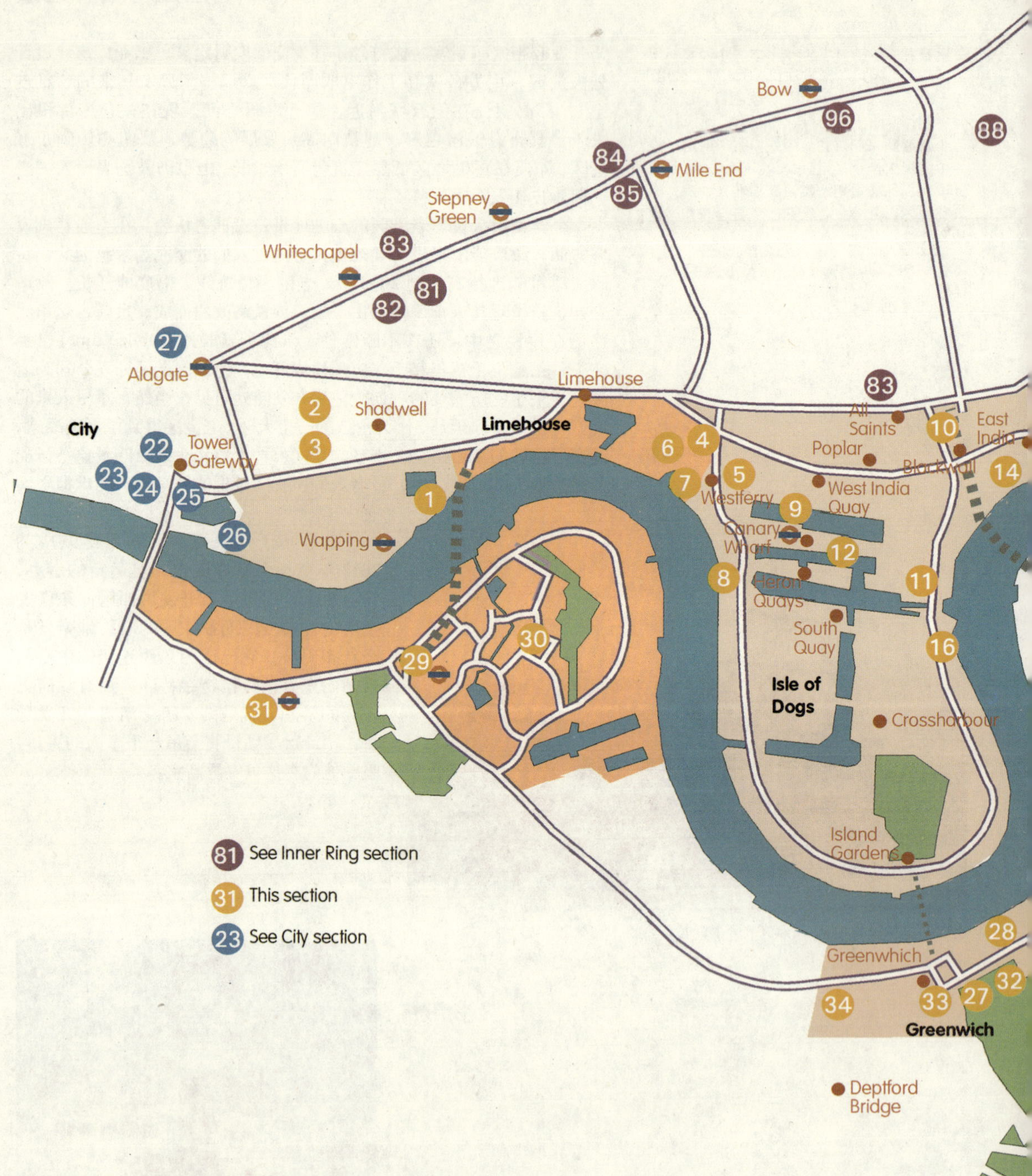
Bow
96
88
84
Mile End
85
Stepney Green
Whitechapel
83
81
82
27
Aldgate
Limehouse
83
2
Shadwell
Limehouse
All Saints
10
East India
City
22
Tower Gateway
3
6
4
Poplar
23
24
25
7
5
Blackwall
14
1
Westferry
West India Quay
9
26
Wapping
Canary Wharf
12
8
Heron Quays
11
South Quay
30
16
29
Isle of Dogs
31
Crossharbour
Island Gardens
81 See Inner Ring section
31 This section
23 See City section
28
Greenwhich
32
34
33
27
Greenwich
Deptford Bridge

码头历史简介（A brief docks history）

公元 61 年， 罗马人占领下的伦敦要塞和贸易中心。1105 年，亨利一世批准设立一个自治管理机构，即伦敦城管委会（Corporation of London）。1192 年伦敦城管委会选出第一任市长。1197 年，泰晤士河的保护和管理归由伦敦城和伦敦城管委会负责。

1500—1600 年，伦敦人口由 55000 人，上升到 200000 人。

1750 年，伦敦成为欧洲最大的城市，人口超过 700000。

1799—1829 年，码头建设第一阶段，包括西印度码头(West India Dock，1802 年开业)、东印度码头（East India Dock，1803 年开业）、伦敦码头（London Docks，1805 年开业）和圣凯瑟琳码头(St. Katherine's Dock，1828 年)。前码头公司专营期限为 21 年。之后，再由其他公司参与经营。

1840 年，连接码头的第一条铁路开通。

1868—1880 年，码头建设第三阶段，包括米尔沃尔码头（Millwall Docks，1868 年)、蒂尔伯里码头（Tilbury Docks，1886 年）和皇家艾伯特码头（Royal Albert Docks，1880 年)。

1908 年，"伦敦港口法案（the Port of London Act）"，将港口管理置于伦敦港口管理处控制之下。伦敦港口管理处创建于 1909 年。20 世纪 20 年代，码头劳工注册计划开始实施，对码头工人设定最低工资标准。

1939—1945 年，战争轰炸给伦敦码头造成了严重破坏，估计损失 1350 万英镑。

1947 年,新建的"国家码头劳工委员会(National Dock Labour Board)",成为所有注册港口工人的雇主。不过，20 世纪 60 年代，劳工纠纷和投资缺乏，在集装箱运输发展的第一阶段，伦敦没有赶上。到 1960 年，注册码头工人数量超过 23000 人。而到 1971 年，注册码头工人的数量只有 16500 人，有些被分散到了其他地方。

1974—1982 年，泰晤士防河大堤建设［Thames Barrier，从西弗尔顿（Silvertown）到查尔顿(Charlton)]，保护伦敦免受洪灾。

1981 年，伦敦老港区开发公司（London's Docklands Development Corporation，LDDC）成立，授权运用公共资金购买废弃的、搬空了的码头，用于建造办公楼和住房。1998 年关闭，解散工作从 1994 年就开始了。

1987 年，老港区轻轨线开通，初始建设开支 7700 万英镑。2000 年，朱比利线开通。码头关闭大约 35 年以后，再开发建设就一直在不断进行，并且遍布整个东区。

1. 瓦平项目 (Wapping Project)

Shadwell Basin, E1
Architects Shed 54, 2000
Tube: Wapping

瓦平项目位于沙德威尔盆地 (Shadwell Basin)，由一个旧水泵站（1890）改建而成。西区共有 55 个水泵站，这是其中之一。改造以后主要设施为餐馆和艺术馆，由 J · 赖特（Jules Wright）和同为建筑师的丈夫乔舒亚（Joshua，Shed 54）设计。在瓦平项目中，新旧部分得以平衡，为了表现一种真实感而采取了一些“干扰”(为什么建筑师会使用这个带刺激性的字眼? “干扰”是警察常用的词，而不是设计师）和回避性措施。特别是当与食品相关时，这种真实性特别难得。入口以及邻近的大厅，其房顶为木质，里面有 C · 埃姆斯 (Charles Eames) 坐椅，供就餐人就座。除此以外，还有一个大型展览室和装配室。展览室和装配室通过外面的电镀楼梯与上层相连。上层平台与原先一个大水池相连，但这一部分还有待将来进一步开发。

赖特设计的艺术馆没有“废话”，这种风格渗透于整个项目之中。毫无疑问，这是伦敦最值得参观的项目之一。餐馆非常优美，用其营利维持艺术馆的运转。务必记住，参观的时候，到餐馆里吃点东西。

还可围着沙德威尔盆地和这里的住宅散散步，或许你就不小心撞进了对面的小酒馆惠特比项目（Project of Whitby）。

2. 圣乔治东教堂 (St.George-in-the-East)

建于 1714—1729 年，一座巴洛克式教堂，N · 霍克斯莫尔设计。里面曾被大火烧光，只剩下一个空壳。20 世纪 60 年代又在里面建了一个小教堂。它正对烟草码头，临近 E1 主干道。教堂让人感到昏暗，但孕育着生机，试图将 18 世纪初缺乏信仰的伦敦人纳入道德规范。教堂的设计表达了牧师的思想，既奇妙、庄严，还带点恐惧。在细部处理上让人感到结实、粗犷和沉静。圣安妮教堂也是由霍克斯莫尔设计，大约是在同一个时期。另外，还可将其与路加教堂作一对比。

3. 烟草码头 (Tobacco Dock)

E1 区彭宁顿街(Pennington Street)，法雷尔及其合伙人建筑师事务所 1987 年设计。地铁站：塔山站；老港区轻轨：沙德威尔站。从商业角度来说，码头的设计建造是失败的，但仍不失一些有趣之处。保留了乔治亚时代的高科技棚架，棚顶薄而优雅，下部的砖砌拱顶令人印象深刻（所有这些都是在 1806 年设计建造的）。在修复改造过程中，法雷尔还增加了一些东西，如钢与铸铁相结合的商店立面等。周围的砖墙仍保留了原来的模样。从这些砖墙可以看出，当时对码头的防卫是多么严密（偷盗曾经是一个大问题）。

4. 莱姆豪斯居住区（Limehouse Houses）

Ropemaker Field, E14
Proctor Matthews Architects, 1996
DLR: Westferry

该居住区共有独栋式住宅11座。建筑立面具有"层次"感。设计简洁明了，一看就知道是经过了认真考虑。入口大门，一些计量性仪表和箱柜的掩隐、通往一楼主空间的阳台、窗户的分组以及类似屋檐的顶层阁楼等，在这些要素的构成和细部处理上，都表现得认真细致。通往阳台的凉棚，给人一种舒服和安全感。并且所用木材与窗户用材相互照应，具有整体感。

将莱姆豪斯居住区项目，与近期完成的格林尼治半岛上的千禧村(Millennium Village)项目作一下对比，你会感到更为有趣。千禧村项目总体规划由P·厄斯金设计。在千禧村项目中，莱姆豪斯居住区项目中的一些基本主题仍得以采用。不过，有些地方改成了电镀钢，看起来更为生动（有人表示怀疑）。若与巴伦大院(Baron's Court)项目相比，其先进性不知要高出多少倍。

5. 威斯特弗里大楼（Westferry）

Westferry Studios
Milligan Street, London E14
CZWG Architects, 1999
DLR: Westferry

威斯特弗里项目是CZWG公司较好作品之一，带有F·盖里(Frank Gehry)和R·文丘里(Robert Venturi)的设计特点。"奠基性、有创造性的设计。为老港区的一些有希望的新公司提供居住和工作空间，主要面向刚开业的小公司"。前立面为砖砌结构，活泼生动，入口大厅与阳台相通，后面有楼梯和电梯。大楼为混合应用型建筑，由9个商用单元，27个可出租的、居住工作两用单元（廉价）。为了减少开支，内部空间只提供一个基本框架，用户可以根据自己的需要对其进行剪裁。

6. 罗伊广场 (Roy Square)

E14区（莱姆豪斯），窄街(Narrow Street)，I·里奇(Ian Ritchie)1987年设计。附近的新维多利亚社区项目，也于同一时期建设，但罗伊广场在风格上与其不同。里奇创造了一个城市"中空社区"。由77个单元组成，形成4座亭式建筑。入口为一个共享中心花园，停车场上面有一个平台。其建筑形式大部分采用乔治亚时代的风格，目的是创造一种平静规整的氛围。很值得一看。不过，注意安全门，而且一般不欢迎访客进入。可以将其与里奇的另一项目，赛艇中心项目作一对比。该项目位于皇家码头，比罗伊广场项目晚12年。

7. 邓迪码头 (Dundee Wharf)

E14区，莱姆豪斯邓迪码头(Dundee Wharf)。CZWG1988年设计。轻轨站：威斯特弗里站。

一座大型建筑，有160个公寓单元，形状有点奇特。据说，该楼与周围建筑很协调，并且与弯曲的河岸也相适应。整座大楼规划成"U"形，有私人出入口和停车空间，号称"新城市广场"。大楼的设计，实际上是受了"场外引力"的影响，房顶采用了一些砖结构建筑特征。另外，设又一个独立阳台，高11层，形成塔楼状。据说，这是参照在码头边游荡的鹤类而设计的。还有一些阳台呈"V"形，表面上看类似船只在装载货物（这是他们说的）。

8. 凯斯凯德大楼（Cascades）

E14 区，威斯特弗里路 2-4 号(2-4 West Ferry Road)，CZWG 公司 1986—1988 年设计。轻轨站：威斯特弗里站、金丝雀码头站。凯斯凯德大楼是 CZWG 公司最成功的作品之一。在金丝雀码头建设之前建造的高层建筑，摒弃了人们对高层住宅建筑的偏见。20 世纪 80 年代末期，它是雅皮士的象征。建筑市场衰退期间，价格急剧下降，地方当局有能力将之买下，为无家可归者提供住房。现在，建筑业又兴旺起来了。长长的，螺旋形的斜线构型，类似于火灾逃生装置，是其与一般塔式建筑最明显的不同之处。但是，它也是取自于普通的公寓住宅，只是为了美观罢了。为了打破塔式建筑固有的板块感、呆板感，在设计上作了很多努力。作为老港区更新改造早期较好的开发项目之一，将其与现在伦敦类似的住宅建筑作了一下比较，很有必要 [可以与罗杰斯的蒙特威特罗项目 (Montevetro) 对比一下]。

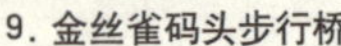

9. 金丝雀码头步行桥

E14 区，北码头 / 西印度码头(North Quay/West India Quay)。未来体系公司 (Future Systems) 安东尼 · 亨特(Anthony Hunt)1995 年设计。轻轨站：金丝雀码头。

该桥的设计本着这么一种指导思想，即设计一座浮动桥，为这一带增加活力，改变金丝雀码头建设第一阶段景观的沉闷呆板气氛。然而，虽然大桥看上去好像要飘走似的，但其实是有必需的锚固定的。采用的是滑动链接方式，水下的水泥墩座得以被掩隐。大桥中部由水力控制 (加配重块辅助)，可以开启，以便船只通过。大桥看上去带有一种新军队风格，就好像“兄弟连(Band of brothers)”正要过桥，富于浪漫情调。

10. 罗宾汉花园 (Robin Hood Gardens)

E14 区，棉花街(Cotton Street)与罗宾汉巷(Robin Hood Lane)之间。轻轨站：布莱克华尔站(Blackwall)。史密森夫妇设计。该公司在伦敦的作品不多，这是其中之一 (见《经济学家人》杂志综合楼，在圣詹姆斯大街)。20 世纪 50 年代至 70 年代，学生们都把这个项目当做是英雄加以崇拜。但这却是一个颇具争议性的项目，因为对于此类的中层和高层建筑，涉及街道空间的处理问题。项目所处的场地荒凉糟糕对于所遭受的失败，建筑师曾试图加以改善，但也没有什么可值得称颂之处。在 60 年代的许多伦敦住宅项目中，这是一个很典型的实例。不过，如果这里的建筑师是你心目中的英雄，你就应到那里地去看一看。

11. 码头瞭望台 (Dock Gatehouse)

W · 艾尔索普 (Will Alsop) 的微型码头瞭望台，放置于金丝雀码头一段钢架末端 (在转角处)，尽管周围发生了那么大的变化，但它还是保留了下来。瞭望台尺度小，不显眼，很容易被人忽略，但它却是这一带更新改造的历史见证。

12. 金丝雀码头 (Canary Wharf)

Canary Wharf, E14
Masterplan by Skidmore Owings & Merrill
Tube/DLR: Canary Wharf

这座戈瑟姆城 (Gotham City) 的建设，最早始于 20 世纪 80 年代，几乎完全是偶然的。总体规划由芝加哥 SOM 提出。后来逐渐发展成为租赁式的北美模式，对英国建筑师以及伦敦城产生了深刻影响。戈瑟姆城建设的第一阶段，大约截止于 1990 年，那时建筑业衰退刚刚出现。这一阶段的建筑几乎完全是北美式的，包括发起人、投融资、设计和建设管理等各个环节。第一阶段结束以后，银行把那些破产的项目接了过来，然后又让原来的开发商将其买回，从而在 90 年代中期诱发了第二次开发高潮。金丝雀码头开发建设的成功，其中一个关键的因素就是老港区轻轨线路，以及后来朱比利延长线的建设。值得一提的是，现在，这些成熟的开发项目又加进了一些住宅、一家宾馆和一个大型零售商店（现在是东区最主要的零售商场之一）以及少量的办公空间。1999 年，在这里工作的人大约有 25000 人。2005 年增长到 65000 人（分布于 18 座办公大楼之中），预计满负荷时可以达到 90000 人。

开始的时候，伦敦的建筑师都对其加以诋毁，而现在金丝雀码头已经安顿下来，逐渐为人们接受，尽管它与周围的城市结构仍然缺乏有机的融合。随着开发的进行，各种倾斜性政策的实施，以及现在所有人投资的减少，有些棘手的问题都逐渐克服了。但是，干线道路基础设施建设除外。

在第一开发阶段，最辉煌的主导性建筑，就是金丝雀码头大厦（加拿大广场 1 号，One Canada Square）。它外面为不锈钢包被，50 层，净面积 114751 平方米。整座大楼基座厚 4 米，就像漂浮在竹筏子上。基座由 22 根桩柱支撑，深入地下 30 米。由 C · 佩里设计。第一阶段开发建设的中心购物大楼和轻轨站也是由他设计。金丝雀码头大厦当时是伦敦的地标性建筑，现在已被周围的高大建筑所包围，原先的光辉丧失殆尽。在第一阶段，金丝雀码头大厦周围那些较低矮的建筑，由许多设计师和设计公司参与了设计，如培、考伯、弗莱德及其合伙人建筑师事务所 (Pei，Cobb，Freed & Partners)、KPF(Kohn Pedersen Fox)、SOM 与特芬顿与麦卡斯兰公司（Troughton McAslan，唯一的一家英国公司）等。所有这些公司都不怎么著名，但它们的后现代主义风格，却非常有趣。他们雄厚的实力，让英国本土建筑师都感到恐惧和受威胁。

20 世纪 90 年代末期，金丝雀码头第二个开发阶段，福斯特设计了两座大厦，一座为花旗集团 (Citigroup) 总部大

金丝雀码头所处的位置很关键，周围有拟议中的住宅开发项目泰晤士河口项目（泰晤士河支流）、2012 年奥运会建设项目、还有伦敦城和西区。具有讽刺意味的是（没有预料），这里的地下购物商城，已经成为人们周末经常光顾之处。

厦，相对较低，面积52284平方英尺，位于加拿大广场33号(33 Canada Square)。另一座为汇丰银行(HSBC)大楼，位于北侧（加拿大广场8号，8 Canada Square)，41层，102191平方英尺，将加拿大广场1号大厦比了下去。两座大楼都显得空空荡荡，呆板单调。与此同时，SOM摆脱后现代主义的束缚，借用欧洲化的当代现代主义风格，设计了数座较低矮的大楼，每座大楼面积约5万到5.5万平方英尺。不过，设计较出色的建筑当属C·佩里的新20世纪50年代大楼，如加拿大广场25号（11.2万平方英尺)，银行街25号（25 Bank Street，9.75万平方英尺）。还有科恩+佩德森+福克斯的作品，如上银行街10号（10 Upper Bank Street，面积9.3万平方英尺）。注意：这里所给出的所有数据，其单位均为平方英尺，因为许多跨国公司喜欢使用这个单位。将以上数据除以11，就可以换算为平方米。如果要想精确一点的话，那就除以10.76。

“类似俱乐部”的内部空间。

将第一阶段的建筑与第二阶段的建筑对比一下，你将会感到非常有趣。走在早期所建造的大楼当中，就好像进入了一个没有阳光的世界，进入了深邃的洞穴空间。其内饰也不多么令人感到鼓舞，而是华而不实，体现了战后银行家的传统。走进后期所建造的大楼呈，如比较突出的巴克来银行大楼（Barclays HQ，其内饰由普林格尔与布兰顿设计)，你会感觉到有一种完全不同的风格，朴实无华，轻快活泼。这一点从外观上几乎看不出来。

总的来说，对于实用主义的跨国资本开发项目，金丝雀码头是一个很好的实例。这类跨国资本开发项目，试图用人工建造的办公空间，为城市带来生机和活力。不管你是否感觉得到，此类项目总会经常发生演变。后期开发部分，在其周围一般都会增加宾馆、住宅和艺术方面的辅助项目。这样，对于整个项目区，宏大的空间就变得比较亲切宜人，更受人们的欢迎。但是，即便如此，单调乏味的感觉往往还会萦绕其中。然而，当前所出现的情况非常有趣，在选择承租人方面，地产所有人采取了灵活多样的方法，不仅仅限于办公目的。此办法一经实施，据说有的楼盘都已经卖光了。对项目开发来说，这可是具有里程碑意义的。

金丝雀码头办公建筑大体相同，有人管理，在这种情况下，其唯一的缺点就是很难从根本上发生变化。不过，它们是我们这一时代一件很令人着迷的作品，很值得研究品鉴。夏季夜晚（周五下午4：30)，是金丝雀码头最壮观、最迷人的时候，此时是参观的最好时机。

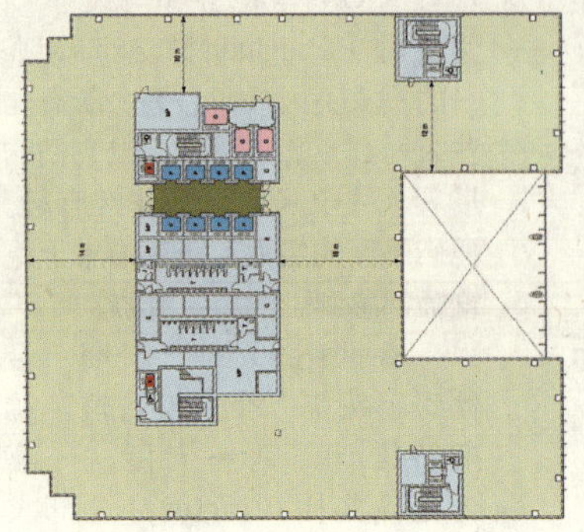

上左：巴克来银行总部大楼中庭和入口大厅。大楼由斯旺克+海登设计，内部空间则由P·布兰顿设计。内部布置很有趣，但因安全方面的考虑不能过多透露。

上：20 世纪 80 年代金丝雀码头第一建设阶段实例：十足的后现代主义的 SOM，在芝加哥的办公室，设计了一座“伦敦”大楼。实现的设计回归到了美国的巴黎美术学院风格理念与深色室内装饰的传统。右面：SOM 后期作品（从上往下看），第二阶段。

金丝雀码头朱比利延长线（Canary Wharf JLE station）

朱比利延长线为伦敦增加了 9 座车站。这 9 座车站都由建筑师设计，朱比利设计团队提供重要帮助（但他们并没有多么被人看重）。金丝雀码头玻璃车站，由福斯特设计，借鉴了比尔保车站（Bilbao）和斯坦斯特德的一些设计手法，但在规模和客容量上都要大得多。设计最大客流为量每小时 4 万人。有 22 部电梯，比牛津广场还多。地下大厅长 280 米，宽 32 米，高 24 米，长度与金丝雀大厦高度相当。从形式上来说，与靠近千禧穹顶的 W· 艾尔索普所设计的车站大体相似，但体量要大得多。地上，呈冠状，双曲玻璃面，属于福斯特团队在各种不同的项目中经常采用的形式［如杜克斯福特(Duxford)的大气博物馆(Air Museum)］，就像膨胀的飞机驾驶座舱。地下建筑带有很多种皮拉内西风格：形体巨大、客流路线明确、优雅别致，其规模就像一座意大利法西斯火车站。的确非同一般。在结构方面力求简洁明快，避免混杂。同时又创造出一种安详静谧的气氛（大弧度曲面混凝土结构，使这种气氛进一步增强）。光照设计也很有特色。入口有换气通道，光线可以由此进入内室，把游客吸引到码头上。通过过道可以去往车站。光照设计师为克劳德和 D· 恩格（Claude and Danielle Engle）。总面积约为 3.15 万平方米。

13. 集装箱城（Container City）

Trinity Pier, Orchard Place, E14
Nicholas Lacey and Partners, 2002
DLR: East India

伦敦老港区开发公司(LDDC)把三一码头地铁，划为艺术开发区，这一带相对比较便宜。三一码头原先为灯塔管理员现场培训场所。开发商（可悲的是，不是合伙商）在开发建设时充分利用了码头上那些多余的集装箱，建设速度快，花费又少。由于英国进出口贸易不平衡，大量空置、老旧集装箱都静静地堆在那里。在集装箱上开个口就成了窗户。集装箱原来的开口仍然保留，作为阳台或通往阳台的通道，外面增设楼梯。集装箱里面喷绝缘材料，加石膏板内衬……所有的设计布置，看起来都是直来直去的。有趣的是，第一阶段由N·莱西设计，都是“建筑结构”式的。这样做有其有利的一面，但是对于伦敦的这样一个简陋小镇来说，这些住房看起来缺乏浪漫情调。在第二个开发建设阶段，情况就有所改善了，更富于人情味。“建筑结构”式的造型不再那么明显，尽管入口庭院仍然力图展示一种很强的场地感。当地规划师对此类项目表示支持，或许他们曾经有过精神创伤。有一点值得注意，就是集装箱城已经建立起来，社区充满活力，安全性好，吉卜赛式的流动散居，渐渐地变得相互融为一体。

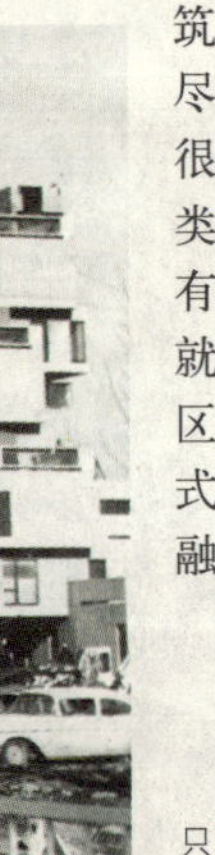

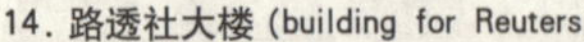

只是提醒一下集装箱城的来源——蒙特利尔67居住区。

14. 路透社大楼（building for Reuters）

罗杰斯的作品多少带点防卫风格，看起来就像一座城堡，这座大楼也不例外。大楼一边临河，有多种电力供应方式和支持系统，周围有警卫室、篱笆，还有摄像头，简直到了偏执的程度。楼内有远程通信设备，这对一些金融机构来说至关重要，因为信息就能换来成千上万的钞票。设计师们当然不希望大楼很快就从人们的视野中消失。它的确是一部大型机器，里面只有很少的工作人员，外壳花费相对较低，但里面却很昂贵，仅庞大的空调系统就占据两层楼。客户要求将逃生梯放在外围，有一个独立的咖啡间，并且在咖啡间可以欣赏泰晤士河美景，这样，设计师的创造性就受到一定的限制。

15. 赛艇中心 (Regatte Centre)

Royal Albert Dockside Road, E16
Ian Ritchie Architects, 1999
DLR: Royal Albert Docks

赛艇俱乐部及其邻近的船只停泊处，坐落于老码头内、奥林匹克 2000 米标准划道的末端。建筑师们将其描绘为“强有力的干扰”，也不知道这“强有力的干扰”指的是什么。假使它不靠近过载的老港区轻轨线，感受不到皇家码头吹来的凉风，各种设备设施能协调一致，那么它就有可能成为老港区最精美的建筑之一。不管怎么说，建筑本身仍具有某些细微独特之处，值得一看，特别是在阳光明媚的日子。在阴暗的冬日，其亭式结构不管是从表面还是从内容上来看，与周围的主导环境都不协调。毫无疑问，与伦敦中心城区相比，这里风更大、更寒冷。

赛艇中心由两部分组成。一部分为船只停泊处及其附属工作车间，面积约 1150 平方米。另一部分为俱乐部用房，包括更衣室、运动馆、餐馆和酒吧（在一楼）、运动员短期住房等。还有一个赛艇池，很独特，有水泵驱动，创造出与自然水面流动相类似的环境。

船只停泊处为单层，有一道由独立的金属网编成的墙，顶部由轻质、坚硬的不锈钢材料制成。赛艇俱乐部建筑，位于北边，与船只停泊处墙体之间有一缓冲带，其长度与建筑外立面长度相一致。在项目建设的第二阶段，金属网墙顶增加了一个平台，从酒吧和餐馆观赏，景色很优美。

不过，轻轨的存在，真让人感到沮丧。

16. 抽水站 (Pumping Station)

这个抽水站可以说是伦敦颇具挑战性、大胆创新的建筑之一。对于它的外观和设计思想有些感到不理解，但是，这座建筑却充满思想理念、挑战和欢乐。在这里，欢乐、严肃、博学和技艺，以一种最奇怪的方式融合在一起。从外表上看，就好像是一个大型工程泵站被包裹了起来。地表水通过这个抽水站排入泰晤士河。但乌特勒姆（Outram）有他自己的解释，而这种解释充满了神秘。他说，山墙就像一座山，柱子就像山上的树，水从洞中流出（泵扇），流向平地。流入平地的水再沿着各种各样的建筑流动，建筑外缘分层，就像平面上建筑分组一样。前门有来自中东的“毒眼”（我们也不知道要驱避什么），装饰完全采用了巴黎美术学院风格（包括创作方式、油漆图案等）并带有一点中国风味。壁柱用半块瓷砖面，这好像也参照了 A · 阿尔托的作品。不管 J · 乌特勒姆怎么解释，风扇和山墙看起来就像是 20 世纪 50 年代的儿童所绘制的标准的顽皮画，画中的飞机由螺旋桨驱动。色彩是古典主义色彩与中国古塔色彩的混合色。除此之外，乌特勒姆的真诚和十足的现实主义风格，在这座建筑上得以充分体现。他希望每一件东西都有其特定的功能，并希望让你知道是如何将它们组装在一起的。例如，预制混凝土（由剩余废砖瓦制成的混凝土）管作输水管道。风扇的功能得以完全发挥，沼气能够顺利排出，外墙顶能够经受爆炸。总之，这是一座内容丰富的建筑，不仅在设计理念上展现出博学多才，而且所有的东西都可立即直接得到体验。全欧洲几乎没有一个建筑师，能够采用如此设计手法，创造出如此新颖的作品。提起后现代主义作品，那将是对乌特勒姆的一种伤害。

17. 银镇试验性住房 (Experiments at Silvertown)

Peabody trust housing
Evelyn Road / Boxley Street, E 16
DLR: Custom House (north side) or new station at Thames Barrier Park

维多利亚皇家码头及其周围地区，见证了老港区 35 年的开发建设历程。它缓慢地向东扩展。不过，随着泰晤士河口项目的发起，再加上 2012 年奥运会的带动，向东扩展的速度有可能加快。这里，也就是码头南侧靠近泰晤士闸口公园的地方，有三个住房开发项目。这些建筑可以使我们对伦敦的当代建筑有更进一步的了解。

三个项目的客户方都是皮博迪住房信托基金会 (Peabody Housing Trust)，这就是为什么这三个项目的建筑长得都那么相像了。第一个项目就体现出了皮博迪住房信托基金的基本要求：5 层楼房，沥青房顶，楼与楼之间有低矮的阳台。假如你不是在做学术研究，对背景资料不感兴趣，对这些住房可以不予理睬。该项目往前，有两个试验性住房开发项目，其发起人仍为皮博迪住房基金会。两个项目的出发点基本相同，目的都是为处于社会底层的小家庭提供住房，典型的家庭就是那些处于“关键”工作岗位的工人。设计师都是年轻人，但享有较高的声誉。值得你给予关注，但注意二者有许多相似之处。

第一个试验性住房项目，由 A · 萨库拉 (Ash Sakular) 设计。他的想法是，作为一般码头工人住房，保留原有的阳台空间，保持其高度，前立面沿着公园延伸，共 4 栋（见规划设计简图）。其美学思想，就是面对褶皱缠身的黄色塑料板，故意表现出一种不敬面孔，直接贴到你的脸上，给人一种率直感，没有传统建筑的那种忙乱，暗示对传统价值观的否认。第二个试验性住房项目，由 N · 麦克拉夫林 (Niall McLaughlin) 设计。麦克拉夫林博学多才，宣称曾接受过“密斯”建筑培训。他的设计试图传达这样一种思想，即细部设计和美学设计，都是经过深思熟

麦克拉夫林所设计的住房立面。彩虹般明亮，就像魔法一般，即使是在最灰暗的天气条件下，也光彩熠熠。

现代皮博迪住房。前景是试验性住房，背景是正常住房。A · 萨库拉设计的住房就在对面（照相机拍不到，右面）。

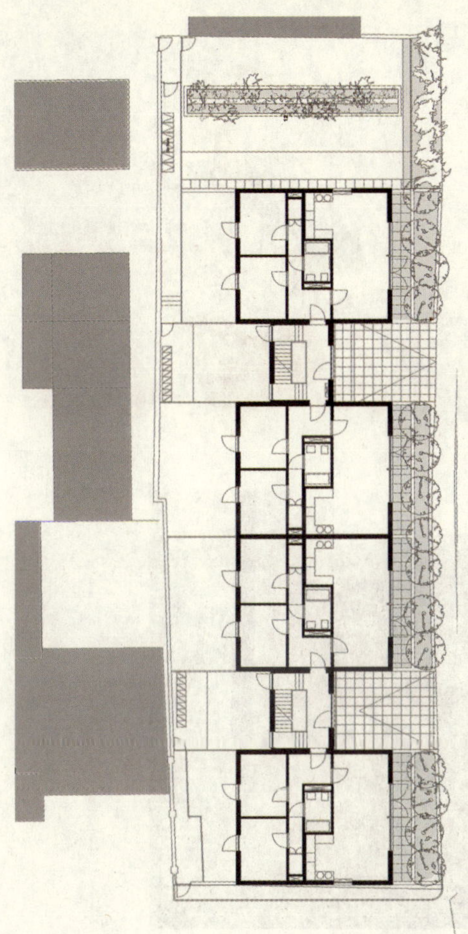

虑的。其风格与萨库拉的完全不同。萨库拉的作品更具欢乐性。麦克拉夫林喜欢传统风格，他设计的两座住房很不一般。

第一个试验性项目有三栋楼，共 12 个单元，每栋为 4 层。如果你仔细看一下的话，实际上只有 3 层。之所以会出现这种错觉，是因为建筑本身具有转移视线的特征，这主要归因于其闪闪发光的南立面。你的第一念头，可能觉得它是太阳能板，但实际上是英格兰 2005 板。这种板材现在仍然很稀少。实实在在的美学理念，非常成功。但是，对大多数人来说都有点失望，就是这种设计对建筑内饰没有产生任何影响。

关于这两个项目，还有两件有趣的事情值得一提。第一件就是项目的规划。在这方面，麦克拉夫林的方案可说是经过深思熟虑的，但有点过于正统，没有体现出对新密斯式建筑的尊崇。A · 萨库拉敢于追求新潮与时尚，如他把卧室面积设计得最小，加大流通空间，整个大厅设计起成居室。第二件就是与码头本来风格相协调的问题。萨库拉的项目靠近码头原有的木板房，这是码头最早的美景之一，但没有体现出与这些木板房之间的关联。麦克拉夫林则不同。他试图创造出一种氛围，类似于里勃斯金的作品，体现出对历史的记录与追踪，就像是在一字一句地告诉人们，码头上最普通的建筑曾经是木板房，当初码头美景主要是由它们构成的。再加上建筑外面那熠熠发光的钢带，共同构成了建筑创作灵感之源。与几乎所有建筑设计相类似，不管他们有多么聪明，也免不了试图讨好谄媚客户和规划师。对于那些对该地区的历史不甚了解或者对历史没有什么特殊感情的人来说，这种谄媚和讨好就值得疑问了。从别的方面来说，这个项目的确很聪明。有人可能会问，哪一个项目更好一些，更能反映出“应当做的”与日常居住方面的哲学关系？很简单，花点钱看一看，自己进行抉择。有点不快的是，发起这些项目的［还有伦敦南部的贝哲德（Bedzed）项目］皮博迪住房信托基金会的官员们，并没有因为这两个试验性项目而得到人们的感谢。

18. 皇家码头泵站 (Pumping station at the Royal Docks)

西区 E16，蒂达尔 · 巴辛路(Tidal Basin Road)，R · 罗杰斯及其合伙人建筑师事务所 1987 年设计。看上去与乌特勒姆的泵站完全不同，但它们之间仍有一些共同的特征，如鲜亮的彩色漆绘。外面尽是管线，还有一些工业上用的栏杆和类似轮船上通风管的管道。里面跟外面几乎完全一样，虽然工程师的设计得看上去很优雅。从美学方面来看，它使人联想到一种类似于船或钻井平台的建筑设计理念（你自己选择）。从这种意义上说，它很具浪漫色彩，同时又能发挥它应有的功能。这样一来，咋看起来，它与乌特勒姆的泵站就没有多大差别了。

19. 皇家码头桥 (Royal Docks Bridge)

这是竞赛获奖设计方案。分为两个阶段。第一阶段为步行桥，横跨整个码头。第二阶段将在桥下增加一个封闭的旅行车悬索通道。眼下，它好像在耐心等待居住在皇家码头附近的人来使用。南端有一个小型半圆形的居住区，通往第一期开发建设的居住区。桥完全是一个构架式桥梁，相对较大，但与整个码头相比，就不显得那么大了。

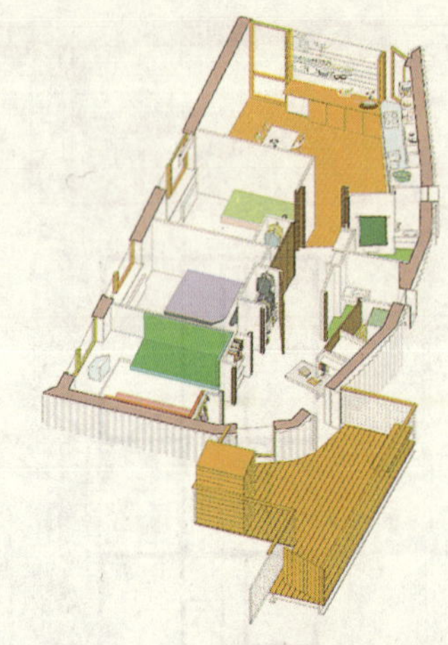

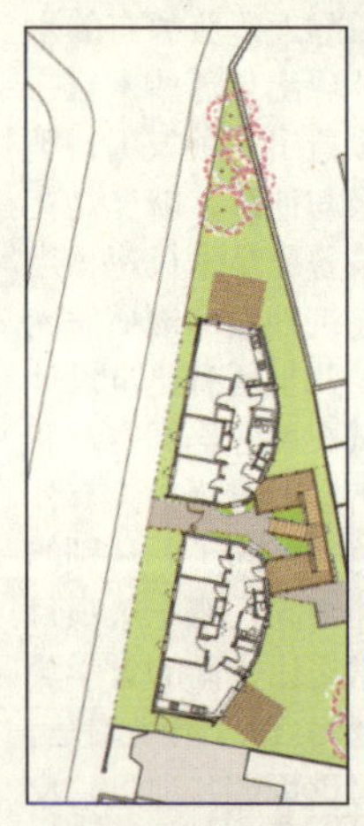

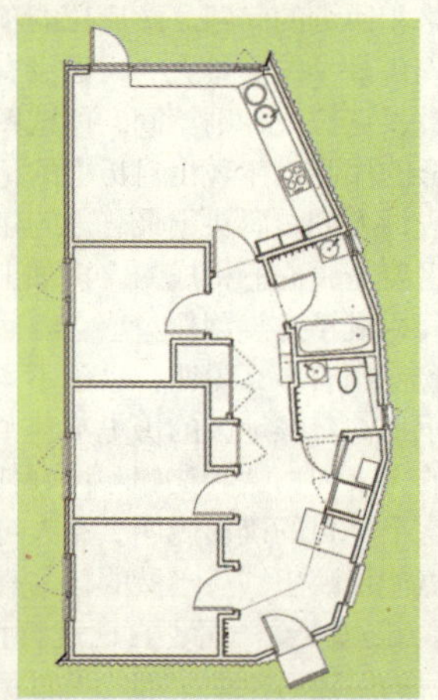

A· 萨库拉的内部设计（对称）细致周全。其外部设计却让人不得不竖眉而看。老港区这一地带，几乎不可能承载骑士桥(Knightsbridge)那样的精雕细刻。不过，“栅栏篱笆”前门却完全是另一种风格，木立柱、有褶皱的塑料板、彩色线缆、再加上阿斯特罗草皮（Astroturf），与麦克拉夫林的设计相比，格调完全不一样。

20. 泰晤士闸口公园（Thames Barrier Park）

North Woolwich Road, E16
Groupes Signes, Patel & Taylor, and Arup Engineers, 2000
DLR: Prince Regent, Custom House

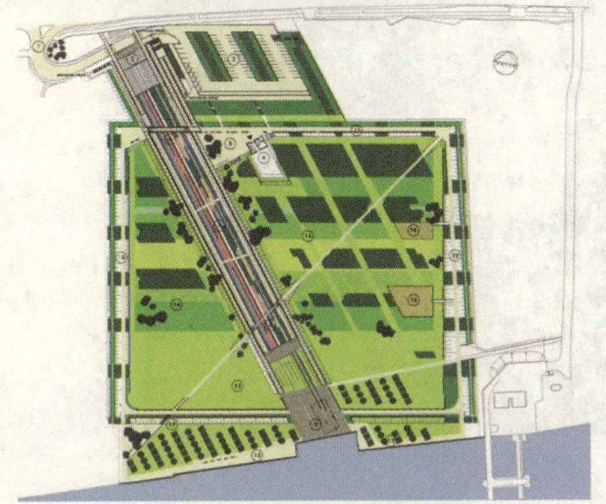

泰晤士闸口公园既有文艺复兴时期公园的特征，也有传统英国景观设计的不规则性，还带有维多利亚时代城市公园的紧凑、规整和机敏，这是我们大家都熟悉的。文艺复兴时期的公园，人工设计的痕迹显而易见，几何造型多样，色彩斑斓，充满象征意义和神话色彩。英国的传统公园，设计艺术掩隐于对“自然”的改造之中，并通过一些人工制品表现出来，如隐居所、洞穴、造型别致的建筑小品和装饰性棚屋等。艺术表现不靠推理和演绎，而是体现在一些反映出博学和聪明才智的构件上。泰晤士闸口公园就是在这种背景下建立起来的。一个后现代城市公园，具有文艺复兴时期公园的规整性，又披上公共艺术的外装，还带有盎格鲁－法兰西公园的风格。经过一段长时间的沉寂之后，几何要素又回到设计艺术之中。厕所和咖啡馆作为建筑小品，造型别致优雅，为新密斯式木建筑，由帕特尔和泰勒设计。还有那片林带，不规则的“柱列”，飘动的树冠，令人不禁联想起农场上的片片松林。传统高墙围护的别墅花园，在这里变成了长长的条带（几乎跨越整个码头），将码头景观切割开来。工业污染得以驯服和抑制，各种欢快的几何造型遍布公园，形成一个特有的微气候环境，其芬芳的气息不断飘向皮拉内西式的工程泰晤士河闸。正是泰晤士河闸，才使现在的伦敦中心城区免受淹没。即便是那些有阳台的住房［G·曼顿（Goddard Manton）设计］，也会使人联想起摄政公园那些大的露台（当然，[illegible]）。所以说，闸口公园是受法兰西影响的西区文化渗透到从前的东区工业码头之中，在新城镇建设思想的指导下，所完成的具有预见性和创新性的城市更新的改造项目。不过，话又说回来，这个地方原来自发地就形成了一处地方公园，人们到这里来遛狗，带孩子们在这里玩耍。它深深地融入伦敦传统开放空间之中，以满足城市增长和发展的需要，对伦敦来说，这是一件非常成功的装饰品。那么，它有什么缺陷吗？有，那就是缺乏管理。不过，地方当局正地寻求解决办法。

设计

设计师所面临的挑战，就是要在一处污染严重的废弃地上创建一个新型的城市公园。场地靠近城市机场，位于大规模城市改造板块之中，其北边界就是老港区轻轨延长线。公园的主要构成要素包括，“绿色船坞（green dock）”［取代“干船坞(dry dock)”］，东方住房区（可与公园相互渗透，原先打算建造一排亭式建筑，而不是现在所看到的由巴拉特公司所设计的坚实的阳台和篱笆）、水景、沿街入口、植有树木并有高低变换的绿色台地、园内路网、跨越船坞的钢桥、滨河步道和表演区（现在是纪念馆）。

从地理上看，“船坞”位于皇家码头桥与泰晤士闸门之间。从闸门到老港区轻轨和维多利亚皇家码头北侧的埃克塞尔（Excel）中心，呈现出一种线性关系。植物规则式种植，一端下沉6米，靠河的一端下沉4米，由此创造出一种特殊的微气候环境，其温度比周边要高几度。有挡土墙100米(在原来的基础上改造而成)，附近还有步行区（有矮墙与台地分开）。这里原先曾是一个船坞。一个高大的亭式建筑［纪念亭(Pavilion of Remembrance)］，由钢柱支撑，就像一片小树林，典型的新巴塞罗那风格。另一个亭子，是密斯所造访的那种更传统的“原始小屋”，用作厕所和咖啡馆。混凝土块与绿色栎树围成的框架相融合，相互辉映，的确是一座精美的建筑。

这个占地24英亩的公园，极大地带动了周围地区的开发。预计，每天的使用人数可以达到3万。

公园北边的地块，包括所说的“西洛D”大楼（‘Silo D’ building），将被作为银镇码头／庞顿码头(Silvertown Quays/Pontoon Dock)开发项目进行开发建设。该项目占地24公顷，将新建一座水族馆和众多住宅大楼。

泰晤士河闸，是伦敦最受欢迎的工程之一，是最重要的洪水防护设施。一侧是伦敦中心城区，另一侧是泰晤士河口，其防护地位非常重要。一旦有必要，6 扇巨大的钢门（重 1500 或 750 吨）可以从河床升起，阻挡河水的流动。所有操控装置都安装在镀锌的、雕塑般的房子里面，横跨在泰晤士河上。但是，对伦敦的生命和财产也冒有巨大的风险，一旦出现问题，伦敦中心城区将有被洪水淹没的危险。设计师为朗代尔、帕尔默和特里顿（1984 年）。游客中心在南边［尤妮蒂路（Unity Way），伍尔维奇路(Woolwich Road)］。不过，仅仅看一下工程本身就可以了，这样的话，从泰晤士闸口公园一侧观赏即可。

21. 东伦敦大学老港区校园（Docklands campus, University of East London）

东伦敦大学校园由特德 · 卡利南(Ted Cullinan)设计，可以容纳 3000 名学生。校园沿阿尔伯特皇家码头北侧（从老港区轻轨到塞浦路斯）伸展。位于校园中央的大楼称为“行人中心”，意思是说，一条宽敞但不很长的东西向街道，两侧布满了各种教学建筑和设施。沿着码头边缘（风口一侧）有一座座的住宅楼，颜色淡雅，相互隔离，成为该校园的一景。有人可能会觉得，在亭式建筑理念支配下，网络化布局是否合理值得怀疑。预算资金和实际到位资金并不是户外空间和人际空间网络。对维多利亚码头所面临的情况，让人感到奇怪和难以理解（又回到了修道院时代？）。

公园最令人称道的地方就是那简单朴素、别具风味的亭子。帕特尔与泰勒设计。在这里，T · 安多(Tado Ando)与密斯相互融合，A · 洛吉耶梦想之中的“原始小屋”，得以成为现实，构成了快乐的咖啡馆和公共厕所。咖啡馆为梁柱结构，用的是绿色橡木，但很快就变成灰色，树皮开裂，带有芬芳的乡村气息。作为执行建筑设计师，公园中所有细部设计，也都由帕特尔和泰勒来完成，包括靠近闸门的纪念亭。纪念亭由自由安置的柱子支撑，看起来就像小树林，还有活动平台，有冠状顶盖，带有很强的巴塞罗那风格

22. 千禧穹顶（Millennium Dome）

Gate 1, Drawdock Road, SE10
Richard Rogers Partnership, 1999
Tube: North Greenwich

千禧穹顶建于2000年，试图再现1851年"大型工业品展览会（the Great Exhibition）"的辉煌。它使人们意识到，一些看上去没有什么意义的事情，也可以轰轰烈烈地去干。项目的问题之处在于，千禧穹顶成为抽象建筑的象征（这里是数字2000），以一种很任意、很随便的形式，去疯狂地追求与之相适应的典礼性内容（既有实实在在的内容，又要具有娱乐性）。实际上，项目的建设赋予自身以内涵（这是整个项目唯一真实性所在）。罗杰斯所设计的部分［主要合伙人为M·戴维斯（Mike Davies）］包括，帐篷、周边的工业用房、里面舒适方便的亭子、中央展台、上方托台以及灯杆等。里面塞满了各式各样的东西，就好像是一阵风将它们吹来似的，看到它的建筑师都会为其感到骄傲与自豪。这里是有关它的一些基本数字：覆盖面积8公顷，12000根柱子、12根淡黄色旗杆，每根长90m，由10米高的方形钢套固定，支撑起这直径达400米的缆网结构，其最高处约为50米。这里原是一个煤气厂所在地，施工时需要小心地将遗留下来污染物移去或与其隔离，比一般人所能想象得要困难得多。憧憬与恶梦相平衡，很具象征意义。这么一来，这里的真正英雄肯定属于B·哈波尔德了，他是该项目的工程师。千禧穹顶总给人一种"即将发生的"的感觉，但实际上并没有发生，不过，2012年奥运会肯定会使它发生变化，尽管只是暂时的。

现在，千禧穹顶周围固有安全护栏，不让进入。我建议你在这半岛上沿着它的周边走走看看，或者从河北面，也就是三一浮标码头（Trinity Buoy Wharf，集装箱城）一侧观赏。

沿着格林尼治半岛前端走一走，也就是从游艇俱乐部(Yacht Club)(Yacht)向西到千禧住宅区附近，你会看到有许多沿河雕塑。"量子云(Quantum Cloud)"，由A·戈姆利(Antony Gormley)设计。8米长的船，称为"一片之真"，由R·威尔逊(Richard Wilson)设计。

23. 千禧住宅区 (Millennium Housing)

Greenwich Millennium Village, John Harrison Way SE10
Ralph Erskine (with Proctor Matthews), 2201
Tube: North Greenwich

厄斯金住宅

格林尼治半岛住房总体规划，最先由罗杰斯提出，后来法雷尔对其进行了修改，详细规划则由厄斯金与托瓦特建筑师事务所 (Erskine Tovatt Architects) 与 EPR 和普罗克特与马修斯 (Proctor Matthews) 共同制定。后者是执行建筑师。在厄斯金总体框架下，他制定了第二阶段的住房详细规划。与贝哲德的设计一样，格林尼治半岛的详细住房规划，作为"低能耗"绿色建筑，具有相当程度的"自循环可持续性"。

总体上说，千禧居住区由高层住宅楼和低层别墅构成，住房格局为混合型。高层住宅为钢筋混凝土结构，低层别墅则为钢、木框架结构。汽车尽可能地放进停车场。不过，这一点显然与这里的环境气氛不相协调。穿过令人愉悦的半岛，到朱比利轻轨线只需 10 多分钟，但 R · 鲁默 (Robert Rummey) 设计的露天停车场让人感到这里好像是停满了小汽车的郊区。

木框架和轻钢框架别墅欢快热烈，考虑周到（噪声除外）。但是，就像贝哲德住宅区一样，强烈的、张狂的欢快气氛和住宅价值的象征性表现，很可能会掩盖不事张扬的别墅个性。这些别墅会持久吗？维修保养方便吗？这些欢快的特征很快就会变得苍白灰暗吗？所有潜在项目都能得以建设吗？在本书写作的时候，随着厄斯金另一个钢筋混凝土板块的建设，答案看起来都是积极的。毫无疑问，距朱比利轻轨线只有几分钟的路程，并且能够很容易地融入周边路网，从长远来看，格林尼治半岛的这些住宅建设一定能够取得成功。然而，普罗克特与马修斯的设计，给英国住房设计带来了一些问题。在欧洲其他国家，此类住房并不是人类所喜爱的或可以接受的。我曾带外国建筑师来这里看过，对于这种建筑材料和建筑风格相混合的居住区，他们似乎并不感兴趣。

另见巴伦大院（第 244 页）

24. 游艇俱乐部 (Yacht Club)

Old Greenwich Yacht Club, 1 Peartree Wharf, SE 10
Frankl & Luty, 2000
Tube: North Greenwich

游艇俱乐部建筑在伦敦不常见（俱乐部本身创立于 1908 年），可以提供全景视野，同时也是老港区开发地段向郊区延伸的实例之一（欢迎水手来访）。河水在这一带比较宽广，而在上游几乎是不可能的。建筑本身，社会上关注的焦点，距河岸 45 米，坐落在早先的一处防浪堤上。船坞和船只停放处位于靠河岸一侧，河边步行道最近刚刚修完。建筑师之一 C · 弗兰克尔 (Clare Frankl) 也是游艇俱乐部的成员。

25. 卡利南的学校／保健中心 (Cullinan's school／Health Centre)

50 John Harrison Way, SE10
Edward Cullinan Architects, 2001
Tube: North Greenwich

卡利南的学校和社区建筑带有许多社会工作内涵，给人们留下了深刻的印象。这座大楼也不例外，带有卡利南早期作品的许多特征，但又由年青一代进行了创新改造。项目的目的是要建设一处教育保健中心，同时又能作为一个社区中心承担一些必要的社区工作，如托儿所、一站式服务中心和运动场地等。这是一座低能耗建筑。其南面是比较私密的空间，面对一个花园，其北面属于公共开放区，立面由落叶松木板制成，能发出“潺潺”的流水声，就好像是用木材围成的城堡，让人感到欢快、喜爱，而且还有点非同一般。

26. 格林尼治北朱比利车站 (North Greenwich Jubilee station)

车站分为两大部分。一部分为地下大型钢筋混凝土盒子，长400米，宽300米，高25米，由艾尔索普、莱尔和斯特默(Alsop Lyall & Stormer)设计。另一部分就是地上部分，由福斯特及其合作人建筑师事务所设计。这是一个公共汽车站。其金属房顶是流动曲面形。艾尔索普采用了暴发式的皮拉内西式设计方法。蔚蓝色的房顶熠熠生辉，下面由巨大的斜立柱支撑，房顶及其他设施都是挂在立柱上，蓝色玻璃具有导引光线的作用，使里面显得特别有生气。福斯特所设计的车站就像一只大鸟，曲面屋顶和悬壁吸附着下面的各种构件，一面低，一面高并且开敞，使曲面形的“外壳”就好像是贴在由众多树木构成的森林之上（而不是由支柱所撑起）。这样，你就无法看到整个建筑。只有当你坐飞机从城市机场起飞从其上方掠过时，才会对这个“大房顶”有真正全面的了解，它看起来就像一只漂亮的巨大飞蛾在热切地拥抱地面。

27. 海洋博物馆（Maritime Museum）

Romney Road, Greenwich, SE10
Rick Mather / BDP, 1999
DLR: Cutty Sark

国家海洋博物馆是格林尼治宫（Greenwich Palace）和海军医院（Naval Hospital）的一部分，由C·雷恩爵士设计。它靠近女王行宫（Queen's House，伊尼戈·琼斯设计），北面和西面都有入口。西入口需要经过女王行宫柱廊。其旁边有一个公园，堪称英国最好的公园之一。原先这里是一个古老的村庄，C·沙尔克（Cutty Sark）号商船就放在这里，一到周末这里的市场非常繁忙。还可乘老港区轻轨在格林尼治站下车或穿越位于格林尼治与海岛花园之间的泰晤士河老维多利亚步行隧道（另一个老港区轻轨站）抵达。

在马瑟的设计方案中，最关键之处就是中央庭院和带有平台的单层建筑（咖啡馆就在这里）。不论你从哪个角度来看，它都成为整个建筑的核心。设计简洁明快，充满活力。在细部处理上，与原有的古典细部实现了无缝连接，不露痕迹。

游客可以从凯旋门进入休息大厅区，然后出去进入喧笑热闹的封闭院落，这里有一块中央区，有咖啡馆夹楼，其房顶达2500平方米，据说是欧洲跨度最大的无柱玻璃建筑（另见华莱士博物馆玻璃建筑，与此相类似，但较小）。从夹楼可以直接去往展厅，在那里马瑟的影子无处不在，尽管有的表现得过于欢快，但仍不失为典型的艺术展室。其他设施还有餐馆、图书馆和商店等（正如你所期望的）。

28. 三一音乐学院（Trinity College of Music）

一所很著名的音乐学校。它占据查理国王大院（King Charles Court）的东翼楼。该楼曾先被用作格林尼治海军医院，现在是由格林尼治大学（Greenwich University）使用。J·韦希（John Webb）1662—1669年设计。内饰完全是从实用角度来考虑设计的。麦卡斯兰在进行维修改造时由于预算低，仍然继承了这种风格。关于中央大院的房顶现在正在酝酿重新进行规划设计。

29. 朱比利线萨里码头站（Surrey Docks，Jubilee Line）

与格林尼治北站类似，埃娃·伊日奇娜所设计的朱比利线萨里码头站也分为两部分，即位于地下的加拿大朱比利水景（Canada Water JLE，1999年）和地上公共汽车换乘站。项目的主体为大型悬臂式公共汽车候车亭及其附属设施。地下工程由朱比利延长线建筑师事务所（Jubilee Line Extension Architects）来完成，详细的概念设计和工程施工由R·赫伦提出（朱比利线大多数车站都采用了他的设计思想）。另见附近杰梅卡路（Jamaica Road）上的朱比利线伯蒙德西车站，由I·里奇设计。

30. 萨里码头 (Surrey Docks)

在老港区开发地区，萨里码头已经成为一块成熟的开发地段，正因为此种原因，所以很值得一看。可以随便走一走，比如，从设计博物馆开始，经罗瑟希泽 (Rotherhithe) 到前船坞地区核心地带的水景区（除格林兰船坞以外，其他大部分都已填塞了）。

芬兰码头 (Finland Quay) 由 R · 里德 (Richard Reid) 设计，另外他还设计了一些著名的住宅建筑和埃平镇政府大厅（Epping Town Hall，1990 年）。芬兰码头项目位于 SE16 区瑟雷码头东侧雷德里弗路（Redriff Road）奥内加码头 (Onega Quay) 区域内。它由 7 座亭式住宅组成，形式就像一条"项链"。芬兰码头住宅区的建设，使后现代建筑师感到，舒服温暖的英国传统建筑又回归了。直到 20 世纪 90 年代中期，现代主义才又重新出现在住宅市场。

沿湖住宅项目 (The Lakes housing scheme)

SE16 区，雷德里弗路（Redriff Road），挪威码头 (Norway Dock)。S · 爱泼斯坦和亨特 (Shepheard Epstein and Hunter) 设计。一个很不一般的项目。多座相互隔离的乡村别墅，周围有浅水环绕，特征明显，很具浪漫风味。

沃尔弗道项目 (Wolfe Crescent)

位于萨里码头地区心脏地带，CZWG 公司 1989 年设计。4 层公寓式住宅，砖混结构，靠近一条小型中心渠道。其邻近的别墅也别具风格。

可以在罗瑟希泽（码头东边）与伯蒙德西之间走一走，看一看。这里，新与旧相融合，创造出一种欢乐的气氛。西边的伯蒙德西 / 切利花园码头地区也给人以同样的感觉。注意圣玛丽罗瑟希泽教堂 (St.Mary Rotherhithe)，J · 詹姆斯 (John James)1716 年设计（在圣玛丽教堂大街，St.Marychurch Street）。还有霍金斯与布朗的希望（谦忍）码头，在 SE16 区罗瑟希泽大街。4 层的带阳台建筑，一直伸向河边，1999 年建成。可以从市政厅直接步行过去（见图）。

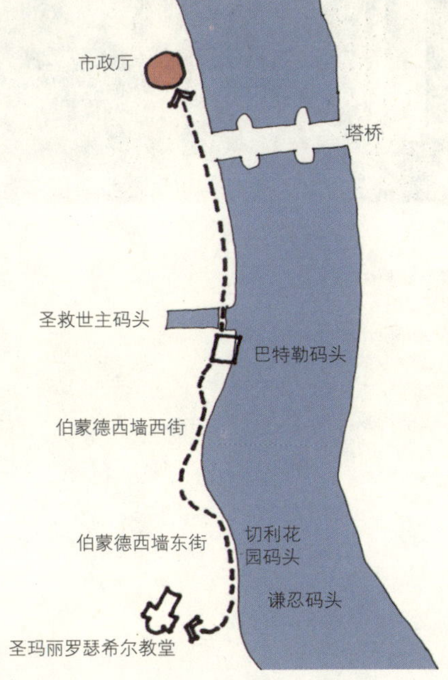

总的来说，对于 20 世纪 80 年代的伦敦住宅建设，萨里码头提供了一个很好的研究实例。20 世纪 80 年代这一时期正好夹在两个时期中间，一个是 50 年代到 60 年代的社会建房阶段［最好的地区如卡姆登 (Camden)］，另一个是 90 年代中期突然冒出的具有现代主义风格的住宅建设阶段。看起来有点不协调：在首都的心脏地带有一些郊区才会有的住房。不过，对于住在其中的人来说，这正好体现了其价值。随着独栋式住房的减少，公寓式住房的增多，从长远来看，这一地区会有很大的升值空间。

31. 朱比利延长线伯蒙德西车站 (Bermondsey Station, Jubilee Line)

杰梅卡路，由三个出入口组成。一个位于本 · 史密斯路 (Ben Smith Way)，钢筋混凝土结构，成波浪形。另一个在杜兰兹码头 (Durands Wharf)，看起来就像市场上出售的药丸。两个出入口都用缆网围封。还有一个在丘灵路 (Culling Road)，靠近萨瑟克公园。这最后一个或许是最令人感兴趣的，由预先生有铜绿的铜板包被，看起来颇具滑稽意味，很明显，这是为了讨好附近的丧葬主人。本站里面也很吸引人。

老港区与格林尼治

32. 女王行宫 (Queen's House)

女王行宫紧靠海洋博物馆，建于1616—1635年，I·琼斯设计，1662年由J·韦布(John Webb)设计扩建。佩夫斯纳将其描述为英国第一座帕拉第奥式的别墅建筑，由素有“不列颠的维特鲁威”之称的知名建筑师琼斯设计，其赤裸裸的纯真表现让人感到震惊。出于方便考虑，琼斯的设计横跨通往多佛的道路，既有新意，又体现了建筑设计技巧（道路于1693年改道向北）。建筑里面，对那个时代的新帕拉第奥式别墅(neo-Palladian villa)，正如人们所期望的那样，其基本格调就是数字、比例以及几何形状的和谐组合。与国家海洋博物馆连接的柱廊由D·亚历山大(Daniel Alexander)于1807—1816年设计。里面还有一些令人印象深刻的空间，如中央立方形的大厅。现在的出入口（包括各个非入口）由阿莱斯与莫里森设计。

到这里来看看,同时还可与位于汉普斯特德(Hampstead)的肯伍德宫(Kenwood House)比较一下，看看后代人——亚当兄弟，是如何设计伦敦郊区别墅的。

格林尼治皇家天文台，由雷恩和胡克于1675—1676年设计，就在布莱克希思公园(Blackheath Park)内的山上，从公园内观看，十分宏伟壮观。现正在进行维修装饰，由阿莱斯与莫里森负责。一座有120个座位的新天文馆预计到2007年春夏建成。

除了城市中的其他教堂以外，雷恩在伦敦所设计的两座最重要的建筑，就是圣保罗大教堂的切尔西皇家医院。医院当时设计可以容纳大约412位退伍老兵，到1692年，大部分已经完成（另外增加的两个院落于1686年开工建设）。它由三个院落组成，中央部分有一个大厅和一个礼拜堂，二者相对而列。部分白天开放（SE3区，皇家医院路）。

33. 格林尼治前海军学院 (Greenwich Naval College)

穿过通往海洋博物馆的马路（格林尼治村东边），就是格林尼治前海军学院和医院。一座宫殿式的建筑，现在一部分已经归属格林尼治大学。大部分由雷恩爵士设计（1696—1702年），N·霍克斯莫尔、J·斯图亚特(James Stuart)、耶恩（Yenn）和韦布（琼斯的女婿），参与了剩余部分的设计。作为一流建筑，它已被列入世界遗产名录之中（见彩绘大厅和礼拜堂）。非常值得一看，在当今英国（特别是伦敦），此类庞大的、巴洛克式的、规整的、带有轴线布局的建筑已经不多见了。

这一带，另一座重要建筑，就是N·霍克斯莫尔的圣阿尔弗雷奇教堂（St.Alfrege，左），建于1712—1718年。位于SE10区，格林尼治高地路（Greenwich High Road）。二战期间被炸毁，内饰是重新修建的，但外观仍带有霍克斯莫尔的风格。街道上有山墙的柱廊特别引人注目。格林尼治本身就是一个很有名的伦敦“村庄”，其中心地带有周末市场，还有村庄中心的象征C·沙尔克（Cutty Sark，坐落于一处干船坞上）。

34. 拉班中心（Laban Centre）

Laban Centre, Creekside, SE8
Herzog & de Meuron, 2003
DLR: Greenwich

拉班中心项目时间短，内容多，对于接受任务的建筑设计师来说都不得不为此而拼命。这所全国著名的舞蹈学校，面积大约8000平方米，包含了各种各样的教学训练设施。赫尔佐格和德梅隆采取了合理的决策方案，即便是在预算非常紧张的情况下，也能够对资金进行合理的分配。造价低廉，但又令人感到高兴，优雅而充满智慧。来这里参观，你会感到神清气爽，欣赏精美的建筑设计艺术，而在伦敦其他地方甚至全英国，是很难见到的。

起初打算，拉班中心的建设，对这一地区的开发建设能够起到催化剂的作用（在英国，该地区是最荒凉的地方）。新大楼横跨德特福德河，矗立在原先废弃的仓库用地之上，构成了一系列的“景观亭”。按照建筑师的说法，大楼充满敬意、敏感，并且十分投入，尽管从其处的地理区域来看并不值得如此。从整体上来说，建筑以斜线为主导，并且主要体现在立面上，也就是将立面设计成曲面（特征明显，但并不显得宽敞宏大）。立面和入口都朝向德特福德的圣保罗教堂（建于1717—1730年，T·阿切尔设计，出色的巴洛克作品，这一带唯一值得称赞的建筑）。在布局设计上，创造了城市村庄的理念，有街道、院落、观景点（如教堂观景）和自然要素，在这里又一次采用了与周围环境相关联的思想（如道路网线），虽然不很明显，但效果很好，体现出了与周围环境的一致性。基本设计思想就这样形成了，有点像“衣服架”，具有相当的随意性，但却运作良好。

入口坡道，最引人注目的地方就是两个中央大厅。

赫尔佐格将他的设计描述为是“面向对象的”，而不是“面向系统的”。建筑充满活力，成为社区焦点，可以接近，广受欢迎。很明显，看上去带有实用主义特征。由于资金和项目本身的限制，使设计具有双重性，建筑外面和里面表现出明显的不同。从外表上看，拉班中心为聚碳酸酯板和长长的弯曲立面所包裹，显得朴素简洁、紧凑，能耗低，维护少。里面有安全篱笆和防护性景观，看上去就像一个堡垒，置于闭路电视不断监视之下。里面，你可能已经注意到，入口设计安排受到了后来设计指导的影响，以应付安全问题。从校长办公室、接待室、咖啡馆通向观众大厅的入口坡道，设置了障碍物和其他限制性设施，而这对于项目的整体方案显得有点不伦不类。

外部空间舒适宜人，让人感到愉悦。但奇怪的是，它与里面的生活相隔离，就好像是不情愿地加在总体设计之中的，作为一处独立的安全地带而将自身掩藏起来。

或许有人会说你在吹毛求疵，但是，该项目在确定设计方案时，确实有些地方让人感到奇怪。其中之一就是“绷紧的皮肤”，没有开口。也就是说，贴有黑色瓷砖的咖啡馆（位于东南角口，靠近河流），对于附近的住宅没有通道，尽管入口大门之间为禁行通道，有摄像头监控并且有良好的景观布置。他们解释说是从减少回声和表演方面来考虑的。以公众的角度来看，真是有点奇怪。

从外面来看，只有当阳光消退的时候，里面所隐藏的无穷活力才得以揭示出来。多彩的街道和院落，开敞通透。舞蹈工作室13个，有办公室、一座300个座位的演出大厅（有公共参与项目）、舞蹈健身财务部、长长的坡道和各种灯光设施［艺术家M·克雷格－马丁(Michael Craig-Martin)提供设计指导］。也就是在这里，建筑设计师才能够让自己的雄才大略和实实在在的技术，在严格规定的项目需求与诗一般的环境之间“舞动”起来。换句话说，使用这些建筑，你可能会感到有点恐惧。

房顶为钢筋混凝土结构（乍看好像是两层，实际上是三层），上铺沥青（这里有意识地种植一些植物吸引红尾鸲来栖息），上层工作室有各种各样的图案和造型，个性鲜明。这些工作室、办公室和其他自带背景的空间，可以从一条“楔形”街道出入。考虑得细致周到，有贯通走廊，感到欢快，生动活泼，养眼悦耳。沿河道和主要街道摆开，构成“楔形”几何造型。

当然，会有不足之处。但是，拉班中心的设计技艺很罕见，真正让人感到满意和赞赏。中心内外都看做是同一种景观，即城市村庄，也就是赫尔佐格和德梅隆从前的设计合伙人H·古格(Harry Gugger)所描述的“信封中的城市生活。”

但是，有人对拉班中心的基本设计理念表示怀疑，这种怀疑在设计师动手画线之前就已存在。戈德史密斯(Goldsmith)校园，拉班中心原来的处所（仍留有一座大楼供其使用），本来可以像在这里所做到的那样，造一座新楼，使其发生巨大变化，广受赞誉和欢迎。但是，不幸的是，W·艾尔索普的艺术大楼插了进去。假使拉班中心仍然占据原来的位置，那么戈德史密斯校园（迷人的城市混合体）一定会更为强盛，几乎可以为德特福德河带来一切。

从入口大门看亭式大楼。

黑色地板上两架黑色混凝土螺旋楼梯，具有强烈的震撼效果。

拉班中心的室内走廊特性鲜明，与外部常有联通，即便是走廊的交口处，也与两个天井相联系。

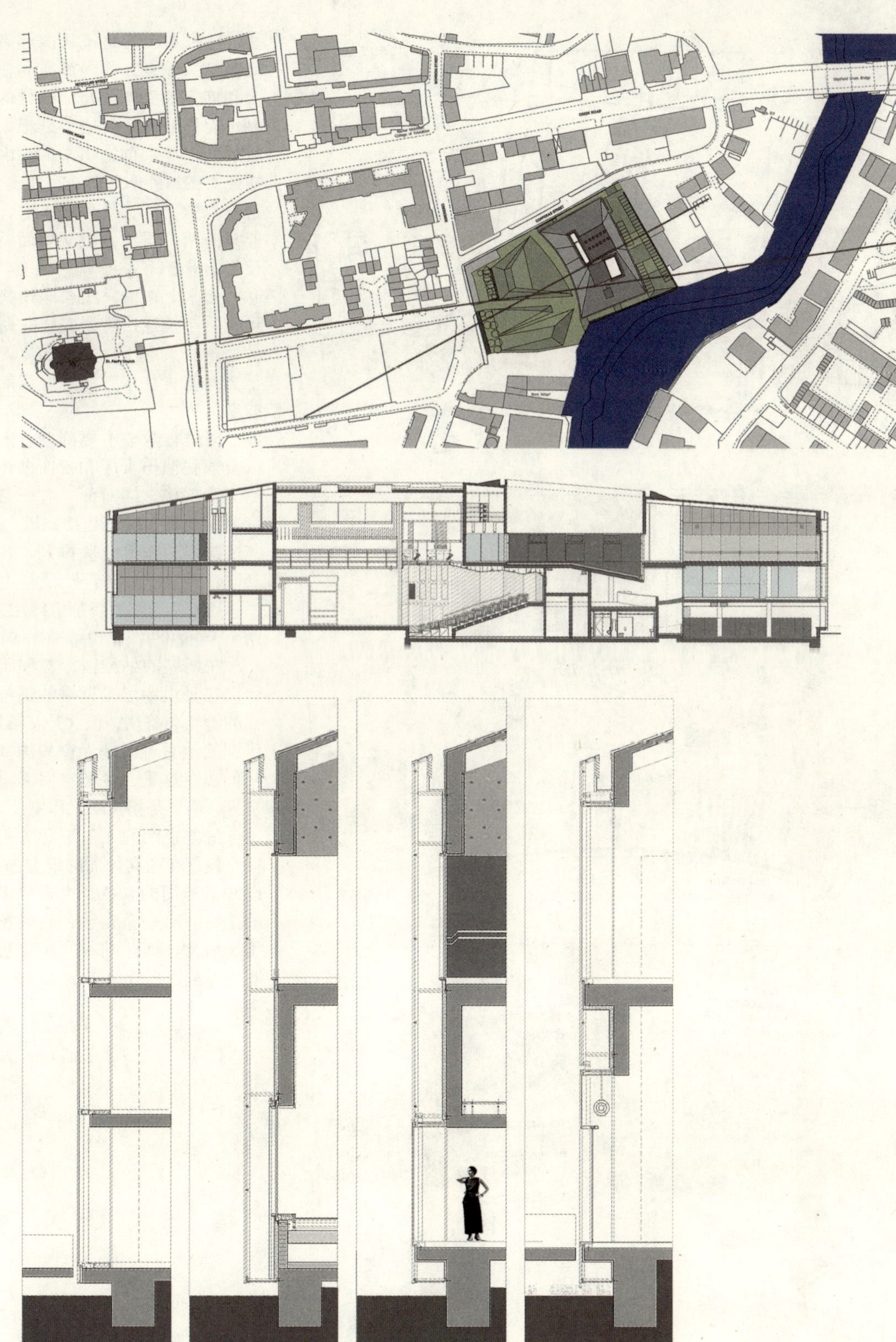

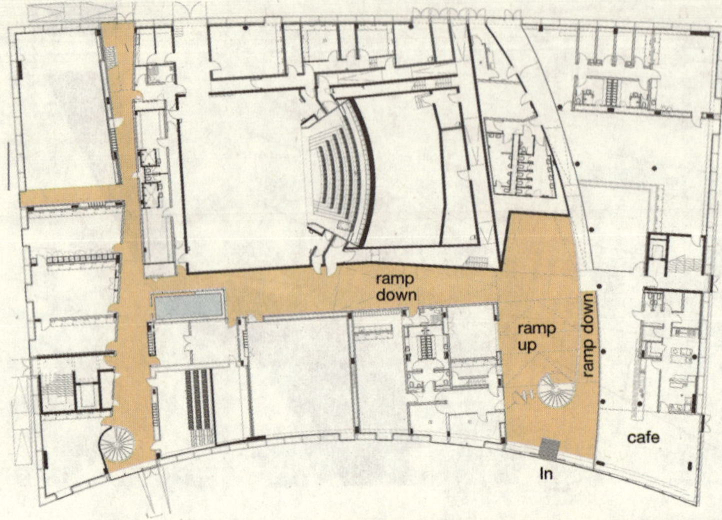

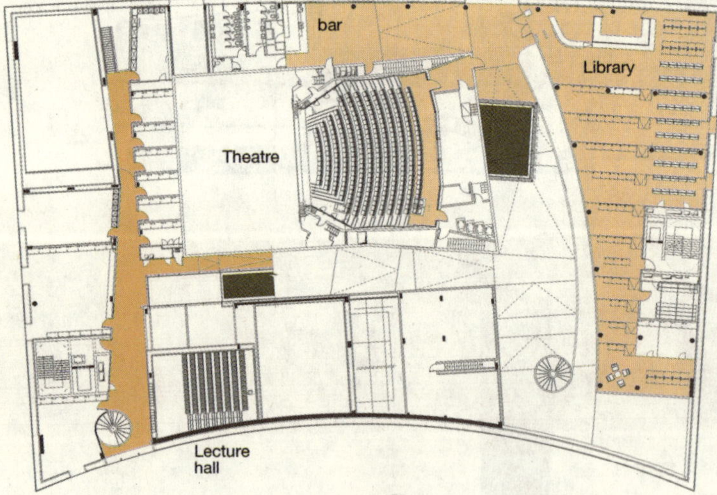

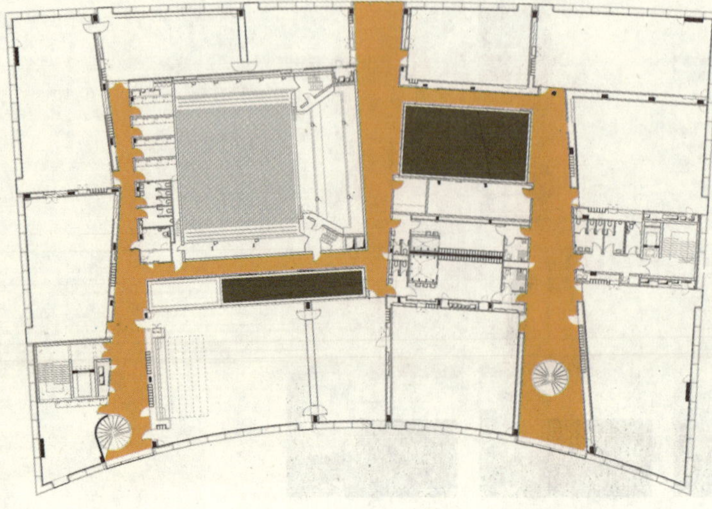

拉班中心的建筑从内部来看既简洁又繁复。其内部布局在很大程度上受到外部几何形状的限制，而外部的几何造型是根据抽象的几何规则创造出来的。内部布局力图与外部几何造型相吻合，这一点做到了。从外面来看，可能只有两个层次，但从里面看却要复杂得多。

大体上来说，底层向用户提供了一个流通通道。底层有两条坡道，一条向下，一条向上，甚至先向上再往下。注意底层的讲座室。

夹楼有两个主要部分，大厅以及通往演出大厅和校图书馆的通道。夹楼末端对面，有一条走廊通往办公室和舞蹈工作室。

舞蹈工作室分散排列，各不相同，大部分都位于上层。

还有两个重要特征值得注意：两个天井和两座大型螺旋楼梯。

在斯堪的纳维亚，教职员工可以在恐惧中忍受斯堪的纳维亚式的脸红和羞怯。但这是在英国，讲课的地方可以是无窗户的盒式房间。在这里，各类空间都运作良好，主要是指舞蹈工作室。

每条走廊的几何形状各不相同，但都在通向外面的地方加宽，以观赏外面的景色。主入口大门的上方，有一条轴线，通向圣保罗大教堂，西区唯一的一座巴洛克式建筑，无价之宝。

我个人所选择的顶尖建筑（不按顺序）

我所选择的这些建筑都有缺点。那么，请你给我列举几座没有缺点的建筑，随便一个地方都可。注意，这并不是吹毛求疵，或者过分地用负面眼光来看待建筑，只不过是要承认这样一种事实。正是由于这些缺点，才能诱使我们对它们加以洞察分析，让我们在里面居住或使用，反之亦然。引用拉班中心项目设计负责人H·古格的话，“没有什么解决方案，只有理念。这种理念有时在一个地方发挥得很好，有时在另一个地方则不行。没有十全十美的东西。在建筑业，这一点特别灵验”。你可以引用黑格尔和齐泽克的话，立即将它上升为哲学思想。还可以将其与某些“故意制造缺陷”的某些文化传统相关联。但是，凡是有头脑的建筑师都知道，任何优点都将会被遗忘，任何不足和缺陷也将会被忽略，能满足一时所需就足够了。

另一点值得注意的就是，目前认为比较好的方面，都是以伦敦其他建筑为背景的。当我提到“建筑”的时候，是指那些独立构筑体或部分构筑体以及具有此类特征的建筑群。伦敦是一个“几乎完美无缺”的城市，有丰富的建筑等待你去发现、去欣赏。按照T·克罗斯比（Theo Crosby）的话来说就是，“在这座城市中，大部分欢乐来自一些尺度不大的、有发明创新的、复合性的东西，如一道过道，港湾式的窗户、房屋的尖顶以及在街道上偶然见到的一些要素。这些都是零碎的、只言片语的，但它们是智慧和洞见的体现，是一个城市的象征，在人的头脑中打上印记，形成一个城市精神构架……正是这些碎片才得以被人们所记住……认识和了解建筑语言及其创作人，看一看那些令人发笑的东西，是生活在城市中的最大乐趣。亲身参与建设，就是创造个性的一种方式”（引自《必要的纪念》，1970年）。

右面所列出的当代建筑只是建筑海洋中很微小的一部分。

· 拉班中心（The Laban Centre）

为什么？虽然对它所处的位置还表现怀疑，对它场地规划还不太满意，而我觉得拉班中心，很可能是伦敦最杰出的当代建筑。但是，简单地看一看往往会得出错误的结论。你必须认真地研究它的设计方案和剖面，才能正确理解当前正处于什么情况，为了实现设计方案，有哪些东西被移走了，以及又是怎样在预算紧张的情况下来实现基本目标的。当然，伦敦没有哪一家教育机构，其建筑质量可以与这里的大楼相比。

· 发伍德托儿所（Fawood Nursery）

为什么？我认为，智慧、体贴和艺术，在发伍德托儿所得到有机融合，其建筑风格在伦敦很少见，令人吃惊。这是一座目标很明确的建筑，但凑巧的是，它与位于道路另一头的斯瓦米纳拉扬印度教神庙（Swaninarayan）北环路对面的体育馆遥相呼应，成了它们的补充和陪衬。伦敦没有哪一家托儿所可与之相比。几乎没有什么建筑能够将智慧、体贴与冒冒失失的玩耍有机地融合起来。

· 2号概念商店（Idea Store nr 2）

为什么？“概念店”本身让人感到作呕，而且这个地方仍然不是人们所期望的都市图书馆。但是，阿贾亚耶（Adjaye）在这里展示出了媒体为他所吹嘘的内容。建筑看上去欢乐明快，并体现出了客户的一些想法。正如此前的艾尔索普设计的佩卡姆（Peckham）图书馆一样，这座概念店展示了建筑真谛。

· 细胞分子研究所（Institute of Cell & Molecular Science）

为什么？有人可能会觉得，即便外观上看起来意义明显，成果丰硕，但其里面，那个“豆荚”却不像所期望的那么好，细部处理也不怎么样，然而，对于使用它的研究生来说却是一处非常好的地方，来访的孩子们也会感到吃惊（建成的时候）。其基本理念是，难以预料、宏伟宽敞，并且充满智慧。设计就是按照这一理念来进行的。

· 森托街1号（One Centaur Street）

为什么？因它朴素简洁，没有矫揉造作，令人耳目一新，就好像周围没有任何限制，没有任何滑稽可笑的邻居。伦敦需要有更多这样的建筑。

· 切尔西艺术学院（Chelsea College of Art）

为什么？阿莱斯与莫里森为这个地方带来了一个艺术复合体，在老建筑之间增加新的舞蹈空间，使这一地区生动活泼，面貌大变，发展潜力得以释放。精美的建筑精品。假使他们放弃办公室建筑的设计，那么就会有更多此类建筑问世。

· 汉普顿格尼学校（Hampton Gurney School）

为什么？在这狭窄的角落里，BDP公司无论怎么努力，几乎不可能创作出诗一般的作品。不过，尽管受到责备，但它却是一座很值得称道的多层建筑，不论是从表面上还是从内容上来看，都是如此。很明显，孩子们、老师们和父母们很喜欢它。

· 伍德街项目（Wood Street assemble, in the City）

为什么？在正走向衰弱的这一都市区，这些新建筑在全伦敦都没有可以与之相比的。我不得不承认，它的设计师同样也正在走向衰老。认真地看一看，排排队，对它进行一番解析，你就会发现多么滑稽有趣。

银镇（Silvertown）

为什么？N·麦克拉夫林和A·萨库拉相互都感到奇怪，它们所面对的都是沉闷乏味的传统的居住区。在这里，他们将各种建筑价值融合在一起，为伦敦人所称道。

大英博物馆大中庭（The Great Court, British Museum）

为什么？尽管穿过城区的道路不那么受人欢迎，但是，大中庭，就像斯本潘塞·德·格雷（Spencer de Grey）在皇家美术学院（the Royal Academy）所设计的那样，是一件极为辉煌的建筑杰作，验证了什么是“干扰”这一恐怖字眼。在与英国最好的工程师B·哈波尔德（可能是）合作过程中，双方都从合作中受益。

本节所指的内环，实际上从中心地带向外延伸出去很远，包括大部分19世纪的开发建设项目和二战前专为汽车服务的开发建设区。

内 环

左：摄政公园外环线上的卡姆伯兰联排住宅区（Cumberland Terrace）。

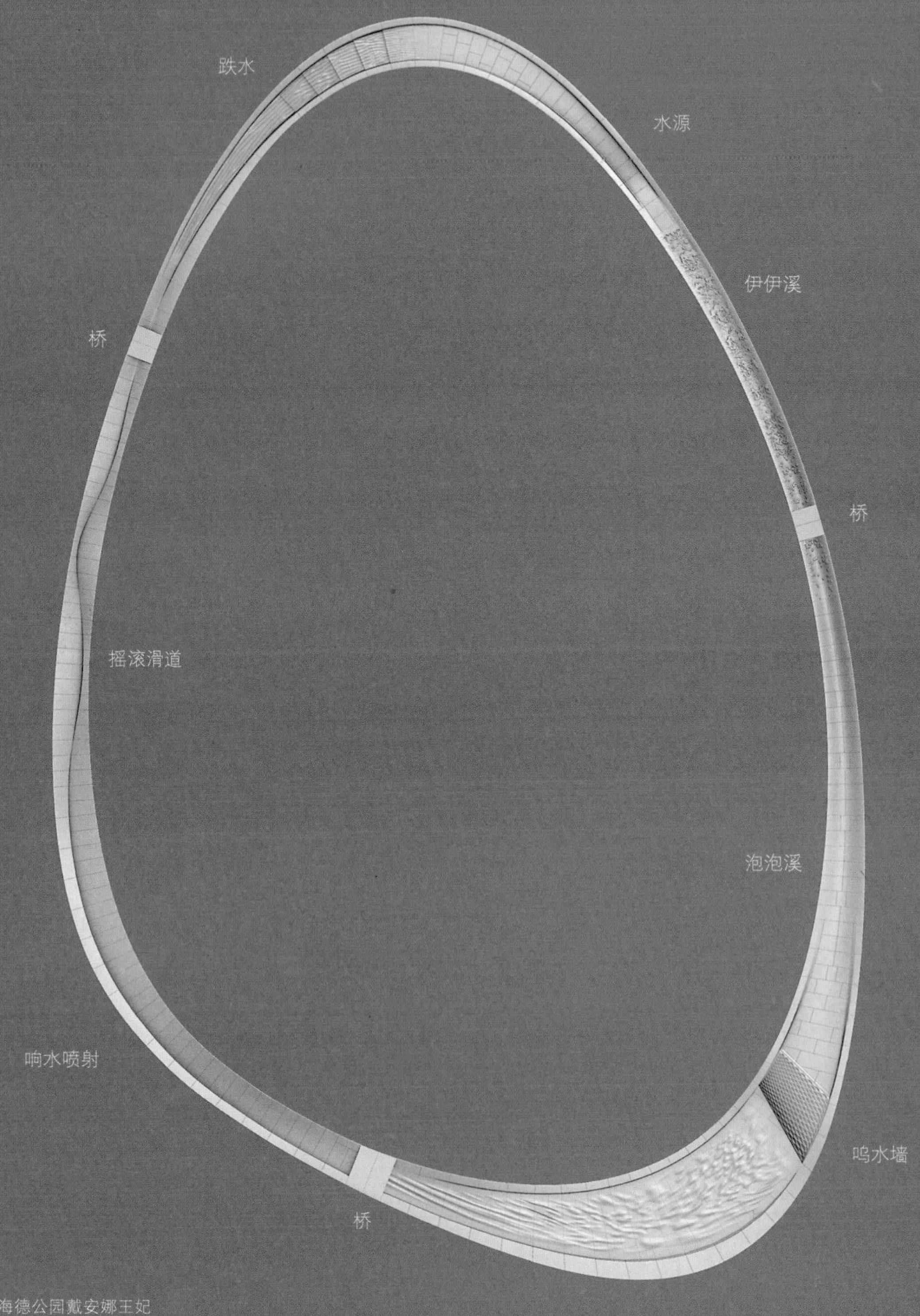

海德公园戴安娜王妃
纪念馆规划图

伦敦建筑地理分布80：20规则，在这里得到应验：大部分都于中心地带，大约在环线以内，近几年新出现的一些建筑（大部分为住宅建筑），又使建筑的地理分布有了扩展。但是在东区（East End）和老港区，开发建设仍有所偏向。有些原因是不言自明的，有些原因涉及地块的价值和开发潜力，显得比较神秘。不过，现在有必要离开市中心，到伦敦的外缘地区看一看。

本节所要介绍的是位于伦敦城和西区以外的比较著名的建筑。就像我们前面所阐述过的那样，边界的划分是人为的，建筑好坏并不受这一人为边界的限制。因此，建议你参照一下地图，沿着这条边界走一走，顺便看一看附近的建筑和建筑群。

地图上分为南（橘黄色，数目相当少）北（深红色的数字）两部分，并不具有地理上的偏向，而完全是为了介绍的方便。实际上，伦敦南部已经成为颇具活力的开发地带，特征丰富明显，并且由于公共汽车交通的改善，进出更加方便了。

斯坦摩地区

本节将西区和伦敦城以外的区域划分为内环和外环两部分。内环建筑占80%。外环可以乘火车抵达，不过，对游客来说，找一辆小车可能会更方便（仔细查一查每座建筑的入口位置）。

北环路很明显，南环则不明显，只不过是几条相互连通的道路

M25作为该区的边界，实际上它也穿过围绕伦敦的“绿色走廊”。

第一部分先介绍内环建筑，从西北开始，顺时针向东转。

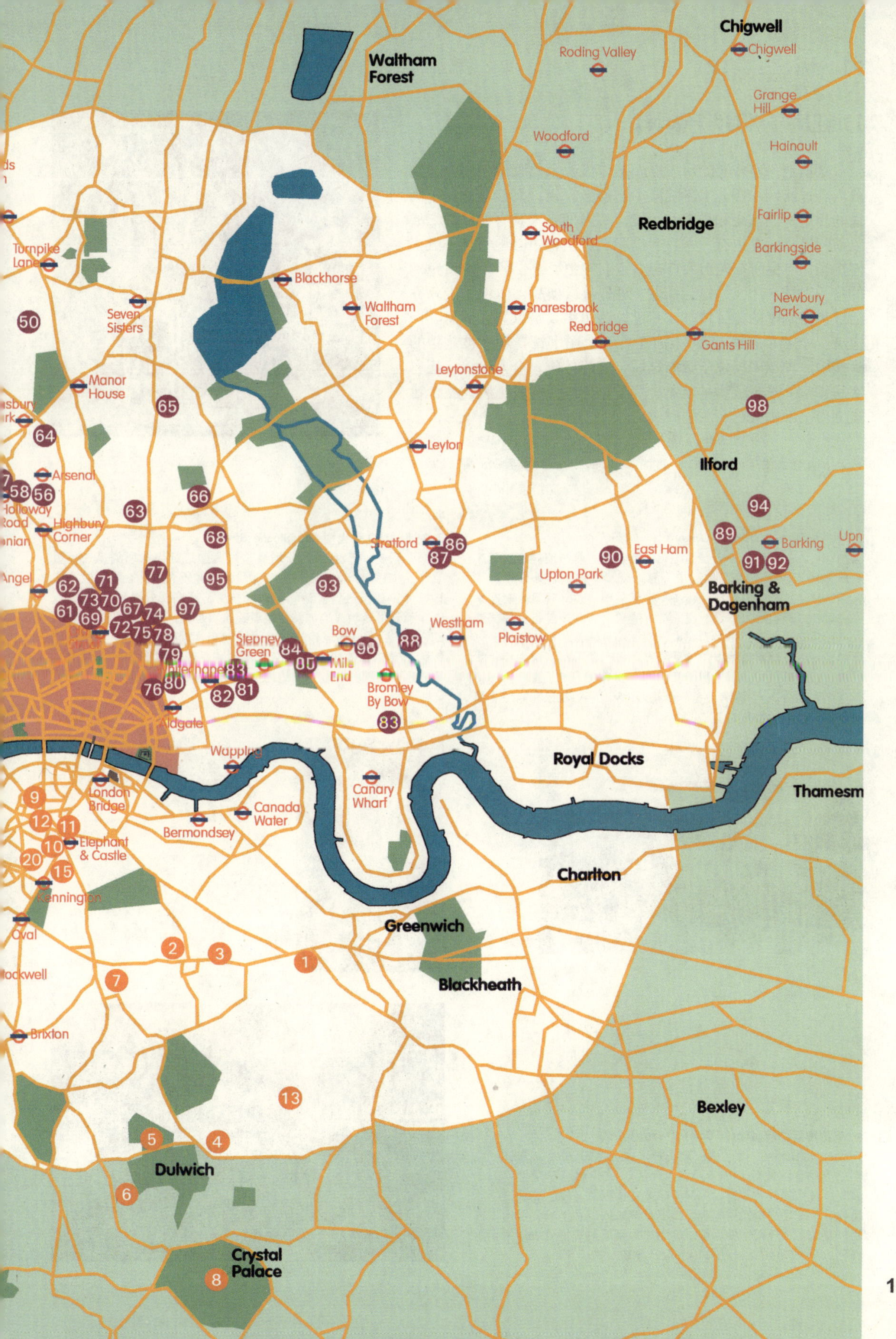

Chigwell
Chigwell
Waltham Forest
Roding Valley
Grange Hill
Woodford
Hainault
Fairlop
Redbridge
South Woodford
Barkingside
Turnpike Lane
Blackhorse
Newbury Park
Seven Sisters
Waltham Forest
Snaresbrook
Redbridge
Gants Hill
Manor House
Leytonstone
Leyton
Ilford
Arsenal
Highbury Corner
East Ham
Barking
Stratford
Upton Park
Angel
Barking & Dagenham
Bow
Westham
Plaistow
Stepney Green
Mile End
Bromley By Bow
Aldgate
Wapping
Royal Docks
Canary Wharf
London Bridge
Canada Water
Bermondsey
Elephant & Castle
Charlton
Kennington
Oval
Greenwich
Blackheath
Brixton
Bexley
Dulwich
Crystal Palace

内　环

1. 红房子 (Red House)

Tite Street, SW3
Tony Fretton Architects, 2002
Tube: Sloane Square

这不是一座普通的房子，而是专供艺术品收藏所用，其收藏内容远比切尔西艺术学院要丰富得多。设计充分考虑到了街道的历史发展演变和周围的环境，其内部布置具有明显的二战以前的风格。左边有一入口专供职员进出，中心地带有小汽车停车场，房屋所有人出入口在右边 [与戈尔德芬格 (Goldfinger) 的房子对比一下]。主要活动空间有两层楼高，体现了伦敦乔治亚风格别墅的传统特征。不过，这里主要是供娱乐休息，一边有一个"小起居室"，上面还有一个图书馆，就在被遮挡的夹楼内。顶层阁楼位于墩墙之后，安静休闲，令人愉快。还有客房和室外热带植物种植盆，院子里种满了各种植物。整个建筑立面全部由红色石灰岩砌成。

另见卡姆登艺术中心 (Camden Arts Centre, P206) 和李森画廊 (Lisson Gallery, P 105)。

2. 伊斯梅利中心 (Ismaili Centre)

SW7 区，克伦威尔花园 (Cromwell Gardens)，卡森与康德建筑师事务所 1983 年设计。伊斯梅利中心靠近南肯辛顿站，外面镶嵌花斑条带，一座雨带有伊斯兰传统不平常的现代主义建筑。听起来有点可怕，但实际上它是一座非常好的建筑，并不是各种风格的大杂烩。它坐落在那里，看起来就像一座岛屿，与周边的房子体量协调，房顶成斜坡状以便接受阳光，每个角落都有逃生梯。看得出，设计者试图体现出伊斯兰精神，但又想不过于直白。一楼有一个大型祈祷大厅，房顶有一个花园，令人感到欢乐和愉快 (建筑开放日基本上都开放)。

3. 斯隆街 60 号大楼 (60 Sloane Street)

SW3 区斯隆大街 60 号，斯坦顿与威廉建筑师事务所的第一件重要作品 (1994 年，得到 YRM 的协助)。他所面对的就是要对一座 1911 年的建筑进行扩建和翻修。结果，新旧部分得到有机融合。新建部分带有明显的加泰罗尼亚建筑特征，位于翼楼 (2 层) 上面，5 层主楼后面。与老建筑融合得很完美，就好像经过一层一层的剥削，老建筑的原来立面又露了出来。底层零售空间约为 3350 平方米，上层办公室空间约为 7150 平方米。

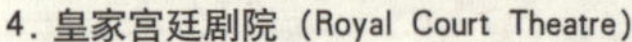

4. 皇家宫廷剧院 (Royal Court Theatre)

斯隆广场 (Sloane Square)，霍沃斯・汤普金斯 2000 年设计。类似哈克尼帝国剧院 (Hackney Empire)，这是对一座广受欢迎的剧院所进行的翻修改造，但又不破坏它周围的环境。剧院进行了重建，新增了更衣室等内容。地下室穿越道路和广场，辟出了酒吧和餐馆。很值得一看。可以将它与阿莱斯与莫里森设计的切尔西艺术学校 (Chelsea School of Art) 剧院比较一下。

迎宾翼楼入口，有蓝光照射的暗色空间

5. 迎宾翼楼 (Wellcome Wing)

Science Museum, Exhibition Road, SW7
MacCormac Jamieson Prichard, 2000
Tube: South Kensington

绑在科学博物馆的后端，深藏于博物馆之内，巨大的、充满科学和技术、挂满画框的大厅，沐浴在蓝光之下。光线用以增加戏剧效果，同时自动掩饰了一个著名的建筑模式。这一建筑模式将人们带回到20世纪60年代，当时关于基础设施建设有一种理念，就是各种可以变换的构件漂浮在基础设施之上。博物馆由一些大型、带有杂技特点的结构组成，构件各具特征，区别明显。此外，还有一些外露式的服务设施。迎宾翼楼是由一个个嗖嗖地、砰砰响的按钮所组成的空间，令人目眩，目的是接待来宾和提供信息。总体上看，设计很简单。你可以将它想象成一个巨大的，倒写的“U”字，这就是边墙和房顶的结构。内部空间挂满了各种各样的展框和图片。伊马克斯 (Imax) 剧院下面有电梯，可以将人们带上来，这就像是出自20世纪30代未来派电影之中。

远端全用玻璃贴面，但被遮挡了，对外部空间提供一种暗示，不过阳光进不来。游客从老科学博物馆画廊空间入口对面进入。很明显，打包式结构借鉴了东英格兰福斯特设计的塞恩斯伯里大楼。这种结构形式不受天气影响，厕所、各种管道、逃生梯等，都位于周边。从里面来看，各种展览用的镜框各自悬挂在“格巴雷特” (gerberette) 悬梁上，这一想法是来自罗杰斯的劳埃德大楼。它支撑着各种管线和网线，网格顶棚也暴露于大众,可供观赏(值得庆贺的建筑技术)。高高的玻璃后墙，简直就是一件可分层拆开来鉴赏的艺术品，向外看有点昏暗，但能意识到外面的生生气息，透光率只有4%。

展室内有一系列的铝制束棒和各种复杂的、可以“互动”的展品，与其他地方的展室不一样，但运作良好。威尔金森与艾尔设计的咖啡馆位于底层。

展览路地区 (Exhibition Road area)

这条街道即将进行更新改造，以适应博物馆参观人数不断增长的趋势。到帝国展览馆参观的学生也日益增长。街道改造以后将增植树木，重新设计灯光，建成一条“行人友好”的、重新铺装了的街道，并有各种公共艺术作品。帝国展览馆近几年也在进行改建，增加了一些很重要的建筑。

博物馆区 (Museum Land)

位于克伦威尔路(Cromwell Road)的自然史博物馆(Natural History Museum，1873—1981年)，由A·沃特豪斯设计。它有两处是有现代特征的设计值得注意。一是I·里奇的生态馆(1991年)，二是较晚一点的R·赫伦设计的恐龙馆(附属部分，1992年)。这一部分为不锈钢架结构，颇具戏剧性。里奇的生态馆由闪闪发光的玻璃排列成一个诱人的复合体，由形似动物的桥梁衔接。R·赫伦的设计特别聪明，安装了一具恐龙骨架，在柱廊间摆来摆去，很自然地与主题相融合。2002年，达尔文中心开业。作为动物研究的收藏中心，其中就有一些长达14米的软体海洋动物，浸泡于酒精之中，由HOK设计。科学博物馆有两处现代设计值得一看。一是B·凯利(Ben Kelly)的儿童馆，位于地下室，表现出了孩子们的急不可耐、欢乐和率真，的确是一件成功的作品。二是“互动桥”，由C·威尔金森(Chris Wilkinson)设计，惠特比和伯德(Whitby & Bird)给以协助。“互动桥”通过声音和光线来表现应力。这是一座不错的桥，但从互动方面来说，并不很成功。

6. 教工楼（Faculty Building）

福斯特工作室在这里有三座建筑，分别为 A·弗莱明大楼（Alexander Fleming Building，1998 年），主要用作医学和生物学研究；花卉大楼（Flowers Building，2001 年），有实验室和附属办公用房；教工大楼，于 2004 年设计。前两座大楼一般是不允许参观的，尽管最近对其进行了翻修改造，增加了一些新内容和设施设备。不过，教工大楼很值得关注。教工大楼看起来带有艾尔索普作品风格，位于校园中心地带，在校园整体规划中恰好有一条斜线从这里穿过。其色彩也是淡蓝色的，目的是活跃校园气氛。从另一方面来看，这座教工大楼在外观上故意表现出中性。从某方面来说对于一些谜一般的建筑，这好像是一种传统的设计手法，如"小黄瓜"，或许有人还会对其吹毛求疵。作为福斯特一贯的设计风格，希望其在材料、形式和象征性方面能再下些工夫，就像赫尔佐格和德梅隆所做到的那样。人们可能会担心，终归有一天，建筑师所提供给世人的只是满足人们的实用主义要求，除此之外，别无它求（特别是不希望设计令人神往的作品）。

Exhibition Road, SW7
Foster & Partners, 2004
Tube: South Kensington

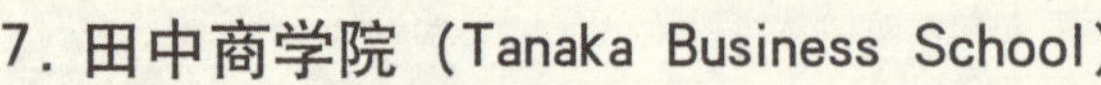

7. 田中商学院（Tanaka Business School）

田中大楼是帝国理工学院的入口建筑，是商学院所在地。大楼有高达 24 米的玻璃立面，有大型空间，顶部用透明聚氟乙烯塑料覆盖，构成巨大鼓形演讲大厅。它渴求人们的敬仰，但这座大楼多少有点缺乏生气，学生几乎无法在里面安排一些临时性的活动。外面的钢框架结构很明显属于新文丘里时代，而这种框架结构是在 19 世纪初一些框架结构的基础形成的，有点令人感到可怕。数年前，格里姆肖在卡姆登大楼设计上所采用的可能要更聪明一些。

Exhibition Road, SW7
Foster & Partners, 2004
Tube: South Kensington

上：田中大楼钢框架结构立面，使其他立面显得像幽灵。
左：大型入口大厅，有环状鼓形演讲大厅。

8. 达纳中心 (Dana Centre)

165 Queen's Gate, SW7
MacCormac Jamieson & Prichard, 2004
Tube: South Kensington

据说，达纳中心是英国科学促进会（British Association for the Advancement of Science）与欧洲脑科学联盟 (European Dana Alliance for the Brain，EDAB) 共同合作的产物。在脑科学方面，其研究深度和专业化程度没有人可与之匹敌。作为一个重要活动场所，它还向公共提供各种相关信息、各种学术论坛以及诸如此类的东西。按照设计人员的说法，“有风格、目标明确、有咖啡馆吸引成年人、对于这样一门不成熟的学科可以举办各类学术活动”。从建筑方面来说，可以称之为麦科马克的、带有怀旧风格的天才“废物”，但它看起来很具艺术性，并且没有什么建筑可与之相比（与附近帝国理工学院福斯特的大楼对比一下，可能会很有趣）。

另见麦科马克的其他作品，如伦敦城的主祷文广场大楼和西区波特兰广场 BBC 大楼。友谊大厦（Friendship House，第 242 页）是住宅建筑的极好实例。

9. 皇家地理学会（Royal Geographic Society）

Exhibition Road
Studio Downie Architects, 2004
Tube: South Kensington

一座相当精美的亭式建筑，满足了宣传和教育需求，同时还有一座能够容纳 750 人的翁达杰 (Ondaatje) 剧院 [N · 肖作品表中的一座]。这里有学会档案馆、演讲室、会议室、展览空间以及地下阅览室等。入口充分考虑到了与邻近大楼（包括阿尔伯特大厅）的关系以及景观观赏效果。总的来说，规划设计简洁明快，技术精湛，令人尊敬，尽管有人可能对一二处不太重要的细部处理感到不满意，如建筑采用了钢筋混凝土结构，但与某些设施的关联和外部处理却不够细致周到。内部空间与外面新建花园之间的关系配置得很好。根据现代主流艺术理念，采用了来自埃里诺 · 朗厄 (Eleanor Long) 的玻璃立面，一直沿着铺装地面延伸。为什么建筑师不在建筑上采用同样的手法，仍然不清楚。

10. 戴安娜王妃纪念馆（Princess Di memorial）

Just east of the Serpentine Gallery
Gustafson Porter, 2004-5
Tube: South Kensington

毋庸置疑，G·波特（Gustafson Poter）确实懂得景观设计。这就确是他的作品，一个很好的实例，位于海德公园心脏地带，令人感到愉快，感到吃惊。他说道："戴安娜王妃是当代王妃，我们就想设计一个当代喷泉来纪念她。基本设计思想就是基于人们对王妃的热爱和珍重。这种热爱和珍重无处不在，随时都可体会得到。纪念馆就是要创造这样一种环境，你可以深入其中，成为其中的一部分。一个大型椭圆，大小与足球场差不多。在水的运用上匠心独具，一会儿在阳光下闪烁，一会儿变成瀑布下泻，你可以亲身接触，可以与之互动，甚至可以成为水景的一部分。我们想创建一个能对戴安娜王妃进行纪念的环境，而不仅仅是一个标识。喷泉也反映出王妃生活的一部分：一边，水流携着气泡欢快地流下一道平静的斜坡；另一边，水流从瀑布上翻滚而下，轻快地从一侧摇向另一侧，这或许代表了她生活中不平静的一段经历。两边的水流最后都流入平和、安详、静谧的后池塘之中"。

好了，尽管这种感情表述好像是寓言故事，令人难以置信，但在设计中确实体现出来了。我们就是把它看做是一处能够给人带来愉悦的场地，而不管它是在纪念谁、有多么荒诞的含义。实际上，纪念馆有机地融合于海德公园整体景观之中，再加上周围的步道，让人感到设计者运用了很高的建筑设计技巧，无论是从感觉、所针对的事件，还是技术方面，都让人感到吃惊。不要理会媒体喧闹，那毫无意义。

（见第186页纪念馆规划设计图）

11. 九曲湖画廊（Serpentine Gallery）

位于海德公园肯辛顿花园，J·米勒（John Miller）1934年设计。从外观看，与刚建时几乎没有什么不同，但里面却有很大的变动（1997年）。许多地方都重新进行了组织安排，包括空调、百叶窗和房顶照光等，还有商店、宣教室等也进行了重新装饰。在它所处的环境之中，的确是一件艺术杰作，当然既有优点，也有不足之处。可以将它与米勒的、位于阿尔盖特的怀特查佩尔画廊作一对比。最近一段时期，在其周围建造了许多"花园亭"（哈迪德、里勃斯金、伊东丰雄等），这些"花园亭"的开业典礼已成为重要社会活动。

Tube:(South Kensington/Bayswater)

12. 艾伯特大厅和艾伯特纪念碑（Albert Hall and Albert Memorial）

艾伯特大厅位于肯辛顿高尔（Kensington Gore），由F·福克（Francis Fowke）于1871年设计。艾伯特纪念碑位于肯辛顿花园，由G·G·斯科特于1872年设计。二者互为姊妹奇观。前者并不多么令人感到有趣。但对于后者，斯科特认为是他所设计的最杰出的作品。一处非凡的圣地，保护着维多利亚女王已故的丈夫艾伯特王子的塑像，周围有一些要素，象征着当时英国在全球不断上升的地位。自从建立以来，我们都感到吃惊，但不敢肯定它究竟含有什么意思。

13. 手术大楼 (Doctors' Surgery)

按照规划师的设想，哈默史密斯医院手术大楼应挤在通往希思罗机场的主干道上，成为一座地标性建筑。手术大楼高两层，有高大的白色前脸，内部走廊有绝缘防护材料，提供各种手术服务设施。内部静得出奇，有上方照光，并有狭孔可以看到外面世俗的喧哗和交通堵塞。从走廊可以通向药房和其他工作间。从工作间可以俯瞰院落，院落围封很好，有效地阻挡了外面的噪声和干扰。

Hammersmith Bridge Road / Worlidge St.,
Guy Greenfi eld Architects, 2001
Tube: Hammersmith

14.R· 罗杰斯工作室 (Richard Rogers' Studio)

一座小型综合性大楼的一部分。有三点值得一看。

●桶状拱形工作室。由 20 世纪 50 年代的一座砖混仓库改建而成。其他部分都出租给了一些创新性贸易企业。●附近一座砖混公寓大楼。其大型悬空式阳台面向河面。还有码头住房，由罗杰斯的合作伙伴 J· 扬设计（John Young，学士学位作品），房顶有玻璃浴室。临河立面最富吸引力。●附近一座面河建筑中的咖啡馆。由罗杰斯的夫人露丝（Ruth）和 R· 格雷（Rose Gray）共同经营。

15. 方舟大厦 (the Ark)

塔尔加斯路（Talgarth Road），地铁：哈默史密斯站。R· 厄斯金 1992 年设计。大楼黑色，特征鲜明，给人一种沉思感。从希思罗机场来的游客，这里是通往伦敦的大门。假使色彩换一下的话，比如改成带有几何图案的棕色玻璃和防锈铜板，其外观会更加引人注目。里面的设计让人大吃一惊，雪白发亮，空气新鲜，灯光闪烁，上方为花旗松木顶棚，一个极为欢快热烈的空间。大楼的核心部分为大中庭，那里有观景电梯。滑上滑下，一会在屋顶消失，一会又从屋顶冒了出来，可以带你欣赏到伦敦壮观的美景。

就伦敦的办公建筑来说，方舟大厦极其重要，打破了传统和常规，为办公建筑提供了一种新的选择。这是理论与实践的问题。大楼的地板不是通常所见的长方形，而是呈曲面形。不过，据说大楼长时间内没有找到承租人，后来完全克服了。

16. 奇斯威克商务广场（Chiswick Business Park）

566 Chiswick High Rd, W4
Richard Rogers Partnership, 2000
Tube: Gunnersbury

奇斯威克商务广场属于新一代斯托克利广场（Stockley Park，见第252页）。设计更紧凑，更为城市化（4层而不是2层或3层），预算有限，所有这些使得罗杰斯设计团队更为杰出著名。为了做好这个项目［受客户斯坦霍普（Stanhope）的热诚鼓励］，他们反复琢磨，设计方案修改了一遍又一遍，最终设计出这座看似由各个简单部分凑合而成的建筑，但看上去又很豪华。1.5米的几何格网非常紧凑，钢筋混凝土框架，后张预应力楼板和充压地板，外包被大部分为玻璃，有高质量的百叶窗、通道和逃生楼梯。净面积与毛面积之比为87%。停车场在下面。去看看，并时刻提醒自己，这是一座低成本的棚架式结构建筑，但让人很难相信。佩夫斯纳的著名论断，从美学方面来看林肯天主教堂与自行车棚截然不同，在这里遇到了麻烦。这座建筑一方面向人们展示，当今大多数人都在此类棚架建筑中工作，另一面它的确又是大众所喜爱的场所，具有相当的美学价值。

照片：R·罗杰斯及其合伙人建筑师事务所

17. 霍尔菲尔德学校

W2区，霍尔菲尔德地产（Hallfield Estate）南侧，D·拉斯顿1954年设计。霍尔菲尔德地产，由特克顿/拉斯顿和德拉克（Tecton/Lasdun & Drake）1954年设计。一座精美的现代主义标志性建筑。2005年，卡鲁索·圣约翰（Caruso St.John）又增加了两个亭子。亭子体现了后史密斯夫妇建筑的那种“冷酷朴素”的风格。如果你想看看这个地方，需要预先安排，建筑开放日有时会开放（9月份）。

拉斯顿在伦敦所设计的其他建筑还有国家剧院（138页）和皇家医学院（Royal college of Physicians，88页）。

18.BBC 白城（BBC White City）

Wood Lane, W12
Allies and Morrison, 2003
Tube: White City

这个大型综合项目在第一阶段提供办公和生产用房5万平方米。进深18米，分出一个生动活泼的前庭。底层有商店、咖啡馆和餐馆，希望在这一心脏地带提供一个单面小型商城。为了与周边的建筑（西边的公共住宅区）在体量上相协调，周边板块中的建筑在体量上做到了因地而变。建筑尽可能地面向街道，为街道带来活力，与原有的住宅建筑相关联，显示出对这些建筑的尊敬与重视。也就是说，在体量上，与那些相当优雅的别墅相协调。否则的话，对于更为正统的、具有复合特征的主楼来说，这些别墅将会成为一个不好处理的问题。总的来说，设计有意摆脱一些实用主义规则的约束，在核心地带提供了一条行人通道，而这里早已有C·布拉德利－霍尔（Bradley-Hole）设计的精美景观。设计的艺术之处在于：面向这些地方的大楼立面都安装了乳色百叶窗（白石友子设计）。此外，提姆海德（Tim Head）还创建了灯光投影装置，据说从邻近的主干道上（A40）都能够看得见。外包被，像通常所做的那样，完美无瑕［与河边123号作一下对比，146页］。

方案可行吗？的确，这是一个不错的总体规划方案。但是，考虑到其底层零售空间的安排和在特征大街与而明显的缩手胆怯，还需要做进一步观察。类似地，BBC想为公众提供一个公共活动场所的想法也令人眩晕，一道道的门，进去的人很快就会迷失方向，在虎视眈眈的保安人员的监视之下，谁还敢有心冲出去拍照？很明显，它在告诉人们这是私有领地。

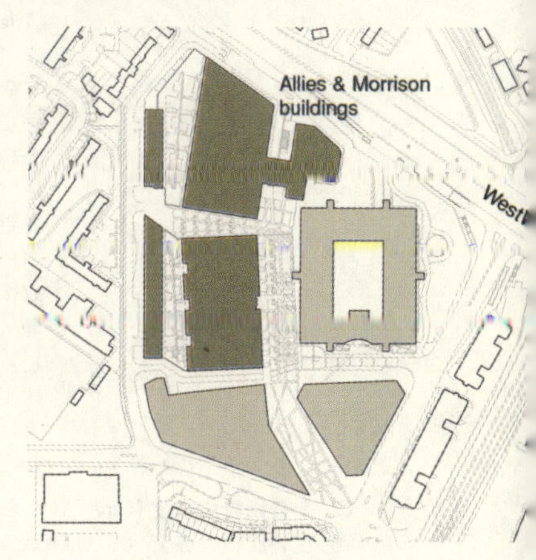

19. 兰斯唐恩路（Lansdowne Road）J·波森（John Pawson）住宅

约翰·波森号称极简抽象主义者，借以虚假的严谨，引发无味的争论。他是对的。W11区，兰斯唐恩路上的这个居住区就是其创作实例之一。北立面（入口）好像缺少什么似的，这也正是他所介绍的：设计思想是，在这里不再建设一处普通的公寓住宅，而是要建造一系列的边缘式建筑。每座住房都只有一层楼板，上层为复式公寓。从楼板空间来说，类似于伦敦有阳台的独栋式住房，但上层的复式公寓又与它们不同。这些公寓具有很好的私密性，就像通常所见到的独栋式住房那样具有个性、安全、有开敞的室内空间和公寓式住宅的生动活泼。项目所涉及的一个关键问题，就是角落的处理，也就是说项目的设计要同时处理好两座截然相反的建筑，一座是享有盛名的兰斯唐恩别墅，另一座是大结构式建筑“莱布罗克苑（Ladbroke Grove）”。颇具讽刺意味的是，由于周边邻居的反对，项目规划的批准经历了一段很长的时期，规划刚一批准，就卖给了另一家建筑师事务所［P·戴维斯及其合伙人建筑师事务所］。戴维斯不得不对里面的工作重新进行设计，以创造出波森所宣称的“边缘式公寓”。2004年完成。地铁：荷兰公园站（Holland Park）。

20. 特雷利克大厦 (Trellick Tower)

W10 区，戈尔伯恩路(Golbourne Road)。E·戈德芬格(Erno Goldfinger)1973 年设计。靠近波托贝洛市场(Portobello market)末端，与摄政运河为邻，俯瞰着伦敦西区，曾经是英国最高的公寓大楼(31 层)。对于单元走廊形式(一条外部走廊服务三个单元)和"野兽派(Brutalist)"建筑风格，在这座大楼上进行了试验。建筑师喜欢它，是因为它含有建筑设计很专业化的成分、特别漂亮和新颖的设计理念。算不算好的住宅是另一回事。自从大楼建成以来，人们对这座城市和密集的城市生活都表现出极大的热情，特雷利克也成为都市生活所崇拜的偶像。媒体告诉我们说，这座公寓大楼已经成为人们非常期望获得的房地产(现在正在由 J·麦克阿兰进行翻修改造)。但是，除非有特别说明，游客很难相信这一点，因为希望住在伦敦中心地带的白领阶层，是一般不会再打算回到特雷里克式的公寓来居住的。

21. 亚历山德拉路住宅区 (Housing Development of Alexandra Road)

位于 NW 8 区，亚历山德拉路(Alexandra Road)。卡姆登议会(Camden Council)发起，N·布朗(Neace Brown)设计。一个大规模的社会住房开发项目，带有"基础设施"建设性质，有 520 个单元，可容纳居民 1660 人。两排沿弧线排列的建筑相对而立(带倾斜的混凝土阳台)，形成一条长长的峡谷，令人难以置信，感到震惊。这是建筑向错误方向发展的最好见证。可与卢贝特金的霍尔菲尔德房地产项目(W2 区毕晓斯路，1951—1959 年)比较一下。

22. 韦斯特本苑三角形建筑 (Triangular building in Westbourne Grove)

W11 区，韦斯特本苑，CZWG 公司 1993 年设计。这座三角形建筑，原为一座维多利亚时代的厕所，可能是 CZWG 公司所设计的最好的建筑之一，实用、欢快而且有点轻佻。这是一座平静沉稳的单层建筑，简洁明快，一见你就喜欢。但可不是一件容易的事情，需要得到当地社区的支持，与地方当局进行抗争(包括来自当地居民的大笔捐赠)。就像 CZWG 公司的大多数作品一样，不必期望里面有多么惊人之处(上完厕所之后)，只是欣赏一下里面的鲜花、聚碳酸酯探出式天棚、绿宝石色的釉面砖和大钟，也就足矣。

23. 萨鲁姆霍尔学校 (Sarum Hall School)

NW3 区，埃顿大道 15 号(15 Eton Ave.)，阿莱斯与莫里森 1995 年设计。作为阿莱斯与莫里斯的典型作品，萨鲁姆霍尔学校大楼考虑周全，风格优雅，看起来有点乱(但实际上并不忙乱)，结构和细部组织安排认真细致。一个与周围环境密切相关的设计，具有很高的艺术价值，周围是枝叶繁茂的家庭住宅。入口门廊、房顶和门柱借鉴邻近建筑的设计手法，但又有自己的特色，与时代相吻合。一些重要性的设计要素被安排在了后面，而那些富于变化的要素则临街配置。

24. 圣马克路住宅 (Housing in St. Mark's Road)

W10 区，圣马克路。地铁 莱德布罗克苑站(Ladbroke Grove)。J·狄克逊 1980 年设计，与当前流行时尚形成鲜明对比。项目共有家庭住宅单元 44 套，有半地下室、通向主层的步行台阶，上方的山墙成阶梯状，样子像别墅。在风格上，一方面试图具有当代建筑的特征，另一方面又与周围的伦敦传统住宅建筑相协调。J·狄克逊和 F·狄克逊夫妇的另一件作品位于 W9 区，拉纳克路 171—201 号(171—201 Lanark Road)，于 1979—1980 年设计。同样，这件作品与最近 10 年的建筑作品也形成鲜明的对比。

25. 斯瓦米纳拉扬印度教神庙（Shri Swaminarayan Mandir）

假使“未来体系”公司可以重新回到梦想的20世纪60年代技术大发展时期，那么，这座印度教神庙处于社区中心，就又使人们梦想起社区与精神的和谐共存，并且在尼斯登（Neasden）印度精华作品上得以体现。对于这座建筑关注的焦点是那些精湛的石雕技术，令人难以置信，而这些都是从印度进口的。寺庙的中心部分是一个大型社区／祈祷中心，空间无柱，可容纳2500名崇拜者，由巴普斯（BAPS）负责经营。你在这里所看到的不是迪斯尼乐园中的作品，而是投资在建筑上的强力表现，是一种符号，一种象征，代表了人们的全部价值观。欣赏这座建筑，也是在体验一种社区精神，而这种社区精神是由当今最好的建筑所表现出来。热烈欢迎游客来访，尽管由于安全考虑，每年能够参观的时间有限。

另见卡拉穆萨锡克神庙（Gurdwara Karasar）（第236页）

26. 文布利体育馆（Wembley Stadium）

World Stadium team (Foster & Partners, with HOK), 2006

Tube: Wembley

到伦敦北区探险的人，很快就会发现很难错过新建地标性建筑——文布利体育馆，它与伦敦城中的“小黄瓜”一样耀眼动人。跨度达315米，有高133米的拱廊。本书写作之时，体育馆还未完工，预计将于2006年中期开业，大约能容纳9万名观众，涉及足球、橄榄球和音乐会等其他各种运动项目。除作为城市地标之外，拱廊对房顶的支撑起关键作用。房顶有一部分可以滑动，约占房顶总面积的25%，这样就可以减少使用支柱，更重要的是可以让自然光照射在球场草坪上，同时还能为观众提供遮护。观众坐在碗形的看台上，面对老体育馆的4个看台，可以欣赏到一些传统的文布利典礼项目，如皇家包厢的领奖仪式等。在本书写作的时候，大家都在担心，这座建筑已经花了这么多钱，但仍然错过了一年一度的最重要的足球赛事。毫无疑问，这些问题很快就会被遗忘。

引自文布利国家运动场馆有限公司。

27. 发伍德托儿所（Fawood Nursery）

Stonebridge Estate, Harlesden, NW10
Alsop Design Ltd, 2005
Tube: Harlesden

对于艾尔索普的作品，特别是当在杂志上看到的时候，不难得出这样的结论，随意、富于想象、姿态多样，奇思妙想。对于艾尔索普的作品在这方面的批评也变得越来越时髦。然而，看一看它的实际作品，你就会为它的设计所震惊，充满了智慧，不拘泥于传统。当然，其作品中也有一些明显的不足之处，甘冒时尚与非时尚之风险。看看艾尔索普是如何存活下来的，又怎样为后代提供一些参照，也很有趣。

这里，在发伍德，一处废弃的、正在经历拆除和重建的地方，地方当局为当地社区提供了一座充满关爱和希望的建筑，看起来有点奇怪，但它的确运转起来了。

这座大楼为3—5岁的孩子提供一托儿所。除此之外，还有孤儿和特殊儿童需要的设施、社区教育工作者培训基地和咨询服务中心。大楼看起来就像一个大棚架，上面是一个大盖子，周边有钢网包裹。里面，艾尔索普设计了一系列建筑结构式的单元，主体为三层，每个单元就像老式集装箱，有一个圆顶帐篷。室内与室外衔接处故意涂抹，阻挡外面的嘈杂但又有适量的光线透过，这里的空间简直就是孩子们的天堂。

从某种意义上来说，平面设计属于传统的大型起居室或图书馆空间设计，有时在静态的家中或小型办公室也可以看到。一个空间之下划分为许多子空间，有接待区、攀爬平台、圆顶帐篷、户外就餐区（比萨饼）、沙坑、水景园、舞台、循环跑道、玩耍房、四季轮换的树木等，所有这些东西其外面都由钢网围护，有时称为铁丝笼子（不太友好）。

“预算很少，我们不得不展开想象”，艾尔索普说道。“我们决定购买一个最大、最便宜、最强的结构，如果能找到的话。”这种结构实际上就是农场建筑常用的那种柱式框架结构。这样，我们就可以覆盖尽可能多的空间，实际上，整个场地（由于资金有限），留出了一部分没有全部遮盖起来，希望这些场地能够为孩子们提供发挥想象的空间。当他们进入海上集装箱的时候，可能会感到自己在海上了，喜欢在帐篷中听故事，比一般的教室舒适得多，更具魔力。

我承认，这是一个极富才气的建筑设计，同时也很有艺术性。但是，一些运动性特征，如外立面上钢丝编织成的花朵，我敢保证大多数建筑师对此都感到不妥。不过，假使伦敦的建筑师有一部分能有艾尔索普这样的智慧和勇敢，那么伦敦的建筑景观会更加生动迷人。我能够听到反对的声音。

比萨角（规划图中的左下脚，对面）。

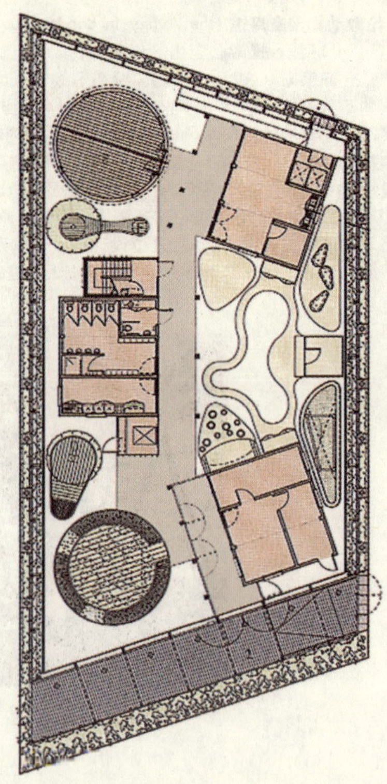

发伍德托儿所设计方案，基本上是一个棚架结构，里面有各种亭子，类似许多办公室的内部布置和组装。或许，更为准确地说，是一个当代村庄。作为托儿所，这是一个巨大成功，而且可以作为范例。作为一座建筑，它涉及建筑的各个层面，从城市建筑一直到场地和空间的细部处理，无所不包（当然，如有稍许经费，还可进一步改进）。玻璃包被由一家广告公司使用，工作场所设计方面革命性的创新，值得欢呼。

外观，入口一侧。

外围钢网上装饰性花朵。

从上层空间看房顶。建造带有原始工业风味。

内部亭子就是简单的钢架结构，可由宽敞的画廊进入。这里的空间可以为各种类型的孩子提供服务。

28. 威尼托、哥提克和多里克别墅（the Veneto，the Gothik，and the Doric）

一座座后现代主义私人别墅，不言自明，重新创造了 J·纳什（John Nash）时代的辉煌。纳什曾经设想，摄政公园将被一座座昂贵的别墅所覆盖。这是其中的 3 座，分别为威尼托、哥提克和多里克，建于 1992 年，后来又增加了 4 座，另一座预计 2005 年建完。位于外环线上（正对美国大使馆住宅区）、摄政公园西北角。这三座别墅由昆兰·特里和弗朗西斯·特里父子建筑师事务所（Quinlan and Francis Terry）设计，带有传统的英国古怪特征，与近代建筑价值观相融合，体现出后现代主义的反叛风格，高技术悄悄地掩藏起来。作为 19 世纪 20 年代、J·纳什 5 座别墅的补充，3 座别墅横跨摄政运河边缘，靠近汉诺威会馆，引人注目，展示出富人带有古典风味的生活格调，成为古典主义的象征。

或许，单单是为了向你展示这几座别墅，然后你彬彬有礼地说：很值得一看，的确是很不错的、不太时尚但又重新流行的建筑。然而，既然它们会使人想起过去的时代，能够产生怀旧情绪，那么有礼貌的建筑师，对它所表现出的真性、无与伦比的和谐以及诸如此类的东西，就不得不表示赞赏，它们的确展示了高超的建筑技艺。尽管有人说，特里的建筑作品华而不实，不像他吹嘘的那样博学多才，但是，这种批评实际上是出自于政治原因，对那些敢于与时代流行观点相抗争的人所倾泻的不实之词。无疑，去摄政公园还会有别的原因，睁开你的眼睛，看看这些富人的住宅，自己做决定吧。谁知道呢，或许你会喜欢（里士满还有更多特里的作品）。

29. 伦敦动物园禽鸟馆（the Aviary in London Zoo）

NW1 区，外环线，摄政公园内。伦敦动物园禽鸟馆的设计者是已故的 C·普赖斯（Cedric Price）、斯诺登勋爵（Lord Snowdon）与已故的工程师 F·纽比（Frank Newby）。在他们进行这个设计的年代，B·富勒的几何学风格与紧凑坚实的结构非常受欢迎，禽鸟馆就在这种时代风潮下应运而生，也属于伦敦建成的第一批杂耍般炫技的现代建筑。你可以沿着摄政公园北边运河的小路走一走，从那里观赏这个禽鸟馆（这条路从卡姆登镇通往劳兹板球场，一路风光非常怡人）。说到那几位设计者，普赖斯的天性就是光说不练，懒得做琐碎的事情，所以我猜纽比才是这个设计的真正作者。

弗里提看台 (Verity Stand)。这是最古老的看台，因其历史原因最为著名，现在仍在使用

格里姆肖看台 (Grimshaw Stand)，带有杂技特点，运作很好

30. 劳兹夏季板球场 (Lord's Cricket Ground summer in the city)

St. John's Wood Road, NW8
Mound Stand, Sir Michael Hopkins & Partners, 1987. Grand Stand, Nicholas Grimshaw & Partners, 1998 Cricket Shop, English Cricket Board offi ces, and Indoor School, David Morley, all 1996–1998. Media Centre, Future Systems, 1999. Tube: St. John's Wood

马里勒本板球俱乐部（Marylebone Cricket Club，MCC，成立于 1787 年）的先生们成了当代建筑的资助人，这一想法让人感到难以接受。然而，在一位叫做 P · 贝尔 (Peter Bell) 的建筑师的会员的鼓励下，他们最终建起了几座现代建筑，使英国板球之家劳兹地区得以重新焕发生机。除此之外，就是一座有看台的运动场，与足球场相差万里。板球过去是一种夏季活动，从早到晚不间断。劳兹的球场，一年当中球场和看台大部分时间不用，只有 10—12 天能派上用场，也就是举行国际比赛的时候，或者有些公司招待重要客户或他们自己圈子里的人的时候，或者那些不太着迷的爱好者，打着灯笼到这里来野餐的时候，才能派上用场。对劳兹的板球来说，像其他运动一样，其最重要的方面或许就是那些国际大媒体追逐素材的机器。

蒙特看台 (Mound Stand) 由 M · 霍普金斯建筑师事务所设计，当它于 1987 年建成的时候，非常引人注目。鸽子窝式的建筑，高技术的影子到处可见，不仅在于与周围环境之间关系的处理上，而且表现在像具体建造这一类技术性较低的工作上。霍普金斯能够接受原来的看台，采用砖砌拱门（从 6 排增加到 21 排，承重合理），以及新建的带有杂技特性的棚顶，所有这一切都使人感到吃惊。看台不仅在技术上和实用方面令人感到鼓舞，而且还体现在它的设计理念上。宽大、紧凑、白色的棚顶，象征着与周围环境的协调和谐以及夏季板球运动的传统服饰。

蒙特看台完成以后，霍普金斯还设计完成了东边的卡普顿看台 (Compton Stand) 和埃德里希看台 (Edrich Stand)，这两个看台都位于媒体中心的下面。简单的钢筋混凝结构平台，坐落在精心安置的钢管支撑臂之上。

31.D · 莫利的轮毂 (David Morley's 'Hub')

摄政公园北边，莫利设计的“轮毂”(更衣室)，被认为是纳什的公园建筑理念下的装饰品。事实的确如此，很难再说什么。建筑含有一个隆起的更衣室，其上有简单朴素、围成环形的咖啡馆，中央顶部照光，极为优雅。

在D·莫利(David Morley)的室内板球学校(Indoor Cricket School，1994年)，打板球就不仅仅是在夏天才能进行了。这里，绿色塑料地毯、白色装饰、阳光从上面倾泻下来，令人感到欢乐和兴奋。有夏天开启的大动力启动门，如饥似渴的孩子们跑到这里来上练习课。入口一侧，观光平台和座位可以俯视托儿所操场。

邻近的275平方米的单层板球商店，也由莫利设计(1996年)。房顶为连续加压充气板，透明聚氟乙烯(ETFE)衬垫。它的旁边是莫利的第三件作品，一座简洁朴素、优雅别致的两层办公建筑，1200平方米，用作考试和郡板球委员会(Test and County Cricket Board)办公场所(1996年)。外部有大型“光架”，让阳光进入室内。

蒙特看台对面就是格兰德看台(Grand Stand)，N·格里姆肖1998年设计。其基本布局与霍普金斯的设计大体相同。但是，没有采用紧凑型结构，而是设计了一个带有杂技特点的结构。建筑为两层，有脊桁架结构，跨度50米的房顶桁架两个，由三个立柱支撑。在建造上，与蒙特看台有许多相似之处，用了两个冬季完成建设，以不影响夏季板球运动。外形辉煌壮观，结构复杂而又文雅，细部处理精细，建造质量比蒙特看台也要好。但是，缺乏霍普金斯设计中所包含的那种情感关联。蒙特看台承包人J·普林格尔认为，如果加进情感设计，格里姆肖很可能会被解雇，这就像“五天乘船旅行”，最终在甲板上散步时，被那些起操纵作用的乘客提前结束旅行。

劳兹最引人注目的建筑，就是新建的国家威斯敏斯特媒体中心，未来体系公司1999年设计。从名称就可以看得出来，对20世纪60年代的高技术建筑充满了崇拜，他们所设计的东西（一般都有圆角），既有前瞻也有后顾，简单朴素又充满技巧，从属后现代主义类型。两座混凝土支柱，后面有酒吧（似乎需要用酒精来支撑），大量的、从另一个世界借来的高级工程技术（赛车和赛艇、战斗机等），感觉上令人震撼。形状就像“半无梁结构的铝制游艇，安放在闪闪发光的绿色场地东端。”中央部分看上去就像造访的UFO，40米的前窗，宏伟壮观，令人惊叹。玻璃的安置经过了认真设计，以免光线反射到场地上。这样，媒体制作人可以很方便地观赏外面的景色，倾听“周边的声音”。然而，BBC认为，带空调的大盒子违背了他们的解说传统，坚持设计一道体量较小的、可以开启的窗户，这样他们就可以听到皮鞋被柳树挂住而撕裂的声音［很明显的希思－罗宾逊(Heath-Robinson)风格，见右边照片］。

实际上，许多记者都不喜欢这个地方。《独立报》专栏作家评论说，“你感觉不到比赛。麦克风常出问题，你搞不清正在发生什么。太亮了，笔记本电脑都看不清。我们只需要窗户和好一点的电视（供重放所用）。”《泰晤士报》的人说，“头顶上有排排的电视，到了下午，对着太阳，根本看不见电视”。很明显，西向玻璃“豆荚”不是他们所喜欢的。

媒体中心由26根3—4毫米厚的预制铝板建成，由船运来，然后焊接起来。对于游艇制造者来说，CAD和数字化控制机器，对于分析和建造都是至关重要的。作为一个半无梁结构，有两座钢筋混凝土楼梯/电梯塔台支撑，外包塑钢玻璃板（设计师原先打算采用，但会员们说，这会破坏现有树木景观）。上半部坐落于塔台上，下半部托住混凝土环形梁。内部，主要是一些斜放的记者坐椅，上面还有一个面积不大的夹层（专为BBC提供，有可开启的窗户，但很少使用）。所有必需的酒吧都在后面。里面的夹层地板悬挂在房顶上。9米高的玻璃（12毫米厚的层压玻璃外加一退火玻璃层，安全性高，又不炫眼），斜立在地板上，但有夹层的支撑，这就需要仔细设计选择活动关节。粉状蓝色内饰据说是为了避免使运动员分心，说它不切实际显得有点不尊教。按照20世纪60年代风行的式样，门门慢慢“孵”出，边角成曲面形。工程师为O·阿勒普。

有人谣传说，媒体中心原本设计是一座单“腿”建筑，但板球会员们则说，从弗里提看台，看远处的树林时它阻挡视线……于是，它就有了两条腿

在当代看台中，蒙特看台是最引人注目的一座，曾作为北边格里姆肖看台的范例

蒙特看台所在的位置原先就有一座看台，建于1899年。原来的看台保留了下来，但对其承重砖砌墩座进行了扩建（用另一个工地上拆下来的砖砌筑）。上层增加了座位，有6根18米高的中央立柱支撑，尽可能减少对原看台的干扰，同时又能有良好的视野观看比赛。上层开放看台之下，是一个结构性包厢，用作贮藏物品和其他服务设施，其下有一个夹层是私人包间。透明房顶为包被有玻璃纤维的聚氯乙烯结构，另加聚偏氟乙烯荧光聚合深层。看台结构简单，到2005年，它看上去已经相当衰老了，需要翻修改造（2005年冬季进行了维修），但仍不失为一座优秀建筑，值得一看。

总的来说，劳兹已经成为一处资本化、全球化的场所，成为现代体育运动远距离文化交流的组成部分，历史、传统和现代化在这里得以融合，在这方面，恐怕只有伦敦城可与之相比。例如，媒体中心，假如仅仅是将先进的工程技术转换成了迷人的建筑，那么它就不那么引人注目了。然而，众多当代文化内涵无意识地在这座建筑上体现出来，项目也就变得更为活泼动人，与我们对话，回应我们的梦想，最终都集中体现在球场上。

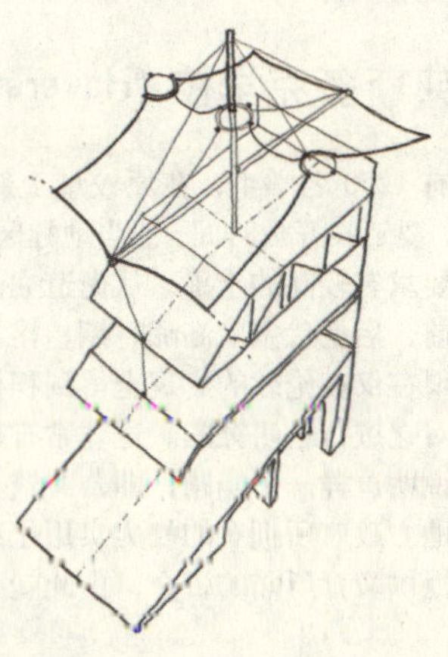

32. R·阿拉德(Ron Arad)—站式工作室

NW1区，乔克农场路62号，地铁站：乔克农场站。

必须承认，R·阿拉德是伦敦最好的设计师之一。虽然他也做建筑设计，但还是更喜欢为“顾客”设计椅子或其他产品，而不是为“客户”设计建筑，因为他觉得建筑“客户”的需求太多，设计师要像照顾小宝宝一样没完没了。他的作品具有内在的说服力，但从表面上看，又并非刻意惹眼——这种珍稀罕有的特征不仅属于他的产品设计和工艺制品，也体现在他给自己设计的工作室中。这个工作室由一个拥桥在小巷中的旧仓库改造而成，所处的环境十分破败，好像是狄更斯小说中的贼窝似的，总让人觉得在这种油漆剥落的建筑里面，藏着的肯定是一个“费金老头”之类的坏蛋，这样大概能够有效地排除一些闲人的探访。不过还是值得爬上破旧的楼梯，去看看工作室古灵精怪、任性随意的布置形式。地板是波浪式的，而展厅中那些设计绝妙的家具也很可一观。

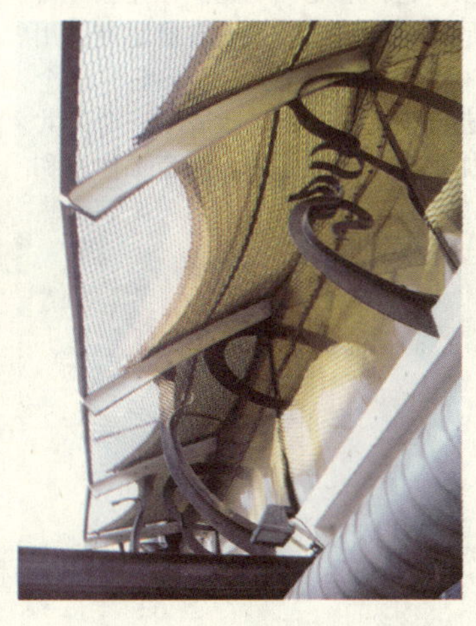

33. 纽伯里厩舍 (Newbury Mews)

Newbury Mews, NW5
Brooks Murray Architects, 2005
Tube: Chalk Farm

这里原先为仓库和厂房。经过开发改造，建成了马厩式的住房，只在临街面做了一些改动，密度达到每公顷 140 个单元，这个数字是相当高的。相邻住房之间的关系和俯视窥探是设计所面临的主要问题。为此，后墙设计得空荡荡，突出地段的外观，房顶植有“景天属”植物，使整个地段以及邻里之间看上去都是绿色，与破旧的棚架房形成鲜明对比。面对面的单元之间相互俯视窥探也是一个主要问题，设计时也作了相应的处理。

34. 哈弗斯多克学校 (Haverstock School)

Crogsland Road NW1
2005
Tube: Chalk Farm

学校有 1250 名学生，在原校址上新建了几座大楼。目标雄心勃勃，要延长开放时间，让当地社区居民可前来接受教育，设计建设要求有较高的水平，从街道立面处理上就可看出这一点。数年前，后现代主义高涨时期，格雷和文丘里所采用的编码方式，现在仅在伦敦的建筑上得到积极采用，这些人很可能就是当时对之进行过研究的。这非常有趣。此外，学校新大楼的建设还说明这样一个问题，即公共资金被用在公私合作的项目上，将地方政府所拥有的权力实用化和商业化，而其前提是国家还在提供教育所需的资金，由此就不可避免地招致大量批评和反对。

35. 卡姆登艺术中心 (Camden Art Centre)

Arkwright Road, NW3
Tony Fretton Architects, 2004
Tube: Finchley Road

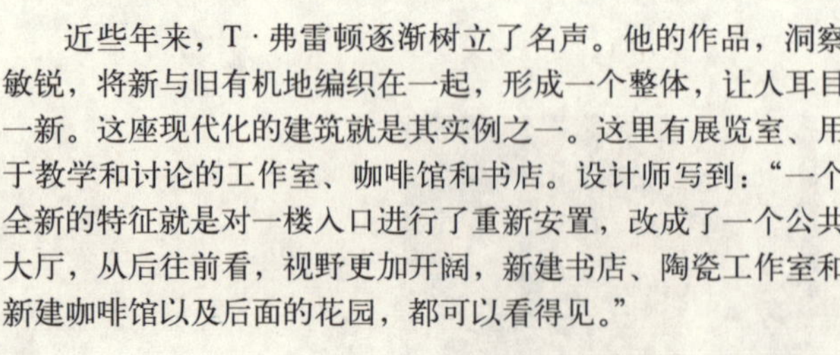

近些年来，T · 弗雷顿逐渐树立了名声。他的作品，洞察敏锐，将新与旧有机地编织在一起，形成一个整体，让人耳目一新。这座现代化的建筑就是其实例之一。这里有展览室、用于教学和讨论的工作室、咖啡馆和书店。设计师写到：“一个全新的特征就是对一楼入口进行了重新安置，改成了一个公共大厅，从后往前看，视野更加开阔，新建书店、陶瓷工作室和新建咖啡馆以及后面的花园，都可以看得见。”

36. 汉普斯特德剧院（Hampstead Theatre）

Hampstead Theatre, Eton Avenue, NW3
Bennetts Associates, 2003
Tube: Swiss Cottage

自从国家剧院于 1976 年开业以来，汉普斯特德是伦敦新建的第一家剧院。这是一个典型的“鸡蛋篮子”（类似于皇家节日大厅），尺度缩小以适应当地的观众需求，外面有玻璃、百叶窗以及艺术家 M · 里奇曼所设计的灯光。不过，建议你忘掉这彬彬有礼的、有点胆怯的外表（例如，与哈克尼帝国剧院相比），直接进到里面。观众席有座位 325 个，悬吊在休息厅和展览画廊之上，还有一处地下空间，所有这些都显得生动活泼，乐观宜人。中央大中庭将各个不同层次、相互隔离的活动以及公共和私密空间全部连通起来。现在，再说一说那令人感到乏味的外观，毫无疑问属于那种自我欣赏型设计。

瑞士村地区正在经历重大变化，除了中心学校以外，J · 麦卡斯兰完成了斯彭斯的图书馆的翻修，T · 法雷尔则将于 2006 年完成体育中心的建设。此外还有汉普斯特德剧院（见本页上方），山坡上还有卡姆登艺术中心（见上页）。

37. 演说与戏剧中心学校（Central School of Speech & Drama）

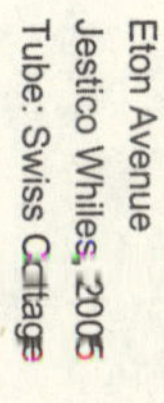

关于这座教育大楼，在场地文脉方面，设计师做了一些过多的、不必要的宣传，但没有一条在其作品中体现出来。他所做的只不过是，在这忙碌的交叉路口又增加了一座建筑，加入到原有的建筑行列之中，包括斯彭斯设计的图书馆（对面）和本内茨设计的剧院（上面）。规划所涉及的几乎完全是衔接问题、项目实施阶段安排和设施设备的处理问题。

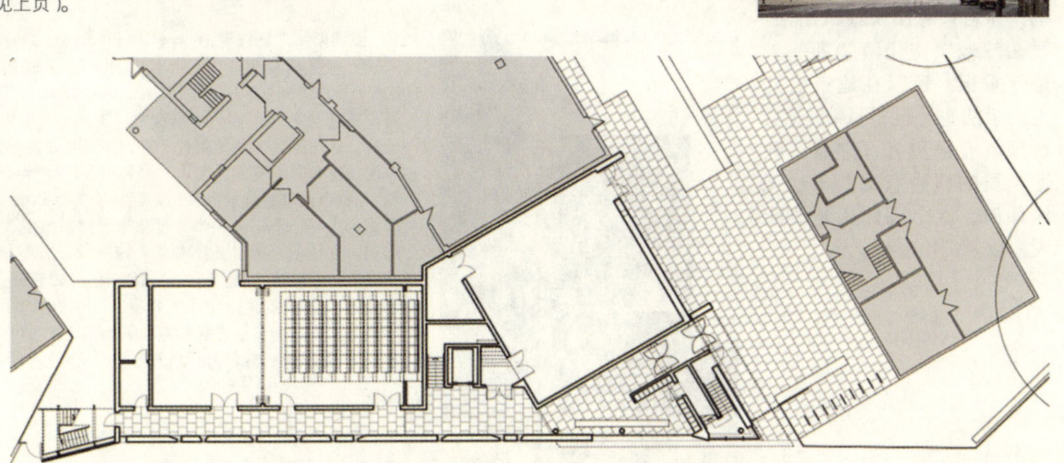

38. 瑞士村图书馆（Swiss Cottage Library）

瑞士村图书馆（地铁：瑞士村站）由B ·斯彭斯爵士（Sir Basil Spence）设计于1962—1964年，2003年由J·麦卡斯兰完成了漂亮的翻修。如今这个年代，很多图书馆都要起“概念商店”之类的奇怪名字来掩人耳目，而T·法雷尔总体规划下的瑞士村改造项目居然能够逆潮流而动，以这样一个漂亮的图书馆作为中心工程，实在是大快人心。如果把设计时间晚于瑞士村图书馆的派卡姆图书馆及两个概念商店拿来做个比较，可以说，这些后来的设计都没能达到瑞士村图书馆那种传统的休闲品质。当你读到本书的时候，本建筑旁边将建起由T·法雷尔设计的一座全新大型体育设施，供卡姆登地区居民锻炼健身之用。

39. 宽屋住宅楼（Latitude House）

Oval Road / Parkway
AHMM, 2005
Tube: Camden

宽屋住宅楼一共只有12套公寓，建在卡姆登地区一座加油站的原址上，为该地区增色不少。说到“增色”，其实对于城市建筑观察家来说，该建筑最突出的趣味在于它的结构以及它的形式主义特色。举例来说，它的整体设计采用了回归20世纪50年代的悬挑式窗格风格，而又运用了线条分明的预制结构单元，每层从地面到屋檐都浑然一体，这种设计在20世纪60年代斯特林和高恩等人的作品中很流行，后来又通过伦敦城内阿勒普的种植广场和帕里的新泰拉尼风格建筑而得到了新生。这本也算是不错的设计，但不知怎么，总会让人觉得缺乏实质和可信性（实际上它就是常规的混凝土框架结构）。换言之，它的结构戏剧性太强，反而无法让建筑评论家放下怀疑，彻底信服。当然，单凭这一点也没法指责这个设计，不过要想玩手法，本可以做到比现在更讲究：要么就彻底选择悬挑结构，让窗户悬出来或飘出来，要么就老实交代清楚那些就是承重板。所以在建筑设计上玩手法也要玩得认真一点，否则就有插科打诨之嫌，缺乏实质的讽喻意义。不过无论如何，这个设计还是要比大多数新式住宅好。

40. 罗切斯特广场住宅（Rochester Place）

NW1区，罗切斯特广场44号和42号，D·瓦尔德(David Wild)1984年开始设计。瓦尔德本人的房子（44号）首先建起来，邻居们喜欢它，要求也为他们设计一座。这两座住宅的预算都不高，所以外表毫不张扬，体现了伦敦乔治亚式住宅（一层是主厅，楼上为卧室）、勒·柯布西耶（标准的城市别墅，地下有车库，屋顶有露台）、阿道夫·路斯（他倡导非修辞性美学）的影响。在伦敦不为外人所知的私密一面，有不少与此类似的小型建筑作品。比如，在附近的卡姆登厩舍巷；几年内就有很多建筑师（如特德·卡利南等）蜂拥而至，大多是为自己修建住宅，因为只有在类似地段，他们才能获得城市规划批准修建这类小型住房项目。

41. 塞恩斯伯里的战船超级市场
(Sainsbury's battleship supermarket)

Camden Road, NW1
Nicholas Grimshaw and Partners, 1988
Tube: Camden

建筑师的想法是，要设计一座类似城外的城内超市。用发展的眼光来看，客户所得到的是一座怪诞的、正在衰退的建筑。但，实际上，从各方面来看，它都值得称道与赞赏，尽管战船已经变得灰暗（后来有些地方软化，变成了灰蓝色，很明显，这是一个错误）。灰色的铝包被表现出对技术的过于依重和高技术的军方来源、再加上塞恩斯伯里的低维护标准和卡姆登年青一代对乱涂乱写的喜爱，使其形象大为受损。但它的确是一件聪明的设计作品。

战船超市有购物区（完全无柱）、载货区、管理设施、地下停车场以及位于项目北边、沿运河排列的住房。有两个比较突出的地方。第一个是主立面，从主立面上看，设计师试图营造超市的宏大气氛，港湾式的韵律，与对面 18 世纪末乔治亚时代的别墅相对应，很动人的处理手法，借助于格里姆肖带杂技特点的结构加以实现。第二个是沿运河的住宅其阳台只有北方照光（南面直接面向服务院落）。为此，在运河阳台一侧，他设计了一个带车库门的二层楼高的空间对此加以解决。阳台上的花常常是家庭氛围的象征。

超市位于郊区，有人可能会觉得建造与设计一定质量很高，并且维护良好。有这种想法真是令人感到羞耻，因为毕竟它为卡姆登镇带来了福音。

42. 音乐电视大楼（MTV building）

NW1 区，霍利道（Hawley Crescent），T · 法雷尔及其合伙人建筑师事务所设计。
地铁：卡姆登站。

据说，MTV（先前叫 TVAM，现在叫 MTV）大楼立面是伦敦最令人欢欣鼓舞的立面之一，它将人们直接带入建筑传统之中，回到 20 世纪 50 年代洛杉矶古吉（Googie）咖啡馆建筑时代，甚或 20 世纪 50 年代兴起、现在又复活了的英国摇滚乐运动时代。经过改造的车库象征太阳的升起，在黑色水平线处终结，质地层次逐渐变得细腻，直至消失在天空之中。中心入口成拱形，就像一个正在升起的太阳，“拱顶石”在霓虹灯下闪烁。“鸡蛋”成杯状扣在运河边上，滑稽可笑，但很成功。里面，最初的方案很好，但在顶部出现了折中，变换了主题，强调其在全世界的地位，告诉世人新闻是从这里发出的。

就像 20 世纪 50 年代加利福尼亚州的古吉咖啡馆，TVAM 大楼屹立于当世，记录着未来。TVAM 执照换成 MTV 以后，所有的东西都做了调整，各曲面形立面末端原来的 TVAM 标志刺上了一个小圆盘。这对整座大楼起了破坏作用，正是这些东西作为出色设计师的标志而受到人们的尊敬。曾有一段时期，全英国唯一的一座纯摇滚大楼就在卡姆登，现在它仍然矗立在那里，但，已经改头换面，已经过时了。然而，大楼立面仍然是一种标志和象征。其精神贯穿于卡姆登高街，巨大的纤维玻璃工作间以及类似的特征，装饰着日益衰败的立面，犹如一座跳蚤市场。谁知道呢，说不定有一天由于对过去的怀念，TVAM 大楼又重新复活。

顺便提一下，自从分手以后，格里姆肖和法雷尔的职业生涯几乎完全并行发展，两个人都获得了爵士的爵位，在卡姆登，其作品相互毗邻（见塞恩斯伯里超级市场）。

43. 塔拉克运动中心 (Talacre Sports Centre)

NW5 区，威尔士王子路 (Prince of Wales Road)，D· 莫利建筑设计事务所 2002 年设计。地铁：卡姆登站 / 乔克农场站。

肯提什镇 (Kentish Town) 运动 / 社区中心，与劳兹室内板球学校为同一个设计师。作为此类型的地方社区建筑，是一个很好的实例。

44. 伊索康公寓 (Isokon flats)

NW3 区，草坪路 (Lawn Road)，W· 科茨 1924 年设计。伊索康公寓在伦敦传统建筑当中，具有标志性意义，战争期间为数不多的几座令人印象深刻的建筑之一。这座 22 个公寓单元的住宅楼，其基本设计就是一个上下平台，住宅单元相对较小，由艺术家给以资助，即家具制造商 J· 普里查德 (Jack Prichard)，最初由一些著名人物（现在）承租，曾与普理查德一起住在篷式住房当中。其真正生动引人的地方在于规则式抽象特征，表达出对房客的欢迎。看起来非常完美，特别是经过翻新改造以后，建筑师喜欢它的整体性和一致性。据说，现在的白色油漆应追溯至 1983 年，原来的颜色为“苍白的、带点灰暗的紫色”（听起来很像后现代主义）。凑巧的是，D· 拉斯顿和 P· 格温 (Patrick Gwynne) 都曾为科茨短时期工作过（见第 253 页）。

45. 卡姆登花园 (Camden Gardens)

杰斯蒂科与 · 怀尔斯 (Jestico Whiles)1994 年设计。面对塞恩斯伯里格里姆肖住宅区，场地比较难以处理。有 5 座别墅式的住宅（18 个单元），紧紧地挤在一起。3 座面对大街，其他两座位于一块台地上，面对运河。欧洲人可能会问，这是搞得什么名堂，但（最近）在伦敦此类住房并不少见。

46.CZWG 公司的绿色大楼 (Green Building)

卡姆登区，詹姆斯敦路 (Jamestown Road)，CZWG 公司 2001 年设计。底层为零售用房，上层为住宅。对于这样一个位置，建设此类建筑很不寻常。使用了大量玻璃。毫无疑问，它的建立，有利于提高这一地区的声望。曾有一段时间，有些人认为这一地区不利于健康。说了那么多了，到这一地区转转还是很值得的，特别是在周末市场开业的时候。

47.D· 齐普菲尔德工作室

NW1 区，科巴姆厩舍巷。与阿拉德的工作室相似，齐普菲尔德工作室也挤在一条小巷之中——不过二者的共同点也就到此为止。齐普菲尔德追求的是一种更酷的结构美学，主要通过材料和抽象表面的简洁运用来表达出来，这种设计理念还体现他的商店设计中，比如（现已关闭的）“装备店”，以及索霍区的日式餐馆“我行我素（Wagamama）”。从外立面的处理方式中可以明显看出巴黎的“玻璃房子”的影响。

48. 伯顿住宅 (Burton House)

NW5 区，玛格丽特夫人路 16 号 (16 Margaret Road)，R· 伯顿 (Richard Burton)1989 年设计。地铁：肯提什镇站 (Kentish Town)。

ABK 建筑师事务所的 R· 伯顿的住宅。两层木框架结构。靠向北边缘，以尽可能地接受太阳光。不是一般的木框架建筑，而是高度渗透了生态学的内涵，居住舒适方便，高技术处处可见。从“月亮门”，穿过一道釉面砖走廊（半开闭），就进入三个主要房间（学习室、起居室以及厨房和餐厅）。从这里有楼梯通往楼上卧室。另有花园式工作亭，还有一个单元房供家庭成员居住。华丽典雅的小屋掩隐于伯顿砖墙之内。

49. 霍普金斯住宅 (Hopkins House)

NW3 区，唐希尔山街 49 号 (49 Downshire Hill)，1975 年完成。一座精美的两层建筑，高科技建筑的代表，朴素简洁，又有点古怪，在那里矗立了好多年。有点类似二战后恩特泽 (Entenza)、埃姆斯等人的加利福尼亚住房风格，受到了人们的羡慕。钢架玻璃结构，跨度 3.6 米，典型的住家 / 工作格局，用百叶窗划分空间，阁楼为时尚流行可遮阳设计，还有一些预留空间可以任意布置。总体上来看，与 J· 温特 (John Winter) 平静优雅的住房相比，让人感觉有点“热”，看起来像棚子。

50. 怀特曼路圣保罗教堂 (St.Paul's Church, Wightman Road)

N8 区，怀特曼路，莫斯基普和詹金斯 1993 年设计。教堂看上去带有图解特征，可与朗汉姆广场 J· 纳什的万灵教堂对比一下。与万灵教堂一样，它也运转良好。其主要特点在于它与场地的文脉密切关联。山地、维多利亚时代的郊区住家，建筑山墙和天窗高高耸立，其几何造型非常引人注目，内饰处理简单但处理得当。不管是从名称上，还是从它篱笆式的外观上，都会吸引你将它与科文特花园的圣保罗教堂进行对比。伦敦的当代教堂不多，假如你正好来到这里，不妨进去看一看。

51. 柳树路 1-3 号住宅 (1-3 Willow Road)

NW3 区，柳树路 1-3 号，E· 戈德芬格(Erno Goldfinger)1938 年（4C，44）设计。一座有阳台的住房，设计复杂讲究，20 世纪 30 年代巴黎先锋派价值观和著名的伦敦阳台住房相互融合，将人的带回到 17 世纪末期。在戈德芬格的设计中，现代主义理念在这里扎根，在舒适宜人的汉普斯特德栖居。优雅生动、沙龙式的会话，格调高雅，气味芳香，再加上有 17 世纪伦敦乔治亚时代的别墅建筑作为看不见的忠实的仆人，超现实主义和社会主义政治家在这里找到了知音。建筑的基本形式，特别是隔离墙之间“垂直生活”（与欧洲大陆的“水平”住房相对应），这位天才建筑师和他的妻子精心设计，将传统建筑与现代主义建筑相融合。柳树路 2 号在英国建筑历史当中代表了一个建筑发展时代，处于两个截然不同的建筑时代之间，即对来自欧洲大陆的新建筑理念持怀疑态度的传统主义时代和战后城市更新改造中占据支配地位的建筑价值观时代，同时还涉及战前和战后社会价值观。这里，在汉普斯特德这座不大的、俯视汉普斯特德灌丛的、战前家庭住宅建筑上，所谓的建筑风格和建筑标准，戈德芬格将它不折不扣地展现了出来。这里所说的风格和标准，被许多战后建筑师复制了，充塞在人们的日常生活之中，见证了社会的变化，原先的仆人阁间变成了现在的家庭住房。现在戈德芬格自己的单元由国家信托基金(National Trust)所有，向游客开放（电话 020 7985 6166，白天游客开放时间）。

52. 布兰奇希尔住房 (Branch Hill)

NW3 区，布兰奇希尔，G· 本森和 A· 福赛思(Gordon Benson and Alan Forsyth)1970—1977 年设计。

从 20 世纪 60 年代到 70 年代中期，卡姆登丰富的社会住房遗产，都在布兰奇希尔汉普斯特德村山边开发项目上得以体现出来。整个项目由地方当局设计，在项目中为年轻设计师提供充分展示才华的机会。这座住房由 G· 本森和 A· 福赛思设计。设计借鉴了柯布西耶的、备受喜爱的地中海山地村庄建筑风格，这种风格又由第五工作室(Atelier Five)在瑞士给予重新解释。挤在一片建筑之中，经常被人遗忘。假使你对住房建筑感兴趣，20 世纪 50 年代末期到 70 年代初期的公共住宅建筑，在卡姆登都可以找到实例。当时，建筑师团队享有很高的声望，他们的作品广受好评，因此，人们的居住方式至今没有多大变化。

53. 草坪住宅（Lawn House）

South Grove, Highgate Village, N6
Eldridge Smerin, 2001
Tube: Highgate

这是对一座L·梅纳西(Leonard Manasseh)于20世纪50年代设计的住宅进行的改建和扩建。新建部分的主体为玻璃，把老屋整个包裹起来，并增添了新层，因此住宅的高度和居住面积都翻了一番，而且在内部形成了鲜明的新旧对照。原建筑为斜屋顶，现在被新建的楼层取代。由于历史和规划方面的原因，住宅离街道较远，形成了一个很大的前院，因此客人无论是步行来此，还是开车来访，都会感到这里空间恢宏，无形中提高了住宅的地位。室内布置得井井有条，新旧对照鲜明，装饰风格艳丽。现在甚至在新、旧两代建筑之外，还有了第三代：原本梅纳西设计的房子是修建在一处保留下来的维多利亚时期的地下室上面，如今这个地下室也成了这家孩子们住的公寓房。2002年，该建筑曾荣获斯特林奖（Sterling Prize）的提名。

54.J·温特住宅（John Winter）

N6区，斯文斯巷81号（81 Swains Lane），面对海盖特墓地（Highgate Cemetery，马克思墓所在地）。一座杰出的三层建筑（1969年完工），主要活动空间在顶层，卧室位于中部，厨房/家庭用餐处与花园连通。生锈的Corten结构钢和大型玻璃板下覆盖着坚硬的砖墙，看上去既衰老又现代。完全是受了北美的影响，来自20世纪40年代末和50年代初的加利福尼亚州住宅案例研究项目(California Case Study)和SOM的作品，温特50年代曾在SOM工作过（在Corten结构钢上则是略受沙里宁的影响）。可以看一看1959—1961年温特在搬家到海盖特之前为他本人所建造的住房。[雷格尔巷(Regal Lane)，靠近摄政公园]。

55. 海波因特住宅（Highpoint）

N6区，北路（海盖特村，Highgate Village）。位于伦敦北部近郊区，视野颇佳。B·卢贝特金和特克顿小组1936—1938年设计，现代理性主义理念典型实例。第一座，海波因特1号，具有柯布西耶的5个要点，即有汽车库、位于悬空柱上的主层活动空间、房顶花园、内部空间能自行布置（柱子尽可能少）和水平窗户，还有一个宏伟壮观的公用大厅，设计让建筑师感到陶醉。当然，还有那别具一格的阳台。海波因特2号，进一步与勒·柯布西耶的样板相呼应，有两层楼高的工作室空间。入口车辆通道大胆采用新古典主义的女像柱，借自雅典埃里奇姆神庙，许多人感到滑稽可笑，难以理解，不过它的确使居住区的精神得到升华。另见贝文大院住宅区（Bevin Court），靠近金斯克罗斯和稍微偏南一点的芬斯伯里健康中心。

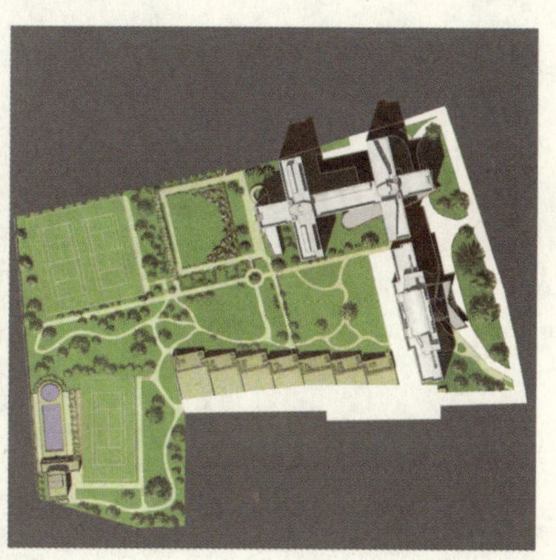

56.“维纳斯”住房和“货船”住房
(Venus and Cargo Fleet)

两座住宅都位于街角处。从这两座住宅上可以看出伦敦建筑师[C·德西尔沃(Chance de Silva)]是如何在相当困难的场地条件下来进行设计的。两座住房都属于末端阳台式设计，与周边邻近建筑对比鲜明。维纳斯(左)，货船(右)。

57. J·范海宁根与B·霍厄德建筑设计事务所
(Jo van Heyningen and Birkin Haward)

NW5区，塔弗耐尔公园(Tufnell Park)伯利路(Burghley Road)伯利大院(Burghley Yard)。由从前的一座仓库改建而成，用于支付工作室费用。前方改成了住房，后厅为工作室。中间一些结构性空间被去掉，形成院落。后墙拆除，重新建了一个小室，以便为工作室提供一个后院，从经济方面考虑很节约，但也很灵活，考虑细致周到。例如，在修饰处理方面，为了加强房顶桁架和承重，喷涂了铜绿，看起来年代久远，历经沧桑，使位于上层的工作室主空间可以保持温暖。

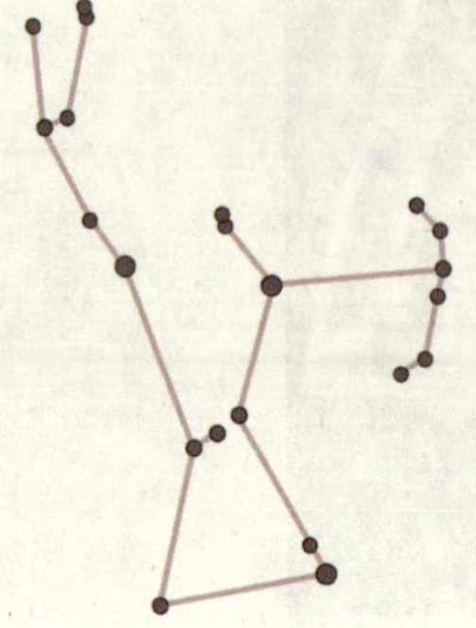

猎户星座(见研究中心，对面)，里勃斯金的“北方天空中的星座”和他的“导向性光线”。其形状类似人类，就好像一个手拿战剑，身披铠甲的战士[并且，凑巧，引发了有关新维特根施泰因(neo-Wittgenstein)哲学的争辩，包括语言和序号标志等多个方面，就好像是直接来自“哲学调查”的一幅图表]。在星星之间你可以用直线连接出多种图案，创造出另一种具有象征意义的东西。谢天谢地，里勃斯金没有走得过远，在研究生中心设计上采用神话形式。对于这种有点随意的解释，客户和使用者都很喜欢，这令人不可思议(有一点值得注意，讽刺挖苦容易，但却没有必要)。

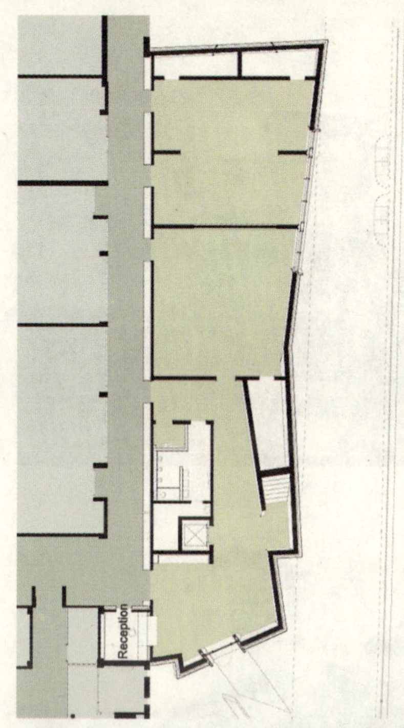

58. 研究生中心（Graduate Centre）

London Metropolitan University
Daniel Libeskind Studio, 2003
166-220 Holloway Road, N7
Tube: Holloway Road

面积 700 平方米，获奖设计，实际上很简单，但又很成功，容量很小（2 个小型报告室，一个教室，还有一处上层空间），可以观景。预算不高，但各方面处理得很好。整体上看，它是附加在 20 世纪 60 年代的一座大楼上，由一条公共走廊连接。教室位于上方，顶棚灯光采用“猎户星座”造型。毫无疑问，大楼为霍洛韦路这一段增光添色，到大学去的人也享受到它的光明。里勃斯金自己所说的话也让人感到既明白，又困惑：“猎户星座，北方天空的象征，对于霍洛韦路的伦敦城市大学是一个象征性的独特标志，猎户星座项目作为一个标志，将游客吸引到相互关联的各种文化活动上来，对扩展城市文脉，特别是对于改善和提高大学的形象，都具有重要影响。构成大楼的三个相互交错的要素，系统地，完整地展现出相互之间的分工与联系。一个用作与公众、新建大楼和后面的大学连通；一个作为大学与城市地铁线的通道；最后一个，较为规整，将新大楼与霍洛韦文脉缝合在一起。入口小广场起到强化作用，同时又是一个繁忙的通道”。

从研究生中心的规划设计上可以看出，新楼是如何加在原有大楼上的。一方面要融入大学原有通道之中，另一方面又要个性鲜明，特征突出。猎户星座的设想来自于里勃斯金现场观察和对夜空的遥望。他碰巧注意到了猎户星座，心里想，“好，有了。我处在伦敦北边，或许猎户星座非常有意义”。不管你是把它看做一种市场宣传，还是一种非理性掩饰之下的新近虚构的情思，都无法摆脱这样的事实，即情感的涌动就在象征性建筑外表之下。看到人们匆忙地抓住那稍纵即逝的时刻，真让人有点感动。

59. 草根政治 (Straw Bale politics)

9-10 Stock Orchard Street, N7
Sarah Wigglesworth & Jeremy Till, 2001
Tube: Caledonian Road

一次，两位建筑师发现了两块土地，靠近伦敦铁路干线。后来，他们找到了资金，开始对场地进行清理和设计，梦想建造住房和工作室，召集一些人来搞了一个小型模型，并让电视台进行全程拍摄。现在，当年的梦想全都变成了现实，并且非常优秀。住房/工作室总是试图表现得像“绿色”政治。主张男女平等，反对“家长”式价值观。很明显，这促进采用高科技，形成一个就像处理现有材料那样方便顺手的项目。无疑，这种天真、虚假、城市农场主式的想法，涉及大量心理学的问题，很容易招致批评，让人失去勇气和胆量。实际上，在“T”形设计方案中，沿铁路线的办公室，安放有水泥袋以抵挡铁路噪声。房子建筑在混凝土立柱之上，对于内部花园的保护必然就受到损害。内部花园本来是自给自足式的，可预防大灾难的来临，有菜地、有棚架。最吸引人的是邻近的住房。R·中德勒(Rudolf Schindler)（又抬高了）与浪漫的塔楼相结合，用作读书室和观景塔，同时又可作为“散热管道”进行自然透风和藏书。女士可能从这里欣赏伦敦的美景。现在，对面增加了宽大的可以居住的空间，在价值观上形成鲜明对比。花园的尽头，是卧室塔楼。电视上告诉我们说，因为场地清理进展缓慢，建一个用作卧室的塔楼，当项目完成的时候，也可以居住。建筑所用的稻草大部分都隐藏在有褶塑料后面。整体为钢架、混凝土和木结构，支撑上部的“箧筐”，中间为混凝土实心，上方有弹性衬垫，以吸收火车所引起的颤动。对于一个正在进行中的项目，总是需要等待有充足的资金将其完成。总的来说，项目表现得狂热、古怪，带有典型的英国式欢乐。但是，对于它为城市生活所带来的变化，很少有人表示赞赏。据说，铁路线对面的住宅区替代了伦敦传统的阳台建筑，很值得效仿。一位法国建筑师将其描述为巴洛克风格建筑。建筑师博学多才，有所折中，有所选择（特别是部分），体现出对建筑的狂热。作者作品出世，欢迎品头论足。

工作室靠铁路一边，设置有水泥填充的袋子，另一面为塑料结构。蒂尔(Till)开玩笑说，建造的人认为这是一块尿布，可以一直向其撒尿。

60. 讲台 1 号 (Platform One)

2 Donegal Street, N1
Golllfer Langston Architects, 2002
Tube: Kings Cross

外表看上去不怎么引人注目，但它却是一个很好的实例。在这个实例中，建筑师带有很强的社会观念，与客户密切合作，在原来学校的基础上，建造了一处繁忙而又装备良好的成人教育中心，面向一个大型、多民族社区。里面，无论是在建筑上，还是从社会交往的角度来看，都让人感到兴奋无比。

61. 维多利亚米罗画廊 (Victoria Miro Gallery)

16 Wharf Road, N1 7RW
Trevor Horne Architects, 2000
Tube: Old Street / Angel

原先为床垫仓库，改造得非常成功，有许多地方值得称道。在原有场地上，设计很明白哪里需要进行改造，哪些地方需要保留。保留下来的房顶有点恐怖。作为比较，另见阿莱斯与莫里森设计的切尔西艺术学院。或许你会喜欢这里所表现出来的艺术性。建筑师说："改造分为两个阶段——最初，我们将大楼一点一点地剥离，逐渐形成起始展厅，经过许多艺术家的努力，借助于模型和绘画，最终成为现在这个样子。基本设想，是在创建两个相互隔离的展室。底层展厅，就像是一个'白色盒子'，提供有各种设施设备，主要展出绘画、照片、视频和电影作品。另有一个较小的展室，用于摆放一些较私密的作品。还是在底层，有投影室和贮藏间，还有办公室，相互隔离，在后面有去往运河的通道。在较高层，大楼的结构和楼顶结构呈外露形，让人感到装饰较少，不像底层展室那么正规，可以摆放大型雕塑作品和设备"（见高古轩画廊，第 98 页）。

凑巧的是，现在，建筑师与艺术和艺术家的关系有点问题，值得注意。好像没有艺术家的参与，任何作品，不论其大小几乎都不能独立完成。其好处自然是不言自明的。 然而，从建筑师的历史角色来看，从他们的数字设计技术被弃之不用方面来说，设计师在项目中的角色变得模糊暧昧，这是很危险的。艺术家参与设计可能是对他们的一种谄媚，而客户，很明显地会强调城市风格和观感，会自然而然地认为建筑师不能进行美学判断，与当初的想法背道而驰，这是很危险的。建筑作为一种以美学为导向的职业，有时是设计师为项目所带来的最主要的"附加值"，谨慎有远见的建筑师必定会厌烦依赖于"艺术家"，而是会不断地提高和清楚地表达"建筑师"所应持有的独特价值。

62. 道格拉斯路 40 号住宅 (40 Douglas Road)

N1 区，道格拉斯路 40 号，未来体系公司(Future System)设计。地铁：海伯里考纳站(Highbury Corner)。4 层大楼，乔治亚时代别墅区的末端，横跨在两面墙上，裹在一张"外皮"之内，前墙、房顶、南面面向花园的一面全部是垂地玻璃，宏伟壮观。前立面为玻璃板块（略微有点受巴黎的"玻璃房子"设计的影响），不锈钢台阶，穿过"空荡荡的石头"，通向门口（就好像飞机舷梯通向堆停着的工业用品）。圆角形的入口大门，带有 20 世纪 60 年代的帅气，或许这就是这座建筑最引人注目之处，因为它体现出了设计师的价值观和热情。

63. 多尔斯顿文化宫 (Dalston Cultural House)

Gillett Street, N16
Hawkins Brown, 2005
Tube: Highbury
Rail: Dalston Kingsland

看看“小黄瓜”或者皇家节日大厅，体验到其文化内涵，你会认为是理所当然的。来到贝克汉姆图书馆，文化氛围更明显，而且是不可避免的，同样，在多尔斯顿文化宫，建筑与民族文化相融合，这种文化既不是伦敦城，也不是萨瑟克地区，而是地地道道的伦敦文化。可以晚上去，体验一下建筑与爵士乐的融合，也可以星期六下午去，看看多尔斯顿文化宫是如何在当地企业文化海洋之中畅游的。但是据说要对停车进行整理，新建一个吉勒特 (Gillett) 广场（伦敦利文斯顿市长 100 个广场项目之一）。

文化宫的主体设计（核心部分）其实相当简单，但它却为整个地带来重大变化。夜晚，整个立面灯光闪烁。其周围邻近建筑都是一些出租的零售摊点，出售任何你所能想象得到的东西。整座建筑似乎对流动文化边界进行了测试和重新定义，指出建筑所代表的以及它所创造和被迫创造的文化内涵。例如，将停车场进行整理重建（重建后的图像表明，白领阶层坐在室外喷泉边啜饮热牛奶咖啡），从总体上来说是值得的。但问题马上就来了，就涉及与当地社区相关与不相关的问题。比如，如何为社会服务，如何表现一致性和自尊。可与下列作品对比一下：福斯特的特拉法尔加广场改建部分、斯坦顿与威廉的伦敦塔和斯隆广场的设计（当它完成的时候）。其他公共空间还有上肯辛顿街、展览路、维多利亚大堤、海伯里考纳站、巴金镇中心等，大部分都在实施过程之中。

64. 伦敦城和伊斯灵顿终生教育中心 (City & Islington Lifelong Learning Centre)

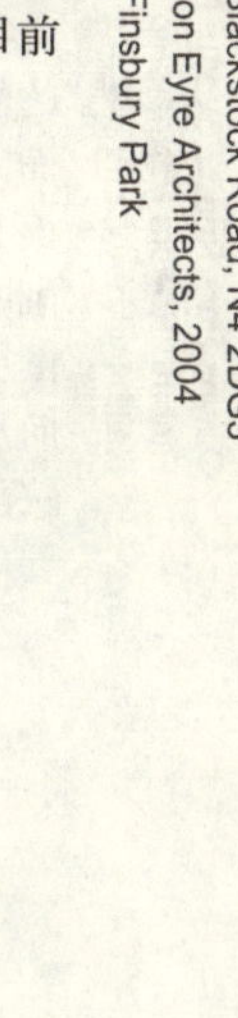
28-42 Blackstock Road, N4 2DG3
Wilkinson Eyre Architects, 2004
Tube: Finsbury Park

一处成人教育中心，有公共图书馆，与 19 世纪 80 年代的一座学校（经过重修）相融合。新建部分绑在老建筑上，与图书馆的融合创造出一个公用通道。你在街道上看到的只是目前正在改建的一部分（见下图）。

65. 雷恩斯住宅 (Raines Dairy)

Northworld Road, Stoke Newington, N16
Alford Hall Monoghan Morris, 2004
Rail: Stoke Newington

皮博迪信托基金会 (Peabody Trust) 又一试验性住房，一个“容积”住房较好的实例。整体呈“T”字形，每个单元 11.6 米 ×3.8 米，有 3-6 层。2 个床位的单元 41 个，3 个床位的单元 11 个，还有一个一张床位的和 8 个一张床位的生活工作两用单元（总共 127 个）。设计基于这样一种事实，即每平方米成本随着单元容积增大而降低，随着每家单元数的减少而减少。通道为常规通道，位于后面。与集装箱城对比一下。项目大约有 55% 的部分不是现场浇筑的。所有的窗户、门、内墙及其附属设施都是在生产厂装配完后运过来的，但是阳台等构件是现浇的。项目大约在 50 周内就完成了。据估计，比常规建造方法节约 40% 以上。作为“容积”住房，是一个不错的实例。

另见巴伦大院（第 244 页）和默里苑（Murray Grove，第 222 页）。

66. 摩斯伯纳社区学校（Mossbourne Academy）

Mossbourne Community Academy
Downs Park Road E5 (opp. Hackney Downs)
Richard Rogers Partnership
Rail: Hackney Central

学校可容纳学生900人，年龄为11—16岁。属政府计划的一部分，利用私人资金在内城建起了这所学校。建筑师将其描述为“长长的小房子碰见了芬埃德大楼”。场地呈三角形，上方面对铁路线，于是设计师提出了一个线性规划，沿着场地的两边延伸，背向铁路，面朝下哈克尼。立面为木板结构。里面，设计试图提供综合性空间，打破传统的束缚。外面，与里面有相似之处，也试图不设置明显的界限，但由于景观预算的削减和安全篱笆的需要，而不得不进行了折中处理。场地规划图展示，它张开双臂，面向下哈克尼，表明“V”规划方案朝向那个方向。不过，这是一个不错的设计，所有的空间都面向院落和公园的景观。

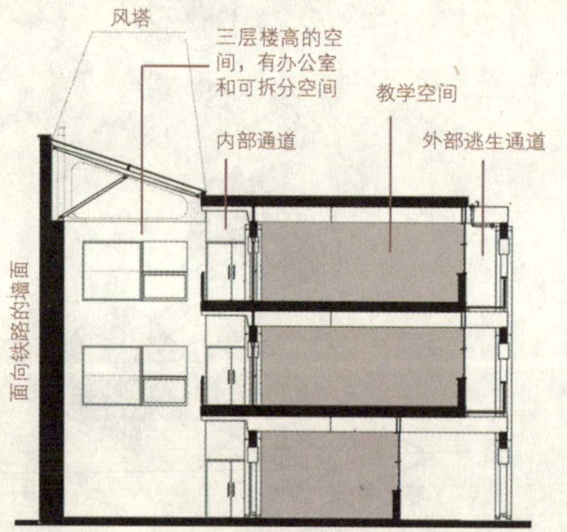

67. 哈克尼学院（Hackney College）

Falkirk Street, N1
Hampshire County Architects/ Perkins Ogden
Hawkins Brown, 1997
Tube: Old Street

位于霍克斯顿（Hoxton）的这座大型“社区学院”，就在伦敦北边界之外，靠近霍克斯顿市场，可容纳大约1.4万名学生。百叶窗类型多样，木材和钢铁混合使用，建筑就像航船一样，沿着场地周边延伸（场地面积2.8公顷），在中心地带形成一个景观优美、有柱廊的内部庭院，外围与周边街道有明显的区分。外观上看，让人感到活泼轻快，耳目一新，尽管其严厉的安全措施与张开的双臂和社区氛围不相适应（可以理解）。汉普郡建筑师事务所专家负责总体规划设计，场地上两座爱德华时代的学校由霍金斯与布朗设计翻修。艺术家负责设计门窗、院落中的坐凳和水景等。

68. 哈克尼帝国音乐厅（Hackney Empire）

291 Mare Street, E8
Frank Matcham / Tim Ronalds, Fajadi and Farjadi Ltd. (Refurb)
Tube: Bethnal Green. Rail: Hackney central

这座带有创新性的“花样宫殿”，由 F · 马切姆于 1901 年设计，5 个月就完成了。后来的翻修由罗纳德设计，外观体现出“典型的”文丘里风格。原来的大厅区被描绘为“华丽耀眼的洛可可巴洛克风格”。20 世纪 50 年代曾用作电视工作室，60 年代又曾当做宾果大厅，到 80 年代中期才又重新成为剧院。里面，增加了一个台塔和后台区……给人们一种奇妙的象征性感觉（时下伦敦新建筑崇尚的主题，但没有一个像哈克尼帝国音乐厅这样全面，这样带有新文丘里风格）。

69. 舍帕迪斯路沃克大街住宅（10–12 Shepardess Walk）

N1 区，舍帕迪斯沃克 10-22 号。B · 亨利（Buschow Henley）1999 年设计，另见前面介绍的陶克拜克大楼（Talkback building）。原先为仓库，经改造以后成为伦敦最好的改造项目之一，尽管其最引人注目的部分——锌包被的亭顶和中央大院，进出不是很方便。大楼占据整个街区，有阳台、围绕一个中央庭院展开。玻璃电梯，景观布置已减小到最低程度，铺有苏格兰沙滩鹅卵石，三株银桦树（停车场在地下）。底层为商业零售用房，上层为住房，共 50 套。表现直接，没有什么隐含或暗示，细部处理生动活泼，上下一致，非常令人满意。

70. 鲁什顿大街手术大楼（Rushton Street Surgery）

N1 区，肖尔迪奇（Shoreditch）公园南侧，佩若伊和普拉萨德（Penoyre & Prasad）1999 年设计。两层，中部有一个上方照光大厅，沿街立面明显突出，有一个就近停车场。从建筑设计角度来看，后面部分相当平淡无奇，空间沿着一条中央轴线分层排列。属于用户和成本依赖型设计，尽管在细部设计方面曾遇到一些困难，到了最后阶段疏远了设计师。

71. 庚斯博罗工作室（Gainsborough Studio）

New North Road / Poole Street, N1
Munkenbeck & Marshall, 2003
Tube: Highbury / Old Street

典型的英国新一代中产阶级住宅，靠近摄政公园运河，有一个中心庭院，装饰有相当精美的艺术作品（很可能因为从本质上来说属于建筑结构式的设计）。大楼原先为一座发电厂，二战期间被纳粹当做潜在轰炸目标炸毁。英国著名的电影公司也曾在这里呆过，A·希区柯克（Alfred Hitchcock）的许多电影就是在这里制作的。整个项目共有住宅 280 套，还有办公室、工作室和餐馆。1/4 为廉租住房。新建的住宅在一个广场周围，沿着运河伸展，最高为 14 层。其最成功之处在于各座楼样式不同，风格各异，就好像是由 5 位不同的人所设计的一样，但都有其动人之处，特别是主导中心广场的钢结构雕塑。

72. 白立方画廊 2 号（White Cube 2）

White Cube
Mike Rundell, 2002
48 Hoxton Square, N1
Tube: Old Street

2002 年，霍克斯顿广场，位于新潮地带、引领时代潮流的白立方大楼上面又加盖了两层，作为办公、会议和其他相关用房。新增部分与原建筑不很一致，但奇怪的是，它让人感到优雅，与画廊及其所处的地段完全适应，体现乐观向上一代人的天性。正如你所能想象得到的，画廊里面是一个干净整洁的白盒子。D·赫斯特（Damien Hirst）的“药房”餐馆（Pharmacy restaurant）也由朗德尔设计，广受赞誉。

霍克斯顿的这一地区，即老街地铁站东侧一带，最近 10 年来非常时尚，与伦敦城突破其传统边界向外扩展相呼应，尽管价格有点昂贵，周围还破旧不堪。这充分说明，所谓的“卫生”问题，很可能仅与社会福祉相关联。在本例中，毫无疑问，形式服务于功能，也就是说功能是由社会因素所决定的，进而唤起建筑变革。但是，目前的进展情况表明，霍克斯顿发生实质性的变化，融入整体城市结构之中，还有一段很长的路要走。

73. 默里苑（Murray Grove）。

N1 区，默里苑大街（Murray Grove），卡特怀特·皮卡德建筑师事务所（Cartwright Pickard Architects）设计。

最近几年来，所谓的“容积”住宅成为设计师所热烈追逐的时尚，尽管经济并不那么景气。这座住宅大楼，仍为皮博迪基金会投资建设，是第一座单元大小与萨夫迪所组装的集装箱差不多的住宅建筑，20 世纪 60 年代的风格，再加上一点建筑设计方面的技巧加以点缀。有人可能会认为，从历史发展来说，到现在，预制结构应该没有什么值得大惊小怪的了。既然如此，那么，对于此类注重技术在服务方面又没有多大提高的建筑，日本人可能会感到困惑不解（从我的顾问咨询经历来说）。在后来的一些项目中，如雷恩斯住宅（Raines Dairy，第 219 页）和巴伦大院（第 244 页）等，很明显，棘手的运输问题已经得到解决。

74. 大赦国际总部 (Amnesty International HQ)

17-25 New Inn Yard, EC2
Witherford Watson Mann Architects, 2005
Tube: Old Street

原先为家具工厂大楼（1911—1954 年），经过翻修和扩建，远在普通办公楼之上，不愧是年轻人的作品。在这座半私半公的办公大楼内，有职员 20 人，志愿人员 50 人，会议、培训等相关活动都在这里举行。对老楼进行了彻底翻修改造，靠街道一侧新增了一座入口大楼［称为人权活动中心 (Human Rights Action Centre)］，用作演讲大厅和展览空间等。

75. 勒克司大楼 (Lux Building)

2-4 Hoxton Square, N1
Maccreanor Lavington Architects 1998
Tube: Old Street

勒克司公司的小型电影院和艺术馆，位于“蓬勃向上、面向未来”的霍克斯顿新潮区。看起来就像两座相互分离的大楼。蓝色的砖混结构（预制与现浇混合使用），看起来显得笨重结实，带有工业厂房的意味。大型窗户可以实现内外连续“对话”。为了与伦敦城心脏地带的环球资本主义相比较，还是很值得一看的。沿着周边走一走，自然就会发现其真实的一面。不过，电影院于 2002 年关门，场地已改作别用。

76. 斯皮特尔菲尔德基督教堂 (Spitalfields Christ Church)
E1 区，斯皮特尔菲尔德，尼古拉斯 · 霍克斯莫尔 1720 年设计。坐落于伦敦城东边界，尖塔高耸入云，周边是住宅区。作为 1711 年所通过的“50 处教堂法案”的一部分，试图为伦敦大众带来宗教信念。最近进行了翻修，很值得一看。假如你对霍克斯莫尔感兴趣，可以看一看 P· 阿克罗伊德的小说，书名就叫《尼古拉斯 · 霍克斯莫尔》。里面有我们的重要建造师，神秘而带有魔幻色彩，好像要把人们埋在教堂地基之下。虚幻、滑稽逗乐，无疑是一种颇具活力的建筑理念。向东再过一个街区，就出了伦敦城，进入砖巷。

非常凑巧，勒克司大楼与这座 18 世纪乔治亚时代的住房对比一下［SE1 区，纳尔逊广场 (Nelson Square)］。使用了很多玻璃，砖相对较少，没有采用钢筋混凝土结构。
在这一地区还有一个新建项目，在本书写作之际刚刚完成，这就是 Quay2C 建筑师事务所的费尔花住宅楼项目（E2 区，活特森街，地铁：老街站）。这个项目把德国流行多年的大型实木板结构引进到伦敦。而它的预制构件设计带有文丘里的后现代建筑色彩，又混入了近年兴起的叙事风格，从邻近墓地安葬的著名植物育种学家 T· 费尔柴尔德那里吸收了灵感（这位育种学家曾经将美洲石竹与康乃馨杂交，成功地形成了一个人工品种“费尔柴尔德花”）。建筑师机智地把所有这些风格与轶事融于一炉，将“人工育种花”作为建筑设计的主题，甚至在决定采用实木结构时，都把上述园艺植物的因素带入了考虑。整栋楼中有双人公寓、单人公寓以及双朝向公寓，另外还有七套商用单元。艺术家 J· 曼海姆 (Julia Manheim) 参与了项目。

77. 杰弗里博物馆（Geffrye Museum）

Kingsland Road, E2
Branson Coates Architecture, 1998
Tube: Liverpool Street, then 149/242 bus

杰弗里博物馆是伦敦一怪，但却令人感到愉悦。由阿尔姆住房（almshouses，1715 年）改建而成，反映英国室内装潢设计历史。位于东区边缘，一条繁忙的主干线上，但看起来却像个村庄。外围植满了高大树木，里面有一个绿色前院，农村小屋式的前阿尔姆住房排列在院落的三边，中间是礼拜堂，构成这一小型建筑群的焦点。游客下了繁忙的金斯兰路，就可从一角进入博物馆。沿着阿尔姆住房往前走，穿过临时性建筑柱廊（原来这里是一些独立的住所，现在改成了室内装潢展厅），就进入展厅。展厅中有各个不同历史时期的作品，从 17 世纪展馆开始，一直到 20 世纪展馆结束（由布兰森与科茨设计）。柱廊在由三道山墙所形成的新焦点空间（即横跨山墙的屋顶所形成的空间）终结，而它看上去就像是室内空间，这里有餐馆、商店和通向 20 世纪展馆的门厅。其中一个山墙就是阿尔姆住房的终端，在这里拐弯。在马蹄形方案中，另外两个山墙终端相同。一面通向商店，另一面构成餐馆厨房入口。走到两面山墙之间，就可看到拱形的 20 世纪展馆。后墙是坚固的砖石结构，房顶为笨重的、开放式桁架结构。中央空间上方照光，有宽大、弧形的钢筋混凝土玻璃楼梯，通往下面的空间，主要用作宣传教育。从外面看，新增部分是一座空荡荡的二层砖砌建筑，有坡道环绕，上有棚架遮阳。去看看，你会喜欢它的。

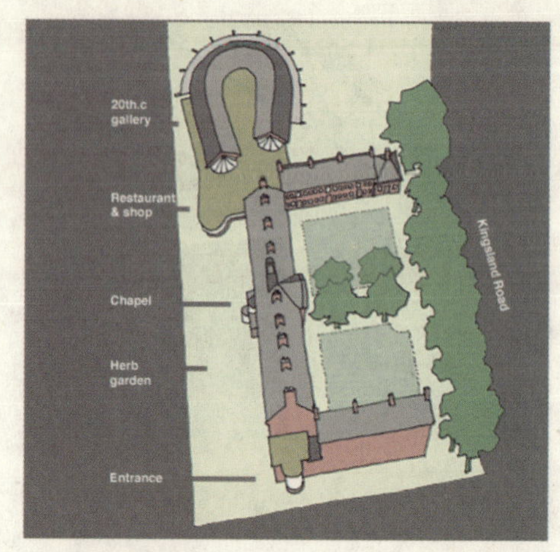

78. 边界地产（Boundary Estate）

E2 区，阿诺德环路（Arnold Circus），布罗德盖特（Broadgate）以北。

有一段时间，伦敦曾因其福利住房项目而感到自豪，而带有艺术和手工艺运动风格的边界地产就是福利住房项目的开端（1897—1900 年）。可容纳 5500 人，密度为每英亩 200 人，由伦敦市议会建筑师设计。从 1897 年开始，一直延续到 20 世纪 70 年代。现在看来，它已被人忽视，有点衰败，但仍有引以为豪之处。一座座住宅从中心向外展开，呈辐射状，有景观点缀。在泰特英国现代艺术馆后面，是米尔班克地产，属于同时期建筑，保存较好，可对比一下。我们高兴地看到，现在边界地产正在进行翻新改造。

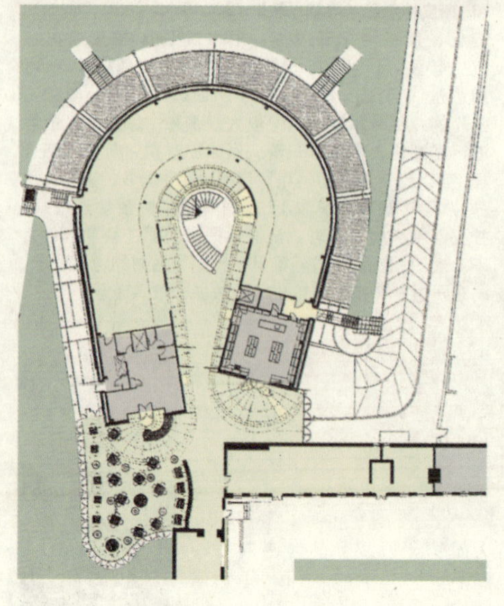

79. 德蒂住宅 (Dirty House)

Chance Street, E2
Adjaye Associates, 2002
Tube: Liverpool Street / Old Street

艺术家T·诺贝尔(Tim Noble)和S·威伯斯特(Sue Webster)的住宅。本来应该看看其实体，而不仅仅是照片。不过，照片基本上展示了其全部。在场地文脉以及与周围环境协调上处理得细致周到，但看起来简单直接。因为是私人住宅，里面就不能看到了。外观为砖砌墙在，粉刷细致，给人的感觉就是，整座楼面融为一体，显出一种原始粗放的特征。浮动房顶平台悬空在周边的墙体上，下面窗户镶嵌晕红色不透明玻璃。夜晚，浮动楼顶平台具有诗情画意。

顺便看一下附近的边界地产。注意，就在砖巷以北，星期天早市使这一地带大为改观。

80. 提恩住宅 (Tin House)

Bacon Street, E1
William Russell, 2002
Tube: Liverpool Street

距砖巷不远，大约就在基督教堂正东，是该地段发展变化的象征。紧靠孟加拉餐馆，钢架（镀锌）玻璃结构，融合极其完美。下面为卧室，上面为起居区，两层楼高。非常优雅得体，堪称F·盖里(Frank Gehry)威尼斯住房的英国版本。

81. 埃尔特拉住宅 (Elektra House)

E1区，阿什菲尔德大街(Ashfield Street)，靠近艾尔索普大楼(Alsop building，背面)，D·阿贾耶建筑师事务所设计。外观空空荡荡（但处理得很细致），一点也看不出是家庭住房，倒是给人一种印象，就是数年前，规划师们拼命地要将这一地区贵族化。设计并不完全不好，只不过是防护性太强，太内向，不自觉地就会“碰到你的脸”。建筑就是为了把你自己封闭起来，让邻居看不到？只有房顶屋檐玻璃能够透露一点屋内的生活气息……还有，它使人想起一种建筑，这种建筑靠着谜一般的“叮当做响”，来吸引人的注意。

82. 医科学校（Medical School）

Institute of Cell & Molecular Science
Alsop Architects / Amec, 2005
Tube: Whitechapel

总体上说，它是玛丽皇后大学(Queen Mary University)博士研究生医学研究大楼，附属邻近医院。设计创作来自于大楼出资方的需要: 即专门实验室（穿过通常的大楼界限），“写作”设施，并且能够把这里的全部东西向学校的孩子们展示，以培养他们的科学兴趣。实验室所需空间很大，将其放在地下，横跨整个场地。地上分为三部分；一座窄楼，有接待室、咖啡馆和教室；与前面的窄楼并列部分，作为公共空间；第三部分就是画廊般的中庭，这里有座椅可供写作之用，中庭的心脏地带可用作聚会场所。运作非常令人满意。

令人真正感到兴奋的是里面。直接取自H·博斯(Hieronymous Bosch)的名画“乐园(Garden of Earthly Delighs)”，让人感到震颤与狂热。入口不远处的蘑菇实际上更像一个月台，而不像三个空间相会之处的“托架”。第三个空间，专为孩子们设计的，预计将于2006年初完成。

要说有什么不足之处的话，那就是外观相对来说过于单调乏味。表面装饰的B·麦克莱恩(Bruce Mclean)的艺术品看上去设计精美，但有点像广告牌，实属不必要。公平地说，中央广场需要增加一些公用家具（到2006年）和树木，但据说预算中并没有包括这些东西。地下空间非常完美，让人感到吃惊。地上，众多的博士生也成为空间的重要组成部分。毕竟，试验性的东西都会有风险，托架上的氯丁橡胶薄膜，看上去就像十足的声音发射器。

大楼外观简洁明快，风格别致，B·麦克林的玻璃作品，表达出微生物主题。大楼之间的长条地带主要用作种植植物。有中庭展室的大楼，作为一块公共空间还需要进行改造，可以供人们休闲和游玩。

照片：H·伦德(Hanne Lund)

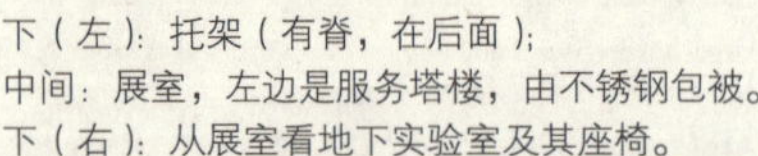

下（左）：托架（有脊，在后面）；
中间：展室，左边是服务塔楼，由不锈钢包被。
下（右）：从展室看地下实验室及其座椅。

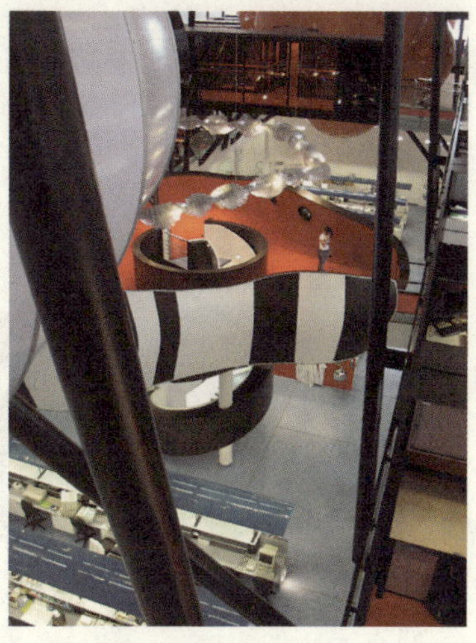

左：按功能、特点和危险等级布置的实验室，功能最简单的部分排成一排。

83. 两座相互对立的概念商店 (Two sharp ideas)

Idea Store 2004 , Chrisp Street. DLR: All Saints
Idea Store 2005, Mile End / Brady Street
Tube: Whitechapel
Architect: Adjaye Associates

对于这样怪异的事情，从图书馆里面也找不到更合适的名称了。在陶尔哈姆莱特地区，它们已经成为一种创造发明，称为“概念店 (Idea store)”。与其荒谬的名称相比，这两座“店”却使阿贾耶建筑师事务所在伦敦小有名气，占据一席之地。概念店 1 号位于“狗岛 (Isle of Dogs)”之北，相对较小，但包含了迈尔恩德大街几乎所有组成要素。概念店 2 号坐落于孟加拉社区之中，实实在在的建筑作品。注意，两个地点在地图上处于同一编码地带。

上：克里斯普大街概念店（狗岛之北）。
下（左）：迈尔恩德大街概念店。

概念店 1 号（克里斯普大街）

与概念店 2 号（两层）相比，1 号属于一个临时性的项目，建立在 20 世纪 60 年代的一座市场之上（就在狗岛以北）。建筑师所面临的挑战，就是如何将新建部分加在原来的商店之上。最终设计成了一座后现代主义复合式建筑，钢架结构、木制梁、木材包被、玻璃以及照明设施等，构成一个格网，相互之间故意不相关联，有所区别。总体上来看，有一个入口大厅，厅内摆满了计算机，还有楼梯通往上层。上层一边有讲座室和会议室。书摆放在胶合板书架上，书架曲形排列，创造出一些角落和缝隙，很有趣。所有的东西都很简单，让人感到高兴，考虑周全细致。

概念店 2 号（迈尔恩德大街）

这一座比前一座要大，有 5 层，跳跃式的，本质来说与第一座基本相似，但更为细化，底气更加充足。它参照了许多人的作品，如艾尔索普设计的佩卡姆图书馆、赫尔佐格和德梅隆设计的泰特和拉班的艺术馆等，取其精华，设计了这大楼。其基本思想是，零售商店要与街道、街道上的活动和人流密切关联。里面，来客可以很方便地抵达各层（顶层有咖啡馆），可从多个地点取书浏览（没有通常都设置的桌椅，尽管底层有少量桌椅）。

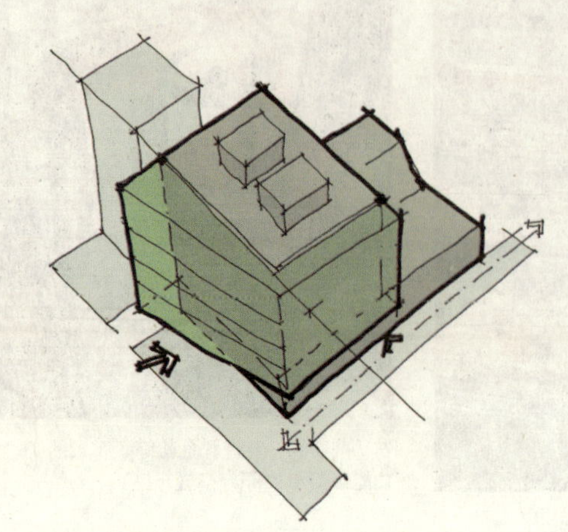

概念店 1 号探向街道，超过建筑线一大块（见左图）。这样，大楼好像被裹了起来，同时又用作棚架和天篷，来客可以从这里沿楼梯上到一层和二层。简单但聪明，可以向沿街过路人表明图书馆的存在，这条街道是伦敦白天最大的街道市场。从二楼可以继续向上，这样，各层都能得到充分利用，如咖啡馆就在 4 层。原先设计楼梯围着大楼旋转，一直通到顶层，但是议会要求节省开支。不过，现在所看到的东边空白墙面，有三层楼高，对上面的三明治式的楼层来说起到一定的协调补足作用。

克里斯普大街概念店（上），坐落于兰斯伯里市场，实际上位于东印度码头路（老港区轻轨从该路穿过）。
上：入口区，有楼梯通往主图书馆（抱歉，概念）层。

概念店 2 号（下面和右面），实际上只是概念店 1 号的扩大，但是让人感到更周到细致，尽管过于复杂（就像地方当局削减了预算那么繁琐）。若说有不足之处的话，那就是主顶层运动场地钢梁暴露（密斯的影子），很不协调，还有工作间，很明显是后来加上去的。实际上，后面看起来都不够整洁，考虑到其与沿街立面具有同等重要性，那么，这个问题就不是无足轻重了。

建筑外面的色彩，据说是受了沿街摊位遮盖所用的帆布的影响。对于与经验实证主义不同的纯粹概念性建筑，这一点是否值得一提，是否会对它造成损害，这就要由来访者自己去决定。不论是结构形式（壁阶式格网，彩色玻璃），还是理念（纪实性的），眼下都很流行。当然，大楼的设计与项目要求也是相适合的。

84. 玛丽皇后学院 (Queen Mary College)

Queen Mary College, Mile End E3
various architects
Tube: Mile End

玛丽皇后学院有多座令人瞩目的建筑，如威斯特菲尔德学生公寓 (Westfield student accomodation，弗尔登、克莱格、布拉德利 2004 年设计)，学生联合会大楼（Student Union building，霍金斯与布朗，1999 年设计）、科学大楼（S · 罗布森设计）、图书馆（威尔逊 1989 年设计，大英图书馆也由他设计）、威斯特菲尔德南侧的学生公寓（麦科马克、贾米森和普里查德 1991 年设计）和一座小型建筑研究大楼（看起来带有很强的后现代主义和里勃斯金风格），由瑟菲斯建筑师事务所 (Surface Architects) 设计（2005 年，位于一个入口，靠近运河）。

威斯特菲尔德公寓区，到目前为止是规模最大的建筑群，有 5 座大楼，可容纳 1000 名学生。这里原先是一处墓地，面对通往利物浦大街的铁路主干线，俯瞰摄政公园运河和迈尔恩德公园。大楼沿着花园庭院排列，其中 3 座为 4 层砖混建筑，北边为一座 7 层较大型公寓，用氧化了的铜包被，以减低铁路噪声。东边有客房，底层咖啡商店、公共间和洗衣间，外面用氧化了的铜包被。内部布局尽可能多样化，有 17 种不同形式的住宅单元。

如果要进行对比的话，首先就会想到位于圣潘克勒斯的英国图书馆，因为与这里的图书馆是同一个设计师。外观“袋状”的砖工比其斯德哥尔摩圣马克先驱莱韦伦茨 (Lewerentz) 似乎还要胆怯，不过，这是伦敦所能见到的唯一实例，常常鼓舞人们去尝试。内饰相对来说，既造价低廉，又令人感到快乐，你本来可能就期望这里应该建造一座当代大学图书馆。

当然，最动人的建筑当属艾尔索普的细胞与微生物学研究大楼，从校园再往西。

85. 迈尔恩德公园 (Mile End Park)

Mile End Park, E3
CZWG / Jonathan Freegard, 2000-02
Tube: Mile End

这个东区公园是城市重新绿化的极好实例。二战期间遭到轰炸，后来杂草丛生，荒废败落，在彩票资金、当地慈善机构（环境信托）和地方当局的共同努力下，又重新恢复了生机。

公园沿着大联合运河伸展，呈线状，分为通勤区、生态区、艺术区和运动区等多个区。因有一条主干道路，从公园中穿过，于是，CZWG 公司决定建一座“绿色大桥”，保持公园的连续性（非常适合、很具操作性的想法，但实际上距他们的目标连一半也没有达到），还有零售空间，用绿色瓷砖建造。

在这座生态公园当中有两座半埋的大楼，其开放的一面面向运河，由 J · 弗雷戈德 (Jonathan Freegard) 建筑师事务所设计。一座为宣教中心，一座为艺术馆，都宣称是能源节约型建筑，采用了“被动式常年热贮存系统”(PAHS)。还有两座建筑已经完成设计。

86. 斯特拉特福广场（Stratford Circus）

Theatre Square, Salway Road, E15
Levitt Berstein, 2002
Tube: Stratford

一个很成功的项目，融合了许多内容。要是把它分开来看，就有点不公平了。很明显，广场之所以如此生动协活泼，成为珍贵的社区资源，大部分要归功于它的设计（与佩卡姆图书馆很靠近）。这个广场项目主要涉及艺术表演、教育培训和一些其他活动。大楼的心脏地带是一个中央大厅，那里有咖啡馆、悬空式画廊，较远一点的地方有工作室、舞蹈工作室和剧院（1号、2号、3号）。很紧凑（很明显，太小了），经常会听到嗡嗡的声音。每个社区都应该有这么一个东西。与巴金中心的布罗德威剧院对比一下。

既然到了这里，建议你顺便看看附近的画廊，伯勒尔、福利、费希尔 (Burrell Foley Fisher)1998 年设计，有餐馆、酒吧，还有电影院。与车站一样，设计受人欢迎，令人耳目一新。还有斯特福特公共汽车站（由伦敦运输当局设计）。

87. 斯特拉特福车站（Stratford Station）

Stratford Station, E15
Chris Wilkirson Architects (concourse)/
Troughton McAslan, 1999

不用说，它是斯特拉福特所急需的。实际上，场地很大，有居住区，有隔离区，由公路工程师规划设计。主体建筑为地铁和老港区轻轨换乘站。高耸入云，曲面房顶，下面有铁路、柱梁、地铁和河流，对于复杂问题采取了最简单解决方法。此外，整座建筑还可看做是一个简单的太阳通风机，气流从顶篷下面和下面的通道被吸上来。对于大型建筑，在细部和材料使用方面，威尔金森惯常的手法，就是让建筑欢快地唱起来。例如，顶棚几乎见不到光线，看起来就像一块巨大的肋骨，微微发光。朱比利延长线月台由特劳顿与麦卡斯兰建筑设计事务所设计（现在特劳顿和麦卡斯兰已经分别独立开业，而威尔金森则与艾尔一起成立了威尔金森与艾尔建筑师事务所）

提醒你注意，斯特拉福特位于雄心勃勃的东大门规划的中心，规划是为了应对伦敦日益增长的住房需求和即将举办的奥运会。斯特拉福特中心北边的原铁路区，其总体规划由阿勒普和弗莱彻与普里斯特建筑师事务所提出，按照规划，将继续向泰晤士河利（Lea）河谷延伸。规划涉及方方面面，包括野生动物以及所有城市问题，如衰退、出租率低的地段与商业、奥运会和政策走向相冲突的问题等。许多人担心，奥运会将会创造出“一分钟奇迹”，给伦敦留下一片由媒体所引导建造的建筑。无疑，未来充满困惑，将来会有人记录在案（预计在奥林匹克运动会之后）。

88. 泵站“F”（Pumping Station ‘F’）

Abbey Lane, E15
Allies and Morrison, 1997
Tube: West Ham

利河谷 (Lea Valley) 算不上伦敦最引人注目的地方，但它的确保留着一些后工业时代特征，让人感到真实，感到好奇。这里坐落着一个怪物，铝制、微微发光，高科技水泵设备就安装在里面，处理伦敦排出来的大量污水。它长 57 米，宽 29 米，高 23 米，是自 1869 年以来所建泵站中的第 5 个。4 条下水道汇合在一起，进入一个大型钢筋混凝土涵洞，然后由 16 台潜水泵将污水送往 13 米高的上层涵洞，从这里排入 1869 年的出水管道和巴金污水处理厂（还是采用同样的处理方法）。泵房中央有 4 台柴油发电机提供电力，还有一个中央托台和两条边道，供起重机行走，吊升潜水泵和其他设备以便维修。轻钢架结构，成“A”形，里面为线状框架结构，便于起重机活动，对设备进行维修。设计的核心部分就是这个内部线状框架结构，两端的山墙也是由此而产生的。

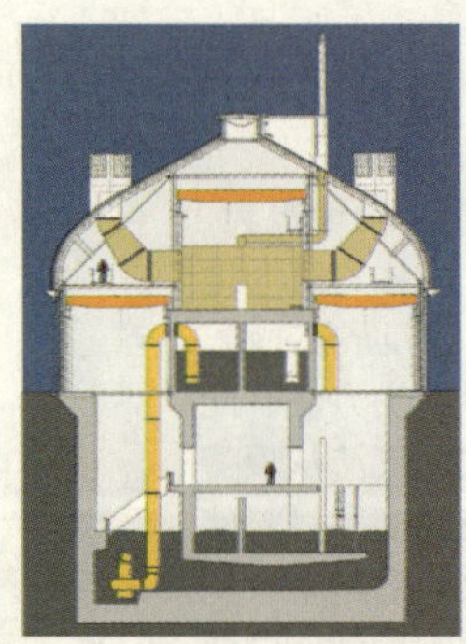

自然地，你会将它与伦敦其他棚屋式建筑相比较，如科文特花园的圣保罗教堂［右，I・琼斯 1633 年设计］、狗岛上泵站（J・乌特勒姆 1988 年设计）以及维多利亚皇家码头 R・罗杰斯所设计的泵站（底，右，1987 年）。

89. 阿比儿童中心 (Abbey Children's Centre)

巴金 1G11(Barking 1G11)，北大街 (North Street)，阿比儿童中心。卡泽诺夫建筑师事务所 (Cazenove Architects)2005 年设计。

木框架结构，在一个相对比较空旷的郊区，一座很受欢迎的建筑。建筑沿着场地周边展开，中间围成一个运动场。设计师告诉我们，“木框架结构强化了其独特性，参照了传统的渔船造型，因巴金地区曾因渔业而著名”。然而，情况并非如此。

90. 普拉什特过街天桥 (Plashet Link)

Plashet School, Plashet Grove, E6
Birds Portchmouth Russum, 2000
Tube: East Ham

对于纽纳姆 (Newnham) 普拉什特学校的这座过街天桥，从技术上来看，没有多少可谈的。油漆钢架结构，蓝色，长 67 米，上方为张拉膜结构，很具艺术性，跨越一条繁忙的道路，将一所女子学校的两半连接起来（一半建于 20 世纪 30 年代；另一半为一座 8 层大楼，建于 20 世纪 60 年代）。

然而，就是在这座简单的过街天桥上，功利思想得以终结，设计技艺得以充分展现，就像变魔术似的将一些世俗平凡的东西转化为价值高昂的艺术品。看一看，从下面穿过，或在上面漫步，是一种享受，它为这所不知名的学校带来新的象征。精致细腻的弧面结构，中间有座凳探出，据说是为了保护周围的树木。真的吗？

它令人兴奋，很具创造性。从细部来说，能够接受阳光，排除雨水，令人称奇。既有人把它与艾尔索普的佩卡姆图书馆相提并论，称为伦敦最好的两个当代建筑，也有人批评它体现了工具主义风格的过度雕琢。希望你能和我们一起参加一项对优秀设计的庆祝活动去看一看。它完全植根于设计主题，考虑到各种影响因素，做成了，而且做得很棒。这是最简单，却又最富智慧的设计，瞄准目标，既恰如其分，又可信逼真（当今很少使用的两个词）。

有没有不足之处？当然有。对那些最难对付和没有定论的东西，在杂志期刊上你从来不会见到的。它的缺陷就在桥的两端，也就是与学校的衔接处。比你所想的要小。另外，张拉膜很容易黏附灰尘，这就有点吹毛求疵了。

91. T·福斯特翻修的剧院 (Tim Foster's refurbishment of a 1936 Theatre)

巴金地区中部，靠近市政厅，有一座 1936 年设计建造的剧院，T·福斯特对其进行了翻修改造。改造以后，有一个多功能观众大厅、扩展的休息大厅以及用作巴金学院表演艺术系 (Performing Arts Development of Barking College) 的排演和教学空间。设计师告诉我们说，“玻璃立面可以展示里面的活动，并欢迎当地社区居民进去参与和参观”。无疑，翻修改造很受欢迎（与斯特福特中心比较一下）。

92. AHMM 公司的两座新大楼 (Town Hall at Barking)

在本书写作之际，AHMM 公司有两座大型建筑正在建设之中，就在老巴金镇政府大厅 (Town Hall at Barking) [战争期间建造的建筑，巴金 IG11，克洛克豪斯大街 (Clockhouse Avenue)。铁路：巴金站]。规划呈 “U” 形，闪亮刺眼，有一座图书馆 [现在是 “终生学习中心 (life long learning centre)”]，206 套公寓住宅（单人间或双人间）。大楼就像其设计那么引人注目那样，充分考虑了场地的文脉，预计将于 2006 年中期完成，还将包括一个 “新市民广场”。邻近的镇政府 (Town Hall) 于 1936 年设计，1954—1958 年建造。

巴伯的两座建筑（Two from Barber）

典型的复合项目规划图（从右至左：底层、一层、二层）

P·巴伯(Peter Barbour)的作品开始逐渐为人们所了解，特别是东区的这个获奖设计作品使他备受关注。在东区，大家都集中于住宅设计。都市纹理论，用这个正式的术语来说，为这一类地区带来了地中海风格的建筑，让人称赞，让人惊羡（部分原因是由于英国当今建筑规定使然）。从历史上说，这一带因穷困落后而著名，具有伦敦特有的半郊区化特征。之所以要提到这一点，是为了强调设计在美学创新方面的不一般性。考虑细致周到，巧妙地处理了优雅、密度和成本等相关问题。运用周长几何语言、阳台和院落，设计出现具有综合特征的作品，如凸窗、罗密欧与朱丽叶式的阳台以及诸如此类的东西。

93. 多尼布鲁克住宅区（Donnybrook Quarter）

Donnybrook Quarter, Parnall Road, E3
(at Old Ford, nr Victoria Park)
Peter Barbour, 2005
Tube: Bow Road. DLR: Pudding Mill Lane

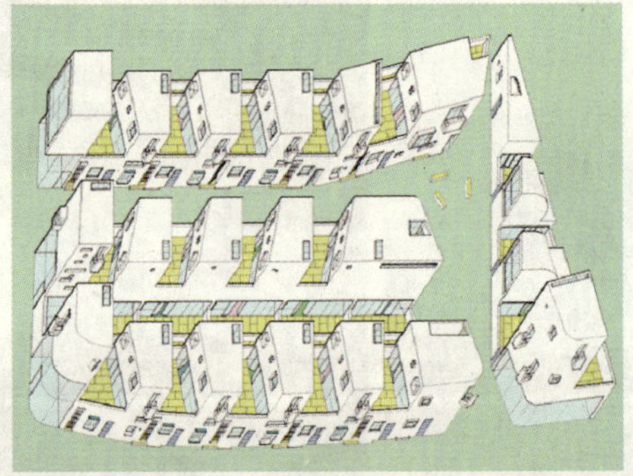

引用设计师的文字："项目设想为街道公共社会活动的典礼之所。每一项设计内容都要考虑到能够促进公共空间的活跃和繁荣，周边是坚硬的建筑。从阳台、港湾式的商户和屋顶平台，可以俯视街道。街道应设计成为这样一种场所：人们喜欢出来坐坐，孩子们可以玩耍，由它进出家门或者只是路过。住宅为独特的双单元型，有阳台和院落。每个单元都有临街前门和大小适度的室外空间"。

94. 泰纳大街住宅区（Tanner Street）

Tanner Street housing, Barking 1C
Peter Barbour, 2005
Tube: Barking

引用设计师的文字："作为泰晤士河口地区的一部分，泰纳大街河口地段，街道成网格状排列，密集紧凑，建筑沿街布列。项目中心，是一个三线公共广场，欢快活泼。那里有一座10层的地标性建筑，连接各条重要通道。新居住区有住房大约200套，有公寓式住房和不常见的联排住宅。每个单元都有自己的前门和大小适中的室外空间。"

巴伯项目附近，还有一座10层的住宅楼，有单元40套，由杰斯蒂科与怀尔斯设计。其意图是，在通往镇中心的道路上，作为一座地标性建筑。

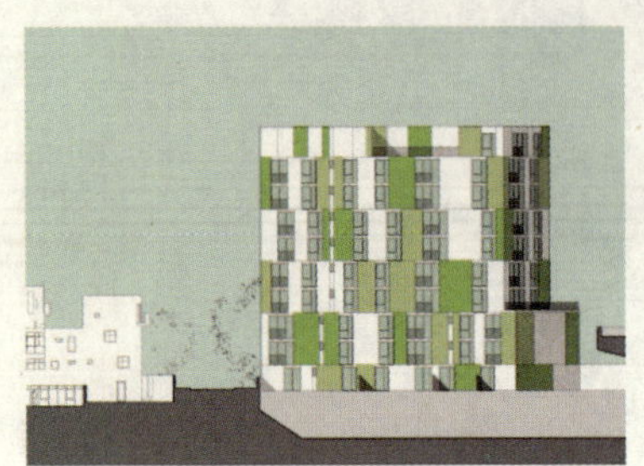

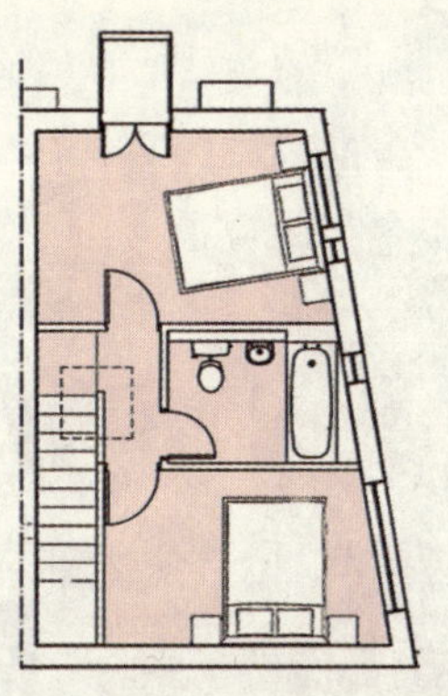

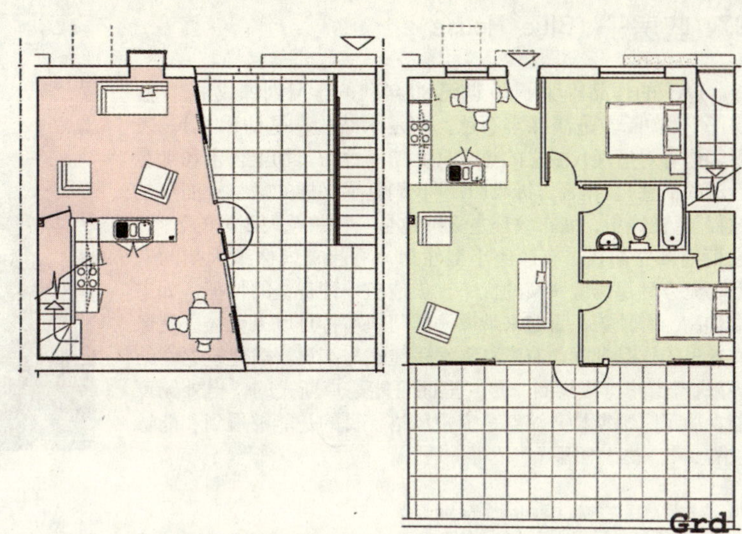

标准平面体现了“混杂式”的设计风格。
（从右至左：首层，二层，三层）

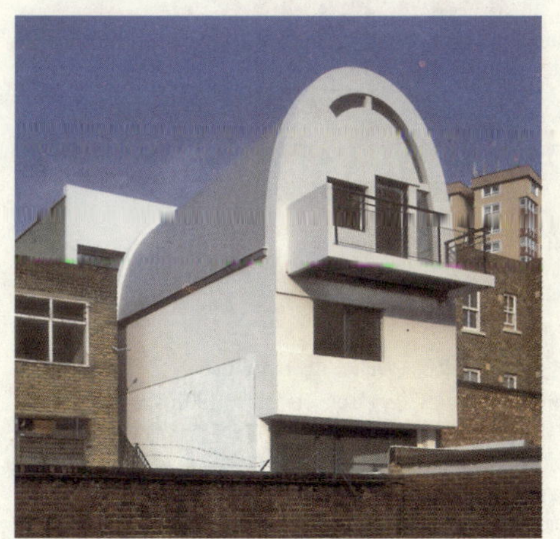

95. 多里斯广场 (Doris'Place)

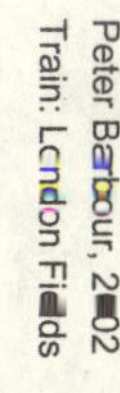

巴伯的又一作品，是前面所介绍的大型成功项目的先驱[与 M · 刘易斯 (Marrion Lewis) 合作]。设计师说："多丽斯广场作为综合应用型城市更新改造项目，极为稠密，场地只是位于哈克尼的一块 4.5 米宽的长条。项目包括一个零售单元、两座小屋和一个生活工作两用单元。中央围成一个院落，位于第一层……屋顶为倾斜抛物线形，已成为当地喜闻乐见的地标性标志”。

96. 保载德 (BowZED)

56 Tomlins Grove, E3
Bill Dunster Architects, 2005
Tube: Bow Road

与一般住宅建筑相比，B · 迪斯特（Bill Dunster）的住房更注重生态设计，在这方面，他几乎占有垄断地位 [见贝哲德 (Bedzed)]。在这里，你会见到一些熟悉的特征（名称除外），如太阳能板、烟道和充足的阳台等。每 4 套住房有一个 15 千瓦的木炉和太阳能板，围绕中央的烟道排列，与维多利亚时代的别墅很相似。但是，对于建筑师来说，既要满足当前生活的现实需要，又要拯救这个星球的未来，是不是有点太累人了？

97. 蓝房子 (Blue House)

Blue House, Garner Street, E2
FAT (Sean Griffi ths), 2002
Train: Cambridge Heath

FAT 的作品体现了 20 世纪 80 年代的学习训练成果，“蓝房子”（实际上是淡绿宝石色，不是木结构，是仿木板），表现了作者对后现代主义的热衷（文丘里式的，加上艺术和工艺运动的情感）。作者告诉我们：“我们更感兴趣的是结果而不是过程”。在这里，城市纹理主义纯粹是一种跨越大西洋的智慧，它拒绝孤立褊狭。有两座小型住房，看起来就像缅因州的别墅，充分利用场地狭窄的优势，创造出一种奇怪的特征，如末端加高、有顶盖，看起来就像一座阿姆斯特丹摩天大楼。就像文丘里的作品那样，有意打乱娱乐建筑与高层严肃建筑之间的界限；“窗户（楼梯到一层）里面可能是卢斯式的，但外侧可能参照了阿姆斯特丹淡红色窗户风格，目的是能够看到和能够被看到”。设计得很好，值得一看。

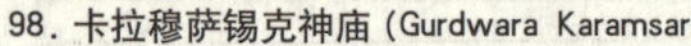

98. 卡拉穆萨锡克神庙 (Gurdwara Karamsar)

伊尔福德 (Ilford)，高地路 400 号 (400 High Road)，铁路：伊尔福德 / 赛文金站 (Ilford/Seven Kings)。

马兰达 21 世纪议程事务所 (Marindar Assi of Agenda 21) 设计。原先为一处工党大厅，后来改成教堂，拆毁后又于 2005 年重建。设计师自己说：“从美学方面来看，设计将锡克教建筑传统和莫格莱 (mughlai) 设计风格与现代西方建筑有机地融为一体。最引人注目的特征，就是它的立面和穹顶。印度拉贾斯坦邦 (Rajasthan) 的粉红色砂岩，采集雕刻以后，船运到英国，然后在现场装砌。中厅空间宏大、简洁，自然光可以从上方三层照射进来。一楼、二楼为祷告厅，底层为斋戒厅。里面全为白色，一点也不复杂。周围环境很自然地创造出这么一种气氛，即对教义和主的崇敬”。与所有此类场所一样，热情好客，欢迎来访。令人感到吃惊的是，它那掩藏在传统外表下的现代内饰。另见斯瓦米纳拉扬印度教神庙 (Swaminarayan Mandir, 第 199 页)。

99. 千禧中心 (the Millennium Centre)

离城很远了，你需要找一辆车。但是，如果你感到方便，并且已经向东走了很远，那么不妨看一看这座建筑。千禧中心，佩若伊和普拉萨德 1997 年设计。RM7 区，罗姆福特 (Romford)，卢什 · 格林 (Rush Green)，达根汉姆路 (Dagenham Road)，蔡斯 (the Chase)。地铁：达根汉姆车站。这是一个宣教或社区生态中心，实际上是为了探寻人在生物圈中的角色。但，如果只是扫一眼的话，是一座令人愉快的建筑。有许多钢结构框架，可循环使用的木材塞满了纸张和其他东西。

100. 怀特查帕尔艺术馆 (Whitechapel Art Gallery)

C · H · 汤森德 (Charles Harrison Townsend) 1901 年设计。怀特查佩尔大街 (Whitechapel High Street)，靠近怀特查佩尔地铁站。1988 年，C · 米勒及其合伙人建筑师事务所 (Colquhoun Miller Partners) 对其进行了补建。假设你正好处在那个地区，也就是正好参观阿贾耶或艾尔索普的建筑，建议你去看一看，很值。

注意：地图上没有，找城东边怀特查佩尔车站即可。

现在，到南边去……

1. 戈德史密斯学院 (Goldsmith's College)

Goldsmith's College, Lewisham Way, SE14
Alsop Architects, 2005
Train: New Cross

戈德史密斯校园让人有点嫉妒，许多建筑都被包了进来，风格式样多种多样，即便是一些很明显的住宅也被该校占用了。过去，拉班中心也曾在这里。但是，对于它是应该搬到德特福德河里，还是留在这里增添新设施，改善校园环境，一直存有很大争议。学院能否让它回来，仍然值得疑问。

最令人感到满意的建筑，就是艾尔索普最近的作品，一座“一般性”建筑，深受校方喜爱，有办公室和工作室（它们所共同拥有的一面自然值得讨论），杰出的获奖作品。实际上，它应属于F·盖里的早期作品风格，楼顶安装带有野性的、涡旋状的艾尔索普雕塑（一个建筑设计师闯入艺术学院的领地，堪称壮举）。从规划角度来看，对于这座城堡式的大楼来说，最关键的地方就是它与外部的连接，它与邻近的建筑构成了一个后院，促进了楼与楼之间的交流。总的来说，作为“即时特征”和一种品牌，大楼的设计很有趣，尽管入口天篷规整得有点奇怪，以至于影响到其整体效果。

戈德史密斯图书馆（阿莱斯与莫里森1997年设计），简单直接，面积1500平方米。里面，设计经济节约，钢筋混凝土表面外露，用户能享受自然通风。外面，因面向一条繁忙的道路，立面设计得长而强劲。大型散垫片具有防晒功能，用于固定玻璃，对整座建筑来说具有图画效果。就像通常作品一样，设计优雅，构造合理。一些叫得很响、很时尚的公司或生或灭，但这家公司的作品将会长存。

2. 佩卡姆图书馆(Peckham Library)

Peckham Hill Street, SE15
Alsop & Stormer, 2000
Train: Peckham Rye

无论从社会方面，还是从建筑方面来看，佩卡姆图书馆都是一件成功的作品。但是，图书馆大楼只不过是一座大型建筑的一部分：一个广场的第三部分，面临一个城市公园（伯吉斯公园，Burgess)，与当地的上佩卡姆街(Peckham High Street)相接，重新唤起当地人的市民尊严。除公园以外，第一部分通往公园的大门——拱门（特劳顿与麦卡斯兰设计），是一个可以漫步游荡的好场所，为市场上的小摊贩提供保护，同时，又是彩色艺术品。第二部分就是佩卡姆脉动中心(Peckham Pulse)，当地人健身锻炼中心。

图书馆高耸入云，凌驾于周围建筑之上，昭示着它的存在。5层，去上层需乘电梯。底层是一个大型的开放空间，与附近广场相呼应。新古典主义有山墙的柱廊，可供人们从事聚会，买卖物品等活动。里面，艾尔索普设计的是不锈钢编织成的网架作为立面，横穿图书馆下部，对空间进一步起到强化作用。他解释说："我们把图书馆抬高，就可以使佩卡姆的生活摆脱单调乏味的感觉……人们从电梯里出来，就进入到另一个世界。我们想让人们观赏景色，而在以前是看不到的。想把图书馆设计得像一个阁楼，人们在那里可聚精会神地学习，而不会分神"。外面，有一个大型白色标牌，上写"图书馆"。暗红色的房顶就像船首（批评者说像贝雷帽)，对于铜包被的"U"形主体建筑，产生雕塑般的效果。主体建筑后面，北面，镶嵌玻璃，颜色多样，俯视一个大型院落，通往不远处的城市立塔。

回廊，显然是受了雕塑家R·迪肯(Richard Deacon)作品的影响，由预成形的木材做骨架，现场组装，包被定向结构刨花板，另包1.5毫米厚的胶合板。大小安排合理巧妙，相互重叠，成曲面形，并能承担结构荷载（最初打算用皮革）。里面，与白漆板成线状排列。办公室和采编室回廊在底层，学习室回廊位于中间层，图书馆主大厅有三个大型"回廊"，钢筋混凝土腿支撑，可从上层馆室进入。有两个回廊完全封闭，由房顶灯上方照光，内有铰接在百叶窗上的"蝴蝶"。成形胶合板由滑轮和小型电动机驱动，产生一种管制效果，有点粗野，但效果很好。雕塑般的灯具，就像巨大的肥皂钢丝球，看起来滑稽可笑。

但是，在现代生活中，对于一家伦敦图书馆来说，5年多的时间就已经不短了（概念店？终生学习中心？)，现在正计划对其进行改造。可与瑞士村图书馆和概念店作一比较。

3. 夸伊住宅(Quay House)

SE15，金斯苑(Kings Grove)，K·泰勒(Ken Taylor) 2002年设计。原先为一处牛奶场，经改造以后，成了建筑师及其艺术家合伙人的住家和工作室，还有一座面临街公寓供他的艺术合伙人所用。对于有创造性的设计师，如何将一处荒废的土地改造成丰富多彩、生动活泼的场所，这是一个很好的实例。设计轻快活泼，一层有"沙滩小屋"，沿街有两间微型展室（M2，和2M2，顾名思义，其面积分别为1平方米和2平方米）。将住宅与展室放在一起是一个好例。

艺术家为J·曼海姆。

4. 霍尼曼博物馆 (Horniman Museum)

100 London Road, SE23
Allies and Morrison, 2002
Train: Forest Hill

霍尼曼博物馆最早由C·H·汤森德于1901年设计（怀特查佩尔艺术馆和毕晓普斯盖特学院也是由他设计），阿莱斯与莫里斯建筑师事务所（A & M）承担了部分翻修和扩建工作，增加展览空间、培训教育设施、商店和咖啡馆。同时，对先前一些令人感到不满意的扩建部分进行清理，将博物与周边公园用地连接起来。现在博物馆令人感到兴奋，不管是当年A & M的工作，还是它现在的模样。

汤森德的大楼，现在是公司中的一个亭式建筑，起连接作用。从街道上看，可以分为4块：两块属于汤森德的设计，山墙为A & M的扩建部分，1994年的环境意识中心由阿奇泰普(Architype)设计（实际上，是一个极为优美的“绿色”亭子，房顶有草坪）。后面是另外一种情况（温室）。里面，有新有旧，整体上说，是极具特性的超级组合。A & M所做的部分极其优秀（特别是新建的音乐厅），人们所期望的只是再增加一点资金，全部改造一下。如果那样的话，恐怕它就不是一处令人欢乐之所了。或许这就是A & M最得意的地方：抓住霍尼博物馆的历史文脉，特别是其桶状的拱形结构，然后对其进行改造。细部、比例和尺度像通常一样处理得恰到好处，有点超凡脱俗的感觉，似乎是受了斯卡尔帕(Scarpa)的影响。动人的组合，常常挤满孩子，你为伦敦郊区的非纪念性建筑，这座博物馆特别让人感到兴奋。如果说有缺陷的话，那就是英国文化，设计意图和管理维护之间总是有不协调之处，在这里所表现的就是，例如咖啡馆里经常有讨厌的碎屑飞来飞去。

阿奇泰普的建筑体现出很高的生态价值，但与后来建筑和A & M更为优雅的作品相比，显得很不一致。然而，仍不失为一件令人感兴趣的作品，其新维纳斯时代的烟囱，为它带来和煦的暖风

5. 达利奇绘画艺术馆 (Dulwich Picture Gallery)

Gallery Road, Dulwich Village, SE21
Rick Mather Architects, 2000
Rail: West Dulwich, North Dulwich

达利奇绘画艺术馆，是伦敦值得庆贺的地标性建筑，英国第一家公共艺术馆，由最著名和最受尊敬的建筑师 J·索恩爵士，于 1811—1814 年设计建造。作为一家收藏绘画作品的公共艺术馆，自然地就会使人联想到陵墓，就像花钱在家里摆上一具特洛伊一样，建筑设计师的才能必须适应这种情况。一种很奇怪的现象。考虑到索恩的地位，R·马瑟的扩建和改建敏锐、注重文脉，表达了对原有建筑的尊重，对索恩和老达利奇学院 (Dulwich College) 大楼都是一种补充，构成艺术馆的背景。按照马瑟的设计方案，索恩设计的亭子不予考虑，并且距它一定距离，新建一组建筑，直达场地边界，与老达利奇学院大楼（特别是基督礼拜堂）、原有的通道和边界上的砖墙融为一体，形成一块概念性场地，集中于建筑之间的空白地带（实际上，是草坪），而不是建筑本身。设计方法还是老式的，一条回廊沿着场地外围延伸，连接老学院大楼和艺术馆亭（见下面的规划图）。实际上，只是半回廊，另一半只是隐含，并没有实际建造。然而，它就好像是一幅聪明的吊架，其他建筑可以挂在上面，同时又可作为通往艺术馆的通道。沿着这条周边回廊，新增了咖啡馆、展览室和宣教室。来客沿着回廊步行，在抵达艺术馆侧门之前，就可欣赏艺术馆美景。这条简单的回廊 / 走廊，成为连接各组成部分的关键要素，位于中央的绿色草坪，构成这一区域的核心空间。从这种意义上说，回廊的运用很聪明，又使它回归了其传统本色。老艺术馆进行了彻底的翻修改造，如房顶的灯光设施等。

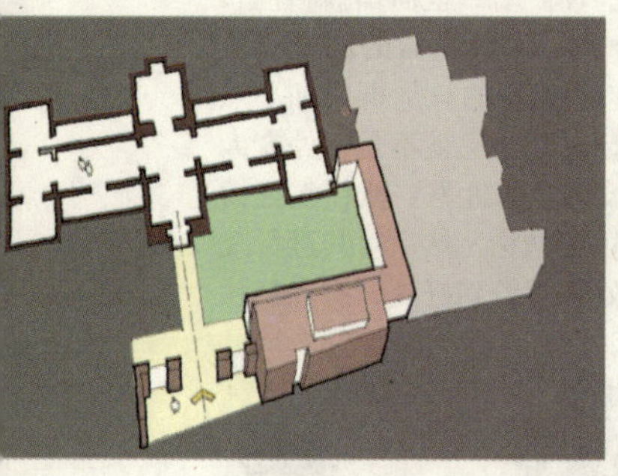

部分回廊上的设施特征明显，颇具艺术魅力，在前往艺术馆侧门时，你会体验到一种真正的快乐。

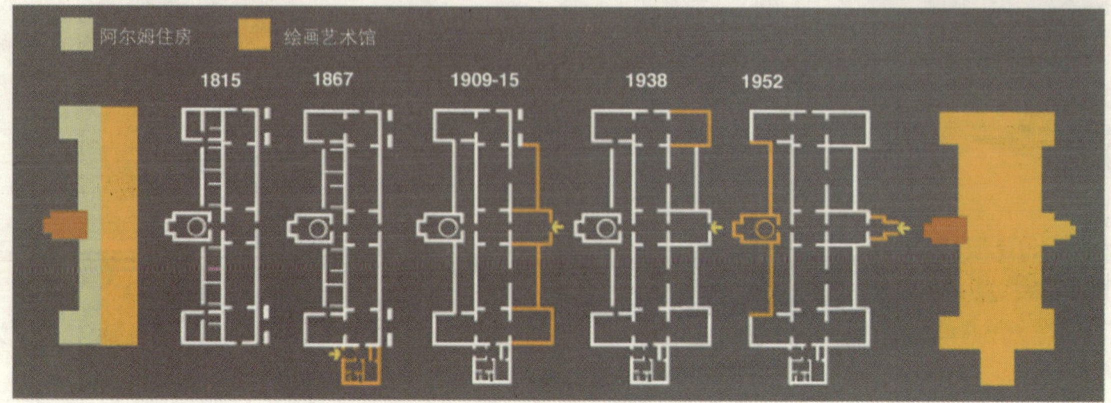

6. 金斯代尔学校 (Kingsdale School)

Alleyn Park SE21
Leslie Martin/ dRMM, 2004
Rail: Gipsy Hill

对于 20 世纪 60 年代一所破败的学校应该怎么处理？进行更新改造？一个充气枕头横跨学校中央院落，一座新建学校大厅，中心地带可容纳 1000 名学生，一架天桥穿过院落，便于通行。路边的一座标志性建筑。建筑师说，该方案在全国都占有重要地位："方案充分考虑原有建筑的潜力，在此基础上在中央院落添加了一个大型透明房顶。这里有餐厅、聚会处、表演空间，交通和社会活动都有所改善"。然而，皇帝真的穿上新衣服了吗？霍索恩 (Hawthorne) 在 20 世纪 20 年代所做的试验表明，行动主义者发现，暗奉承会使生产力提高，与所处的实际条件好坏无关。

对于专家来说，伦敦其他感兴趣的学校还有：

· 朱比利小学 (Jubilee Primary)。SW2 区，塔尔斯希尔 (Tulse Hill)。AHMM 公司 2002 年设计。对于听力有障碍的学生有专门设计。

· 金斯大街学校 (Kings Avenue School)。SW4 区金斯大街 (Kings Avenue)。S · 爱泼斯坦与亨特 2002 年设计。此外，还有福斯特的贝克斯利商学院 (Business Academy Bexley)。伊里斯 (Erith)，雅姆顿路（Yamton，格林尼治东），福斯特及其合伙人建筑师事务所 2003 年设计。不过，因为是一所商务学院，他们不喜欢游客参观。在伦敦北部，福斯特还有一所类似学校，即首都城市学院（Capital City Academy，下），NW10 区，多伊勒 (Doyle) 花园，福斯特及其合伙人建筑师事务所 2003 年设计。地铁：Willesden Green。

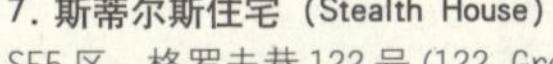

7. 斯蒂尔斯住宅 (Stealth House)

SE5 区，格罗夫巷 122 号 (122 Grove Lane)，R · 戴伊合伙人公司 (Robert Dye Associates) 2004 年设计。铁路：Denmark Hill。

外面所看不到的就是把这里原有的一些房子重新巧妙地组合起来。这的确是一个好的实例，带有一点城市纹理主义风格。但是，达斯 · 维德（黑武士）/隐形飞机（Darth Vader/stealth plane），与从安藤忠雄到罗伯特 · 戴伊的建筑时尚之间又有什么关系呢？斯蒂尔斯住宅设计得漂亮、时尚吗？

8. 水晶宫 (Crystal Palace)

SE26，水晶宫，I · 里奇建筑师事务所 1997 年设计。伦敦较好有建筑设计之一。设计机智聪明，考虑周全，采用了 Corten 特种钢，带有防护和反射性能的结构，周边有水流，一个带状夏季"平台"，融入公园景观之中。其沁人心脾，既体现出 18 世纪的景观价值，又参照了 R · 塞拉的作品，同时还具有抽象主义特征，就好像是里奇本人绘制了一幅尽可能简单的图画，然后自己去建造。图中有展示性平台，大量的、能防止破坏的内置电子声学系统（最主要的是月台两边塔台上的喇叭）。看起来有点像雕塑，实在、英勇，又带有亲密气氛。最好夏天有乐队演奏的时候去看看，阴暗的冬天不要去。

9. 友谊大厦（Friendship House）

Belvedere Place, off Borough Road, SE1
MacCormac Jamieson Prichard, 2003
Tube: Borough

现代化的自助（self-catered）宾馆，提供160个房间，三角形的墙面镶贴锌瓷砖，色彩明快，围成一个中央院落，有倒影池，非常安静。2005年，英国皇家建筑学会获奖设计。友谊大厦的设计很聪明，很受欢迎，在一块难以对付的核心地段，巧妙地设计了一座单人间宾馆，靠近伦敦铁路内线。大楼面朝里，围着一个中央院落，景观布置精美［鲁梅(Rummy)设计公司设计］。同时，与共享区和周边私人住宅相比，又能清楚易辨。当然，作为一家宾馆，与其他宾馆和住宅大厦有许多相似之处。伦敦需要有更多这样的建筑。

10. 伦敦传媒学院媒体中心（London College of Communications Media Centre）

Elephant & Castle, SE1
Allies & Morrison, 2004
Tube: Elephant & Castle

这里有两栋新建筑。一栋是教学楼，原先在克拉肯韦尔的媒体设施搬到了这里，对于将整个学院集中在一块场地上这种思想，起到了进一步强化作用。这是当今流行的标准做法：高大的建筑 + 更多学生 + 少量空间 + 集中与理性化的设备设施 + 大量数字技术，当然还有几座投资少、带有饮过白兰地般的兴奋与欢乐的建筑，相互融合得很好，裹在一起，构成一种新式学习环境。另一栋是临街大楼，一个新建入口，将所有现有建筑都拢在一起，成为整个校园的中心和焦点。这两栋主要建筑相互连接起来，成为伦敦传媒学院基本基础设施，以满足其长远发展需要。后面的第二个阶段，就是要对原有空间和新建部分进行翻修和改造。

11. 基沃思中心 (Keyworth Centre)

Keyworth Centre, Southbank University
Elephant & Castle, SE1
BDP, 2004
Tube: Elephant & Castle

南岸大学大楼，里面为新斯堪的纳维亚风格，让人感到愉快，感到惊奇。外面，不得不承认，对于整个城市结构并没有什么流光溢彩之笔。但是，不要因此而忽视里面，新厄斯金风格的装饰布局。看起来也相当简单。一个高大的中庭，教学空间都堆集在这里，一条双面走廊，走廊的两头都有核心柱。中庭作为主动性视觉焦点，替代寓言式的"豆荚"，这里有木材贴面的会议室，上方还有平放平台，看起来大家都很喜欢它，使用也很方便，尽管中庭教室一侧的平台（从实用主义角度来看是多余的）会因使用和高兴产生嗡嗡的噪声。

但是，为什么外面做成那个样子呢？很清楚，在预算吃紧的情况下必须做出合理的选择。BDP 公司很早以前就知道，一个公司只有两种选择，要么干下去，要么就退出，对于这样一个项目，做得过于细致，会遭受损失。但是，在大中庭上部做得很细致，很成功，逃生梯（几乎所有内部空间）也如此。然后，在这无言的大楼后面，不管隐藏着何种不为人知的原因，其外立面处理不能让人满意。大楼的名字［"基－沃思 (Key-worth)"］掩盖了建筑的真正价值。但是，这座大楼可说是当今大学建筑的代表，表明当前大学建筑的总趋向（服务于'新的学习方式'）。

如果你对厄斯金感兴趣，还可以看看方舟大厦和千禧岛（Ark and the Millennium Peninsula）上的住房。其他值得一看的大学建筑有帝国理工学院、伦敦政治经济学院（LSE）、切尔西艺术学校和玛丽皇后学院（Queen Mary's ）以及里勃斯金在城市大学的作品。

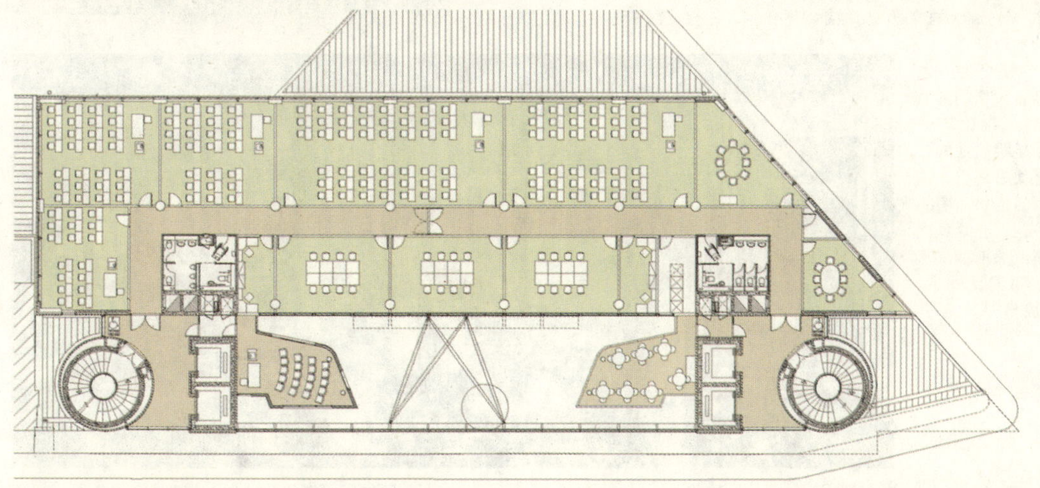

12. 巴伦大院 (Baron's Place)

Barons Place, off Waterloo Road SE1
Proctor and Matthews, 2004
Tube: Waterloo

“容积”化更强的建筑。从积极的方面来看，这座住宅楼主要是为伦敦的“主要劳动者（key workers）”提供廉租房，而这些人无法承担伦敦高价住房。但是，在这样一个相对被剥离的社区，试验性住宅的多样化值得担心。里面的单元很小，一张床的单元为 36 平方米，2 人的单元为 54.0 平方米，开间为 3.6 米 ×(5~7) 米 (Ralnes Dairy 住宅则为 11.8 米) 设计方案显得有点遮遮掩掩。皮博迪基金会（开发商）第一次提交规划申请时被拒绝了，主要是因为单元太小（正好有一个博士生在研究这个问题）。到那里去看一看，与邻近的公共住房比较一下，自己做决定。本书中所提到的皮博迪基金会的其他住房以及下面列出的这些示范性项目，也可去看一下。毫无疑问，随着建筑师日益意识到此类建筑无法展示高科技和设计才华，他们的设计也会不断改进。对于在这些房子居住的人，不管是预先设定，还是不进行预先设定，都不要给予责备（实际上，很可能是预先设定了的、模式化的建筑，其公共形象一般都不怎么好）。

其他新近完成的模式化项目有：

- 萨瑟克温德姆路 (Wyndam Road)。地铁 (Oval)。设计：PCKO，18 座住宅楼。
- 巴林考特 (Barling Court)。SW4，斯多克威尔 (Stockwell)，拉克豪尔巷 (Larkhall Lane)。设计：PCKO，18 座住宅楼。

另见雷恩斯住宅 (第 219 页) 和默里苑 (第 222 页)。

在巴伦大院，设计师采用了一些欢快的手法，应对容积住宅分割过程中所遇到的困难，把那些分散的原子式的小单元融合为一个整体。从美学方面来说，属于一种脱离建筑实体的“错位”运动。距 B · 富勒和建筑电讯之梦想还差得很远，对比一下会很有趣。

13. 福斯特工作室 (Foster Studio)

1990 年设计，可能是伦敦最令人感到愉快的工作室之一。作为伦敦最成功的建筑师工作场所，有两层楼高的高大空间，长 60 米，宽 24 米。高大的玻璃墙俯瞰着泰晤士河，还有一部长长的、移动缓慢的电梯，阿尔瓦 · 阿尔托也会为之感到自豪。大楼的其他部分相对来说比较一般，下面是租赁式的办公室，上面是住房，这样可为项目提供所需的资金。往西，在哈默史密斯，有罗杰斯的滨河工作室，可对比一下。建筑开放日基本都开放。

照片：福斯特及其合伙人建筑师事务所 /N · 扬

14. 阿尔比恩住宅楼（Albion）

一座迷人的高端住宅，11 层，靠近福斯特工作室。有住宅单元 186 套，分前后两个部分，每个单元都有临河阳台，与周围环境融洽协调。效果很好，运转正常，场地设计表明，近代汽车制造业的衰退及来自法国和巴西的文化，对福斯特工作室都产生了影响（从外缘向上一直到房顶）。但是，后面这样安排精明吗？这就是杂技式的、新塞弗特“V”形腿支撑建筑所产生的效果？下层有商店、餐馆、艺术画廊、游泳池和体育馆，可供居民使用。

Hester Road, SW11
Foster and Partners, 2003
Tube: Sloane Square

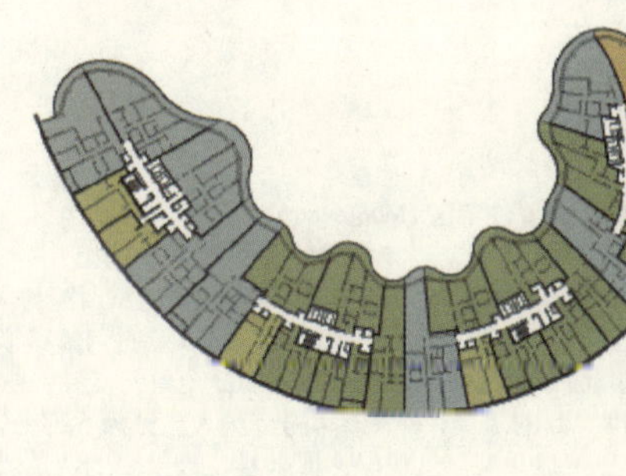

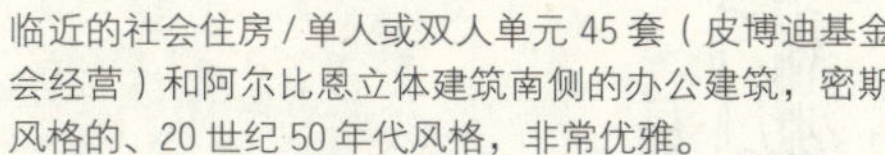

临近的社会住房 / 单人或双人单元 45 套（皮博迪基金会经营）和阿尔比恩立体建筑南侧的办公建筑，密斯风格的、20 世纪 50 年代风格，非常优雅。

15. 格温路 2–4 号住宅

SW11 区，格温路 24 号，蒙特威特罗(Montevetro)住宅区街角处，W·门蒂斯建筑设计事务所(Walter Menteth Architects)1999 年设计。火车：Clapham Junction。就好像地中海的珠宝运到伦敦南部一样，在那里闪闪发光。8 个单元组合成一个亭式花园，靠近铁路线，有 50 毫米厚的石笼挡土墙（干石网格形垒砌）。白色墙壁，鲜亮映目，小型铝制窗户。简单、造价低、快活整洁的家庭住房，客户和使用者都感到满意。伦敦要是能多有一些这样的住房就更好了……与 P·巴伯在东区的作品比较一下。

在建筑法规的要求之下，设计美学体现了地中海风格——可参见 P·巴伯在东区的住宅设计。

16. 蒙特威特罗住宅区 (Montevetro)

这一住宅区颇具争议。其名称的含义是“玻璃山”。周围的邻居对它的设计思想都感到害怕，根本不像是 CZWG 公司的凯斯凯德大楼（见第 162 页），只是一座阶梯式建筑，有房顶阳台，可以欣赏河流景观。沿着圣玛丽巴特西教堂(St.Mary Battersea)延伸，有 103 个单元，包括 M·戈德史密特(Macro Goldschmied)的篷屋，RRP 公司的合伙人。分为 5 部分，入口在陆地一边，可以尽览河流景观。从美学方面来看，最主要的特点就是采用了赤色陶瓷砖墙面，最早由 R·皮亚诺在巴黎住宅建筑上采用，现在成为伦敦特有的、常见的建筑特征。具有讽刺意味的是，此类私有、有门的社区，本应该由罗杰斯勋爵来设计，一个左翼人物。不能进入，但不要担心，从河边步行道就可看得很清楚。

SW11 区，巴特西教堂路，R·罗杰斯及其合伙人建筑师事务所 1999 年设计。

17. 圣玛丽巴恩斯教堂 (St.Mary's, Barnes)

SW3 区，教堂路。原来的圣玛丽巴恩斯教堂 1978 年遭大火损毁。现在的教堂由 E·卡利南设计，新建了一个复合式屋顶，并稍稍加以扩建，具有典型的艺术和工艺运动建筑风格。虽然对原来的教堂进行了大规模改建，但一些历史性的构件仍然保留下来，与当地社区相融合。目的是为教徒创造一个宗教活动场所，延续自 11 世纪 来的传统，但又丝毫没有仿制的痕迹。

18. 亚瑟路住宅（Arthur Road House）

82 Arthur Road, SW19
Terry Pawson Architects, 2002
Tube: Wimbledon Park

波森的住宅欢快、充满活力，位于半个“D”形的战争期间伦敦郊区，对温布尔登的确是一种装饰 。场地狭窄，成坡状。他在街道的一头设置了缓冲区，极为优雅的规划设计。他将其描述为：“J·索恩林肯旅馆项目中别墅的现代版本”，有点像猜谜。意思就是说，内部相互关联的单元，经过感觉、压缩，然后向四面八方展开，创造出一系列富于变化、生机勃勃的住宅单元。宽 5 米（单人间），长 80 米的这栋住宅为钢筋混凝土结构，另有木框架和木包被，后面部分为钢框架结构，贴有工程砖。后面还有拱形、草坪房顶，末端全为玻璃，通往花园。

19. 圣玛丽加登霍尔教堂 (St.Mary's Church Garden Hall)

30 St Mary's Road, SW19
Terry Pawson Architects, 2002
Rail / Tube: Wimbledon

圣玛丽加登霍尔教堂建筑，面积 230 平方米。一个近方形的大厅，将其分为两部分，一部分供教堂使用，一部分服务于当地社区。主空间与大厅前面的草坪建立起视觉连接，后面是一个花园，曲线形的墙体围绕。

大厅的设计借鉴了邻近的圣玛丽教堂（建筑列表上为二级）。大厅里面镶嵌石灰岩方块，地面铺砌石板，墙面由石灰岩干砌而成，面向道路。大厅里有回音，就像燧石敲门一样。还有一个“阳光间”，受过去教堂建造者对光的利用所启发，闪闪发光，衬托着整座建筑。

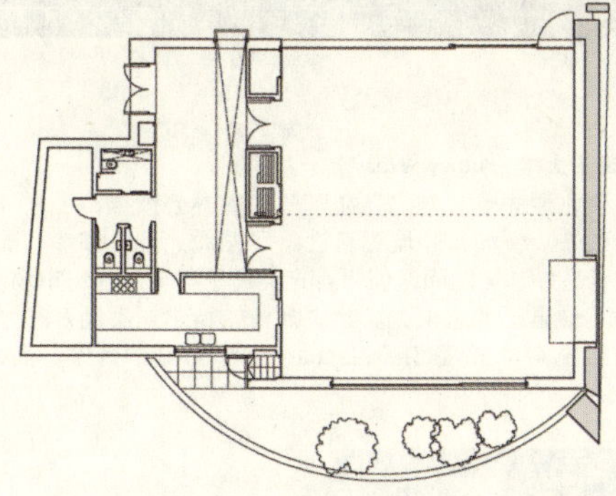

20. 兰贝斯健康中心

SE11 区，蒙顿大街（Monkton）。地铁：兰贝斯北站 / 肯辛顿站。T·卡里南 1984 年设计。

当地社区医院建筑实例。同时，作为一种建筑美学，对附近乃至全国那些有“建筑破坏”经历的人来说，一边有借鉴意义。充满了老卡利南的情感和一丝不苟的精神，外面为当地烧制的瓷砖，有药草图案造型。南面面向花园的一侧，建筑与花园之间联系紧密。

21. 加勒特巷 86-96 号 (86-96 Garratt Lane)

86-96 Garratt Lane, SW18
Sergison Bates, 2004
Rail: Wandsworth Town

20 世纪 30 年代的一家涂料厂，经过翻修扩建，改成了一座综合应用大楼，有住房、健康中心和一些轻工业作坊等。位于一座大型购物中心后面，靠近通向泰晤士河的一条小河，为这一地区注入了新鲜血液。设计师为“建筑天天见”理念（模棱两可的想法）所驱使，将其作品描述为“它静静地立在那里，从它身旁走过，你可能都会视而不见，然而，只要你看它一眼，你就会马上对之感兴趣”。这听起来很带有英国味。这里所信奉的理念就是“自然”，并且不事张扬。伪装的、泰然自若的深重的文化传统，知道不必要自我表白，矫揉造作。自我为中心的炫耀让人感到厌烦。作为一种内向型价值，表达出对信息交流的自信与乐观，属于那种地地道道的周到殷勤和设身处地。这是下层阶级所喜欢的一种迷人的体验，对于那些想努力争取一席之地的人来说，很明显，是最好不过的了。从建筑角度来看，它运转良好，让人们从“世俗”时尚和创造发明之中解脱出来。然而，人的经历总是与文脉相关联的，对于整座城市，这种特征是否合适，将会产生巨大争论，但这一点在这里就无关紧要了。经验告诉我们，与客户不在一条道上的建筑师，其职业生涯是不会长久的。不管怎么说，加勒特巷的作品展示的是纯品质，对于那些在伦敦众多建筑中想寻幽探奇的人来说，是很值得一看的。

与其相类似的，有 C · 圣约翰 (Caruso St. John) 的作品；与其形成鲜明对照的，如贝哲德和艾尔索普的作品。

22. 帕特尼桥餐馆 (Putney Bridge Restaurant)

SW15，下里士满路 (Lower Richmond Road)，河堤 (Embankment)。P· 基里亚迪季斯 (Paskin Kyriadides) 1997 年设计。为这里的滨河景观增加了一座很受欢迎的建筑，划船比赛时一个好去处。对面——桥的东面，办公楼翻新改造实例，帕特尔与泰勒 (Patel & Taylor) 设计 (见右图)。

23. 帕特尼码头大楼 (Putney Wharf)

帕特尼桥东侧，原先是一座“鞋盒子”式的办公大楼，经过了全面的翻修改造。例如，外墙重新进行了贴面处理，等等。虽然已经错过了最好销售时间，但它肯定会适于当今的住房市场，可以发挥一下你自己的想象力。建筑师为帕特尔与泰勒，2004 年设计，泰晤士闸口公园 (Thames Barrier Park) 的建筑小品，也由他设计。

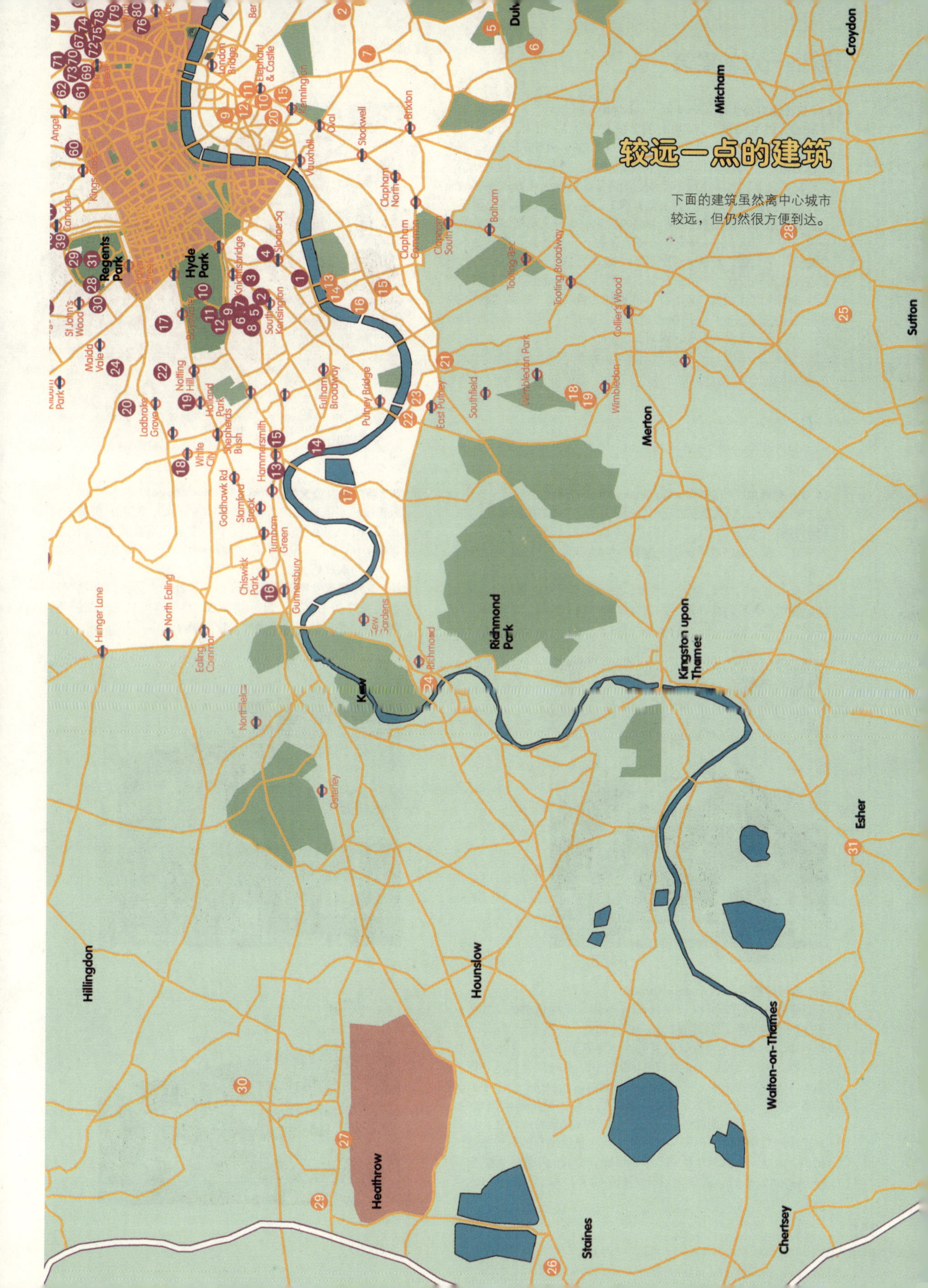
较远一点的建筑
下面的建筑虽然离中心城市
较远，但仍然很方便到达。
Croydon
Mitcham
Sutton
Merton
Esher
Kingston upon Thames
Walton-on-Thames
Chertsey
Staines
Heathrow
Hounslow
Hillingdon
Richmond Park
Kew
Richmond
Osterley
Hyde Park
Regents Park
Brixton
Balham
Stockwell
Vauxhall
Oval
Kennington
Elephant & Castle
London Bridge
Clapham North
Clapham Common
Clapham South
Tooting Bec
Tooting Broadway
Colliers Wood
Wimbledon
Wimbledon Park
Southfields
East Putney
Putney Bridge
Fulham Broadway
Sloane Sq
Knightsbridge
South Kensington
Notting Hill
Holland Park
Ladbroke Grove
Shepherds Bush
White City
Hammersmith
Goldhawk Rd
Stamford Brook
Turnham Green
Chiswick Park
Gunnersbury
Kew Gardens
North Ealing
Hanger Lane
Ealing Common
Northfields
Maida Vale
St John's Wood
Camden
Angel

较远一点的建筑

24. 里士满办公大楼 (Richmond building)

里士满(Richmond)，希尔大街/布里奇大街(Hill Street/Bridge Street)，伊里斯与特里(Erith & Terry) 1986—1988 年设计。地铁：里士满站。

又一座因其戏剧性风格而不受欢迎的建筑，好像大多数建筑都缺乏自然天性似的。这座现代办公大楼面积 1 万平方米，由几座小楼组合而成。大多数办公建筑都只是一件外衣，只是管理人员所司空见惯的设备设施？在摇滚、R·赫伦和好莱坞传统（包括俗人）影响之下，这些建筑聪明自信，受到人们的称羡。或许，这个项目真正不足之处，就在于它否认现代主义的时代潮流？那么，又是谁最后给它冠上那么多思想观念之类的东西？好了，我理解，我明白，如果你是建筑师，你一定还在憎恨他们，因为他们敢于打破传统习惯，而不是墨守成规……还可一直说一下去，说下去。

25.C·克赖尔工作室 (Charles Cryer Studio Theatre)

卡苏顿(Carshalton)，高街(High Street)，C·克赖尔工作室，E·卡利南 1991 年设计。

本来它应成为一座值得庆贺的建筑，但是它的设计建造历程却很不幸，陷入了不断更改变化泥潭之中。不过，你不过是想看一下卡利南所采用的方法，他把一个旧剧院改造成了一座建筑工作室，让你感到多么好的东西都可以创造出来。只不过是“本来应该”。如果向南走了很远了，不妨去看一看。

26. 新广场办公大楼 (Blocks in New Square)

希思罗机场西南角，斯泰恩斯路(Staines, A30)，贝德方特湖(Bedfont Lakes)，新广场。M·霍普金斯及其合伙人建筑师事务所 1992 年设计。围绕着一个广场，有两座办公大楼。T·卡利南那略为缺乏吸引力的特征，被带进了租赁式办公楼。M·霍普金斯爵士为 IBM 公司设计的办公大楼比这两座要更为成功（有人认为，就像 20 世纪 60 年代 YRM 的黑色，钢框架结构的货运代理大楼，位于南环路）。

27. 地面导航中心 (Compass Centre)

希思罗机场，北环路(North Perimeter)，N·格里姆肖及其合伙人建筑师事务所 1994 年设计。

导航中心为飞行员提供导航服务，一周 7 天，一天 24 小时，从不间断。导航员跟踪来自世界各地的飞机，为迷失方向的飞行员指明方向，发布指令。里面（45 米，面对面，包括一个小中庭），紧凑高效。一座不多见的建筑，里面的工作人员不断发出命令，充满活力，中庭的西端各有一个翼楼。立面处理特殊之处，就是尽可能地减小雷达“阴影”区，其形状与格里姆肖的另一座建筑相似，为此，有人对这种造型表示怀疑。里面的布局安排由奥基特(Auckett)设计，为每天过往的 850 名雇员和 200 名飞行人员服务。

28. 贝哲德（BedZed）

Beddington, Sutton (A237, Hackbridge)
Bill Dunster Architects, 2002
Train: Hackbridge; Mitcham Junction tramlink

2002 年的时候还没有现在这么“绿”。“棕地”（先前的污水处理厂）上加“零能源消耗”项目，令人印象深刻。有住宅 82 套，公寓、小型单元和联排住宅，还有 2500 平方米的厂房和社区用房，包括健康中心、咖啡馆和托儿所等，密度为每公顷 187 人。长长的 5 排，3 层，面南，楼间距很窄。现在，南面的“花园”已经成了“空中花园”。联排住宅有一条小桥，通向楼顶花园，与布朗奇·希尔 (Branch Hill) 项目类似。墙厚 300 毫米，内填绝缘材料，其他为砖混结构。雨水得到利用，浴室较小，厕所为双冲……有一个中心热电厂服务于整个项目。的确是可持续生活方式的典范（包括社区发电机）。

只要有可能，就尽量采用天然、可再生的当地材料，以减少污案，降低运输成本，增加当地就业，强化社区意识。似乎有点夸张，但是贝哲德处理得很认真，每件事情都进行了深入的研究，精心选择材料来源，只要可能，半径不超过 35 米。房顶有光伏电池板，还有烟囱，用以吸入新鲜空气，排出废气 [一种热交换过程，很有效，但带有米老鼠（Micky Mouse）特征，昭示着项目的绿色信念]。顺便说一下，这是皮博迪基金项目，大部分房子只部分拥有或出租。

几年以后（项目简短介绍于 1998 年提出），迪斯特的生物区域公司 (BioRegional) 及其合伙咨询人，设计了许多类似项目，但其客户——皮博迪基金会，不愿意再朝这个方面继续试验下去了

较远一点的建筑

29. 水边办公大楼（Waterside）

Harmondsworth (off the A4 / Bath Road)
Take exit 14 on the M25
Neils Torp Architects, 1998

一座办公大楼，同时又是一家家族式公司的住家，带有安全标志，与环球社区相关联的，独立、自治、自给自足的场所。其设计与斯德哥尔摩类似建筑属于同一类型，办公室附着在一座共用建筑上，构成一个村庄。两者都令人印象深刻，但水边大楼更保守一些，将空间概念融会成现代时空管理，采用非固定地点工作模式、有素养的咖啡工作混合以及诸如此类的主题，构建出现代办公建筑新理论。中央大街极为成功，在哈默史密斯，只有方舟大厦可与之竞争。然而，办公室里面还有待改进，并不是非常合理。外面，与大楼的设计一样，景观设计非常完美，唯一不足之处就是，田园诗般的美景经常被飞机起飞的轰鸣声所打破（也不是不适合）。

30. 斯托克利广场——世外桃源（Stockley Park：sanitized arcadia）

Furzeground Way, Hillingdon (North side of Heathrow Airport)
Various architects, 1990-2000

斯托克利广场，希思罗机场北面，20 世纪 80 年代很成功的商场。DEGW 公司负责调研提出初步方案，阿勒普公司负责总体规划，有些场地上最早建设的建筑也由他们负责设计。这些场地，地形起伏较大，要求只能盖两层建筑，占地面积不能超过 25%。西边的建筑由 SOM 设计。东边的建筑分别由福斯特、特劳顿与麦卡斯兰、I · 里奇、G · 达克和 E · 帕里等设计。大家都遵守开发商所提出的同一个要求：为租户提供结构精致、外壳包裹核心样式的写字楼，既可以说这个开发项目是一个“郊区低层版”的金丝雀码头项目；当然也可以说，金丝雀码头项目是一个“市区高压版”的斯托克利广场项目。这一开发策略在阿勒普在西边所设计的建筑达到了顶峰，几何造型多样，与周边的景观相融合，为人们所乐意接受。

景观设计堪称是真正的、隐而不露的成就。把一块污染严重的地段，改造成了一处商业公园和一处高尔夫球场（北边）。河闸阻挡上游的有害物质，鸭子得以在这里戏水，鲜花得以盛开。周末，带着孩子到这里来喂鸭子和鲤鱼，特别舒心惬意。

在这里，建筑掩隐于灌木丛之后，来自全球各地的房客只能凭着一些零散的、首字母缩写的标牌标记辨识方向，从事各种可以允许的活动。奢华的自然之内隐藏着摄像头，保安人员乘着新式军用车慢慢巡逻，寻找那些“不属于此地的人”。这世外桃源般的美丽的景观，让人产生这么一种幻觉，认为全世界都是这样美好。即使那闷雷般的、经常过往的飞机轰鸣，也让人感到舒服。极为聪明，极为现代，极为奇妙。然而，这只不过是此类景观当中的一个实例而已。去看一看，然后跑到索霍区，在一片性用品商店、无业游民、无家可归者和多种多样的民族之间，讨论讨论，各有所好。但我知道我想在哪里居住。

31. 郝姆伍德 (Homewood)

埃舍地区(Esher)的郝姆伍德住宅，P·格温设计。那时是一位年轻有前途的建筑师，与D·拉斯顿一起，在W·科茨的办公室工作。24岁的时候，格温说服他的父亲，允许他在自家地里设计一个新家（很明显，原来的房子靠马路太近，噪声日益增强）。父亲同意了他的想法，并且自从父亲去世以后，他就一直住在那里。格温把这个地方改造成了一个公馆，供他和他的朋友使用。导游告诉我们在欢快的晚会上，中间桌子上有一盏可以闪烁的台灯，当格温认为某位客人的谈话遭人讨厌的时候，桌子上的台灯就闪烁。房子建成于1938年，很明显，是受了勒·柯布西耶的萨伏伊别墅和阿尔托的马拉别墅的影响，成为当时英国现代主义实例。设计很简单，宽敞的主房在二层，分为起居－翼和卧室－翼。底层还有佣人间、书房习间和车库等。周围的花园欢快宜人。整个家院与伦敦东区形成鲜明的对比，突出表现了首都西区的一些特征。总的来说，它并不能与欧洲大师的作品相提并论，不具备大师级作品的典范性，在这座建筑上找不到它的欧洲起源，但还是一座不错的建筑，值得一看，特别20世纪50年代和60年代的改建部分颇有“007电影”的风格，此外格温的书房陈设也值得一看，这不是30年代的原建筑。参观此建筑要通过国家基金会网站预订，游客先到邻近埃舍地区的克莱尔蒙特花园处集合。

另见汉普斯特德柳树路E·戈德芬格的住房。另一个可与之相对比的就是，埃尔特姆宫20世纪30年代所建设的部分（SE9，埃尔特姆，考特亚德，已列入英国遗产保护名录）。

伦敦西部其他建筑

伦敦西部其他一些可参观的建筑，大体上按历史年代划分，还是自己亲自去看看。

· **汉普顿宫**(Hampton Court Palace) 莫斯利东(East Moseley)，1514—1882年，前皇宫，大型综合性大楼，其中包括雷恩和W·肯特的设计。火车：汉普顿宫站。照片：上左。

· **奇斯维克大楼**(Chiswick House) W4区，霍格思巷/伯灵顿巷(Hogarth Lane/Burlington)，伯灵顿伯爵1725—1729年设计（他还设计过皇家美术学院），在这里，显然是受了帕拉第奥圆厅别墅的影响。从前有一处大门，1621年I·琼斯设计。

· **奥斯特利公园**(Osterley Park) 艾尔沃思(Isleworth)。R·亚当（1763—1767年）全部进行了重新设计。照片：上（2）。

· **赛恩庄园**(Syon House) 布伦德福德(Brentford)，伦敦路。里面由R·亚当1767—1768年重新设计。

· **皮兹汉格庄园**(Pitshanger Manor)。W13区，马陶克巷/伊灵格林(Mattock Lane/Ealing Green)。J·索恩爵士1801—1803年设计。

· **棕榈室**(Palm House) 邱园(Kew Gardens)。D·伯顿1844—1848年设计，皇家植物园中极为奇妙的钢架玻璃结构建筑。植物园中最近新建了一座温室（阿尔卑斯温室，Alpine House），威尔金森与艾尔2005年设计。

· **雷顿博物馆**（Leighton House） W11区，荷兰公园路。G·艾奇逊1877—1879年设计。地铁：荷兰公园。里面有些让人兴奋的东西。

· **沃伊齐住宅**(Voysey House) W4区，巴利莫路(Barley Mow Passage)。1902年设计建造，地铁：特恩汉姆格林(Turnham Green)基斯威克公园（Chiswick Park）。先前是桑德逊(Sanderson)的工厂，很精美。

· **胡佛工厂**(Hoover factory) W·吉尔伯特及其合伙人建筑师事务所1931—1935年设计。西大街(Western Ave.)。地铁：佩里法尔站(Perivale)。现在是超市，但仍然是一座地标性建筑，是伦敦向西扩展的标志。照片：倒数第2张。

·**P·琼斯**(Peter Jones)百货商店。克拉特里、斯拉特和摩伯利(Crabtree, Slater & Moberley)，1935—1937年设计。SW1，斯隆广场(Sloane Square)。地铁：斯隆广场。最近，约翰·麦卡斯兰对其进行了翻修改造，很好。

· **天涯海角**(World's End Estate)。SW10，地铁：斯隆广场（公共汽车站西）。E·莱昂斯、卡德伯里-布朗、梅特卡夫-坎宁安（Eric Lyons, Cadbury-Brown, Metcalfe & Cunningham）,1967—1977年设计。有高高的砖塔。

· **联邦研究院**(Commomwealth Institute)。W8区。地铁：肯辛顿高街站(Kensington High Street)。R·马修、约翰逊-马歇尔及其合伙人建筑师事务所1960—1962年设计。展览大楼楼顶为双曲抛物面，对联邦国家表达赞颂之意。

· **希灵登市民中心**(Hillington Civic Centre)希灵登，高街(High Street)。地铁：希灵登站。R·马修、约翰逊-马歇尔及其合伙人建筑师事务所1973—1978年设计。砖石堆砌的大型建筑，带有新乡土建筑风格。曾有一段时间，代表了城市建筑的未来（20世纪60年代以后）。

（右）涂鸦画家班克西（Banksy）的作品。

MURPHY LTD

从新康科迪亚码头(New Concordia Wharf)看塔桥和伦敦城。背景：前国家威斯敏斯特大厦和“小黄瓜”。前景：19 世纪 20 年代的仓库新近改建成的公寓大楼，底层有酒吧、餐馆。右边的钢筋混凝土大楼，是位于圣凯瑟琳码头的、20 世纪 60 年代建设的宾馆。右：文布利(Wembly)的汽车厂。

人口（Population）

1100 年，诺曼底人征服时代，伦敦的人口大约为 1.5 万人，200 年后，增长到约 8 万人。1600 年，达到 20 万人，1666 年大火的时候，增长到 37.5 万人。当时，一位欧洲高人将伦敦划分为三块，即历史老城、从舰队街一直到威斯敏斯特的斯特兰德轴线区、较偏远的萨瑟克、泰晤士河北面、东面和南面共同构成的区域（市场、花园，以及诸如此类的东西）。最后一块在 1643—1647 年期间，联邦军队曾对其进行了封锁。

关于 1615 年当时的情况，约翰·萨默森（John Summerson）所描述的空中鸟瞰景象为："下面，泰晤士河条带状蜿蜒伸展。伦敦看起来呈弧形，红房顶棋盘般纵横交织，其间不时地穿插着一块块的绿地，城墙影影绰绰，最引人注目的是教堂那红顶子。各区之间的边界线模糊不清，那古老的城墙一下子跃入你的眼帘。向西，就是威斯敏斯特，明显地与其他地区分开。这里，威斯敏斯特教堂和回廊突出明显，周边是红房顶居住区，不很紧凑，也不那么威严，比伦敦里面的要小得多。在伦敦和威斯敏斯特之间，沿着泰晤士河，建筑排成一线，即斯特兰德中轴线上的众多宫殿式建筑，如牛津学院……而最强有力的交通通道和交通方式就是泰晤士河以及在泰晤士河上穿梭来往的船只。数年间，斯特兰德轴线北端，升起了两颗长方形的明珠，即科文特花园和林肯旅馆地带。这里的房子修饰得引人注目，清一色的没有山墙"。关于 1666 年以后的发展情况，他写到："大火中被烧焦的地方，很快又复活起来，各种各样的砖结构建筑迅速涌现，出现了暂时的喧嚣与混乱。林肯旅馆、科文特花园和圣詹姆斯公园周边的街道塞满了各式各样的房屋。在格雷旅馆和索霍区，多个广场跃然显现，拥挤的街道以它们为终点，新街道不断向北、向东、向西扩展"。1720 年以后，他说："我们注意到，西区各靠内侧破旧杂乱的有山墙的街道，慢慢地变得整洁有序……砖砌建筑由红色变成了灰色和棕色。白厅的色彩名副其实，新桥建设速度放缓了，在威斯敏斯特表现得很明显。但是，站在圣保罗大教堂（St. Paul's Cathedral）顶上，仍然能够看到整座城市（阳光明媚的日子）"。

1700—1750 年，人口从 67.45 万增长到 67.675 万人。到 1801 年，大约为 90—110 万人，大部分都住在联排住房（许多都在当时很时尚的"乔治"广场）和伦敦西部的公寓之中。城市富足，充满活力，不断向外蔓延。1831 年，人口达到 166 万，1861 年又猛增到 323.3 万，城市随着铁路延伸而扩展。关于这个时期萨默森认为："1801—1803 年正好是第一次码头建设高峰……一条条的棕色乡村街道出现在眼前，向东延伸，直到埃赛克斯……伦敦的周界迂回曲折，蜿蜒连绵。现在，每条道路都与公寓住宅或别墅相关联。街道和广场穿插于乡村之中。先前伦敦的卫星村不再是村庄了，而是变成了郊区，如哈克尼（Hackney）、伊斯灵顿、帕丁顿、富勒姆和切尔西（Chelsea）等。伦敦还在增长，那么它还能是一个人性化的城市吗？……维多利亚时代给出了答案：在尤斯顿广场、帕丁顿、毕晓普斯盖特和萨瑟克，一座座钢筋水泥公寓式住宅拔地而起"。

1921 年，人口达到 750 万，集中分布于两个地区，一是城中心的公寓住宅和联排住宅，二是新近发展起来的隔离或半隔离的郊区，有铁路和公路网连接。1951 年，人口增长到 820 万。这时，因为郊区化加剧，伦敦的定义日益模糊不清。郊区有铁路和公路网连通。1939 年人口最高峰时，曾达到 860 万。现在，伦敦是英国东南部人口极为稠密的地区，外城居民和中心城区（大伦敦）居民之间，有一条绿化带将其分开，在这条绿化带上是不允许进行开发建设的。1965 年，伦敦地区的管理由大伦敦政府接管，后来于 1986 年又由撒切尔政府撤销。直到 2001 年，伦敦才有了它自己的市长和大伦敦市政府。

建筑材料（Characteristic building materials）

1666 年大火以及后来通过新的建筑法规之前，大部分建筑都是木结构的。自那以后，按照新的建筑法规，最常用建筑材料改成了砖、石、黏土、石板瓦（房顶瓦）。现在黄色块砖、白色波特兰石头和灰色石瓦屋顶，在这座大都市中仍然占主导地位，特别是一些老建筑。典型的建筑材料就是黄色块砖。最初，这些

材料都是手工制作的，来自伦敦当地，少部分来自肯特郡。到19世纪初，大部分资源都已经用光了。但是，新建的运河系统（18世纪末），为这座城市提供城外资源供应，沿着联合大运河造就了大量的砖厂，有人就说伦敦被包围于"火环"之中。19世纪40年代和50年代，机制砖通过铁路源源不断地从中南部地区（如贝德福德郡）运进伦敦。波特兰石来自南海岸多塞特郡的波特兰岛，由泰晤士河运到伦敦。

建筑时代与风格（Architectural Periods and Styles）

将伦敦的建筑分成若干时代和风格似乎是不明智的，因为可能会产生误导。但是，这样划分却非常有用和方便。

早期建筑时代 (Early)

罗马占领时代到1615年。这阶段的建筑存世不多（包括诺曼征服以前修建的建筑，现留下伦敦塔作为代表）。目前留存有一些罗马时代的遗迹和纪念碑，保存在巴比肯和伦敦塔附近地区，另外伦敦城的一些建筑内部（包括美林集团大厦这样的新建筑内部）也保存有这样的遗迹。新设计的建筑，几乎没有多少建筑保存下来（包括罗马征服之前，其象征性建筑为伦敦塔）。

鉴赏、规则和浪漫建筑时代 (Taste，Regularity and Romance)

1615—1820年，从国王测绘师I·琼斯引进帕拉第奥建筑风格开始，经雷恩、霍克斯莫尔、吉布斯等人的巴洛克风格，到又一次帕拉第奥风格的复活和17世纪末以广场和公寓为标志的"乔治亚时代"风格的转变结束。这一时期，不同宗教派别的纷争，革命与反叛的较量，反映出工业革命时代对美学思想的不同见解和看法。两位伟人和大师，J·纳什在摄政大街和摄政公园工作和J·索恩爵士先前的住宅设计，都以码头和仓库建筑作为其建筑生涯的终结，可说是这个时代最杰出的代表。

喧嚣与提高时期（Tumult and Improvement）

1820—1920年。各种风格流派展开激烈的纷争，希腊式建筑与哥特式建筑之间有对立、浪漫主义与实用主义建筑之间有对立、伦敦城密集林立的建筑与一望无际的公寓住宅及第一批社会住房开发项目之间也有对立。所有这些流派和建筑都由新型交通体系作为支撑，如火车、地铁和公共汽车。新型建筑比比皆是，并且建筑、工程和实用三者相互融合在一起。新哥特建筑 (neo-Gothic architecture) 的代表为威廉·巴特菲尔德 (William Butterfield) 的万灵教堂 (All Saints)、斯特兰德轴线 (Strand) 玛格丽特大街 (Margaret Street) 和乔治大街 (George Street) 上的法院大楼 (Law Courts)。这一时期最明显的标志就是1851的工业产品大型展览会 (the great exhibition)，当做现代主义的来源大为庆贺［大穹顶 (the Dome) 受其启发］。但是，历史学家却把它看做是英国工程技术的衰弱。英帝国大力吹嘘的开始，标志着这一时期的结束。在英帝国的吹嘘下，德国皇族采用了英国温莎宫 (House of Windsor) 这一名称。对于正在衰亡的手工艺和老建筑出现了新的鉴赏视角，对所谓的"复兴"有了更多怀旧之情（不管对帕拉第奥和巴洛克风格的反对），在这座城市当中留下了许多脍炙人口的建筑。

两次大战之间的时代 (Inbetween)

1920—1945年。战争期间的一个过渡时期。19世纪的实用主义价值观，在欧洲大陆转换成了新现代主义，但是在英国却没有什么东西留下，几个有远见的先驱除外。如特克顿的芬斯伯里健康中心和海波因特住宅，E·戈德芬格在汉普斯特德的住家和格温的霍姆斯特德。与其形成鲜明对照的代表作，可能就是E·勒琴斯的后期作品，即现在作为"宏伟风格 (Grand Manner)"的商业作品，而不是他在一战前借以出名的乡村住宅（例摩尔盖特的不列颠宫和家禽街的米德兰银行总部大楼）。

艺术引领科学时代 (Art Leading the Facts of Science)

1945—1970年。这一时期，艺术（作为建筑）试图引领科学。积极向上的、乐观的现代主义，受到来自斯堪的纳维亚（A·阿尔托）、法国（勒·柯布西耶）和美国（芝加哥的密斯、纽约的SOM、加利福尼亚的埃姆斯夫妇等）的影响，大多数都参与了大型城市开发建设项目（卡姆登建筑师事务所的作品就是最典型的例子）。野兽派艺术和波普艺术也诞生了。伦敦市议会皇家节日音乐厅就是一个杰出的代表，标志着这一时期的开始，而D·拉斯顿的国家剧院则标志着这一时期的结束。期间还有一些标志性的建筑，如布伦瑞克中心、亚历山大大道住宅项目和特雷里利克大厦等。

后现代主义、高科技和无形的手时代 (Post-Modernism，Hi-tech and the Invisible hand)

1970—1990年。面向社会的项目被取消，商业性项目取而代之，带来了20世纪80年代末的发展高峰和从前码头地区的再开发建设。20世纪70年代，后现代主义建筑从美国引入英国，取代了先前面向社会的现代主义，演化成高科技时代，形成两个极端，二者都在80年代中期的城市建筑政策放宽时代得到激发。这一时期的典型建筑有：T·法雷尔的堤岸广场和M16大楼（伦敦军情六处总部大楼）、R·文丘里的塞恩斯伯里翼楼、J·斯特林的克罗尔艺廊、R·罗杰斯的劳埃德大楼、SOM公司和阿勒普建筑师事务所的布罗德盖特大厦以及C·佩里等人的金丝雀码头，这些都代表了城市的发展和变化。1990—1994年建筑衰退期的到来，流派风格之争（包括对英国建筑业影响不大的"解构主义"对话），一夜之间销声匿迹了，一个新的、面向欧洲大陆，而不是面向美国价值观的新时代到来了。

大型项目和社区项目时代
(Grand Projects and Community)

1990年至今。最初由新千年大型项目所主导，如罗杰斯的千禧穹顶、赫尔佐格和德梅隆的泰特现代美术馆、伦敦眼、出自福斯特建筑师事务所的其他项目（例如，千禧桥和市政厅），以及由许多建筑师共同完成的朱比利延长线上杰出耀眼的车站（如金丝雀码头站和威斯敏斯特站）。还有许多商业性大楼（实际上延续了20世纪70年代至90年代的繁荣），如福斯特的"小黄瓜"等。金丝雀码头项目延伸到了第二个阶段。城市继续发展变化，继续寻求成功的、高大的象征性东西。公众和媒体发现建筑师、规划师和现代主义时尚，建筑格局的变化比历史上曾发生过的、由独栋式住宅到公寓式住宅（特别是在老港区，在阿尔比恩和蒙特韦特罗也有很好的实例）的跳跃要大得多。社会性建筑也曾有一个短暂的大发展阶段，如佩卡姆图书馆、概念店、斯特拉特福广场、普拉什特学校过街天桥、拉班中心以及其他一些教育培训和医疗保健项目（迎合了工党政府对公共投资的偏向）。借助于2012年奥运会的东风，建设的重点仍将位于伦敦东部，色彩问题和住宅单元的分割（在哪里？包含那些综合性设施？密度？投资成本？家庭？）仍将成为争论的焦点。